网络空间安全技术丛书

一本书讲透
混合云安全

[加拿大] 尚红林 著

EXPLAIN HYBRID
CLOUD SECURITY
IN DETAIL

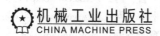

机械工业出版社
CHINA MACHINE PRESS

北京市版权局著作权合同登记　图字：01-2023-2339 号。

图书在版编目（CIP）数据

一本书讲透混合云安全 /（加）尚红林著 . —北京：
机械工业出版社，2024.4
（网络空间安全技术丛书）
ISBN 978-7-111-74967-7

I. ①—…　II. ①尚…　III. ①计算机网络 – 网络安全
IV. ① TP393.08

中国国家版本馆 CIP 数据核字（ 2024 ）第 037941 号

机械工业出版社（北京市百万庄大街 22 号　邮政编码 100037）
策划编辑：杨福川　　　　　　责任编辑：杨福川　董惠芝
责任校对：张亚楠　丁梦卓　　责任印制：李　昂
河北宝昌佳彩印刷有限公司印刷
2024 年 4 月第 1 版第 1 次印刷
186mm × 240mm · 22.75 印张 · 507 千字
标准书号：ISBN 978-7-111-74967-7
定价：99.00 元

电话服务　　　　　　　　　网络服务

客服电话：010-88361066　　机 工 官 网：www.cmpbook.com
　　　　　010-88379833　　机 工 官 博：weibo.com/cmp1952
　　　　　010-68326294　　金 书 网：www.golden-book.com
封底无防伪标均为盗版　　　机工教育服务网：www.cmpedu.com

为什么要写这本书

自从 20 多年前开始从事政企 IT 软件工作以来，我深刻地了解到国内外软件行业的差异。国内软件往往由甲方驱动，存在较多的碎片化问题，边界常常按照组织架构来划分；国外软件往往由乙方驱动，投入较大，相比于国内软件，甲乙双方各司其职，接口开放，可以实现产品间的协同联动。

安全永远是对抗状态下的安全。在 2022 年卡塔尔足球世界杯上，我们欣赏了明星球员的个人能力和球队整体的精彩配合。同样，在安全领域也有"明星球员"，态势感知（SA）、安全信息和事件管理（SIEM）系统、安全运营中心（SOC）、安全编排自动化与响应（SOAR）平台等关键技术就是安全方案的中场核心，是安全领域的"明星球员"。

面对攻击，我们需要从多个维度进行评估。防火墙、Web 应用防火墙（WAF）、主机入侵检测系统（HIDS）、终端检测与响应（EDR）系统等在安全整体布局和联防联控中仍起着重要的作用。因此，在庞杂的产品环境中，要实现这些网络安全设备的融合，理解业务流程，掌握网络安全知识，熟悉攻防技术，不能寄希望于仅仅依赖设备本身来抵御和发现所有的网络攻击。

我看过不少书，也聆听过众多演讲，常常对看到、听到的新知识叹为观止。然而，大部分知识是零散的。我日常接触到的网络安全产品推荐、工具用法及攻击过程等方面的内容，全面的理论指导和实践类的作品较多。拿一个"猫如何快速吃到鱼"的迷宫游戏（见图 1）来类比，初学者面临的网络世界何尝不是如此，所有的网络流量大致可以归纳为不同角色的主体（图 1 中的狗、老鼠和猫可以类比为用户、黑客和管理员），他们去访问不同类型的客体（图 1 中的鱼、骨头和奶酪可以类比为文

图 1　迷宫游戏

件、数据和接口）。图 1 左图看起来还不算复杂，那么图 1 右图中的猫该如何去找鱼呢？

在网络空间中，这个问题更为复杂，路径真实存在，但是大家看不见、摸不着。平时工作很忙，将众多乙方的产品无缝融入甲方现有的 IT 基础设施，并且传递安全知识给新来的同事是非常困难的事。作为一个有安全创业经历及多年软件开发经验的从业者，我骨子里是看到问题就想解决问题，因此，我有一种去做点什么的迫切冲动。开发一款软件来解决这个问题是一个过于宏大的话题，To B 产品非几十上百人的团队不敢想；写书是切实可行的。坐而言不如起而行，这就是本书诞生的背景。

读者对象

本书适合以下读者阅读：

- ◆ 初入网络安全行业的安全运维和安全服务人员；
- ◆ 网络安全相关专业的教师和学生；
- ◆ 政府和企事业单位的安全架构师、CIO 和 CSO。

本书特色

本书旨在基于实战经验，以图解的方式介绍组织需要考虑的典型信息安全工作。除了强调利用云原生应用保护平台（CNAPP）、云安全态势管理（CSPM）、SOC 和 SIEM 系统等有能力处理海量数据的安全平台来弥补传统的安全产品单兵作战能力的不足，本书还试图通过一张图将 IT 团队内部的信息安全与研发、运维、测试、应急等需要密切协作的部门聚焦起来（见图 2），以实现更好的跨团队协同作战。

安全攻防如同行军打仗。通过城防大图，可以看到一个组织需要关注的不仅有网络通信安全，还有很多作为基础的专业安全设备，覆盖网站安全、办公安全、开发安全、依法合规等。总之，梳理出攻击链路后的挂图作战能促进基于上下文的纵深防御，看清有无漏洞、风险及攻击，显著提升人员效能等。

广度是深度的副产品。在我的印象中，混合云安全的相关知识点非常多。本书强调结构化思维，力求做到以下三点。

- ◆ 力求图解：利用图表、流程图和示意图来辅助解释复杂的安全概念，先整体再局部，展示影响网站的方方面面，而不是专注在 WAF，一头扎进细节而管中窥豹。
- ◆ 力求全面：这恐怕是市面上最全的一本介绍混合云安全产品和服务的书了；除了安全产品和技术，本书介绍了人才的安全运营和依法合规，避免顾此失彼。
- ◆ 力求实践：根据我多年来积累的安全工作经验，尤其是防守方视角的经验，推荐最佳实践来提升混合云环境的安全性。从蠕虫勒索防御到云上访问密钥（Access Key，AK）泄露，你都可以从本书中找到最新的知识与实践，避免成为眼高手低的"理论家"。

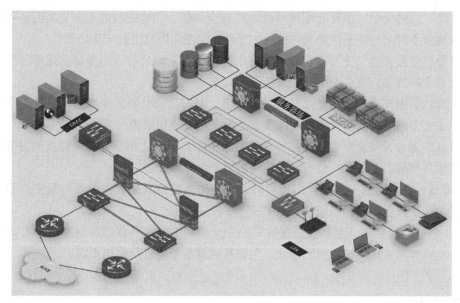

图 2　跨团队协作

我常常在想：假如我有一天成为一个组织的首席安全官（CSO），我的工作应当从哪里开始？如何组建一支由安全分析师、安全工程师和安全运营人员组成的有力团队，以确保组织的混合云环境能及时检测风险和应对威胁？希望本书在回答我这个问题的同时，也能给读者带来裨益。

如何阅读本书

本书章节组织如下。

第1章：网络安全　详细介绍了网络安全的重要概念和策略，涵盖纵深防御、红蓝对抗和业务 CIA 原则等关键内容。

第2章：业务安全　介绍了业务与安全的关系，即业务的发展与安全相互促进，重点讲述业务的支撑体系及对应的安全措施。

第3章：团队建设　网络安全技术更新非常迅速，网络安全人才需要不断更新自己的知识技能。本章关注的是安全从业人员的成长，重点关注攻击方、防守方、厂商和监管机构对安全人才的培养，以人为本。

第4章：网络边界安全　IP 边界仍然是重要的安全手段。本章以典型的金融机构混合云为例，介绍网络环境的安全问题，即传统数据中心、私有云和公有云中网络联通能力的安全性要求与挑战，重点讲述网络设备以及配套的安全手段与措施。

第5章：基础计算环境安全　主要介绍数据中心、公有云和私有云中计算能力的安全性要求与挑战，重点介绍主机和存储设备的安全措施。

第 6 章：网站安全　主要介绍网站及 API 安全问题，即传统的内部办公类网站和公有云上的互联网业务网站的安全性要求与挑战，重点介绍南北向攻击的安全防御。

第 7 章：办公安全　主要涉及传统数据中心、私有云和公有云中办公、运维和开发人员的安全性要求与挑战，重点介绍办公设备及配套安全产品。

第 8 章：数据安全　主要介绍传统数据中心、私有云和公有云中数据流转的安全性要求与挑战，重点介绍关系和非关系数据库及配套的安全手段与措施。

第 9 章：混合云安全　主要介绍将传统数据中心与公有云相结合以协同提供服务所面临的安全需求与挑战，重点关注公有云上独特的安全技术和方法。

第 10 章：安全运营　主要介绍如何将人才与工具结合来应对提供高质量安全服务的挑战，重点关注在安全运营协同联动方面的一些手段和措施。

第 11 章：内控合规　主要介绍在日常的安全运营中，如何同时应对来自方方面面的合规挑战，重点针对等级保护、密码测评、关键基础设施等提出的合规要求。

勘误和支持

由于作者水平有限，书中难免会出现一些错误或者不准确的地方，欢迎读者批评指正。我的联系邮箱是 rodgun@qq.com，微信公众号是 cloudraise。

致谢

感谢我的家人、同事、朋友给予的各种支持，没有他们的关心、鼓励和帮助，我无法熬过那些写作本书的日日夜夜。

谨以此书献给我爱与爱我的人。为人子，为人夫，为人父，平时都有很多陪伴上的缺失，希望本书能带给他们些许弥补。

网络安全

近年来，网络安全备受关注。首先，我们需要明确信息安全（Information Security）、网络安全（Network Security）和网络空间安全（Cyber Security）的概念不同。从它们的英文名称可以看出，信息安全反映的是基于信息（如网站和数据库等）的问题，而网络安全反映的是基于网络（如路由器和防火墙等）的问题。网络空间安全则涉及更广泛的领域，包括混合云，如分布式拒绝服务攻击（DDoS）和云主机（ECS）等。目前国内很多地方将网络空间安全简称为网络安全，但本书沿用了前者。网络安全指广义的"Cyber Security"，而非传统第 4 章中所述狭义的"Network Security"。

在安全圈内流传着一句名言："世界上只有两种公司：知道自己被黑客攻击过的与不知道自己被黑客攻击过的。"因此，我们需要用更广泛的解决方案来确保每个客户、合作伙伴、员工以及每个微服务、服务器、数据库和传感器都能得到访问控制。

笔者认为，在实现有效安全时技术占三成，管理占七成，并应该从"一道、二势、三法、四术、五器"基本维度，以及分步、多跳等更多维度展开，如图 1-1 所示。

图 1-1　安全的逻辑

一道：纵深防御，理解为什么要部署多种网络安全产品或服务。

二势：红蓝对抗，安全和拳击赛一样，本质是人的对抗。

三法：CIA 原则，即保密性（Confidentiality）、完整性（Integrity）和可用性（Availability）。

四术：PPDR 模型，即策略（Policy）、防护（Protection）、检测（Detection）、响应（Response），强调及时响应。

五器：IPDRR 业务安全框架，包括风险识别（Identify）、安全防御（Protect）、安全检测（Detect）、安全响应（Response）和安全恢复（Recovery），变被动为主动。

分步指的是在戴明环（Plan-Do-Check-Act，PDCA）理念指导下安全工程的实施过程，包括立项、设计、招标、实施、验收和运维。多跳指的是在可观测性（Observability）原则下一个用户从终端访问到数据需要经过终端、防火墙、Web 应用防火墙、负载均衡器、身份认证系统、Web 应用、数据库等多个访问控制链。

针对政企的网络安全，我们首先需要确定网络中包含哪些设备，包括服务器、路由器、交换机、防火墙等。然后，为每种设备实施相应的保护措施，例如加强口令管理、限制访问权限、定期更新系统补丁、部署反病毒软件等。随着政企上云的盛行，云上资产（如主机、容器资源）也需要被加以保护。为了确保云上资产安全，政企需要选择可信赖的云服务提供商，并且建立完善的安全管理机制。同时，政企需要加强对混合云资产的全面清点和观察。安全从业人员需要掌握最新的安全技术和工具，强调云原生安全、可观测性、链路追踪、可用性保障等，以便及时发现和应对各种安全威胁；同时需要与云服务提供商保持密切联系，并且了解它们的安全策略和措施以共同维护政企的网络安全。

"聪者听于无声，明者见于未形。"本章主要讨论网络安全的本质，以及从传统的安全治理向预防思路转变的挑战和机遇，重点对引入纵深防御、红蓝对抗、CIA 原则、PPDR 模型和 IPDRR 业务安全框架等进行讲解。

1.1　网络安全的本质

网络安全本质是保护网络空间支撑的业务系统安全。它是一门涉及计算机科学、网络技术、通信技术、密码技术、信息安全技术、应用数学、数论、信息论等多种学科的综合性学科，需要系统地学习和掌握。为了实现网络安全，我们需要采用一系列技术和策略，包括网络边界、身份验证、访问控制、加密、漏洞管理、网络监测和安全培训等。

不同类型的政企所面临的风险虽然不尽相同，但基本上可以归为以下 3 个方面：一是外部黑客攻击或入侵；二是内部员工恶意窃取或无意泄露数据；三是监管机构发现不合规操作，导致业务中断。

1.2　纵深防御

纵深防御战略（Defense In Depth Strategy，DIDS）是一种保障信息系统及用户信息安全的方法，主要采用多层次、渐进式的安全措施。在该战略中，人、技术和运营是核心因素，三者缺一不可。美国国家安全局提出的信息保障技术框架（Information Assurance Technical

Framework，IATF）认为，几乎任何单一的安全控制都可能以失败告终，因为攻击者在持续不断攻击，或者安全控制实现方式本身存在漏洞。因此，在纵深防御中，我们需要创建多层安全控制。这些安全控制互相重叠，当一层被攻破时，下一层仍能挡住攻击者。IATF 中的纵深防御模型如图 1-2 所示。

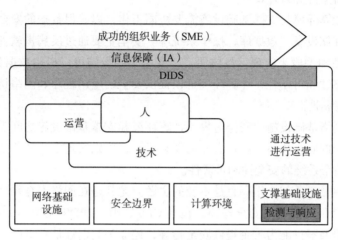

图 1-2　IATF 中的纵深防御模型

（1）人：人是信息系统的主体，也是网络安全保障体系的核心和最脆弱的要素。因此，在网络安全保障体系中，围绕人展开的安全管理显得尤为重要。网络安全保障体系实质上是一个包括意识培训、组织管理、技术管理和操作管理等多个方面的安全管理体系。

（2）技术：技术是实现网络安全保障的重要手段。网络安全保障体系所提供的各项安全服务就是通过技术机制来实现的。这里所说的技术不是以防护为主的静态技术体系，而是防护、检测、响应、恢复并重的动态技术体系。

（3）运营：运营也叫操作，它建立了一套主动防御的安全保障体系。与被动的技术构成不同，运营的作用在于强调人把各种技术紧密结合，形成一条主动的防御线。这个过程包含风险评估、安全监控、安全审计、告警追踪、入侵检测和响应恢复等多个环节。

我们都知道，保证一个信息系统安全并不是靠一两种技术或购置几个防御设备就可以实现的。IATF 为我们提供了一种全面、多层次的网络安全保障体系的指导思想，这就是纵深防御战略思想。通过在各个层次和技术框架下实施安全保障机制，我们可以尽可能地降低风险，预防攻击，保护信息系统的安全。

在纵深防御中，网络基础设施、安全边界、计算环境和支撑基础设施需要联动协同，以建立一个更强的安全体系。具体来说，它们之间的联动协同可以基于以下几个方面实现。

在网络层，网络基础设施和安全边界需要协同工作。其中，网络基础设施包括网络拓扑结构、路由器和交换机等；安全边界指的是防火墙、入侵检测系统等安全设备。它们之间需要相互配合，逐步布防，以保护网络基础设施的安全。例如，安全边界可以监控网络流量并识别潜在的威胁，并通过与之配合的网络基础设施来确保正常的流量传输。

在计算环境层，安全边界与计算环境需要协同工作。计算环境包括服务器、虚拟化平台等。它们之间的协同需要确保计算环境的安全，以避免被入侵或攻击。为了实现这一目标，安全边界监控计算环境的流量，并防止恶意攻击；同时，在计算环境中提供安全配置和漏洞修补等措施，以确保自身的有效性。

在应用层，计算环境与支撑基础设施需要协同工作，以确保数据的安全性和可靠性。支撑基础设施包括存储设备、数据库、操作系统等。安全主要通过反病毒软件、加密通信、访问控制等安全产品和手段来实现。具体而言：支撑基础设施可以提供数据备份和恢复服务，以保障数据的完整性和可用性；计算环境可以提供安全的应用程序和网络访问控制，以保护数据的机密性和隐私性。

综上所述，网络基础设施、安全边界、计算环境和支撑基础设施之间需要紧密协作，以建立一个更加完善的安全体系。通过有效的联动机制，可以实现各个环节之间的信息共享和协同防御，提高整个系统的安全性和可靠性。

在国际关系中，竞争与合作一直是不变的主题。尤其是在网络安全领域，欧美地区已经相对成熟，并总结出了通用的安全框架，包括 CIA 原则、PPDR 模型和 IPDRR 业务安全框架等。这些安全框架不仅能为政企提供安全指导，还能为它们评估自身网络安全水平提供依据和参考。通过它们，政企能够更好地规划和建设自身的网络安全体系，以应对各种威胁和风险。

1.3　红蓝对抗

"红蓝对抗"源自军事领域，是一种部队模拟对战的方法。在这个过程中，通过模仿对手的思维，运用不同技术、方法、概念以及实际演练，来构建攻击策略评估体系。实质上，网络上的红蓝对抗是人与人的对抗，并且利用像飞机、大炮等重武器一样的木马、0day 武器取得空间上的优势。本书采用和西方一致的称谓，以红队代表攻击方，蓝队代表防守方（国内有人也把红队作为防守方）。除此之外，裁判组紫队负责收集和记录攻守双方的战斗信息，并根据报告信息进行评分、扣分及得分情况的判定。

红队往往会根据战场情况制定不同的作战方针。红队的 ATT&CK 模型包括侦察跟踪、武器构建、载荷投递、漏洞利用、安装植入、命令与控制、目标达成，即攻破蓝队防线的 7 个阶段，如图 1-3 所示。

蓝队作为防守方，在平时积极构筑自己的从基础到高级的威胁防御体系，并在实战对抗中进行检验。蓝队的预防、检测、监测、响应、溯源是体系化安全能力建设的主要手段。

每次攻防战斗的前两步（PRE-ATT&CK）包括踩点、信息收集等，后五步（ATT&CK For Enterprise）更多是初始化、常驻、提权、横向移动等，构成一个完整的攻击链。

在网络安全领域，攻击方和防守方的较量从未停止过。知己知彼，百战百胜。为了取胜，蓝队需要研究红队的攻击思路来确定如何组织防守。就像战争一样，通常红队会采用正面攻击和侧翼包围的方式，蓝队会采取有针对性的防御措施，固守待援，并呼叫专业的安全厂商协助。然而，临时召集人员代替不了常态化的全员设防。演练的目的并不是取得胜利，更多的是回顾和提高能力，特别是进行溯源和反制能力的建设。在擂台上，没有一位拳击手会站着挨打。

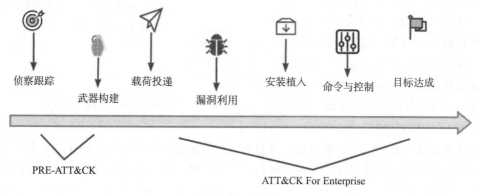

图 1-3　攻击链

本书的重点并不是探讨强大的红队进攻工具，而是关注蓝队的网络安全检测和响应能力。除了常规的防火墙、入侵检测、安全运营及威胁情报等，自动封锁、蜜罐、蜜签等也是蓝队有效的反制手段。

1.3.1　人的对抗

网络安全的实质是人与人的对抗、团队与团队的对抗、公司与公司的对抗、国家与国家的对抗等。过去，许多攻击者会在凌晨时分趁大家熟睡之际出手，但这种老套路已经被防守方有针对性地应对了。现在的网络攻击常常是由高水平的黑客团队，甚至高级持续性威胁（Advanced Persistent Threat，APT）组织实施的。与防守方的白帽子一样，这些黑客团队也在不断改变。APT 攻击是指某组织对特定目标持续有效的攻击，这可能是出于政治或商业目的。

- A（Advanced，高级）：APT 攻击的方式较一般的黑客攻击要高明很多。攻击者在攻击前一般会花费大量时间去搜集情报，如业务流程、系统的运行情况、系统的安全机制、使用的硬件和软件、停机维护的时间等。
- P（Persistent，持续性）：APT 攻击通常是一种蓄谋已久的攻击。传统的黑客攻击通常持续几小时或几天，而 APT 攻击通常以年计，潜伏期可能是一年甚至更长的时间。
- T（Threat，威胁）：APT 攻击针对的是特定对象，目标非常明确，多数是大企业或政府组织，一般是为了获取敏感信息，对被攻击者来说是一种巨大的威胁。

在美国国家安全局对西北工业大学发起的网络攻击事件中，被称为"饮茶"的嗅探窃密类网络武器是导致大量敏感数据被窃的主要原因之一。这种攻击利用先进的手段和社会工程学方法，通过渗透和提权，长期潜伏在内部网络中，不断地收集各种信息，直至窃取到重要情报。

网络安全建设通常会从合规阶段开始，逐步发展到响应阶段，最后进入反制阶段，如图1-4所示。

传统的安全设计和防护以符合安全合规标准为主，以应对安全事件（威胁）为辅。然而，如果将合规误解为通过就行，不重视实战效果，这样下去容易出问题。众多网络安全事故显示，满足合规标准只能确保基础安全，解决基本问题，无法抵御 APT 等外部攻击。"磨刀不误砍柴工"，想要做好工作，就要先做好准备。

图 1-4 网络安全建设阶段

弱者想要获得胜利，除了增强自身的能力，还需要使用好的工具作为武器来实现快速响应。安全工具一直在推陈出新，之前已有合规"老三样"——防火墙（FW）、入侵防御系统和防病毒（AV）软件，随后又有了下一代防火墙（NGFW）、抗 D（Anti-DDoS）、安全运营中心（SOC/SIEM）等，近年来更是推出了网络检测与响应（NDR）系统、终端检测与响应（EDR）系统、托管检测与响应（MDR）系统、威胁情报平台（TIP）、态势感知（SA）平台等多种高端安全产品。这些产品形成了针对 APT 威胁防护的扩展检测和响应（XDR）体系。

如今，随着信息技术的不断发展，网络战已经成为现代战争中不可忽视的一部分。从网络战的角度来看，最理想的情况是依靠自身的强大，不战而屈人之兵。然而，现实往往不尽如人意，树欲静而风不止，未来难免会被迫主动出击。此时，跳出防守的局限，以进为退，不惹事也不怕事，便成为应对之策。搜集威胁情报、构建攻击者画像、识别工具特征等威慑和反制手段，必然是主动出击中的重要措施。在网络战中，谁善于利用这些手段，谁就能占得先机。

1.3.2　ATT&CK 模型

攻击防御是网络安全领域的一大难题，如何有效地分析攻击者的行为模式和攻击技术一直是业内人士探讨的重要话题。在这个领域，一个备受瞩目的理论模型是非营利组织 MITRE 提出的对抗战术、技术和常识（Adversarial Tactics，Techniques，and Common Knowledges，ATT&CK）模型。该模型能够完整覆盖攻击链，用于分析攻击者的战术、技术及过程（Tactics, Techniques and Procedures，TTP），是一种有效的威胁分析模型。随着 ATT&CK 模型在厂商及企业中被广泛采用，它的知识库已经成为了解攻击者行为模型与攻击技术的权威。

ATT&CK 模型旨在提供对抗行动和信息之间的依存关系，让防御者能够清晰地追踪攻击者采取每个行动的动机。自首次发布以来，ATT&CK 模型不断发展和完善。截至 2020 年 10

月，最新版本的 ATT&CK For Enterprise 已经包含超过 14 个分类的战术和 177 个技术，而且这些技术包含着 180 万个变异后的过程。这是一个浩大的工程，体现了 ATT&CK 模型在信息安全领域的卓越地位和深远影响。其 14 种战术如表 1-1 所示。

表 1-1　ATT&CK 模型中的 14 种战术

编号	战术名称	英文	描述
1	侦察	Reconnaissance	攻击者收集信息，以便制定未来采取的行动。侦察包含主动和被动地搜集信息。此类信息一般包含受害者组织、基础设施或人员
2	资源开发	Resource Development	建立攻击者行动所需资源，包含基础设施，以及攻击人员创建、购买或窃取支持目标定位的资源或技术
3	初始访问	Initial Access	攻击者试图进入目标网络，获取一个入口
4	执行	Execution	运行恶意代码
5	持久化	Persistence	保持攻击立足点，获得永久的控制能力
6	权限提升	Privilege Escalation	获取最高权限
7	防御规避	Defense Evasion	避免被发现
8	凭据访问	Credential Access	窃取账号、密码、凭证等
9	发现	Discovery	弄清对方网络环境
10	横向移动	Lateral Movement	内网漫游，攻击其他网络
11	收集	Collection	收集感兴趣的数据
12	命令与控制	Command and Control	试图与目标网络通信，操纵目标系统和网络
13	渗出	Exfiltration	窃取数据并输出
14	影响	Impact	中断与破坏对方的网络和数据，给对方的网络造成损害

在战术基础上，ATT&CK 模型还整理了常见的 APT 战术和技术（https://mitre-attack.github.io/attack-navigator/），并对它们进行了编号。

例如，想了解 APT10，在搜索框中输入 APT10，并选取它作为威胁组织，可以发现 APT10 是一个已知的 APT 组织，自 2009 年以来一直活跃。该组织还被称为 menuPass、Stone Panda、ChessMaster、Cloud Hopper 和 Red Apollo。如果想了解它们常用的攻击手段组合，在颜色板上选择绿色，可以看到更多技术。其中，最常见的攻击手法是利用网站漏洞进行攻击。图 1-5 是 ATT&CK 中某个 APT 组织攻击的跟踪样例。

在图 1-5 中，初始访问（Initial Access）是指利用 9 项技术之一来攻击对方网络，找到一个入口及入口载体。例如，利用鱼叉式网络钓鱼、公开应用程序漏洞、供应链失陷等方法，获取外围系统的访问权限，并提升权限，最后在该系统上执行对目标的攻击代码。在许多靶场练习中，练习者也会通过这种方式，使用公开可用的漏洞来获得对目标系统的访问。

ATT&CK 模型中每一项攻击技术和子技术都会有相应的应对措施，以帮助防守者提升安全防护能力。目前，ATT&CK 模型中已经有 42 项应对措施，包括防病毒、审计、代码签名、漏洞扫描、应用程序隔离、沙盒、漏洞利用防护、网络入侵防护、威胁情报计划、软件更新、操作系统配置、加密敏感信息、多因素认证等。在对抗中，网络攻击的溯源可能非常困难，尽管已经将 APT 组织与各种攻击和技术联系在一起，但 APT 组织的确切身份和攻击动机仍然是无法确定的，还需进行调查和辩论。

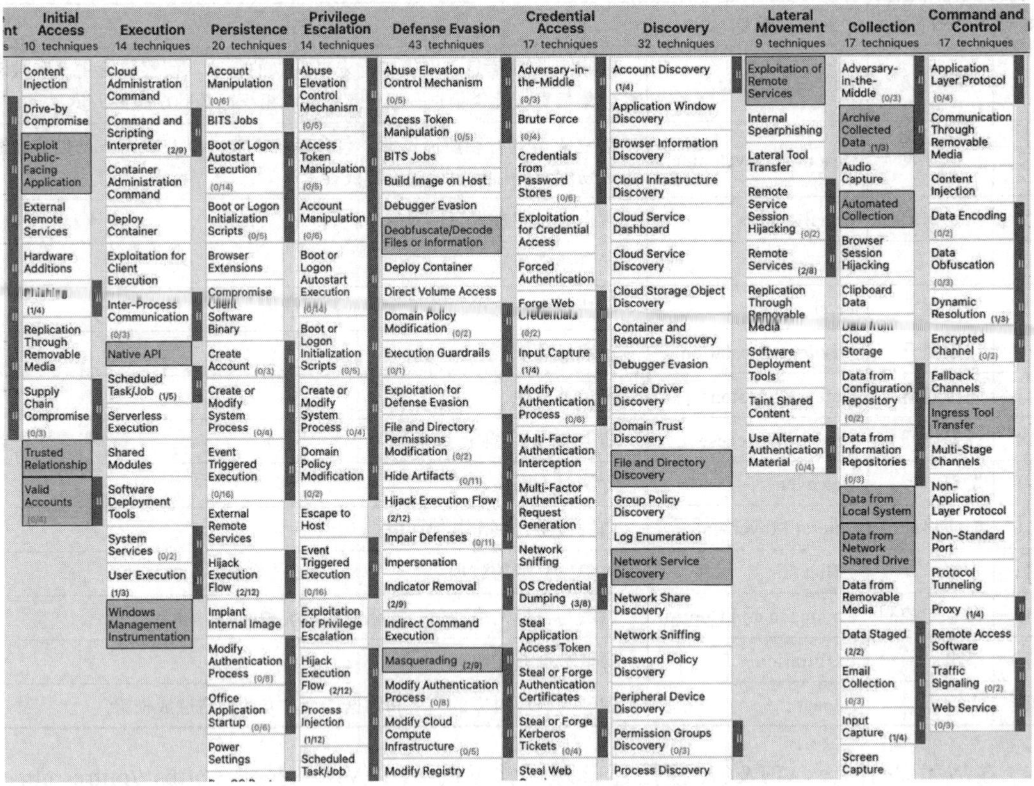

Initial Access 10 techniques	Execution 14 techniques	Persistence 20 techniques	Privilege Escalation 14 techniques	Defense Evasion 43 techniques	Credential Access 17 techniques	Discovery 32 techniques	Lateral Movement 9 techniques	Collection 17 techniques	Command and Control 17 techniques
Content Injection	Cloud Administration Command	Account Manipulation (0/6)	Abuse Elevation Control Mechanism (0/5)	Abuse Elevation Control Mechanism (0/5)	Adversary-in-the-Middle (0/3)	Account Discovery	Exploitation of Remote Services (1/4)	Adversary-in-the-Middle (0/3)	Application Layer Protocol (0/4)
Drive-by Compromise	Command and Scripting Interpreter (2/9)	BITS Jobs	Access Token Manipulation (0/5)	Access Token Manipulation (0/5)	Brute Force	Application Window Discovery	Internal Spearphishing	Archive Collected Data (1/3)	Communication Through Removable Media
Exploit Public-Facing Application	Container Administration Command	Boot or Logon Autostart Execution (0/14)	Account Manipulation (0/6)	BITS Jobs	Credentials from Password Stores	Browser Information Discovery	Lateral Tool Transfer	Audio Capture	Content Injection
External Remote Services	Deploy Container	Boot or Logon Initialization Scripts (0/5)	Boot or Logon Autostart Execution	Build Image on Host	Exploitation for Credential Access	Cloud Infrastructure Discovery	Remote Service Session Hijacking (0/2)	Automated Collection	Data Encoding (0/2)
Hardware Additions	Exploitation for Client Execution	Browser Extensions	Boot or Logon Initialization Scripts	Debugger Evasion	Forced Authentication	Cloud Service Dashboard	Remote Services (2/8)	Browser Session Hijacking	Data Obfuscation
Phishing (1/4)	Inter-Process Communication (0/3)	Compromise Client Software Binary	Create or Modify System Process (0/4)	Deobfuscate/Decode Files or Information	Forge Web Credentials	Cloud Service Discovery	Replication Through Removable Media	Clipboard Data	Dynamic Resolution (1/3)
Replication Through Removable Media	Native API	Create Account (0/3)	Domain Policy Modification (0/2)	Deploy Container	Input Capture (1/4)	Cloud Storage Object Discovery	Software Deployment Tools	Data from Cloud Storage	Encrypted Channel (0/2)
Supply Chain Compromise (0/3)	Scheduled Task/Job (1/5)	Create or Modify System Process (0/4)	Escape to Host	Direct Volume Access	Modify Authentication Process (0/8)	Container and Resource Discovery	Taint Shared Content	Data from Configuration Repository (0/2)	Fallback Channels
Trusted Relationship	Serverless Execution	Event Triggered Execution (0/16)	Event Triggered Execution (0/16)	Domain Policy Modification (0/2)	Multi-Factor Authentication Interception	Debugger Evasion	Use Alternate Authentication Material (0/4)	Data from Information Repositories	Ingress Tool Transfer
Valid Accounts	Shared Modules	External Remote Services	Exploitation for Privilege Escalation	Execution Guardrails (0/1)	Multi-Factor Authentication Request Generation	Device Driver Discovery		Data from Local System	Multi-Stage Channels
	Software Deployment Tools	Hijack Execution Flow (2/12)	Hijack Execution Flow (2/12)	Exploitation for Defense Evasion	Network Sniffing	Domain Trust Discovery		Data from Network Shared Drive	Non-Application Layer Protocol
	System Services (0/2)	Implant Internal Image	Process Injection (1/12)	File and Directory Permissions Modification	OS Credential Dumping (3/8)	File and Directory Discovery		Data from Removable Media	Non-Standard Port
	User Execution (1/3)	Modify Authentication Process (0/8)	Scheduled Task/Job	Hide Artifacts (0/11)	Steal Application Access Token	Group Policy Discovery		Data Staged (2/2)	Protocol Tunneling
	Windows Management Instrumentation	Office Application Startup (0/6)		Hijack Execution Flow (2/12)	Steal or Forge Authentication Certificates	Log Enumeration		Email Collection	Proxy (1/4)
		Power Settings		Impair Defenses (0/11)	Steal or Forge Kerberos Tickets (0/4)	Network Service Discovery		Input Capture (1/4)	Remote Access Software
				Impersonation	Steal Web ...	Network Share Discovery		Screen Capture	Traffic Signaling (0/2)
				Indicator Removal (2/9)		Network Sniffing			Web Service (0/3)
				Indirect Command Execution		Password Policy Discovery			
				Masquerading (2/9)		Peripheral Device Discovery			
				Modify Authentication Process (0/8)		Permission Groups Discovery (0/3)			
				Modify Cloud Compute Infrastructure (0/5)		Process Discovery			
				Modify Registry					

图 1-5　ATT&CK 中某个 APT 组织攻击的跟踪样例

痛苦金字塔（Pyramid of Pain）很好地描述了在攻击事件分析中各类威胁指标（Indicator of Compromise，IoC）的提取难度和价值。位于塔尖的 TTP 是痛苦金字塔中提取难度系数最高的一个 IoC，需要大量的样本、经验和长时间的积累才能完成。位于塔底的攻击样本中的哈希（Hash）值是样本中最容易获取的值，如图 1-6 所示。

对于攻击检测，很多防御模型虽然会向防守者显示警报，但不提供引起警报事件的更多上下文。ATT&CK 模型提供了对抗行动和信息情报之间的依存关系，防守者就可以追踪攻击者采取每项行动的动机，并了解这些行动的依存关系。

由于 ATT&CK 模型的应用潜力并没有得到充分挖掘，美国网络与基础设施安全局（CISA）和国土安全系统工程与发展研究所（HSSEDI）共同制定了一份《MITRE ATT&CK 映射的最佳实践指南》，旨在帮助网络威胁分析师将攻击者的 TTP 映射到 ATT&CK 模型指引中，以提高防守者主动检测对手行为和共享行为情报的能力。

ATT&CK 的官方网站（https://attack.mitre.org/versions/v8/#）上有很多有用的信息。

通过 ATT&CK 模型，防守者可以更好地掌握攻击的全貌，有针对性地应对攻击，并最终实现信息安全的目标。

1.3.3　黑盒测试

红队的攻击渗透人员需要具备较强的漏洞挖掘能力和漏洞感知能力，同时具备实战技能，针对在单个系统中发现的漏洞，能推断出其他系统是否也会出现类似问题。

蓝队防守人员需要熟悉自身系统，要擅长利用黑盒检测先于红队发现自身系统的漏洞和弱点。检测之前，对应用系统（包括系统的所有功能、与其他系统的调用关系、接口开放情况、系统架构等）进行跟踪了解。

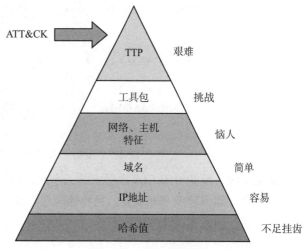

图 1-6　痛苦金字塔

1.4　CIA 原则

CIA 原则包括保密性、完整性和可用性，旨在指导组织内信息安全政策的落地。为了避免与美国中央情报局（Central Intelligence Agency，CIA）混淆，该原则有时也被称为 AIC 三元素，特指可用性、完整性和保密性。

理论上，一个完整的网络安全保障体系应充分考虑 CIA 原则。CIA 原则基于业务发展战略，以组织资产为核心，通过有效识别和授权使用资产，促进对组织的持续改进和调整，确保资产保密、可用和完整，最终实现对组织业务连续性的保障。

- C（Confidentiality，保密性）：意味着保护信息不被未经授权的人员或实体访问。反面例子是把 Wi-Fi 密码贴在会议室墙上，通过照片泄露出去。
- I（Integrity，完整性）：意味着保持数据准确无误且不被随意篡改。反面例子是银行账户余额被篡改，造成财产损失。
- A（Availability，可用性）：意味着确保系统或信息对授权用户一直处于可用状态。反面例子是政企受到了 DDoS 攻击，服务不可用。

总之，为了实现 CIA 原则，我们需要采用技术和管理相结合的策略。只有在技术的支撑下，管理措施才能发挥预期的效果。

CIA 原则反映了一切攻防手段都是围绕着保密性（C）、完整性（I）、可用性（A）展开的，对应的攻击手段是 DAD，即泄露（D）、篡改（A）、破坏（D），如图 1-7 所示。

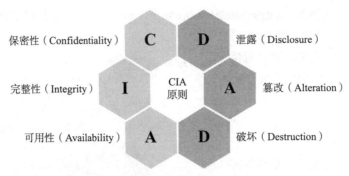

图 1-7　围绕 CIA 原则展开的攻击手段

通常来说，政企对于 CIA 原则中的三个元素并不是同等对待的，在发展初期，可用性的优先级较高；如果涉及金融业务，完整性的优先级较高；如果涉及 ToC 等与个人隐私相关的业务，保密性的优先级较高。

1.5　PPDR 模型

PPDR 模型包含 4 个主要部分，即策略（Policy）、防护（Protection）、检测（Detection）和响应（Response），是由美国国际互联网安全系统（Internet Security Systems，ISS）公司提出的。其中，防护、检测和响应构成了一个完整且动态的安全循环，在安全策略的指导下保障了信息系统的安全。该模型强调及时的检测和响应对于保障网络安全的重要性。它是基于时间的安全模型 PDR 改进而来的。PDR 模型是指，在整个安全策略的指导下，综合使用防护工具，并利用检测工具来评估系统的安全状态，通过适当的响应将业务应用调整到一个相对较安全的状态。PPDR 模型如图 1-8 所示。

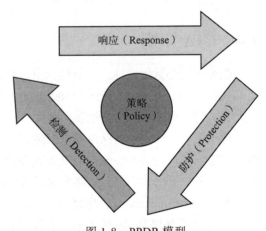

图 1-8　PPDR 模型

- 策略（Policy）：定义了组织的安全政策和防护规则，是整个网络安全保障的依据。
- 防护（Protection）：通常采用一些传统的静态安全技术及方法来实现，主要有防火墙、加密和认证等防护方法。
- 检测（Detection）：检测部分涉及实时监测组织的系统、网络和应用程序，是动态响应和加强防护的依据。
- 响应（Response）：包括组织的应急响应计划和实施措施，是解决安全问题的最有效方法。

注意，PPDR 模型的作用是帮助组织建立一个综合性的网络安全管理框架（从策略制定到实际操作中的防护、检测和响应环节），以确保组织对安全威胁有全面的应对能力。

1.6 IPDRR 业务安全框架

"工欲善其事，必先利其器。"面对市场上成百上千的开源和商业化安全产品，政企该如何利用它们组织有效防御呢？IPDRR 业务安全框架是由美国国家标准与技术研究院（National Institute of Standards and Technology，NIST）支持的创建全面且成功的网络安全计划的支柱。IPDRR 业务安全框架包括风险识别（Identify）、安全防御（Protect）、安全检测（Detect）、安全响应（Response）和安全恢复（Recovery）几个方面。从相对高一些的层次上来说，IPDRR 业务安全框架使利用各种安全技术和工具解决业务安全问题呈现一些通用的流程和思路，如图 1-9 所示。

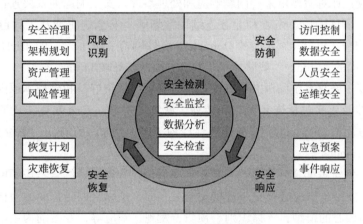

图 1-9　IPDRR 业务安全框架

为了方便大家学习，本书着重介绍在 IPDRR 的思路下，如何使用开源软件建设政企网络安全基础设施。当然，这些方法和思路同样适用于商业产品。

IPDRR 主要包含 5 部分。

● 风险识别：在业务安全中，这部分主要是定义业务的安全需求。对于大部分业务来说，它们面临的安全问题一般比较明显，比如，投票榜单类业务的安全问题就是刷票，拉新促活业务的安全问题就是被"薅"羊毛。风险识别涉及工具有资产管理（CMDB）方面的 Snipe-IT、治理风险和合规性（GRC）方面的 OpenGRC、安全信息和事件管理（SIEM）方面的 OSSIM、身份与访问管理（IAM）方面的 OpenLDAP、漏洞扫描（VS）方面的 OpenVAS 及 Nmap。

● 安全防御：强调自动运行的防御机制，如网络安全中的防火墙、WAF 等，以保证业务连续性。对于同一个业务场景，采取不同的安全防御机制将会有很大差异。比如，对于投票榜单业务来说，给获奖资格设定什么样的门槛。门槛越高，用户体验越差，参与的人就越少，但随之而来的，黑灰产的成本也越高，被刷单的概率也越小。这就需要安全部门和业务部门共同协商制定，以把控这个安全门槛的尺度。安全防御涉及要素包括访问控制、数据安全、人员安全、运维安全等。安全防御涉及工具包括防火墙（FW）方面的 pFsense、杀毒软件（AV）方面的 ClamAV、入侵防御系统（IPS）方面的 Suricata、数据丢失防护（DLP）方面的 OpenDLP、Web 应用防火墙（WAF）方面的 ModSecurity、堡垒机（JH）方面的 JumpServer 等。

- 安全检测：基于数据进行分析并发现攻击。安全检测涉及要素包括安全事件的检测、安全日志和监控、异常检测和响应、安全情报和威胁信息共享等。安全检测涉及工具包括安全信息和事件管理（SIEM）方面的 EFK 及 GrayLog、网络流量分析（NTA）方面的 Zeek、入侵检测系统（IDS）方面的 Snort、文件完整性监控（FIM）方面的 OSSEC、蜜罐（HP）方面的 HFish 等。

- 安全响应：针对检测出来的问题响应和处理事件。安全响应涉及要素包括安全事件响应计划、事件响应、恢复和业务连续性计划等。安全响应涉及工具包括安全编排自动化与响应（SOAR）方面的 Demisto、事件响应（IR）方面的 TheHive、取证分析（FA）方面的 Autopsy、威胁情报（TI）方面的 OpenCTI 等。

- 安全恢复：修复系统漏洞并将其恢复至正常状态，最好是找到根本原因进行预防。安全恢复涉及要素包括恢复策略和计划、恢复支持等。安全恢复涉及工具有灾难恢复（DR）方面的 Duplicati、业务连续性计划（BCP）方面的 iTop、备份与恢复（BAR）方面的 Amanda 等。

IPDRR 业务安全框架实现了事前、事中、事后全过程覆盖，综合考虑了网络安全、系统安全、个人设备安全、供应链安全、数据安全等方面，从原来以防护能力为核心的模型，转向以检测能力为核心的模型，支撑识别、预防、发现、响应等，变被动为主动，直至构建自适应的安全能力。IPDRR 的目标是，通过智能分析判断用户行为是否合法，寻求在风险威胁和业务安全之间的平衡，而不是一味追求业务安全。

安全实现终归是一个不断降低风险、最后使残余的风险可以被接受的持续的动态过程。行人在大街上行走只要遵守红绿灯、斑马线等交通规则，就可能规避掉 99% 的已知风险，但仍存在被醉驾司机意外撞倒的可能。但是，我们应承认交通灯、斑马线的规则总体是有效的，不能因一个人在斑马线上被意外出现的醉驾司机撞了，就否定红绿灯、斑马线这些设施的作用，而鼓励过马路的行人穿反光背心和全套护具。安全理念也遵循类似的原则，适度的规则和工具是必要的，但不能过分强调规则和工具的作用。

攻防双方常用的工具如图 1-10 所示。

很多工具是一体两面的。Metasploit 和 Nessus 虽然是攻击方常用的工具，但对防守方来说，也是必备的自查自纠工具。再比如另外一类，利用菜刀可以产生 Webshell 攻击，而 WAF 恰好可以进行有针对性地拦截。当然，单单 OWASP 总结的攻击工具和模式就有成百上千种，因此仅仅从工具方面匹配攻防措施是远远不够的。

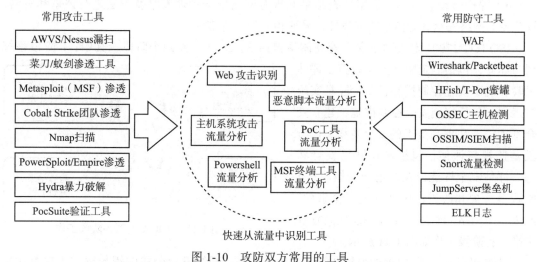

图 1-10　攻防双方常用的工具

如果在靶场环境中接入上述攻击工具和防守工具，然后导入各种攻击流量，我们可以精准地测试防守工具是否能识别，然后看其有什么样的响应，最后看业务是否得到了保护。实践证明，这些主动出击的方法是非常高效的。

1.7　安全工程

网络安全是一个系统工程，需要遵循一定的工程原则和流程评估风险、分析需求、制定安全策略和标准、选择和部署安全技术、测试和评估安全手段、实施安全措施等，将不同的安全技术和措施有机地结合起来。安全技术必须与安全管理和保障措施紧密结合，才能真正发挥效用。

1.7.1　PDCA 模型

俗话说，"罗马不是一天建成的"，网络安全建设也是一个循序渐进的过程。PDCA 是质量管理中常用的循环模型，被 ISO 等国际管理体系标准组织广泛采用。ISO/IEC 27001 标准在信息安全管理中可类比 ISO 9001 在质量管理方面的地位，它强调构建 ISMS 体系并基于PDCA 模型进行持续的循环和改善。

1）制订计划（Plan）。对每个阶段都应制订具体的安全管理工作计划，突出工作重点，明确责任和任务，确定工作进度，形成完整的安全管理工作文件。

2）落实执行（Do）。按照具体安全管理计划部署落实，包括建立权威的安全机构、落实必要的安全措施，以及开展全员安全培训等。

3）监督检查（Check）。落实安全计划工作，构建网络安全管理体系并认真监督检查，反馈具体的检查结果。

4）评价行动（Act）。根据检查结果对现有网络安全管理策略及方法进行评审和总结，评价现有网络安全管理体系的有效性，采取相应的改进措施。

ISO/IEC 27001 定义网络安全管理体系包括 P、D、C、A 四个阶段，其中：P 阶段是规划与建立，包括制定网络安全政策、评估风险和确定安全控制措施；D 阶段是实施与运行，包括实施安全控制措施、建立安全管理框架和提高员工的安全意识；C 阶段是监视与评估，包括监视网络安全状态、评估安全性能以及改进安全措施；A 阶段是维护和改进，包括管理安全事件、改进整个网络的管理体系并持续提高管理水平。各阶段工作如图 1-11 所示。

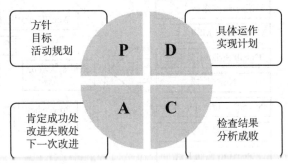

图 1-11　PDCA 模型各阶段工作

过去相当长一段时间内甲方的数字化水平不高，网络安全公司的销售模式主要是卖单品，比如杀毒软件，只要某几款产品成为爆款，公司就可以获得丰厚利润。防守方的思路类似于网游玩家买装备，只要我穿上了游戏中防御最强的胸甲、最强的臂甲、最强的腿甲、最强的鞋子，那么总的来说，防御力就不会太差。在过去，网络攻击手段单一，黑客们的目的是赚点零花钱，这种防御手段是可以勉强满足需求的。这也一度是网络安全行业集中度较低、行业龙头市占率不高的原因。

但是随着近年来移动互联网的发展，黑色产业也快速发展起来了，信息窃取、网络诈骗、勒索病毒、挖矿木马都可以给黑客带来丰厚的收益。黑客盈利的手段多了起来，金额也远远高于过去。随着各种黑灰产的盛行，网络攻击迅速多元化。

为了解决这个问题，"三位一体"安全能力概念诞生。这个概念是指保障网络安全不再依靠安全产品的简单堆叠，而是要各种安全产品互相配合、信息共享，同时结合大数据、威胁情报和专业的安全服务，形成一个有层次、有结构、协同联动的安全体系，如图 1-12 所示。

根据安全等级的不同，网络安全建设可分为低位、中位、高位 3 个层次。低位的安全建设以设备网络隔离为主，通过实施权限、端口、服务、访问最小化原则，加强内外网隔离、安全域间及域内的隔离来保证网络的安全性。中位的安全建设更强调攻击面的收敛，通过对老旧资产的下线、定时开关、统一互联网出入口、增强认证防护措施等方式来缩小系统的攻击面，从而提高系统的安全性。高位的安全建设更多强调的是态势的感知，通过对元数据、脆弱性数据、资产信息、安全事件、运行状态、审计日志、威胁情报等的全面记录与分析，更早地发现风险并及时进行阻拦。

Gartner 在《2022 年重要战略技术趋势》报告里再次提到了网络安全网格（Cybersecurity Mesh Architecture，CSMA），并强调了基于分布式身份结构（Distributed Identity Fabric）的上下文的安全分析，突出了产品间的聚合联动。由于网络安全产品形式的巨变，未来网络安全行业集中度将升高，形成强者恒强的竞争格局。安全厂商作为乙方，只有加大投入做研发才能有未来。资本实力不足、安全研发投入不足的公司，未来很可能会掉队。

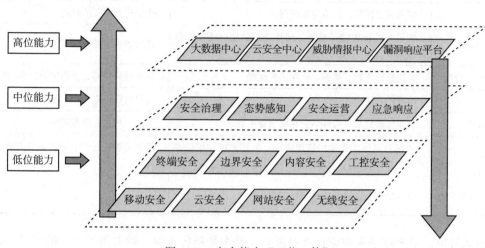

图 1-12　安全能力"三位一体"

1.7.2　共同推进

甲乙双方对安全工程的认识并不相同，有时候是对立统一的。统一点是双方都意识到项目的成功对组织的稳定运营和声誉很重要；对立点是甲方可能需要乙方提供有关网络安全措施的详细信息，乙方则可能认为这涉及商业机密或技术保密。

产品融合是双方当前面临的问题，甲方应与乙方协商，了解产品的安全特性以及如何融入现有安全体系。甲方即使在新产品测试验收后，也要持续监控和评估整个系统的安全性，确保新产品与现有安全体系的兼容性和一致性。

1.7.2.1　甲乙方视角

在甲方安全信息化建设过程中，产品的选型以及产品后期的引入都是非常关键的。甲方网络安全项目按照建设周期主要划分为 6 个阶段：立项阶段、设计阶段、招投标阶段、实施阶段、验收阶段和运维阶段。

在整个项目周期，各部门要加强沟通和协调，及时解决问题，确保项目的顺利实施。

同样，乙方项目的生命周期也可大体分为 6 个阶段，分别是售前阶段、合同阶段、启动阶段、实施阶段、验收阶段和维保阶段。各个阶段都有不同的实施内容，需要不同的干系人参与，共同完成任务。

1.7.2.2　共性和差异

表 1-2 给出了甲乙双方各自的工作和重叠的范围。对于供需双方来讲，产品一旦被定为企业服务，则一般需要走流程而且回款较慢。

表 1-2 甲方和乙方的工作

阶段	甲方工作描述	乙方工作描述
立项	申请资金预算，包括专家咨询	提供甲方需要的材料
设计 / 售前	在可行性报告的基础上，确认详细的实施方案、投资回报等	挖掘需求，技术认可，确定参数
招投标 / 合同	走招投标流程、商务、合同法务流程	商务确保中标，合同中包含 SOW
启动	检查乙方输出	项目启动，走 PMO 流程
实施阶段	保质保量完成风险评估，并提出变更意见	日报、周报，把握进度
验收阶段	收到申请后，找项目监理或第三方评测机构组织专家验收	整理好验收报告，评审后，在验收单上盖章
运维 / 维保阶段	维保结束后，需要申请每年的预算	通常，软件一年免费维保，硬件一到三年免费维保

可以看出，安全市场采购流程相对复杂，基本是销售主导，谁取得了甲方的信任，谁就容易拿到订单。To B 类客户基于理性决策，所以销售流程较长、成单较慢，并且 To B 类客户比较看重服务与产品价值。

通过滚动的项目推动，网络安全系统向联动、快速响应的防护方向发展。采用自上而下的结构化思想和方法，利用工程管理手段，成为构建网络信息安全体系的共识。

1.8 可观测性

未来，可观测性在网络空间安全领域具有重要意义。它通过绘制安全架构图、流程图和数据流图等方式，将网络安全方案、安全控制点和安全流程可视化，从而帮助安全团队和业务团队更好地理解并协同实施网络安全策略。同时，它还有助于安全运营团队识别和分析安全资产及其关联关系。庞大的系统中成百上千个节点互相影响，这本身就很复杂。而随着 EIP、CDN、SLB、高防以及 WAF 等云产品的不断丰富，云主机的网络拓扑变得更加复杂，并且资产无法完全掌握，因此很难准确查找存在的安全隐患。

为了解决性能问题，传统的应用性能监测（Application Performance Monitoring，APM）技术采用的是为每个请求过程分配一个唯一的 TraceID 的方法。该 TraceID 不仅包含性能方面的信息，还是用户实体行为分析的重要方式。然而，在海量请求情况下，如何保证 TraceID 唯一并包含请求信息？图 1-13 展示了 TraceID 的组成。

通过这个 TraceID，我们可以结合日志掌

图 1-13 TraceID 的组成

握这个请求在 2022-10-18 10:10:40 发出，并且被位于 11.15.148.83 主机、进程号为 14031 的 Nginx（对应标识位 "e"）接收。其中的四位原子递增数的取值范围为 0~9999，旨在防止单机并发导致 TraceID 冲突。

与之类似，网络性能监测（Network Performance Monitoring，NPM）是一种监测网络性能的技术。它可以实时监测网络中的数据包传输速度、响应时间和丢包率等指标，帮助政企识别网络性能瓶颈和异常情况，并提供相应的优化建议。

在可视化方面，APM 和 NPM 都有助于补全资产的关系信息。此外，传统的访问控制集中在南北向流量限制，而对东西向流量进行限制和隔离一直是难点。虽然微隔离技术可以解决这个问题，但缺乏可视化辅助会使交付过程变得混乱无序。

1.8.1　访问链

在渗透测试中，安全人员通常会从网络拓扑图入手了解政企的网络情况。访问链（Access Path）可视化是一种利用数字孪生技术展示真实网络环境的方法。这种可视化方法能够将内部状态转换成外部输出，帮助安全运营团队快速识别和分析安全资产及其关联关系，提升安全事件处理效率。

应用架构有很多类型，IBM 的克里斯·多特森（Chris Dotson）提出了一种方法来统一展示。这一方法包括构想所有用户可能的数据访问场景，并为某个用户使用何种数据的访问链设定一个具体的场景名字，以卡片的形式呈现出来。这样在设计防御系统时，这些卡片组合能够被清晰地参考和使用。

下面以一个简单的三层设计（Three-tier Design）为例。首先画出一个用户，再加入一个管理员，以此作为起点。然后，画出用户访问的第一个组件（例如 Web 服务器），再将该组件与用户连起来，并在连线上注明用户的访问方式。继续画第一个组件需要访问的其他组件，再画出它们之间的连线。接着，画出管理员如何访问应用。注意，管理员可能有多种访问应用的方式，例如，可通过云提供商提供的门户或应用编程接口访问，还可通过开放操作系统权限访问。最后的访问链输出如图 1-14 所示。

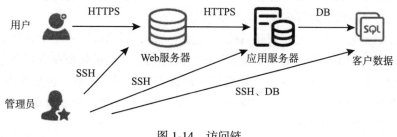

图 1-14　访问链

通过上述方式，可以快速把访问链上组件间的逻辑关系形象、直观地表达出来。这些生成的拓扑图既包括物理拓扑，也包括逻辑拓扑。逻辑拓扑是指应用之间的逻辑连接关系，物理拓扑是指设备之间的物理连接关系。通常，一台物理设备上可能运行多个应用。

随着元宇宙、AI建模等技术的不断发展，未来几年，是否能够迅速、有效、及时地看见未知威胁，能够看见未知威胁的多少内容（而不是盲人摸象），将成为安全技术与安全企业竞争的主要战场。特别是上云后，IT团队对云基础架构的可见性变差，安全风险的可视化能力也在下降，尤其受云上敏捷开发、新应用和服务交付加快、多云的影响，部署配置错误的可能性急剧增加。

1.8.2 杀伤链

随着云计算的普及，政企面临的威胁已逐渐从已知漏洞变为未知威胁。黑灰产的"武器库"日趋成熟，其中包括未公开披露的漏洞攻击手段（0day）。如何快速定位攻击源以及入侵原因，还原攻击者的入侵路径，在安全威胁检测中变得至关重要。

数字孪生是一种模拟杀伤链（Kill Chain）的技术，能够评估政企的安全威胁情况。随着微服务架构的流行，完整的业务事务逻辑被部署在多个微服务上。用户点击请求可能会触发多个微服务之间的相互功能调用，从而增加系统的复杂性和难度。此时，链路追踪应运而生，它可以快速、准确地定位存在问题的调用链路。

2010年，Google对其内部的分布式链路跟踪系统Dapper进行改造，并将请求按照Trace、Segment、Span三种模型进行划分，其间形成的OpenTracing规范成为链路追踪领域的重要标准。该规范提供了一种标准化的链路追踪方法，使链路追踪技术广泛应用于互联网应用系统中。

日常攻防中，政企等组织希望能够高效发现数据泄露问题，由此接入了SIEM流量日志，以记录所有访问业务的流量。但随之而来的问题是：每天有成千上万条流量日志混杂在一起，根本无法区分哪个人访问了哪个业务。

图1-15是一张2022年最火的安全创业公司WIZ的产品截图，它从访问逻辑角度梳理了链路。在一个网站主机上存在一个权限过大的令牌，最终导致敏感数据泄露。

WIZ平台会收集并整理警报的上下文信息，然后在一个清晰的拓扑图中展示出来。这样做可以帮助聚合相关联的问题，并且快速辨识出可能的安全漏洞渗透路径。这有助于安全团队根据图表中的风险级别进行高效、合理的修复。

该解决方案将拓扑图、时序图和系统地图融为一体，展示应用程序中各个组件（如服务器、数据库、中间件等）之间的关系以及调用时间序列，并显示数据在应用程序系统中的移动方式；同时，基于图技术，在云工作负载中创建多种上下文关系，包括网络暴露、漏洞、密钥、用户和机器身份等。因此，WIZ平台自推出后广受欢迎，给公司带来的收入在18个月内从100万美元增长到1亿美元。

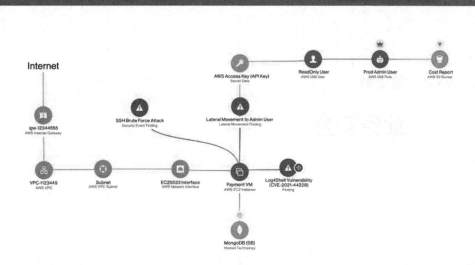

图 1-15　WIZ 安全产品（来自厂商截图）

1.9　本章小结

　　网络安全是一个跨学科的概念，实际上指的是网络空间安全而非网络设备本身的安全。

　　纵深防御包括人、技术和运营三个核心要素，这是 IATF 提出的。本章重点讲述政企作为红方在红蓝对抗中如何进行技术设防及反制，以更快地培养所需人才并提高运营水平。

　　围绕 CIA 原则进行筑工事、缩边界、拉外援和打反击等日常动作可以加强政企的安全防御能力。国内外许多安全标准都强调 PPDR、IPDRR 框架等的概念，因为国内外遇到的网络安全问题存在共同之处。

　　网络安全建设需要协调甲乙双方不同部门和人员合作，并通过 PDCA 流程不断提升防护水平和能力。随着云计算和移动互联网广泛应用于政企，安全挑战变得更加严峻。无论从甲方还是乙方视角来看，网络空间可视化都是解决安全问题的重要手段。资产盘点、挂图作战和攻击反制等技术可以直观地展示网络安全问题，这些都离不开网络安全可观测性技术。

业务安全

　　网络安全不仅是简单防范互联网黑灰产的问题，而是一项重要任务。它的关键在于围绕政企所提供的业务进行安全守护。政企无论提供何种服务（如宣传门户、购物网站等），都需要对涉及的信息系统和网络数据进行合规性评估和网络安全风险评估。了解这些业务和资产的关联是保护政企有价值资产首要考虑的事情。

　　围绕业务展开安全保护并不是一次性对抗，需要考虑攻击者持续动机。攻击者攻击政企主要原因之一就是他们能够获得高利润且付出成本很低。由于不同政企具有不同属性，安全保护对象复杂度和投入力量不均衡，往往精心构筑的防线被攻击者轻易突破。

　　网络安全从业人员应该着眼大局，抓住重点，尤其是新入行或看不到成果的人，需要深入思考：我们日复一日忙碌究竟是为了什么？安全防护并不能直接创造经济价值，通常会被列入政企成本中心。在安全发展过程中，业务主体才是根基所在、韧性所在，因此，我们需要将精力集中于为业务主体创造价值和保障其安全的工作上。

　　作为网络安全从业人员，我们应该清楚自己的职责，注重全局视野，并掌握关键要素，方能为政企的长远和可持续性发展做出贡献。

　　本章主要讨论业务与安全的关系，即业务的发展与安全的相互促进，重点讲述业务的支撑体系及对应的安全措施。

2.1　没有绝对的安全

　　安全问题一直都是一个难题，大部分人认为自己的家是安全的，直到有一天被盗了才发现原来漏洞非常明显，甚至门窗都没关好。

　　从外部来看，窃贼、黑客和蓄意破坏者一直在寻找突破口，他们利用所学的技能，在无限逻辑空间寻找破坏之路。然而，从内部来看，大多数人过于自信，觉得锁很好，门很厚，安全系统很高级，并且还有看门狗，就足以把大部分坏人拒之门外了。正是这种外部严密但内部松散的情况导致许多网络安全问题的发生。

2.1.1 人是最脆弱的环节

保罗·威尔逊（Paul Wilson）在《骗术真相》（*The Real Hustle*）中举了一个例子：把骗局地点设在本地的一个咖啡厅，他西装革履，坐在一个相对安静的空桌旁，一位女士（后续称 L 女士）和她朋友一起坐到他的邻桌，L 女士把包放在了旁边的椅子上。亚历克斯和杰丝装成一对夫妻，上前请 L 女士帮忙拍合影，L 女士很高兴能帮上忙。L 女士将手从包上拿开，保罗轻松自如地伸手拿起她的包，并将其锁进他的公文箱。没过多久，L 女士就意识到包不见了，在询问完信用卡是哪家银行后，保罗便告诉 L 女士自己碰巧是那家银行的员工，要马上注销信用卡。保罗拨通了客服中心的号码，事实上是亚历克斯的电话号码，然后肯定地告诉 L 女士信用卡注销很方便，但为了确认她的身份，需要她在通话手机的键盘上输入信用卡的密码。接下来就没有任何悬念了。得到密码后，保罗起身离开了 L 女士和她的朋友，径直向门外走去。

防御方和进攻方的思维方式是不同的，进攻方会考虑翻、钻、绕，甚至穿越等各种方式，以进入为最终目标。就像保罗经常告诫观众的一样："如果你认为自己不可能被骗，那么你就是我最想骗的那个人。"

无独有偶，著名的黑客凯文·米特尼克（Kevin David Mitnick）以擅长社交工程而著称，他也被称为"头号黑客"。他曾经进入美国国防部、五角大楼、美国国家税务局、纽约花旗银行等美国最安全的网络系统，轻松地行走其中。当时，他以骗取信息为乐，可以引诱人们泄露各种信息，例如密码、上网账号、技术信息等。他甚至窃听技术人员的电话，监控政府官员的电子邮件，并利用员工的人性弱点来破解"安全长城"。万幸的是，他是一个白帽子的角色。

你觉得遇到这样的对手，你能坚持多久？

2.1.2 安全体系

网络安全是一个复杂而广泛的领域，涉及多个层面和维度。随着网络攻击手法越来越高级，防火墙策略不断升级，入侵检测变得更加复杂，恶意代码库也在不断增长。因此，维护与管理日益烦琐，并且对于安全方面的投资也在持续增加。从点、线、面、体的维度来看待网络安全问题，我们可以更好地理解防御体系。

尽管如此，在防御局限性逐渐显现的情况下，安全问题并没有得到完全解决，并且防御作用正在逐渐减小。在数据时代（Data Technology，DT），谁拥有数据就拥有更多可能，这一点对于网络安全同样成立。未来政企用户会以点带面，在安全管理平台集成多家厂商的威胁检测及响应引擎，并收集足够多的数据构建网络安全立体防线以提升安全效果。

如图 2-1 所示，网络安全中的点、线、面、体是指网络安全防护的 4 个层次。

- 点：利用单元产品，针对基本攻击元素的检测（动/静态检测、AI模型检测等新型检测技术），包括个人终端产品、服务器、网络设备等单点设备及配套的安全产品等，如图 2-1 中的"Z实体单元"部分。
- 线：更多指数据传输的安全，包括网络通信的安全和数据传输的加密。利用访问链路的上下游，在网络侧针对单一攻击活动的分析（实时或准实时分析），如图 2-1 中的"Y协议层次"部分。
- 面：指逻辑层面的安全，包括网络拓扑、协议、应用程序等方面的安全。利用大数据技术，支撑周期范围内的网络攻击上下文关联分析（非实时分析），如图 2-1 中的"X安全服务"部分。
- 体：指网络安全中的整体安全体系，构建以人为中心、以数据为中心的双中心防御体系，基于 AI 技术，结合外部力量，实现针对潜在攻击的全方位持续挖掘和长周期跟踪分析，如图 2-1 中 X、Y、Z 部分组成的整体。

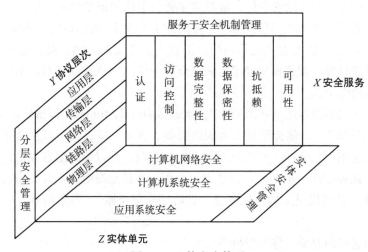

图 2-1　立体安全体系

大量政企应用上云，原来以网络边界为核心的防御理念随之变化，身份认证将成为政企新的安全边界。基于统一的身份认证，结合用户活动日志，形成上下文，总结出正常用户的访问规律、订单转换率、用户流失漏洞等，构建全面、实时的安全智能分析能力。

2.2　识别业务安全的意义

不同公司的业务场景对应的风险不尽相同，比如视频网站存在视频盗播、账号共享、浏览器去广告插件等安全风险；金融行业存在交易安全风险；政府获取了大量公民信息，存在隐私泄露风险。

通常，政企移动端会有账户、交易、查询、支付及内容等几个方面，对应的安全手段并不相同，可以分为基础安全和纵深防御两部分。基础安全主要包括应用加固、日志搜集、数据备份、密码安全、零信任安全（统一身份认证管理）等，这部分安全承担着业务安全的基础防护；纵深防御承担着更高的安全使命，如南北向流量防护（WAF、下一代防火墙）、东西向流量防护（主机安全、端点安全防护）、高级威胁发现（APT 攻击预警）、网络欺骗诱捕（蜜罐）、数据中心资源管理（多租户安全管理平台）、资产监测发现（资产测绘）、应用安全监控、运维审计安全（数据库审计、堡垒机、日志审计等）、威胁情报等。

同时，业务安全也离不开办公网的安全。办公网的主体是员工，个体上网行为千奇百怪，攻击面大于业务网。对于偏科技研发类的企业，图纸、配方等机密资料是最重要的，而这些往往直接存储在办公网上。此外，办公网还往往是业务网的信赖对象，后者很容易成为战略迂回攻击业务网的绝好跳板。近期，全球著名的某身份安全供应商就是因为员工在办公电脑上使用了个人 Google 账号记忆密码的功能而被攻陷。

"凡事预则立，不预则废"，只有抓住业务的主要脉络，行动起来，才能避免安全工作千头万绪但收效甚微，员工起早贪黑却碌碌无为。

2.2.1　金融行业

金融行业的信息安全工作需要围绕如何保障客户资金安全、客户信息安全、客户服务能够正常提供等开展。通过设计合理的业务逻辑、采取严密的身份验证措施和交易验证措施、建立风险监测模型、部署安全防控工具、加强运维保障等手段，在尽量简化客户操作、优化客户体验的同时，向客户提供安全稳定的服务。

金融业轰动一时的黑客攻击事件有，美国某信用评级机构被黑客攻击，超过 1.4 亿人的个人信息被泄露。

2.2.2　更多行业

能源行业一般大家的安全关注都在基础设施上。能源行业使用大量的工控系统来监测和控制电力设备、油气设备等，这些系统通常是老旧的软件和硬件，存在着安全漏洞，容易受到网络攻击。安全无小事，能源行业的防钓鱼和防 DNS 劫持也是重要的安全命题。近年来出现了一些新的形式，随着各种油价上涨的话题频繁冲上热搜，一些钓鱼网站为了混淆视听，故意将地址设置得和官网非常相似，比如仅有一个英文字母的差别，或是在网址栏输入时会自动跳出假网址。URL 的微小差异很容易让人上当。网民在线充值油卡，网址不小心多打了一个 s，被钓鱼网站坑一张充值卡，就损失几百元。

互联网行业的网络安全重点是保护数据，如用户个人信息、交易过程等，同时需要保障庞大的网络基础设施的安全，包括服务器、路由器、交换机等硬件设备的安全，以及操作系统、数据库等软件的安全。2018 年，四川一男子发现了某约车平台的破绽，不仅打车不用花钱，还疯狂套现了 50 万元。除了这种直接的资金损失，黑客行为还有可能带来间接损失。2016 年，某公司发生了用户数据被盗事件，直接导致该公司股价跌幅超过 6%，甚至影响到收购事宜。

在网络安全面临威胁的情况下，各行各业都很难独善其身。

2.3 梳理资产

资产管理是 IT 治理永恒的主题之一，就像阳光、空气和水，不起眼却不可缺。当一切安好时，资产管理不容易体现它存在的价值；当出现问题时，被忽视的"影子"资产管理往往能给运营团队带来严重攻击。例如，被网安监管部门通告，却发现根本不知道子公司的谁什么时候上线了这个网站；检测出了高危漏洞，问了一圈却不知道是跑什么业务的，能不能加固，谁来加固；运维团队不知什么时候又在互联网侧开放了 SSH 端口。

对于攻击方，侦察是第一步，攻击者需要找到脆弱的目标才能够下手；同样，对于政企作为防守方，也要了解自己的情况，不仅包括全面了解所有 IT 资产，还需要对每种资产的漏洞、脆弱点有全面的了解，掌握哪些严重的漏洞会导致被攻破等。只有摸清家底，才能对症下药。通常，攻击链如图 2-2 所示。

图 2-2 攻击链

如果政企已经构建信息技术基础架构库（Information Technology Infrastructure Library，ITIL）并建有配置管理数据库（Configuration Management Database，CMDB），那么很多信息都可以从 CMDB 中直接获得，不必再通过外部安全扫描手段来获得。在实践中，CMDB是一个重要的资产信息来源，但从安全视角来看还是不够的，能被攻击利用的都需要包含在内。政企还需要集成 IP 库、DNS 信息以及统一身份认证系统，才能够更全面地了解自身情况，并制定更有效的安全防御措施。最终可以输出的结果是，将业务资产以服务器和应用为中心，形成"域名—VIP—应用名称—服务器—IP—应用中间件—数据库"等关系链的大图，全面覆盖传统 IDC 机房内部以及政企上云的生产服务器。

这里重点关注的是服务器资源（详见第 5 章基础计算环境安全），但我们同时还需要关注开发运维终端（详见第 7 章办公安全中的终端部分）。

2.3.1 从资产关系开始

网络安全资产盘点是指对政企网络系统中的硬件、软件和数据进行识别、分类、关联、统计和管理，从而提供从业务到应用，再到 IT 资产的全链路智能化大图，以提升发现、定界、处理问题的效率，提高业务的安全性和稳定性。资产盘点主要的技术手段有被动采集模式、主动采集模式。被动采集模式适用于操作系统信息采集，不过需要考虑 Agent 对服务器的影响。主动采集模式适用于网络设备、防火墙等 IT 资产信息采集，可以不依赖 Agent，部署成本较低。相对被动采集模式，主动采集模式获取的信息没那么丰富，同时要尽量降低网络扫描对环境的影响。

资产梳理主要是为了全面了解公司的资产现状，可以从风险和业务两个角度进行评估。

2.3.1.1　资产盘点

通过网络扫描和绘制网络拓扑图，我们可以进行资产盘点，识别设备位置、类型、IP 地址和连接方式等信息，从而了解整个网络结构。我们还可以通过手动或自动的方式记录设备和应用程序的详细信息，如设备名称、IP 地址、MAC 地址、服务、补丁、端口等，方便资产统计和管理。

除了政企对自有资产的盘点，现在很多大型安全平台都会做网络空间测绘，主动采通过"IP + 端口"来识别 Web 资产，大规模扫描互联网上的服务器，识别这些服务器的类型、端口及对应的服务。Shodan 可以说是一款"黑暗"谷歌，一刻不停地在寻找着所有和互联网关联的服务器、摄像头、打印机、路由器等。通过网站域名，我们就可以看出 Shodan 的作用，这些网站都是由哪些组件组成的，如哪种操作系统、哪种 Web 容器等。

如果在输入框输入 city:beijing webcam，则可搜索北京的摄像头，如图 2-3 所示。

图 2-3　Shodan 的使用示例

Shodan 强大的搜索功能可以帮助安全从业者对自己负责的互联网平台进行安全审计，但另一方面，你的资产也赤裸裸地暴露在攻击者的面前。如果被不怀好意者利用，你可能成为他们收集信息伺机攻击的"帮凶"。

其他的网络空间搜索引擎还有常用的钟馗之眼等。这是国内互联网安全厂商知道创宇提供的，主要是针对网站的检索。

2.3.1.2 各类资产

在混合云环境中，政企拥有的资产可以分为云上和云下两部分。云上资产是指部署在公共云上的资源，例如基于云的应用程序、云存储、云数据库、虚拟机、容器和网络服务等。政企可以将应用程序和数据存储在云上，从而获得高可用性、可扩展性和弹性等优势。云下资产是指政企拥有和控制的本地资产，例如物理服务器、网络设备、存储设备和数据库等。政企可以将关键业务应用程序和数据存储在本地，以确保数据安全性、合规性和隐私性等。对于混合云，政企关键在于如何管理和整合这两个环境中的资产。通过使用云服务提供商的管理工具和技术，政企可以实现云上和云下资产的统一管理和监控，这有助于提高资源利用率，提高安全性。

1. 传统资产

传统的数据中心资产以各种各样的物理盒子为主，可以使用网络扫描工具如 Nmap、Zmap、Masscan 等来探测网络中的主机和端口。传统的数据中心的安全产品及厂商，如表2-1 所示。

表 2-1 传统的数据中心的安全产品及厂商

安全产品	厂商
交换机	Cisco、Extreme、Juniper、博科、华为、中兴、H3C、神州数码、锐捷、博达、Dell、Foundry、F5、北电网络等
路由器	Cisco、Extreme、Juniper、华为、H3C、神州数码、锐捷、阿尔卡特等
防火墙 /UTM/USG	启明星辰、网御星云、Cisco、Juniper Netscreen、飞塔、Checkpoint、Nokia、Bluecoat、天融信、东软、方正科技、网神、亿阳信通、中科网威、中网、阿姆瑞特、卫士通、H3C、迪普、山石、中宇万通、华为等
VPN	启明星辰、网御星云、天融信、Array、Juniper、网神、深信服等
网闸	网御星云、国保金泰、鸿瑞、南瑞等
IDS/IPS/IDPS	启明星辰、网御星云、Cisco、McAfee、IBM、Snort、HP Tipping Point、绿盟、东软、H3C、迪普、天融信、安氏、三零盛安、网神、理工先河等
漏洞扫描	启明星辰、网御星云、绿盟、榕基、奇安信等
防病毒	Symantec、TrendMicro、McAfee、瑞星、金山、江民、冠群金辰、熊猫等
Anti-DDoS	网御星云、启明星辰、绿盟等
WAF	启明星辰、Imperva、绿盟、中创 InfoGuard、安信华等
负载均衡设备	F5、信安世纪等

（续）

安全产品	厂商
安全审计系统	启明星辰、网御星云、复旦光华、汉邦、三零盛安、深信服等
运维审计	启明星辰、奇智、谐润等
身份认证	格尔、吉大正元、思科 ASA、安盟等
服务器	IBM、HP、Microsoft、SUN 等
数据库	Oracle、Microsoft、IBM 等
中间件	IBM、Oracle 等
网管系统	HP、IBM 等
存储系统	HP、IBM、EMC、VERITA 等

安全厂商的产品各种各样，日志格式、标准各不相同，集成很有挑战，开发一个日志系统或身份认证系统就要适配很多其他安全产品。

2. 私有云资产

私有云可以在企业数据中心的防火墙内部署，或在安全的主机托管场所中部署。它的核心特点是拥有专属资源。私有云资产通常由虚拟化平台 OpenStack 等管理，包括计算、存储和网络资源，可以使用专门针对虚拟化环境的扫描工具如 Nessus 进行扫描。

可以看出，一个配置完整的 OpenStack 私有云还是有很多组件的，例如 Neutron 组件负责提供网络服务，它基于软件定义网络的思想，实现了网络虚拟化下的资源管理；Keystone 组件通过身份验证和权限管理来避免各个组件对外暴露，以便其他程序调用；Ceilometer 组件跟踪用户资源消耗并计费。私有云产品如图 2-4 所示。

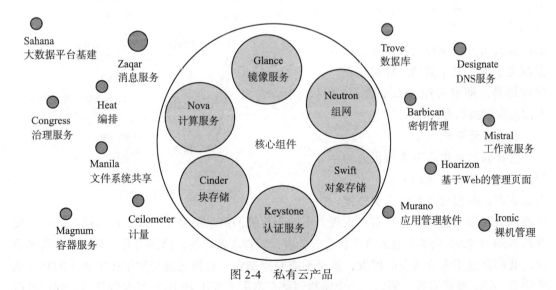

图 2-4　私有云产品

相对而言，尽管基于模块化架构设计的 OpenStack 在国内市场表现出色，但基于微服务的 ZStack 在中国市场的渗透率较高，得到了许多政企的青睐。

3. 专有云资产

对于专有云资产，我们可以利用云服务提供商的管理工具或 API 来获取资产信息。虽然私有云和专有云都可以在客户机房内部署，但是大型企业也追求与公共云相同的使用体验，并且希望能够实现与公有云的无缝对接。作为托管在云服务商的私有云，专有云通常要求支持 30 种以上不同类型的产品，包括计算、存储、容器、中间件以及有安全相关功能的防病毒、防火墙、SOC 等产品。高级专有云还支持 DevOps、大数据、数据智能、物联网和数据库等开发测试相关的产品。图 2-5 是专有云产品的分类总结，供大家参考。

一个配置完整的专有云产品也是有很多组件的。比如对于阿里云专有云（Apsara Stack）来说，客户只需要用最小的体量来自建最小规模的专有云，其他部分与公共云计算结合，通过"私有云 + 公共云"的混合云服务来满足自身需求，以及解决成本与效率问题。针对轻量级的场景，阿里云和 ZStack 合作，形成较彻底的私有云场景。

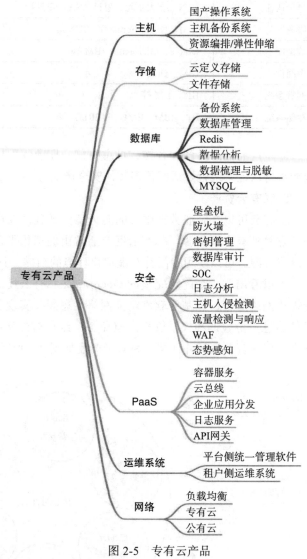

图 2-5　专有云产品

4. 公有云资产

公有云通常指第三方提供商为用户提供的能够使用的云。对于公有云资产，我们可以利用云服务提供商的 API 和管理工具进行资产发现。不同于传统的网络层手段，政企可以通过接口直接获取 IaaS 或 PaaS 层的公有云资产信息。公有云组件非常丰富，给部署业务系统带来很多便捷。我们再也不需要繁杂的配置，甚至不需要控制台，直接通过资源编排服务（ROS）就能构建一套完整的系统。例如，一个购物网站在购买了 SSL 证书和 DNS 服务后，我们可以通过 ECS 服务器集群，访问数据库和文件存储，并且能通过弹性伸缩服务（Elastic Scaling Service，ESS）预判资源水位实现动态扩缩容。在安全方面，安骑士（主机安全）、云安全中心（态势感知）用 WAF、DDoS 代理保护应用；在 VPC 内部，IAM 对云资源进行分配管理，实现起来很容易。如果有一些短信告知的服务，我们可以通过各大云短信服务配置内容发验证码到手机，再也不用直接去找运营商买服务了。

以公有云接口获取资产的方式更加直接、准确、高效，随时都可以执行，不需要等到下一个扫描周期。同样，一般返回的资产关系是扁平的，而我们更需要的是，资产之间的依存关系。实际上，公有云环境中的一台主机可能和另外一台属于不同的区域、VPC 和安全组，彼此之间连接可能是树状路径，并不是扁平关系。

除了使用接口调用的方式，我们还可以采用存算分离的方法。通过 Agent 分别对 SaaS、PaaS 和 IaaS 三层进行数据采集，然后按照不同的层次进行核心数据解析。采集到的数据会经过清洗、换算和计算处理。根据不同数据的特点，选择相应的实体模型或关系模型进行存储。同时，针对业务需求，通过流程管理来完善 CMDB 中的实体属性，并通过关系图进行可视化展示。此外，这些信息可以对其他应用场景开放。

5. **互联网资产**

互联网资产是指组织在公共互联网上可访问的资源，它们往往托管在第三方平台上。这些资产可以通过多种方式（包括网络扫描、搜索引擎和互联网基础数据引擎等工具）进行发现。例如，利用攻击面管理（ASM）工具，通过对集团或子公司的域名、联系人和工商登记等信息进行搜索，对资产进行识别和记录，并建立一个明确的外部资产清单，及时发现各业务应用系统中未知的互联网资产，如图 2-6 所示。

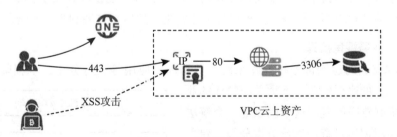

图 2-6　互联网资产扫描

"影子"资产是指未经手组织的 IT 部门，是由各个部门或个人自行采购或使用的技术、应用程序、设备或服务等。这些资产存在着未知和不可预见的威胁，可能给组织带来危险。例如，人力部门可能会订阅一个招聘筛选简历公司的 SaaS 服务，但这个服务往往暴露在互联网上，并且没有得到足够的关注和监控。再比如产品代码在 GitHub 上泄露、敏感文档和文件在百度网盘和 CSDN 文库中泄露等都可能给组织带来安全风险。

我们可以在第 10 章安全运营中找到攻击面管理（ASM）、入侵和攻击模拟（BAS）的例子。

2.3.1.3 风险视角梳理

风险视角梳理主要是通过风险评估来全面了解公司资产的安全状况，为最终解决问题和政企安全建设做准备。同金融风险类似，我们需要了解安全保护对象才能有的放矢。

资产梳理的目的是尽可能多地获取公司的相关信息，并整理相关风险，使安全团队对资产有整体的了解，减少影子资产，为下一步开展工作奠定基础。表 2-2 展示了一个资产梳理示例。

表 2-2 资产梳理示例

资产类型	资产内容	备注
业务系统	对外提供服务的网站、App、公众号、小程序、运营后台（如互联网业务重点关注账号、交易、支付等）	互联网域名、IP、SSL 证书等
办公系统	OA 系统、邮件系统、人力系统、财务系统等	办公安全域、网段等
人员资产	企业员工、外包人员、供应商等，部门组织架构等	
账号资产	办公类账号、测试类账号、运维类账号、外部云 IaaS 账号、SaaS 账号等	
基础设施	PC、服务器、打印机、网络设备、安全设备、存储设备、操作系统、中间件、数据库等	主要的硬件支撑

随着云计算技术的普及，传统的物理设备和数据中心逐渐被虚拟化，公有云则实现了资源池化，这种趋势明显。这里介绍一个简单的 IDC、私有云、公有云（以阿里云为例）的资产对比示例，如表 2-3 所示。

对资产进行分类是为了更好地使用和联动。产品服务功能设计采用了模块化和组件化方式，遵循先对基础和局部进行态势分析和可视化原则，然后再扩展到整体和全局。

2.3.1.4 业务视角梳理

现今多数政企的运维都是按操作系统、数据库、应用等进行分工，工程师（尤其是外包）只关心分工的底层资源，不太关心整体的业务层，导致不好排查问题。这个问题的一个解法是，按业务应用逻辑对资产进行分类分级，建立IP 资产、域名资产、去重的 URL 资产与对应的产品线、安全联系人等，如图 2-7 所示。

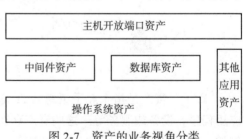

图 2-7 资产的业务视角分类

- 主机开放端口资产：指的是主机上运行服务的直接访问接口。通过发现、识别和分析主机开放端口，可以获取具体服务信息，包括服务类型和版本等。
- 中间件资产：是最常见的资产类型之一，在几乎所有系统中都存在。由于应用广泛，中间件漏洞通常会带来重大安全隐患。因此，在安全资产管理方面，我们需要特别注重中间件资产的发现与识别。

表 2-3 IDC、私有云和公有云资产对比

	IDC	私有云	公有云
分工	100% 自建	云厂商提供 80% 的资源建设，20% 的资源运维	云厂商提供 100% 的资源建设、运维
平台	VMware 等虚拟机	OpenStack 等	阿里云控制台（飞天操作系统）
网络安全域	自建 NAT 网关、物理交换机、物理网卡、物理防火墙、运营商拉线分配公网 IP 等		VPC（NAT 网关、弹性网卡、安全组、虚拟交换机、安全组、弹性公网 IP、各种形态的带宽计费包、VPN 专线、路由器、云企业网）
对外端口	F5 等	LVS+Nginx+Keepalived+HA+Heartbeat	负载均衡
安全产品	防火墙、WAF	防火墙、WAF、容器	WAF、DDoS、堡垒机、云安全中心、容器
中间件	Tomcat	Tomcat	企业级分布式应用服务、容器服务、函数计算、Serverless、应用引擎、微服务应用引擎
操作系统（服务器）	虚拟机	除了 ECS，还有 Docker 等	除了 ECS、Docker，还有 Serverless 等
数据库	MySQL、MongoDB、Oracle、Redis、SQLServer	MySQL、MongoDB、Oracle、Redis、SQLServer、ES	RDS（各种引擎的 NoSQL 和 SQL 型数据库）
块存储	阵列卡	软 Raid、VG、LVM、逻辑卷快照	各种云盘、快照、镜像
监控	Zabbix、Prometheus	OpenFalcon、Cacti、Nagios	应用实时监控（站点、进程、资源水位）、性能测试
大数据平台	Hadoop	Hadoop	大数据计算服务

- 数据库资产：是最常见的资产类型之一，在几乎所有系统中都存在。由于应用广泛，数据库漏洞通常会带来重大安全隐患。因此，在安全资产管理方面，我们需要特别注重数据库资产的发现与识别。
- 操作系统资产：作为业务系统的底层资产非常重要。Linux、Windows 等操作系统内含多种服务和组件，在为业务系统提供支持的同时也可能带来各种漏洞和风险（例如OpenSSL Heartbleed）。在进行安全运营时，我们必须对操作系统进行重点关注并积极应对。
- 其他应用资产：组织自己开发的业务应用和其他第三方的业务应用资产，也是安全资产管理中应该关注的一环。

例如，一个对顾客提供预约服务的移动 App 可能使用了十几台 Linux 服务器，用 Tomcat 作为中间件，用 MySQL 数据库，对外开放的是 443 HTTPS 端口，采购的第三方供应商开发的移动 APP。通过使用图数据库，可以更加方便地对网络拓扑进行建模和管理，在 CMDB 基础上形成类似 Wiz 公司描绘的攻击链图，厘清上下文和优先级，进而更好、更快地进行网络流量分析、故障排查等操作，如图 2-8 所示。

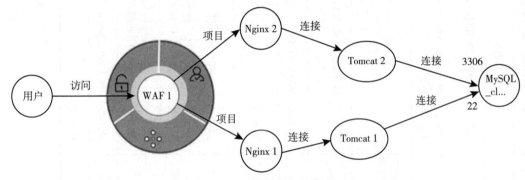

图 2-8　图数据库中的资产

根据图 2-8 所示的路径来看，MySQL 数据库服务器的 SSH 服务（22 端口）的漏洞其实并不那么紧急，因为它并不处于主要的访问链路上下文中。我们完全可以通过设置主机或网络的 IP 策略来降低其被攻击的风险。而 MySQL 的 3306 端口的漏洞必须优先修补，因为它时刻被使用，修复级别更高。将漏洞按业务逻辑区别对待，可以将风险降至最低。

2.3.2　资产的关联

资产管理面临的一个很大的问题是资产之间无关联。各个维度的资产之间都是孤立的竖井，不知道节点和系统之间有着怎样的对应关系和依赖关系。如域名与应用之间、应用与数据库之间未建立关联，发生安全事件时，我们无法准确判断对业务系统的影响范围。

资产不是无序的。这里所说的安全视角下的资产管理与传统配置管理数据库（CMDB）中的资产管理想要达到的目的是不太一样的，这里更倾向于从业务安全视角对资产进行关联管理，试图更好地理解进攻的路径和防守的卡点。但如果政企已经部署了 CMDB，二者的数据可以进行必要的整合或验证，例如资产扫描可以基于 CMDB 中的数据进行操作，或者资产扫描后的数据可以同步到 CMDB 中。

网络层主动扫描是政企了解 IT 资产最简单、最直接的技术手段，也是大多数安全厂商采用的方式。主动扫描是指使用网络探测技术（如 Nmap），对 IT 资产进行识别。这种扫描方式能够最大限度地模拟攻击者的攻击路径，一旦发现活跃的 IP 地址，可以通过向目标主机发送 TCP SYN/ACK/FIN 等报文数据，然后根据返回的数据包中的 Banner 信息判断正在运行的服务。扫描时一定要打开告警，避免被攻击者利用。

此外，资产发现还可以结合现有的网络性能管理（NPM）技术实现，通过对网络全流量、NetFlow 信息分析，获得每个设备的 IP 地址、MAC 地址、设备类型、连接端口等相关信息，较全面地检测正在使用的设备、服务和应用程序。NPM 旁路工作，不会对业务造成影响。

还有一些手段是利用应用程序性能管理（APM）技术，通过操作系统有插件或无插件的方式来发现资产。安全人员还可以通过登录服务器，并运行一些命令来获取开放端口和正在运行的服务。如果要求更高，我们还可以在服务器上安装性能或安全代理（Agent）软件来识别资产，例如利用性能分析客户端获取 JVM 服务器当前运行时依赖包等。这两种方法对业务有一定影响，资产发现效果也受安装范围影响。

在实际的资产管理中，政企可以根据自身的资产管理要求来决定采用哪一种或多种资产发现手段，最终通过获取"网络地址 + 开放端口 + 运行服务 + 依赖设备"组合信息，对 IT 资产进行盘点。

2.3.2.1　映射关联机制

如果能和运维平台结合，我们可以利用 netstat 命令来获得操作系统上开放的端口的方法、参数，具体如下。

-r：--route，显示路由表信息。

-g：--groups，显示多重广播功能群组组员名单。

-s：--statistics，按照每个协议分类进行统计。默认显示 IP、IPv6、ICMP、ICMPv6、TCP、TCPv6、UDP 和 UDPv6 的统计信息。

-M：--masquerade，显示内存的集群池统计信息。

-v：--verbose，显示每个运行中的基于公共数据链路接口的设备驱动程序的统计信息。

-W：--wide，不截断 IP 地址。

-n：禁止使用域名解析功能。链接（IP 地址）以数字形式展示，而不是通过主机名或域名形式展示。

-N：--symbolic，解析硬件名称。

-e：--extend，显示额外信息。

-p：--programs，显示与链接相关程序名和进程的 PID。

-t：显示所有支持 TCP 的端口。

-x：显示所有支持 Unix 域协议的端口。

-u：显示所有支持 UDP 的端口。

-o：--timers，显示计时器。

-c：--continuous，每隔一个固定时间，执行 netstat 命令。

-l：--listening，显示所有监听的端口。

-a：--all，显示所有链接和监听端口。

-F：--fib，显示转发信息库（默认）。

-C：--cache，显示路由缓存而不是 FIB。

-Z：--context，显示套接字的 SELinux 安全上下文。

输入命令：

```
netstat -punta
```

输出：

```
Proto Recv-Q Send-Q  Local Address       Foreign Address      (state)
tcp4      0      0    *.55617             *.*                  LISTEN
tcp4      0      0    *.13384             *.*                  LISTEN
```

输出可以帮助我们看到，某台虚拟机上运行了多个服务，包括 80 端口的网站服务、22 端口的 SSH 服务、389 端口的 LDAP 服务、27017 端口的 MongoDB 服务、3306 端口的 MySQL 服务等。

我们可以运用脚本语言，如 Python 字典，通过自行开发来存储上述访问关系。调用 netstat 来收集会话信息，效率会比较低。我们可以直接解析 /proc/net/tcp 文件，梳理客户端和服务端的访问关系，示例如下：

```
python3 ./my_netstat.py 28800 3
```

程序使用了 Python 集合对重复目标 IP 去重，只保留新出现的目标 IP。我们关注目标 IP 的变化，长时间监控网络会话，尤其是主动外联，可以发现可能的入侵主机。

2.3.2.2 资产扫描工具

针对传统的 IDC、私有云、公有云环境中互联网资产的不同属性，我们可以选择不同的资产扫描工具（如 Nmap、Zmap、Masscan、OpenVAS、Nessus、Qualys 等）进行扫描。下面从开源、商业化两个维度去看资产扫描工具。

在开源领域，许多漏洞扫描工具自身也提供了资产扫描功能。Nmap 不仅能够发现资产，还能补全关键的资产信息，包括开放端口、正在运行的服务以及操作系统类型等。这样，我们可以分析路由器、交换机和网关等设备的 IP 地址和位置，以推断资产之间的网络拓扑结构。

Nmap 在黑客工具 Kali 中就可以找到，命令如下。

```
nmap 192.168.31.1-255 -Pn
```

这样，我们就可以找到哪个 IP 是上线的。如果你对哪个 IP 感兴趣，你可以进一步查找相关信息：

```
   ┌── (Kali㉿Kali)-[~]
   └─ $ nmap 192.168.31.124 -Pn
Starting Nmap 7.92 ( https://nmap.org ) at 2022-11-24 09:53 EST
Nmap scan report for 192.168.31.124
Host is up (0.00099s latency).
Not shown: 993 filtered tcp ports (no-response)
PORT      STATE SERVICE
135/tcp   open  msrpc
139/tcp   open  netbios-ssn
445/tcp   open  microsoft-ds
554/tcp   open  rtsp
2869/tcp  open  icslap
5357/tcp  open  wsdapi
10243/tcp open  unknown

Nmap done: 1 IP address (1 host up) scanned in 17.68 seconds
```

另外一个更为高效的工具是 Zmap，它采用了无状态扫描方式，只需指定一个扫描网段和扫描端口就可以开始扫描。Zmap 号称可以在 44min 内扫遍全网；而 Masscan 更快，号称可以在 6min 内扫遍全网，最快可以从单台服务器每秒发出 1000 万个数据包。

当业务规模达到一定程度时，扫描器的扫描性能会成为整个系统的瓶颈。分布式扫描器就成为必然产物，通常是结合任务队列扫描器 Celery 和 Docker 技术完成分布式部署，为了提高 Redis 的性能和容量，会使用集群模式。目前，很多政企为了抵御攻击，安全设备会拦截或告警这种扫描，因此攻击者很少使用上述这些全网扫描工具，转而使用半社工的方式，例如直接猜测生产系统是 erp.xxx.com，以更精准地发现内网的资产和攻击路径。

2.3.3　可视化展示

在 ITIL 体系里，CMDB 是支撑业务流程的基石，自上而下梳理业务是政企 IT 管理体系关注的核心，这样我们就有必要梳理资产的模型实例的对应逻辑以映射业务间的关系，保证可观测的准确性和一致性。

为什么说可视化（例如拓扑图）展示非常重要？因为它能帮助网络安全分析师更有效地检测和修复威胁。不同的阶段有不同的安全优先级问题需要解决。而在目前，最优先、最重要的安全问题就是看见能力的缺失。看得见才能意识到威胁，看得见才能知道威胁正在发生，看得见才能防御。通过将内置的端到端工作流链路套用在不同的网络安全用例上，我们能快速发现异常行为。看见发生了什么，个人和企业才会有安全感。

2.3.3.1 传统的拓扑图

在计算机网络中，不同的运维团队往往按分工对负责区域的网络或服务器更为关注，这种南北的横向分块连接会形成一个传统意义上的拓扑结构，即使是最新的公有云架构也不例外。图 2-9 将整个公有云系统分为云端 VPC（核心业务需要）、管理与监控以及安全防护等几个逻辑区域。这些区域可以在同一个 VPC 中，也可以在 4 个 VPC 中，具体要看安全要求的高低。

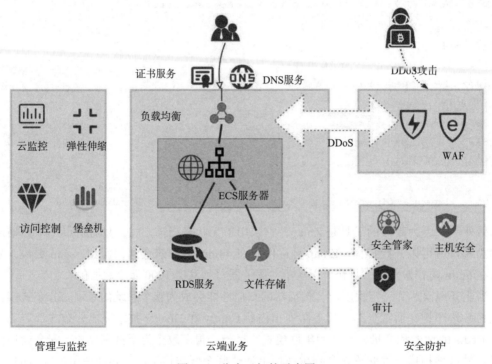

图 2-9　公有云拓扑示意图

实际上，为了支持业务的运行，按访问顺序从南到北梳理纵向关联的服务组件更有意义，包括梳理客户机、网络设备、网络负载、应用服务器、数据库服务器等。例如当用户从客户机发起请求时，互联网流量会先经过 DNS 解析，然后通过 DDoS 高防服务、WAF 和云防火墙三道安全防线，接着通过负载均衡，经过 NAT 网关后才能访问到 ECS 服务器，最终触达数据库中的数据。

2.3.3.2 安全视角下的网络拓扑

安全视角下的网络拓扑更加关注纵深防御，那怎样算是一个所见即所得的防御体系？
网络安全产品之间的联动和协同可以实现类似蜈蚣行走的效果。蜈蚣有多条腿，每条腿

都能够独立行动，但它们能够协同工作，从而以极快的速度移动。类似地，不同的网络安全
产品可以通过协同工作实现更强大的安全保护。例如，防火墙可以检测和阻止入侵尝试，而
入侵检测系统可以检测和报告已经发生的入侵行为。当这两个系统协同工作时，入侵尝试
可以更加准确地被检测和阻止，同时已经发生的入侵行为也可以更快地被发现和处理。这
种协同工作可以扩展到其他安全产品，例如反病毒软件、网络监控工具和身份验证系统
等。为了实现协同工作，网络安全产品需要能够共享信息，并能够根据其他系统提供的信
息进行决策。一些标准化的安全协议和接口已经被开发出来，以实现不同的安全产品进行
集成和协同工作。例如，开放式 Web 应用程序安全项目（Open Web Application Security
Project，OWASP）开发了许多标准化的安全协议和接口，以帮助开发者更好地集成不同的
安全产品。

对于图 2-9，在安全视角下，从用户到数据层层设防，就变成了图 2-10 这样的一个访问
过程控制。

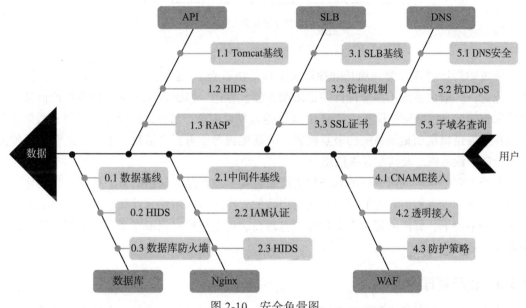

图 2-10　安全鱼骨图

在全面理解资产管理的前提下，实施完整的鱼骨图视角的资产管理能够帮助公司降低额
外的维护成本，清晰地呈现资产之间的依赖关系，减少未使用的资产数量和降低潜在的安全
风险，为审计工作做好充分准备，提高其他 ITIL 流程效率，对故障恢复非常有帮助。尤其在
网络变更和断网演练等情况下，我们需要快速准确评估影响的范围，明确受影响的应用和负
责人。

2.3.4　资产管理负责人

从 IT 资产视角来看，政企需要跨越一些管理鸿沟——从"应用"到"应用＋一号位（负

责人，Owner）"。资产负责人可以根据职责不同分为业务负责人、系统负责人、主机负责人等，又可以根据组件不同分为中间件负责人、数据库负责人、操作系统负责人、网络系统负责人等。根据明确的资产与负责人之间的对应关系，我们可以在资产风险管理过程中建立完整的业务到负责人的关系链条，以便安全运营团队构建闭环的风险管理模式，如图2-11 所示。

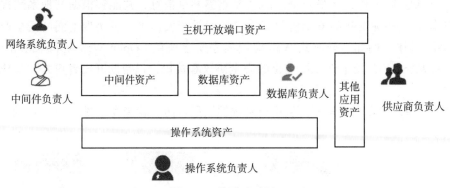

图 2-11　资产负责人

传统的资产管理作为一项基础性运营工作，由政企 IT 运维团队负责，落实到具体的人员角色上，一般由系统工程师统计并记录服务器、存储、操作系统等基础设施资产信息，由网络工程师记录网络交换设备、公网 IP 地址等基础设施资产信息，由应用工程师和数据库工程师在业务逻辑层面记录系统的节点配置、关联配置等业务资产信息，由安全运营工程师记录安全防护设备资产及其配置项信息。

安全运营团队应利用成熟的自动化资产管理技术或产品，构建高效、智能的自动化资产发现、识别和管理能力，降低资产管理对团队的工作压力。借鉴云计算的经验，在消除了共享账户的前提下，资产的诞生走审批流，自动在名称上打标，记录在案，并定期复核，是一种更高效的方式。

2.3.5　资产管理产品

资产管理意味着建立和维护对资产持续的认知。随着时间的推移，系统数量通常会不断增加，我们很难保持对环境中所有资产的了解。如前所述，安全事件的发生很可能是由于没有完全了解环境，尤其是公有云上的，无论未打补丁的服务、暴露的云存储账户还是错误分类的文档。

Snipe-IT 是一种开源的 IT 资产管理系统，可用于跟踪硬件、软件、许可证等资产。它可以通过提供 AWS IAM 用户的访问密钥和密钥 ID 来实现 AWS 公有云资产的发现。

安全厂商绿盟、安恒、奇安信等无一例外地提供了资产的管理产品，例如暴露面管理、漏洞管理以及日志记录等，尤其是针对自身资产的管理展示，有些还是非常直观的。

2.4　混合云业务安全

以多层次安全手段为基础的信息安全纵深防御，也会随着业务的变化而产生很大的差异。安全的基本理念是层层设防。网络空间安全纵深防御提出的主要原因是各种攻击层出不穷，比如针对服务器漏洞攻击、针对中间件漏洞攻击、针对数据库已知漏洞攻击、针对第三方库漏洞攻击、针对不安全配置攻击，以及针对业务逻辑攻击等。目前，我们还没有一种方法可以防护所有的攻击。安全防御行为其实是一种平衡行为。找到安全性和可用性之间的平衡点是一项困难的任务。

在金融行业，具体的业务场景安全实施如下：用户通过手机银行 App 登录银行账户，输入用户名和密码进行身份验证，即第一道防线身份认证；用户进入转账页面，填写转账信息，包括收款人账户、转账金额等，即第二道防线应用访问控制；手机银行 App 将转账信息发送给后端服务器进行处理，即第三道防线数据传输 SSL 加密；后端服务器验证用户身份和账户余额，确认转账请求合法后进行转账操作，即第四道防线服务器防止篡改转账信息；后端服务器将转账结果返回给手机银行 App，提示用户转账成功或失败，即第五道防线数据加密，保护用户敏感信息的机密性和完整性。整体应当以"场景 + 定义攻击"为核心驱动，基于终端系统、数据资源、应用服务、主机系统、网络平台、物理环境等数据来源分析，以用户实际需求为出发点，从综合安全、业务安全、数据安全等多个维度为用户提供全面的金融业务安全态势管理。

上述复杂操作很难通过使用单个供应商的一套产品来完成，这也是这种方式的缺点。

纵深防御是一种理论，也是一种指导方法。公有云出现后，在传统的"私有云 + 数据中心"防御理念上，可以将有些安全能力进一步放在公有云。这样可以充分利用公有云的弹性计算能力、带宽等优势，以及多种安全服务和工具，例如身份认证、访问控制、网络安全、数据加密、威胁情报等。这些安全服务可以帮助政企快速构建和部署安全防御系统，提高了防护效果和运作效率。

具体到威胁情报，公有云的云安全感知、威胁情报等可以自动收集、分析、识别和应对来自互联网和其他公有云环境的威胁。通过利用这些工具，混合云安全可以及时发现和应对潜在的威胁，提高安全性和效率。

例如，若能将私有云的日志导入公有云，我们可以利用公有云所提供的安全分析和威胁情报分析服务，获取更全面的视图并发现更广泛的威胁情报。各大公有云提供商如阿里云、Amazon Web Services 和 Microsoft Azure 分别提供了云盾、AWS Security Hub 和 Azure Sentinel 等安全服务，以协助用户在公有云环境中进行威胁情报分析。通过将私有云的日志数据聚合到公有云中进行处理和分析，用户可以借助公有云环境的强大计算和存储能力，更好地处理大量的日志数据，并发现其中的威胁行为。值得注意的是，在进行此类威胁情报分析之前，我们必须确保日志数据的安全性和隐私性。因此，在将日志数据传输到公有云之前，应采取必要的安全措施，例如加密和身份验证，以确保数据的机密性和完整性。为了遵守相关的隐私法规和安全最佳实践，分析和处理日志数据时也需要谨慎地注意相关的隐私和安全规定。

从图 2-12 左侧菜单中可以看到云安全中心包括资产中心、风险管理、检测响应，乃至防护配置等，这是安全团队梦寐以求的大杀器。

图 2-12　云安全中心（来自厂商）

政企也会建立自己的基于数据分析的安全平台，这样可以保证数据在自己的数据中心。但这种方案也要充分利用公有云的威胁情报能力，但是视图相对是受限的。Apache Eagle 作为一个开源项目能帮助组织监控、分析和保护大规模的混合云架构，包括数据中心、云平台和应用程序。Apache Eagle 集中管理和分析来自多个云平台和数据中心的审计日志，通过运用机器学习等技术对大数据产品（如 HDFS、Hive、HBase、MapR、Oozie、Cassandra）中的数据和事件进行综合分析以发现异常行为，并可以结合第三方数据安全产品（如结合 Dataguise 公司的 DgSecure）进行数据分类分级等。

2.5 渗透测试

渗透测试是一种安全测试方法，通过模拟黑客攻击来评估信息系统的安全性。渗透测试的主要目的是发现系统中的漏洞和安全弱点，并提供改进安全性的建议。因聘请安全人员的成本越来越高，现在也有不少企业趋向尝试自动化渗透测试，使用自动化工具帮助测试人员更快地发现漏洞和安全弱点，让人工进行更深入的分析和评估。

2.5.1 渗透测试工具

网络安全渗透测试工具种类繁多，平时听到最多的可能是网络渗透测试工具。它是一种可以测试连接到网络的主机 / 系统的工具。网站渗透测试是对 Web 应用程序和相应的设备配置进行渗透测试；无线渗透测试是蓝牙网络和无线局域网的渗透测试；社会工程学渗透测试是利用社会工程学进行渗透测试，等等。

常用的一些网站渗透测试工具如表 2-4 所示。

表 2-4　常用的一些网站渗透测试工具

分类	目的	例子
端口扫描工具	扫描目标主机开放的端口	Nmap、Masscan、Zmap 等
漏洞扫描工具	扫描目标主机存在的漏洞	OpenVAS、Nexpose、Retina 等
暴力破解工具	猜解口令或者密码	Hydra、Medusa 等
恶意软件工具	模拟恶意攻击行为	Metasploit、Cobalt Strike 等
网络流量分析工具	对网络流量进行分析	Wireshark、Tcpdump 等

即使一些社会工程学工具，也是需要技术支持的，如 BeEF 浏览器攻击框架可用于测试网络中的浏览器漏洞和执行跨站点脚本攻击。它能够诱导受害人打开恶意网站，控制受害者浏览器的操作行为（包括跨站脚本攻击、重定向、注入恶意代码、获取 Cookie 等），从而获取敏感信息或者执行进一步的攻击。

需要注意的是，这些工具仅能用于合法授权的安全测试，不得用于非法攻击或侵犯他人隐私。篇幅原因，我们这里重点介绍 Kali 供大家参考。

2.5.2 Kali

Kali 是一个专门用于网络安全和渗透测试的操作系统（或工具集），包含各种网络安全工具，如漏洞扫描器、密码破解工具、网络嗅探器、数据包分析器等，以帮助安全研究人员和渗透测试人员评估和加强网络和系统的安全性。

由于 Kali 预装了许多熟知的黑客工具，因此我们在使用 Kali 时必须谨慎，确保仅在合法和道德的前提下使用。

2.5.2.1 Kali 安装与登录

Kali 是一个针对渗透测试和网络安全的 Linux 操作系统。我们可以将 Kali 安装在计算机上的 VMware 中，或是导入 VirtualBox 中的 Kali 镜像文件（如 Kali-linux-2021.2-virtualbox-amd64.ova）后启动。由于没有安装过程，因此在中途不需要输入密码。从 2020 年开始，Kali 改变了安全策略，默认账号和密码都是 Kali。业内总结了 Kali 功能强大、使用最为频繁的攻防十大工具，称为 Kali Top 10 工具。它们分别是：Nmap（信息收集、脆弱性分析）、Metasploit（漏洞利用）、John the Ripper（密码攻击）、THC-Hydra（密码攻击）、Wireshark（信息收集、嗅探与欺骗）、Aircrack-NG（无线攻击）、Maltego Teeth（信息收集、漏洞利用、密码攻击、Web 应用攻击）、OWASPZAP（Web 应用）、Cain&Abel（嗅探与欺骗、密码攻击）、Nikto（Web 应用、信息收集）。其中，嗅探与欺骗工具介绍如表 2-5 所示。

表 2-5　嗅探与欺骗工具介绍

名称	使用模式	描述
SSLStrip	命令行	SSLStrip 也叫 HTTPS 降级攻击，即攻击者拦截用户流量后，欺骗用户与攻击者进行 HTTP 通信，攻击者与服务器保持正常通信（HTTP 或 HTTPS），从而获取用户信息

2.5.2.2 更多渗透工具

OWASP ZAP 是一款开源的 Web 应用程序安全扫描工具，可以在开发和测试应用程序过程中自动发现 Web 应用程序中的安全漏洞。它的 API 可以被集成到持续集成和持续交付（CI/CD）流程中，以确保应用程序的安全性。

Wireshark 是一款免费的网络协议分析工具，旨在帮助网络管理员、安全专家以及普通用户对网络通信流量进行分析。Wireshark 可以捕获网络通信中的数据包，并解析出其中的协议、源 IP 地址、目标 IP 地址、端口等内容，还提供了强大的过滤功能，支持用户根据上述内容来组合条件过滤数据包，以便快速定位问题。

Nuclei 是一款用于自动化 Web 应用程序漏洞扫描的开源工具，具有可扩展性，支持自定义脚本等。

Infection Monkey 可用于测试数据中心弹性的边界突破和内部服务器感染，并可以通过 Monkey Island 进行可视化管理。

2.6　风控

随着互联网服务迅猛发展，业务变得日益复杂，系统链路也变得越来越长，各种大促销、补贴等营销手法层出不穷。在广泛服务于消费者的同时，为了更好地提供优质的互联网服务并惠及广大消费者，线上也滋生出许多黑灰产业。这些黑灰产业包括但不限于炒信、黄牛、刷金币、刷收藏夹、秒杀抢购等。这些羊毛党或者利用系统漏洞，或者刻意违反业务公平原则，与广大消费者争夺利益，从而破坏相关服务推出的初衷。

风控系统的建设是一个不断迭代的过程，随着业务发展阶段的变化而变化。初期的版本可能仅关注账户安全，随着逐渐升级，更多关注防欺诈问题。

2.6.1 风控系统的功能

一般来说，一个好的业务风控系统应该具备以下功能。

1）数据采集与分析：能够从多个数据源采集数据，包括用户行为数据、交易数据、设备信息等，例如 App 使用时间、IP 地址、出行记录以及社交网站等，同时可使用指纹技术来保证数据来自同一个用户。

2）规则引擎：拥有灵活的规则引擎，可以根据业务需求定制规则，包括用户评分、设备评分、关系挖掘和数据预测等。

3）风险决策引擎：根据用户行为和交易数据对用户进行风险评估，并生成相应的风险评分。例如，在凌晨时段，注册、登录和领取优惠券的接口突然增加调用，而且调用过程一气呵成，没有调用其他接口，大概率是羊毛党行为。

业务风控的重点是对客户身份甄别，对用户进行分层，确保高价值客户有安全的消费体验，如图 2-13 所示。

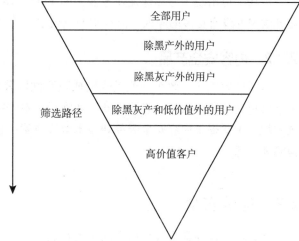

图 2-13 消费者筛选路径

2.6.2 风控产品

风控的实现不是简单采购一套风控系统，要结合自身的业务特点来制定规则。很多安全事件的发生是因为在制定规则的时候，没有考虑周全可能存在的风险。一般的防御手段是采购成熟的互联网的产品和服务。它们通常是结合业务采用开源的大数据技术，比如 Flink 做实时数据流处理，在成熟的时候，做对外输出。

支付宝的第五代风控引擎 AlphaRisk 是一个基于人工智能技术的风险评估系统，它能够对支付宝用户的交易行为进行全方位的监控和分析，从而识别出潜在的风险问题，并及时采取措施进行防范和处理。

2.7 内容安全

互联网用户上传的文字、图片、视频等是国家管控最严格的部分，因为它可能影响意识形态。凡是允许内容更新的部分，我们都要考虑是否有涉黄、涉暴、涉恐内容。

2.7.1 内容审核系统的安全功能

针对色情、涉暴、图文违规、垃圾信息等内容安全问题，内容审核系统具有如下功能。

1）自定义审核规则：提供灵活的审核规则配置，支持根据客户需求制定特定的审核标准和规则，例如限制未成年人访问不良内容，通过年龄认证等手段，阻止用户访问敏感内容。

2）利用 AI 技术：通过各种 AI 技术，如图像识别、文本分析等对上传的文本、图片、视频、音频等内容进行自动审核，以过滤掉不良内容。

3）支持人工审核：在 AI 建议的基础上，支持人工审核，让人工审核员参与审核流程，提高审核准确性。

市场上也出现了号称保证业务安全的 WAF。本来 WAF 只是对恶意流量进行拦截的，对业务逻辑并没有更多的深入，但技术的发展也会给产品的形态带来新的变化。

2.7.2 内容安全产品

对于内容安全，政企一般是采购成熟互联网公司的 AI 自动审查产品及服务，同时以人工辅助审查。国内大的互联网厂商（如阿里）对外提供内容安全服务，此外数美深耕内容安全领域，主要提供内容安全服务和技术解决方案，包括图片、视频、文字等多种内容的安全检测和过滤。

2.8 身份安全

互联网企业通常会收集用户的个人行为、财务等敏感数据，身份认证系统可以保护这些数据的安全，防止黑客攻击引起数据泄露。与身份安全关系紧密的有两个词：拖库和撞库。

2.8.1 身份认证系统的安全功能

身份认证系统可以帮助企业防止欺诈行为，例如虚假注册、盗用账号等，保障企业和用户的权益。该系统的具体功能如下。

1）防拖库：是指黑客执行 SQL 注入等远程数据库读取命令，盗走用户包括密码在内的数据库资料的行为。防拖库事件的关键在于修复可能被黑客利用的安全漏洞或弱点，例如操作系统、网站、应用程序或作业管理流程中存在的漏洞。

2）防撞库：是指黑客利用网上泄露了用户密码的社工库，尝试登录一些大型网站，造成大量用户信息泄露。防撞库主要还是得从账号安全策略入手，比如将账户和用户的常用设备通过 SDK 关联绑定，对可疑行为进行阻拦。

3）防洗库：是指黑客利用各种手段对获取的数据进行加工和变现，例如将账号密码、手机号码、身份证号码、银行卡号码等进行打包出售。防洗库的关键在于用户不要轻易泄露个人信息，如生日、手机号码、居住地址等。

　　除了技术能力，对抗身份认证中的各种攻击离不开消费者个体的参与，加强安全意识，例如在快递单上使用昵称等。

2.8.2　身份安全产品

　　身份安全产品主要是通过辅助认证手段增加攻击的复杂性。间接使用经过实人认证的手机号码，通过语音或短信发送的一次性密码（OTP），可以实现双因素认证（2FA），确保只有经过验证的用户才能访问系统或数据。

　　上海观安等提供了针对业务场景的身份安全解决方案，通过多维度数据分析，对薅羊毛行为、接口异常调用（特别是短信接口攻击）、异常订单等恶意行为进行检测和管控。

2.9　实人安全

　　实人认证指的是通过人脸识别、活体检测等安全技术来确保用户是真实的客户。人脸识别是一种利用深度学习进行人脸的轮廓和关键部位（眉、眼、口、鼻）识别的技术，其中包括通过摇头、眨眼等动作进行活体识别，以及通过指纹、虹膜、人体静脉等静默活体识别技术来判定本人身份。

2.9.1　实人认证系统的安全功能

　　安全验证包括智能验证码、实人认证、语音和短信验证、生物识别等。安全验证和实人认证相结合的时候，可以提高身份认证的安全性和可靠性。实人认证系统的具体功能如下。

　　1）活体检测：使用 AI 算法进行活体检测，确保用户在认证过程中是真实的、活着的，防止使用照片或视频进行认证。

　　2）生物识别：通过 AI 人脸、掌纹、虹膜识别技术，对用户的真实面部特征进行识别和验证，防止使用他人的照片进行认证。

　　3）多维度认证：采用不同维度的认证手段，如面部识别、声纹识别、指纹识别等，提高认证的准确性和可信度。全自动区分计算机和人类的图灵测试（Completely Automated Public Turing Test to Tell Computers and Humans Apart，CAPTCHA）是区分计算机还是人操作的一种程序算法，是结合了鼠标轨迹识别、浏览器环境识别、机器学习等技术的新型智能验证码技术。该技术可以带来较好的体验，且可以防止绕过验证码验证。滑动验证码、点击验证码等都属于此类技术。

2.9.2　实人安全产品

　　阿里云借助支付宝的技术能力，在实人认证领域具有很高的地位。支付宝是国内领先的数字支付平台之一，在用户身份认证和支付安全等方面积累了丰富的经验和技术。

2.10 移动 App 安全

手机已经成为日常生活、工作不可或缺的工具，因此，网络犯罪分子只要发现移动设备漏洞，就有机会攻击规模庞大的人群。移动 App 是业务安全的重灾区。实战中发现，不少金融 App 还是会把 VPN 连接等敏感信息加壳存放。

移动 App 防护手段主要有 Dex 加壳保护、内存防 Dump 保护、资源文件保护、防二次打包以及防调试保护等，特别是金融和游戏领域的防御战场很多转向移动 App 端，从源头开始。我们可利用阿里云的游戏盾（Game Shield）和 SDK，实现发起客户端的准入，较彻底地解决 App 类业务的 DDoS/CC 攻击问题。

2.10.1 移动 App 的安全功能

移动 App 的安全主要涉及应用程序安全、身份认证与授权、客户端安全等，主要安全功能如下。

1）安全加固和防护：对移动 App 的二进制代码进行分析，识别出可能存在的安全漏洞，例如逆向破解等。移动 App 需提供代码混淆、加密、防篡改等功能，以提高安全性。

2）安全组件：推荐金融交易类 App 使用安全组件（安全键盘、数据加密、反劫持、防盗用）。安全键盘等可以更好地保障用户的财产和隐私安全，例如交易确认口令输入是通过随机绘制的键盘，用户点击的时候记录坐标位置，加密传到后台，后台再解密出对应的输入。

3）沙箱技术：使用沙箱技术对 App 进行隔离运行，检测和拦截 App 中的恶意行为，如恶意代码、钓鱼链接等，防止给设备造成危害。

2.10.2 移动 App 安全产品

移动 App 的安全厂商主要负责提供移动 App 的安全检测、威胁情报、安全加固等相关服务。许多 App 的安全架构方案，如反编译和防调试，会牵涉很强的安全对抗，专业性极强。一般的 App 客户端开发人员不具备这种能力，尤其在中小企业，建议使用商业的 App 安全加固方案。

国际上，MobSF 是移动安全测试比较好的综合平台，可以对 Android App、iOS App、Windows App 进行动静态测试及恶意安全测试。

国内的爱加密主要业务包括移动应用安全、移动设备安全、物联网安全等。

2.11 小程序安全

小程序安全涉及安全检测、威胁情报、安全加固等方面。有调查显示 30% 的小程序会有不同程度的信息泄露。

2.11.1 小程序的安全功能

小程序安全（Mobile Mini Program Security，MMPS）功能需要为用户提供全生命周期的一站式安全解决方案，包括应用程序安全、身份认证与授权、数据存储安全、第三方组件安全等。

1）渗透测试：通过模拟攻击者的攻击手法，及对小程序的代码和配置文件进行分析，识别出可能存在的安全漏洞（例如代码注入、数据泄露、逆向破解等）。

2）用户身份认证：对微信小程序的用户身份认证进行评估和安全加固，确保用户身份的真实性和安全性。除了用户 OpenID 外，我们还可以将小程序的 UUID 作为设备指纹，确保请求来自合法的小程序。

3）恶意行为检测：除了小程序自身的安全，我们还要注意个人隐私保护。有些不良商家通过在小程序中设置"可登录授权"的方式，让用户授权以此来获取手机号、位置等信息，进而对用户权益进行侵犯。

2.11.2 小程序安全产品

国内的小程序安全厂商腾讯当仁不让，提供小程序隐私合规、安全诊断、安全加固和小程序安全扫描等功能。

其他的如凡泰极客的 FinClip，它的核心是一个多终端安全运行沙盒，可以嵌入任何 iOS/Android 应用程序、Windows/MacOS/Linux 桌面软件、Android/Linux 操作系统以及 IoT/车载系统。

2.12　本章小结

任何政企都有对外业务，这也是组织存在的使命。要想安全做得好，政企需要走近业务，了解业务特点、架构特点、基础设施情况及面临的风险。

安全防护要从盘清家底开始，如果有 CMDB，那么可以继续复用，如果没有，就需要建设，尤其是弄清资产间的拓扑关系，为后面的上下文安全态势感知奠定可视化基础。

对于纵深防御、渗透测试、风控、内容安全、身份安全、移动 App 安全等各种安全知识，我们应该如何高效学习，进入角色呢？做安全首先心中要有大局观，再看细节，这样在遇到安全问题时，才能有解决问题的方向。不求深，先求广；先应用，再深造。业务为王，正是这种思路的体现。

各个政企，尤其是互联网公司，必须建立与业务匹配的风控、数据安全以及隐私保护机制，这是政企的红线。

总之，业务依托于安全，安全服务于业务，只有时刻抓住这个主线，才能持续发展。

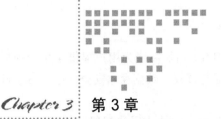

Chapter 3 第 3 章

团队建设

人的对抗在网络安全中是一个持续演变的过程。为了有效地解决安全问题，我们需要了解安全从业人员的作用。组织的信息安全工作不能单纯依赖购买各种安全产品，最重要的因素在于是否有一支有目标、懂管理、技术精湛、基本功扎实、战斗力强的信息安全团队。

尽管网络安全行业的复杂性和重要性日益凸显，但是许多初学者，尤其是在校学生，对于该领域的人才需求和职责似乎存在误解，他们可能错误地认为，攻击方（红队）挖掘漏洞是网络安全的全部。实际上，网络安全行业包含的远不止攻击技术，许多公司的信息安全部门（蓝队）并不从事攻击方面的工作。相反，他们的职责更多是防御，如管理员工的办公设备使用，阻止未授权人员进入政企网络，以及确保内部信息不被泄露。此外，政府和监管机构（紫队）也在密切关注安全形势变化，这也需要更多了解网络安全的专业人员。对于大部分网络安全从业人员而言，他们的工作范围不局限于攻防技术，更多是从事产品开发、解决方案开发、项目管理和安全运营等领域的工作。他们需要具备良好的沟通能力、领导才能和创新思维。如图 3-1 所示，攻击方、防守方、厂商和监管方构成了网络安全中的主要参与者。

以体育运动来比喻，网络安全可以被视作一场马拉松，甲方客户是运动员，乙方厂商则是教练员，丙方监管方则扮演裁判员的角色，丁方是利用病毒等作弊的攻击者。丁方并不参与公正的网络安全竞赛，而采用欺骗、非法入侵等手段来获得不正当利益。

然而，在全球范围内，网络安全从业人员的短缺一直是一个严重的问题。据国内教育部最新公布的数据，到 2027 年，我国将缺少 327 万网络安全人才。

本章主要讨论安全从业人员的成长，重点关注攻击方、防守方、厂商和监管方人才成长路径。

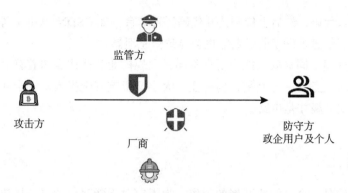

图 3-1　网络安全的主要参与者

3.1　人才标准

任何一个行业都是前期野蛮生长，紧接着标准先行赋能可持续发展，最后进入规范运营的状态。网络安全也不例外。工业和信息化部网络安全产业发展中心、中国电子技术标准化研究院等都在积极推动网络安全人才界定标准依据的实行。

2022 年 1 月 12 日，由工业和信息化部网络安全产业发展中心（工业和信息化部信息中心）与部人才交流中心联合牵头组织编制的《网络安全产业人才岗位能力要求》标准（以下简称《能力要求》）正式发布。《能力要求》所覆盖的网络安全岗位包括安全规划与设计、安全建设与实施、安全运行与维护、安全应急与防御、安全合规与管理共五大方向，每个方向包含 2~5 个不等的细分方向，涉及具体岗位总计 38 个。整体结构如图 3-2 所示。

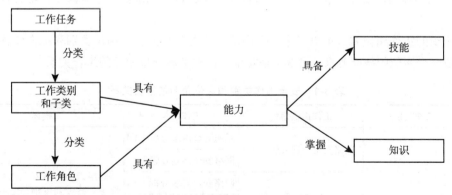

图 3-2　任务、能力、技能关系

除了提高网络安全从业人员的能力外，组织应该推动全员数据安全能力提升。普通员工的使用习惯也是安全风险的因素之一，例如弱密码、将密码贴在桌上或屏幕上，更多的如离开工位时未锁屏、未控制外部人员进入、私自接入 BYOD 设备、使用盗版软件、复制公司产品代码和数据、使用私人邮件处理公司事务等。开发人员有时会将 API 密钥、数据库密码等敏感信息直接写入代码，然后上传到公开代码托管平台，如 CSDN、Gitee 等。此外，将公司最新产品的未公开信息告诉亲朋好友等也会导致信息泄露。

公司的业务规模不同对安全能力要求不同，大规模业务往往意味着背后有高水平的安全从业人员。安全对业务有一定制衡，但是业务太小又影响安全投入。安全和业务往往是一对矛盾统一体，实现共赢才是出路。

3.2 从业者

网络安全工作是一个持续要开展的工作。为了应对不断变化的安全挑战，安全从业者应具备创新思维和解决问题的能力。

3.2.1 分类

安全从业人员有甲方有乙方，有善攻有善守的。图 3-3 定义了安全从业人员工作分类，包括 5 个大类及若干小类。

从技能分类映射成日常组织工作岗位角色分工，往往是一个一对多或多对一的管理。例如，网络安全运营分类中，平时我们见到最多的是网络安全运维工程师，这是一个分类但有多个岗位角色的关系。宏观来看，网络安全运营包括网络安全运维，是整个网络安全生命周期中的关键步骤，在信息、信息系统、信息基础设施和网络投入使用后，以安全框架和策略为基础，借助成熟的运维管理体系、安全人员和工具，采用高效的技术手段，对系统和网络进行监测和维护，以确保其安全运行。网络安全运营具体到日常的工作主要包括：网络设备、安全设备、主机、数据库、中间件等的漏洞检查和修复，配置核查和变更等。

从组织的工作岗位看，可以考虑一个岗位需要哪些技能，将岗位类别和工作任务结合起来，构成一个岗位的技能要求。表 3-1 是安全工作类别和岗位角色的组合关系。

表 3-1　安全工作类别和岗位角色的组合关系

序号	工作类别	工作岗位角色	工作任务	描述
1	网络安全管理	网络安全管理人员	系统安全需求分析【1】	对组织的网络安全进行全面的管理、监控和维护，安全策略制定和执行，安全风险评估和管理，安全事件响应和管理，安全审计和监测，安全技术和标准管理，安全培训和教育等
			网络安全规划和管理	
2		数据安全保护人员	网络安全需求分析	
			网络数据安全保护	
			个人信息保护	
3		密码应用人员	网络安全需求分析	
			密码技术应用	
4		网络安全咨询人员	网络安全咨询	

（续）

序号	工作类别	工作岗位角色	工作任务	描述
5	网络安全建设	网络安全架构设计人员	网络安全需求分析	在组织中，通过规划、设计、实施和运营各种安全措施和技术手段，全面提升网络安全防御能力和保障水平
			网络安全架构设计	
6		网络安全开发集成人员	网络安全需求分析	
			网络安全开发	
			供应链安全管理	
			网络安全集成实施	
7	网络安全运营	网络安全运维人员	网络安全运维	对组织的网络安全进行监控、分析、响应和管理等工作，确保网络安全事件能够及时被发现、识别和处理，从而保障组织的网络安全
8		网络安全监测分析人员	网络安全监测和分析	
9		网络安全应急管理人员	网络安全应急管理	
10	网络安全审计和评估	网络安全审计人员	网络安全审计	检查组织是否符合行业标准和法律法规的要求，是否能够保障政企的网络安全，并提出改进建议
11		电子数据调查取证人员	电子数据调查和取证	
12		网络安全测评人员	网络安全测试	
			网络安全评估	
13		网络安全认证人员	网络安全认证	
14	网络安全科研教育	网络安全科学研究人员	网络安全科学研究	致力于研究和开发新的网络安全技术和方法，以应对不断变化的威胁
15		网络安全培训人员	网络安全培训	

表 3-1 中标注为【1】的系统安全需求分析任务包括合规需求分析、持续运行需求分析、数据安全需求分析等，需要的知识点、技能在本书中都有覆盖。

以上提到了网络安全领域常见的岗位角色，包括攻击和防御方面的渗透测试人员和安全运营人员，这两者一矛一盾，相得益彰。随着技术的不断发展和威胁的不断变化，表 3-1 还会不断更新和扩展。

3.2.1.1 分类矩阵图

《能力要求》中提到，随着网络化、数字化、智能化趋势加剧，网络安全产业在规划与设计、建设与实施、运行与维护、应急与防御等各阶段都需要采用安全技术、产品和服务，围绕安全合规与管理，执行"一横四纵"全生命周期的（即"四阶段一整体"）组织活动。图 3-4 为网络安全的全生命周期架构。

通过网络安全矩阵图来规划工作岗位角色，我们可以明确不同类别从业人员的职责和权限，以便更好地进行任务分配和协作，同时可以优化网络安全人员的配置，合理分配不同职能、技能和经验的从业人员，提高综合战斗能力。

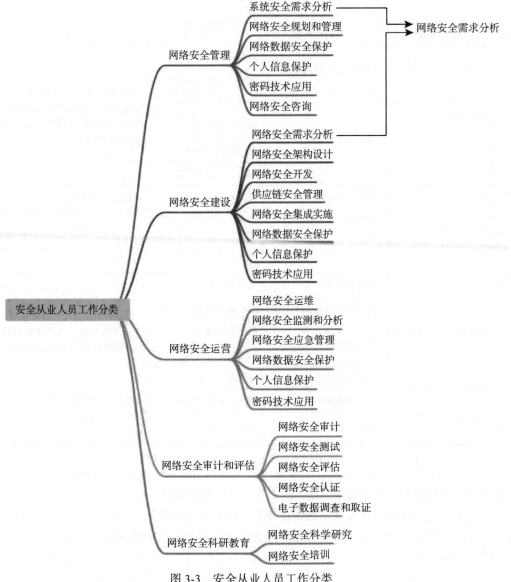

图 3-3　安全从业人员工作分类

3.2.1.2　业内人士建议

网络安全是一项很不容易的工作，想从事这项工作，必须手勤、嘴勤、脑勤，绝对不能有"等、靠、要"的思想。总想遇到伯乐再出发，很难成为千里马。行业人士根据自身体会给出的安全从业者技术和管理能力划分如图 3-5 所示。

从笔者自身经验出发，认同先从图 3-5 中 C 类人员的做起，慢慢承担起 B 类人员的工作，之后承担 D 类人员的工作。

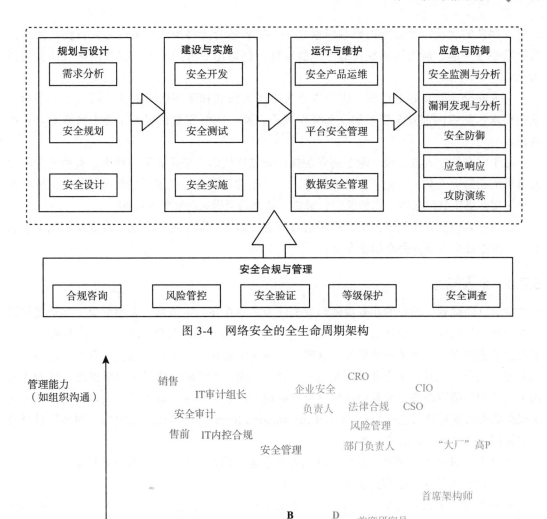

图 3-4 网络安全的全生命周期架构

图 3-5 网络安全工作岗位分类

注：A、B、C、D 表示工作岗位对应所需最低技能要求，并非该岗位实际技能要求

3.2.2 个人动机与团队文化

由于信息安全团队的目标是保护政企的信息资产和系统，很多人认为信息安全团队的日常工作就是技术工具使用，但实际上 80% 以上时间是和人打交道。除了从业者个人的

动机，团队的文化也是重要的影响因素之一。二者结合能将团队成员的个人目标与团队的目标联系在一起，激发团队成员的主观能动性，创造出更大的价值，实现团队整体合力最大化。

一家安全运营良好的组织，应当遵守《中华人民共和国网络安全法》第二十一条第一款的要求：制定内部安全管理制度和操作规程，确定网络安全负责人，落实网络安全保护责任。

对于安全从业人员来说，除了遵守法规，守住底线始终是从业第一原则。有些安全从业人员可能在路上太久，忘记了自己的初心，为了超常规晋升，追求财务自由，往往忽视甚至丢弃了很多更宝贵的东西，比如健康、家庭、品德乃至做人的底线和原则。

作为一名信息安全从业人员，必须恪守职责、诚实守信、遵纪守法，自觉维护国家信息安全、网络社会安全及公众信息安全。

3.2.3 个人能力

前面已经提到，政企的业务规模和安全能力之间存在一定关系。大型企业尤其是集团的规模已经非常庞大，无论从法律还是商业利益角度，都要求加强安全防护。大多数拥有高水平安全技能的专业人士最终选择加入这些行业领先的企业，因为只有这些企业才有足够的财力来雇佣他们。同时，大企业的门槛也非常高。例如，像360、腾讯、阿里巴巴、华为等公司不乏在国际级网络安全大赛中获奖甚至蝉联前三的顶尖人才。弱水三千只取一瓢，作为网络安全负责人或首席信息安全官（Chief Information Security Officer，CISO），要懂得自身公司的规模并选择满足需求的人才。

- 小型企业的人才选型：负责人以熟悉安全运维的人才为主，具体所需的安全知识体系可以参考第4章小型企业的典型网络拓扑。
- 中型企业的人才选型：负责人以精通安全技术和安全运营的人才为主，具体所需的安全知识体系可以参考第4章中型企业的典型网络拓扑。
- 大型企业的人才选型：负责人以掌握实践方法论的人才为主，最需要整体管理能力、行业资深背景，具体所需的安全知识体系可以参考第4章大型企业的典型网络拓扑。

小型企业的网络拓扑往往非常简单，如图3-6所示。不同于大中型企业对员工工作经验都有一定的要求，例如在Web安全领域，需要具备开发和编程背景，小型企业要求员工知识相对简单，更注重实际操作能力，只要求掌握基础网络和安全知识即可。人才能力要求雷达图如图3-7所示。

然而，政企作为甲方，安全厂商作为乙方，对人才的矩阵要求也是不一样的。甲方通常会关注业务安全问题，挑选匹配的供应商，从网络安全、服务器安全到终端安全，都得知道一些。乙方通常有很多安全产品研发人员，他们会比较关注垂直领域，比如在一个杀毒软件公司工作可能对DDoS就不需要那么多了解了。

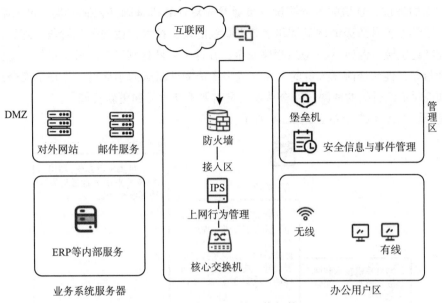

图 3-6　小型企业的网络拓扑

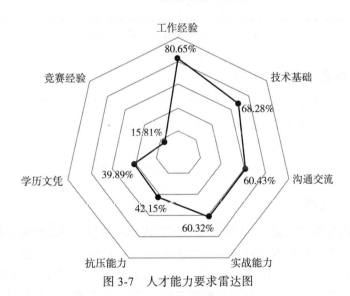

图 3-7　人才能力要求雷达图

3.3　攻击方人才成长

网络世界中最令人沮丧的现实之一就是攻击者无处不在。这些攻击者可能是漏洞研究人员、间谍、伦理黑客，甚至骇客，有时他们还可能兼具多种身份。一些技术高超的黑客具备良好的道德品质，被称为"白帽黑客"。他们为政企提供安全测试和漏洞扫描服务，模拟黑客渗透，对网络系统、应用程序和基础设施进行模拟攻击。这是评估政企安全防御能力的重要途径。总的来说，合格的渗透测试人员通常先对计算机基础知识感兴趣，进入第一阶段；然后进一步学习各种渗透测试工具和掌握更高级的攻击技术，达到第二阶段；随后，他们会深入研究特定领域，例如 Web 应用程序安全，在这一领域达到第三阶段；最终，他们可能负责协调和指导其他渗透测试人员的工作，成为渗透测试团队的领导者。为跟上安全技术的发展步伐和应对不断升级的威胁，安全从业人员需要不断学习和更新技能。

白帽子黑客人才成长路径如图 3-8 所示。

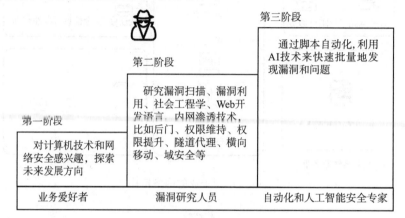

图 3-8　白帽子黑客人才成长路径

3.3.1　业余爱好者

第一批计算机黑客是业余爱好者，技术专家，好奇心强，想了解计算机系统工作原理。他们出于个人兴趣，追求知识而非利益，在探索计算机和程序时无意间发现了原系统设计者忽略的缺陷。开发者如果希望引入众测，业余爱好者可能是合作伙伴。通常，他们遵守道德，有底线，不损害系统，不犯罪。了解他们的思维方式能增强系统安全。

3.3.2　漏洞研究人员

漏洞研究人员又称"白帽子"，通常是在组织内部或外部，对软件或系统进行渗透测试和漏洞扫描，并对发现的漏洞进行分析、验证和报告。"白帽子"工作的出发点一般是要解决所有的安全问题，阻止"黑帽子"的侵入。和警察破案一样，"黑帽子"搞破坏往往是一瞬间，而"白帽子"需要花几倍的时间来排除各种可能性。"白帽子"在设计解决方案时，如果只看到各种问题组合后产生的效果，就会把事情变复杂，难以解决根本问题，所以"白帽子"必然是在不断地分解问题，再对分解后的问题逐个予以解决。漏洞研究人员会专业地运用安全知识，而且乐于寻找安全缺陷。他们可以是全职员工、自由职业者，甚至是偶然发现漏洞的普通用户。许多研究人员会参与各大型互联网公司通过应急响应中心（Security Response Center，SRC）提供的漏洞奖励计划（Vulnerability Reward Program，VRP），以合法的方式获取赏金。

"白帽子"的工作是相当辛苦的。业界有一个玩笑：一杯茶，一支烟，一个破绽看一天。有了成果后，"白帽子"要禁得起诱惑，通常那些发现 0day 的人更愿意将 0day 卖给黑产而不是提交给这些公司的 SRC，原因只有一个——漏洞提交的奖励远不及卖给黑产的收益。

通常，"白帽子"的动机是使系统更好，并且可以成为安全防守方的重要盟友。很多传奇人物在个人技术达到一定巅峰后，转而从事各类安全生态建设，推动某个安全领域向前发展，这也是擅用杠杆的表现。

3.3.3 自动化和人工智能安全专家

现在，许多攻击源自脚本和机器人，初始目标可能是批量爬取数据，随后发展为自动发现并利用漏洞。随着 AI 技术的发展，科学家和伦理学家在思考全智能机器人是否有足够的学习能力来互相攻击，甚至攻击人类的基础设施。

2015 年，美国国防部高级研究计划局（Defense Advanced Research Projects Agency，DARPA）举办的网络挑战赛的成功表明，未来可能有一些攻击在没有人类直接控制的情况下执行。这将是未来高级安全专家的一个重要研究领域。

3.4 防守方人才成长

防守方（又称"甲方"）通常代表政企组织，政企内部不同职位的人统称为"白帽子"。网络安全是实践导向的行业，需要实操来巩固和应用所学知识。无论成长轨迹如何，这些"白帽子"需要有责任感、对管理的系统负责。在政企工作的好处在于可以每天接触实际生产环境，尽管难以测试，但可以通过实习、实验项目、参与开源社区、CTF 比赛等途径积累实践经验。

如图 3-9 所示，一个蓝队的安全从业者通常会经历以下几个阶段，时间从短到长，技能和经验也会随着时间的推移逐渐提高。第一阶段，个人可能是一个普通的办公用户，但对安全产生了兴趣；第二阶段，进入安全领域并从事一些安全相关的工作，例如从系统运维人员转变为安全运维工程师；第三阶段，个人逐渐成为安全领域的专家，如安全运营工程师，能够对安全事件进行分析和响应，并制定和实施安全策略；第四阶段，个人可以在特定领域担任负责人角色，如安全架构师（业务安全分析师）、安全开发架构师或安全合规评估工程师，能够提供高级的安全解决方案和咨询服务；第五阶段，个人担任安全领域管理岗位的高级职位，如首席安全官（或安全总监），需要具备战略规划、团队管理和跨部门协作等能力。需要注意的是，上述技能只是安全从业者所需要的一些示例，不同组织对安全从业者的要求可能会有所不同。因此，安全从业者需要终身学习，提高自己的技能。

调查表明，由于成本和规模的原因，政企网络安全团队的人员规模往往不大，59% 的安全团队人员规模在 5 人以下，30 人以上的安全团队仅占 13%。所以，如果有机会在架构完整的大团队工作，要格外珍惜。安全团队的组织架构可按照决策层、管理层、运营层、执行层、监督层来设计，如图 3-10 所示。

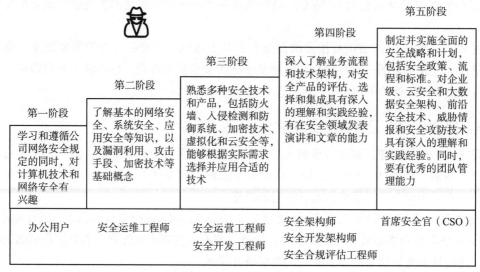

图 3-9　白帽子防守成长路径

从政企视角，从事信息安全相关工作的所有人员包括组织的管理人员（包括 CIO、CSO、科技管理部门和风险控制管理部门的人员）、IT 相关的技术人员（包括运维、开发和集成人员）、从事信息安全服务组织的技术人员（包括信息安全产品研发人员、信息安全咨询人员、信息安全服务实施人员和外派服务人员）。组织架构可以分为办公安全、数据安全、主机安全、Web 应用安全和身份安全等

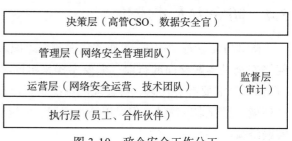

图 3-10　政企安全工作分工

几个小组。例如，数据安全是一个小组，技术人员要负责数据安全运营工作，如数据权限授权、数据共享、数据下载等的审批。

团队的能力和分工与政企的发展阶段也有很大的关系。例如政企早期主要是购买外部成熟产品，并不需要研发工程师，而到了后期，商业产品在功能、性能和扩展性上无法满足需求，就需要在开源产品上进行二次开发或进行自主研发，这时候架构师就是不可缺少的岗位了。

3.4.1　办公用户

办公用户主要在内网活动，访问需求比较单一。他们的办公电脑里存有公司重要数据，需要限制访问其他区域和外部系统。黑客进入网络只需要有一个人无意中犯一个小错误，例如，他们可能会错误地点击钓鱼邮件中的链接并被安装恶意软件，或者将大笔资金转给微信里冒充老板的骗子。员工需要接受网络安全培训，防范通过电子邮件、社交网络、弱密码等的攻击。使用社交网络和文件共享服务时要慎重，加密可增强文件安全性。

3.4.2　安全运维工程师

安全运维工程师是网络安全大方向下网络安全运营的一个细分岗位，主要负责对服务器、网络设备、安全产品、网络信息系统等进行安全维护、巡检、策略维护、配置变更、故障处置与安全分析等。他们的主要工作平台包括应用运维平台、事件应急响应平台、安全信息和事件管理平台、漏洞扫描平台、安全运营中心及身份与访管理平台等。安全运维工程师需要掌握至少一种脚本语言（例如 Python、Shell 等），以编写自动化脚本，提高工作效率。

与 IT 运维工程师相比，安全运维工程师需要具备广泛的知识和技能，深入地了解网络安全产品的配置、部署、优化和故障处理方法，甚至需要编写、维护脚本来集成维护安全产品。

3.4.3　安全运营工程师

安全运营工程师负责安全运营方面的工作。他们需要分析安全事件和问题的根本原因，并提出有效的解决方案，同时需要熟悉安全运营相关的工具和技术，并具备编程能力。安全运营工程师还需要具有良好的跨团队协调和推进项目的能力，具备广泛的知识，以及形象代言人的特质。

3.4.4　安全开发工程师

安全开发工程师负责安全产品的开发和设计，需要熟练掌握至少一种主流编程语言（如 Java、Go、Python、C++ 等），并熟练掌握常用的开发工具（如 Idea、Eclipse、Visual Studio 等），同时具备网络安全和信息安全领域的知识，了解攻击原理和安全技术解决方案。他们需要熟悉常见的安全产品配置和使用，掌握 Web 安全编码标准、数据库操作和安全知识，以及常见的缓存、数据库、Web 服务器相关技术。此外，他们还需要具备代码审计能力、掌握网络安全技术（如端口扫描、抓包分析、漏洞检测等）。安全开发工程师必须意识到，开发测试环境的沦陷往往是压垮生产环境的最后一根稻草。相比于普通开发人员，安全开发工程师具备更全面的安全防范知识，可以在产品设计和开发过程中加强安全防范。

3.4.5　安全架构师

安全架构师有时又被称为业务安全分析师，是网络安全规划和管理岗位中的一个细分职位，负责设计符合业务需求的安全架构，掌握全面的安全知识（包括网络安全、应用安全、物理安全和数据安全等）。他们需要分析目标对象的安全情况和关联关系，并使用安全参考模型、安全架构解决方案和安全产品来建立有效的安全架构体系，确保安全技术整体满足业务需求。安全体系架构师需要具备将功能需求转换为技术要求的能力，并具有组织开发或采购满足所需产品功能的能力。云计算安全架构师是最难招聘的职位之一，75%的安全管理人员认为技能短缺将会给组织带来风险。

3.4.6　安全开发架构师

甲方需要开发安全管理平台、态势感知平台等，或者将分批购买的安全设备整合起来，这需要具备一定的开发能力，因此需要开发架构师角色，设计安全的系统架构（包括网络架构、安全策略、认证与授权等）。开源产品虽然可能没有商用产品那么好用，技术支撑力度也没有那么大，但对于很多政企来说也是一种选择。安全开发架构师需要从业务角度考虑目标对象的安全情况，使用安全参考模型、安全架构解决方案，选择安全产品并决定哪些需要自主研发，建立有效的安全架构体系，确保安全架构体系满足业务需求。

3.4.7　安全合规评估工程师

安全合规评估工程师负责掌握互联网行业监管动态，熟悉安全法规标准（如《网络安全法》《等保2.0》等），协助制定评估方案，发现潜在风险并建立安全机制。除了在甲方，安全合规评估工程师也能在测评和咨询机构工作，识别系统中的潜在威胁和漏洞，并提供解决方案。

3.4.8　首席安全官

企业安全负责人又叫首席安全官（Chief Security Officer，CSO），负责制定、执行、监督和评估企业的信息安全策略，原则上是安全的"一号位"。CSO的一个重要特点是要有全局观和前瞻性。越来越多的CSO意识到，安全设备只是工具，要管理好安全设备，真正起到防护能力，实现安全有效性，必须招募人才。

CSO在组织的整体安全管理中有着举足轻重的作用，这就对CSO的管理素质、职业技能提出了全新的挑战。抗压力、定战略、带队伍是一个CSO的三项基本要求。在思考和实际执行过程中，信息安全团队不可避免地与公司的IT、流程、质量、运营团队发生关系，与这些部门的负责人保持良好的沟通是必要的。这也是CSO要重点参与组织、协调的部分。图3-11所示是通常网络安全部门的职责。

目前，国内并没有很久的CSO文化，大部分政企也只是在IT部门设置安全团队。方法论和工具对CSO完成工作有着重要辅助作用，例如利用数据分析和可视化报表，处理和分析大量的安全数据，并将其以大屏的方式展现，以更好地理解和分析安全态势。

同CSO一样，首席风险官（Chief Risk Officer，CRO）负责识别、评估和管理企业面临的各种风险。这在金融巨头和互联网大厂中比较常见。

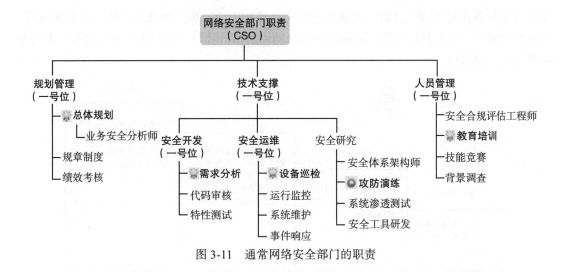

图 3-11　通常网络安全部门的职责

3.5　厂商人才成长

安全厂商和集成商可以帮助中小企业识别和评估网络安全威胁，及时发现、降低风险。既然甲方中小企业没有好的安全能力，又不能花足够的钱养安全团队，那么在遇到黑客入侵或国家监管时，就需要乙方的帮助。它们为政企提供各种各样的安全能力，帮助政企发现安全风险，并提出整改建议，当然会主推自己的产品。国内安全厂商和国外安全厂商的一个很大区别是，国内安全厂商通常会面向甲方需求提供解决方案，覆盖很多安全领域。整体而言，乙方向甲方提供两种交付价值形式：产品和服务。针对典型的客户需求，催生出服务与产品的强组合，进而拓展到更多客户。

如果你新入行，去安全产品或服务的创业公司也是一个很好的选择。在 2022 年，随着国家推进网络安全和个人信息保护，应用级安全工具和安全服务厂商会成为新的投资热点。这类创业公司往往入行门槛低，成长快。

从入门时候的售后客服，到初级的驻场运维，乙方安全厂商的从业人员大致是从安全服务或研发成长起来的，如图 3-12 所示。

一般来说，第一阶段通常从安全技术售前/售后开始，入行门槛是最低的；第二阶段主要围绕公司产品展开，包括研发、测试、安全服务；第三阶段除了对公司产品熟悉，还需了解行业知识，逐步晋升到安全产品经理、安全项目经理、安全产品销售、安全培训讲师；第四阶段从创业公司多面手有望成为首席技术官。当然，不同阶段的员工需要不断学习和拓展自己的技能和知识，比如通过参加培训课程、获得认证、参与技术社区和开源项目等方式。

3.5.1　安全技术售前

售前岗位负责与潜在客户沟通，理解客户需求，展示公司产品，并为客户提供解决方案，需要具备良好的知识背景、沟通能力和文档撰写能力。售前通常和销售一起共担业绩，收入相对较好，也相对较辛苦。好的售前接触的用户多，可以走向解决方案架构师、咨询专家等更高级的职位。

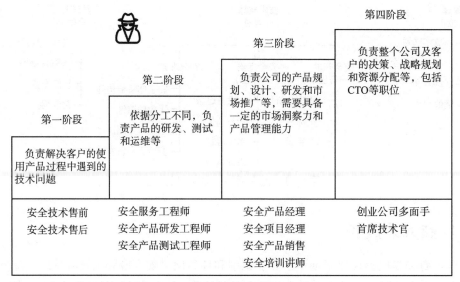

图 3-12 安全厂商从业人员的成长路径

3.5.2 安全技术售后

售后岗位主要负责产品实施和运维工作，保证项目按时交付，对产品实施和目标环境有充分的理解，能够在各种意外情况下保证产品的顺利实施。售后需要对产品比较熟悉，负责技术服务、技术支持、应急响应等，需要保证项目能够按时交付，否则企业有可能就拿不到后续的款项。

3.5.3 安全服务工程师

安全服务工程师负责维护计算机网络和系统的安全，也就是厂商提供网络安全运营工程师或网络安全运营专家为甲方监控和维护计算机网络和系统的安全。他们需要配置和管理安全设备，例如防火墙和入侵检测系统。他们也被称为"安全管家"或"安全外包"，从驻场服务开始，在当前市场中需求非常大。

3.5.4 安全产品研发工程师

安全产品研发工程师是乙方企业中的核心岗位人员，负责根据产品经理需求规划完成软件开发、编码、测试、优化等工作，保证产品的高质量、高性能和高可用性。这是一项需要掌握高级技术能力的工作，因此有很多有能力和经验的人最终会选择创业发展。

3.5.5　安全产品测试工程师

安全产品测试工程师负责对产品进行全面的功能测试、性能测试、安全测试等，发现产品中的问题，尤其是漏洞和隐患，提出相应的问题和改进方案。安全测试工作需要深度了解公司业务，通过培训或学习可以稳步成长。

3.5.6　安全产品经理

产品经理往往被称为产品总监（Product Director，PD），他们负责开发、管理和推广网络安全产品，最重要的是为公司开发出有竞争力的产品，需要有良好的需求分析、资源协调和进度掌控能力。他们需要处理安全产品的共性要求和政企个性需求的冲突，要和多个不同角色的人打交道。安全产品经理的目标是打造市场上"人有我优"的产品，需要掌握市场需求、市场趋势以及竞争对手的产品和策略，确定产品的功能和特点。和互联网产品经理不同，安全产品经理需要具备技术背景和行业经验。整体而言，这是一项门槛较高的工作，高级产品经理的收入水平要比开发高。

3.5.7　安全项目经理

安全项目经理是安全集成厂商中重要的职位，需要技术和管理能力，负责编写方案、报告和管理项目编写等工作。他们需要有较强的沟通和协调能力，能提供符合客户业务需求的服务。同时，他们还需要对安全风险有深入的了解和掌握，确保项目的安全性和成功实施。

3.5.8　安全产品销售

安全产品销售人员负责推销和销售公司的网络安全产品和服务，需要具备专业知识、良好的人际交往能力和高度的自我驱动力，以帮助公司增长业务。他们的日常工作是主动寻找潜在客户，建立联系，了解客户，巩固信任，在赢得订单的同时确保客户满意。

3.5.9　安全培训讲师

网络安全培训讲师是指在网络安全领域具有一定经验和技术实力的人员。他们的主要职责是针对不同层次和需求的学员提供网络安全方面的培训和教育。这类人才多数来自培训机构。国内的机构众多，不下上百家，几乎每个地区的 IT 培训机构都开了网络安全专业，有些是以考行业证书为主。整体老牌的培训机构比较综合，涉及 IT 行业的各种培训；新兴的网络安全培训机构比较专一，只有安全培训。国际上，KnowBe4 在易用性方面保持优势，培训模式较为完整，是目前较明显的市场领导者。Ninjio 和 Proofpoint 是另外两款受到关注的安全意识培训解决方案，有望给未来市场发展带来改变。

3.5.10 创业公司多面手

安全创业公司相对较小，灵活性高，更为友好和包容，通常处于网络安全技术和市场需求的前沿，员工有更多接触新技术和新挑战的机会。越来越多甲方企业安全人员出来创业或加盟创业公司。创业公司需要员工具备一专多能的素质，能够通过持续学习应对挑战。

3.5.11 首席技术官

首席技术官（Chief Technology Officer，CTO）主要负责技术方面的战略规划和管理。他们需要有广泛的技术知识和经验，以及对安全行业趋势和发展方向的深刻理解；需要具备行业趋势和市场洞察力，了解行业趋势和市场变化，以制定有效的技术战略。图 3-13 是一张CTO 要和 10 多个不同角色的人打交道的图，尽管这是一个简化的版本，但看起来还是很让人崩溃的。

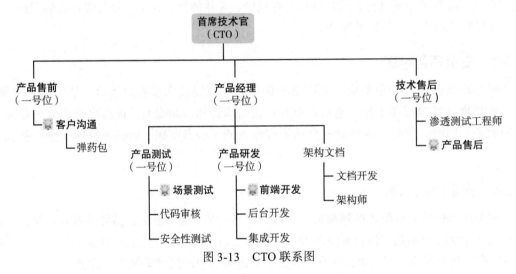

图 3-13　CTO 联系图

由于安全行业的不断变化和创新，安全厂商的 CTO 还需要具备持续学习和适应变化的能力。

3.6　监管人才成长

网络安全监管人才需要具备一定的技能，如分析和解决问题的能力、沟通和协调的能力、安全测试和评估的能力等，还需要具备团队合作和沟通能力，能够有效地与其他团队成员、上级领导、相关机构和企业等进行协作和沟通，完成各项工作任务。有了基础知识以后，只有在实践中不断积累经验，才能更好地了解网络安全领域的各种问题和挑战，提升解决问题的能力。

一般说来，如图 3-14 所示，网络安全监管人员可以分为评估执行方、网安警务人员、行业监管人员几个层级。

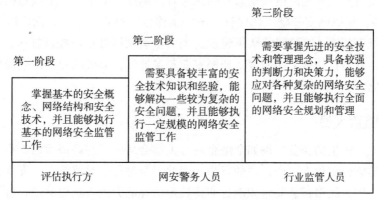

图 3-14　监管人才成长路径

网安和行业监管都是很好的安全参与者。2022 年 9 月，国家网信办发布征求《关于修改〈中华人民共和国网络安全法〉的决定（征求意见稿）》意见通知，重点加大了违法行为的处罚力度，有助于提升组织对信息安全的重视程度，进一步推动组织对网络安全的投入。

安全参与的各监管方如下。

1）中央网信办：负责制定网络安全法律法规和政策和推动落地，监督和协调全国网络安全工作。

2）公安部：安全保卫局负责制定网络安全技术标准和规范和推动落地，打击和防范网络犯罪；各地公安网警大队主要负责打击网络犯罪和维护网络安全。

3）工信部：负责制定信息化和网络安全产业发展规划和政策和推动落地，加强网络基础设施和信息系统安全监管。

4）国家密码管理局：负责制定信息安全和密码技术的发展规划和标准和推动落地，管理和监督国家密码事业。

5）国家互联网应急中心：负责响应和处理重大网络安全事件，加强网络安全应急响应和技术支持。

6）国家信息安全漏洞库：负责收集和管理信息系统漏洞信息，发布漏洞报告和安全预警，提供漏洞修复建议。

省、市、地方各级网络安全监管部门应根据各地实际情况，加强本地区网络安全监管和维护。很多时候，这些监管机构更多扮演的是"幕后英雄"的角色，收集网络违法犯罪线索，对网上轻微违法行为开展警示教育，及时制止违法信息传播，对不实信息进行公开辟谣，普及网络安全知识等。

最后，网络安全监管人员由于平时经常能接触到一些个人、组织和国家层面的敏感信息，应具备高尚的道德素养和职业操守，遵守职业道德和法律法规。

3.6.1 网安警务人员

各地的公安网警大队是网络安全监督的执行者。例如，某市以《全市基层派出所网安警务室工作规范》，规范网安基础工作规程，统一工作台账格式，全市各派出所全部建成了网安警务室；积极开展专 / 兼职网安队伍建设，大力推动网络社会防控进社区，建设专 / 兼职网安民警队伍，并实行持证上岗制度，让网安业务接地气，形成网安工作全局化，网络社会底层管控现实化。

3.6.2 行业监管人员

一些关系国计民生的企业，例如金融企业每天都会从事一些经济活动，不少犯罪分子会利用此渠道，实施侵犯他人财产权益的行为。因此，金融行业对监管人才安全监管水平和能力要求较高。中国人民银行从监管职能方面将数据治理能力纳入机构治理评价体系及行政处罚范围，已有多家银行被行政处罚。

金融机构作为传统的重监管领域，普遍形成了较为完善的网络安全组织与制度管理体系。监管部门要求提升金融机构内部网络管理人员的能力，从源头上提升安全管理水平，避免治标不治本的问题。随着顶层制度的不断完善，它们对网络安全监管正从"买硬件"转向"重实战"，未来向"端·流量·云"的攻防能力升级。

3.7 安全资格认证

网络安全资格认证可以证明持有者在特定领域的专业技能和知识水平。用人单位通常会倾向于选择拥有专业认证的候选人，因为这可以降低培训成本和提高工作效率。首先，从理论知识学习开始，比如参加培训课程、自学教材、参加考试模拟等；其次，有靶场、实验室等切合组织现实的攻防环境，这样才能更好地结合理论和实践；最后，参加各种认证机构组织的专业考试，因为这些认证可以帮助个人在职业生涯中获得更好的职位、更高的薪水和更多的职业机会。

3.7.1 人才培训

网络安全建设的核心要素是网络安全人才！归根结底，网络安全的竞争是人才的竞争，这已经成了行业的共识。

安全培训是一项长期工作，从员工入职就应该开始执行。为了做好安全培训工作，很多组织已经建立自己的内部安全门户网站，通过安全门户建立安全知识库和安全考试平台。这里会要求全员按自己的工作角色选择不同的培训内容，除了全员的安全意识培训，研发等岗位还应进行专门的安全开发培训，严格一点还应进行考试。通过数据安全小游戏、数据合规开发规范视频，利用生动的方式以及贴合员工日常工作的场景，引起普通办公用户及业务开发人员的共鸣。

　　目前，我国安全人才培养比较滞后，缺口相当大。高校和科研院所培养的网络安全人才粗粒度地分为基础研究型人才和高水平应用型人才两大类。高校里很多安全专业都是新开的，师资力量有待提高，每年培养的人才仅有数万，但对于上百万的需求相差较大。

　　因为需求的旺盛，这几年，国内安全公司和一些安全厂商都有对应的培训，安全培训机构也如雨后春笋般发展起来。现在，市场上普遍存在的培训问题有：理论多，知识旧，以自身产品为主，但因为可以发证，仍然有很多的支持者。未来大有发展机会的实训教学，是指在专业能力提升的基础之上，构建实训平台以仿真业务场景，让学习者对真实业务场景进行安全实训，更好、更快地熟悉项目实战知识与技能。

3.7.2　靶场及实验室

　　网络安全靶场是一个虚拟平台，通过虚实结合的方式，快速地组建网络环境，为培训、模拟、竞赛等提供实验环境。它是为了满足政企单位、科研组织、大型集团等对网络安全仿真环境构建的需求，提供的近似实战的网络安全试验平台。要从一个漏洞点，最后打到目标并拔旗，这个过程需要模拟的地方很多。传统的靶场主要是针对 OWASP 的 TOP 10 攻击，围绕 Web 应用展开，这显然对于多样化的攻击是不够的。如图 3-15 所示，如果把每次攻防比作一次战斗，从情报战、城防战、巷战到肉搏战的完整沙盘演练过程，才是一个良好靶场应该提供的多样化训练场景。

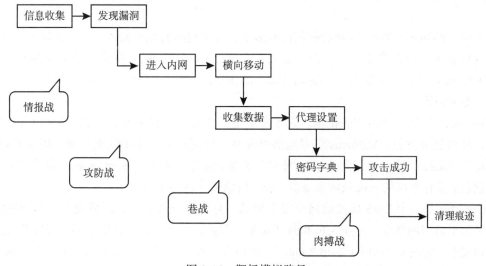

图 3-15　靶场模拟路径

　　这个过程涉及各种防御、诱捕和反制措施。从情报战中的信息收集开始，到攻防战中的突破防火墙边界，再到巷战渗透进入内网，最后发展为激烈的肉搏战，每一次都是双方智力和体力的生死对决。这种紧张刺激的对抗过程在生产网络中是无法进行的，而简单的实验室模拟又无法满足需求。因此，为了还原真实攻击，我们需要使用高级的靶场工具，尽可能还原攻击过程，通过流量分析、日志记录和攻击溯源等手段来反制攻击。这对于组织来说，作为蓝队（即防御方），参与培训、培养人才，掌握防御思路和体系是非常重要的。

3.7.2.1 场景化

靶场贵在尽可能真实地模拟实战。动，就是活靶子；不动，就是死靶子。电影《狙击手通古斯》中有这样一个故事，通古斯神枪手谢苗将空罐子挂在树枝上，放进流动的河里，女兵们的基本操作就打不中了，而他却依然百发百中，这就是靶场训练出来的和猎场训练出来的不同。当然，今天有很多开源软件提供了安全设备和靶场练习的功能，在促进数字化发展的同时，为信息安全提供了强大支持。

3.7.2.2 靶场供应商

这里提供了一些国内外知名的靶场供应商，但并不代表它们是你的最佳选项，具体还要看你的需求、预算和其他因素。

1. WebGoat

WebGoat 是 OWASP 组织研制出的用于进行 Web 漏洞实验的应用平台，用来检测 Web 应用中存在的安全漏洞。WebGoat 运行在带有 Java 虚拟机的平台上。

在 WebGoat 的 Without password 挑战中，你需要绕过身份验证来尝试登录应用程序。在用户名输入 admin，密码字段尝试输入文本：'or'1'='1'--。将会注入一个 SQL 语句，在执行该 SQL 语句时会返回一个值为 true 的条件，使应用程序相信你已经通过了身份验证，如图 3-16 所示。

当前，WebGoat 提供的训练课程有 30 多个，其中包括跨站点脚本攻击（XSS）、访问控制、线程安全、操作隐藏字段、操纵参数、弱会话 Cookie、SQL 盲注、数字型 SQL 注入、字符串型 SQL 注入、Web 服务、Open Authentication 失效、危险的 HTML 注释等。

2. 更多靶场

Vulfocus 就是一个不错的靶场。它本质上是一个漏洞集成平台，集成了大量 CVE 漏洞环境，使用起来方便。Vulfocus 可本地部署安装，也可以直接使用线上环境。因为 CVE 漏洞环境是 Docker 镜像，每次重新启动漏洞环境都会还原，大多是 Boot2Root，也就是从启动虚机到获取操作系统的 root 权限和查看 flag，特别适合各种实验。

Cyberbit 是一个 SaaS 模式的网络安全靶场。它是一个基于云的网络安全模拟和训练平台，可用于培训网络安全专业人员和测试安全防御系统。用户开通就能使用，可以节省大量时间和成本。它的 Cyberbit Cloud Range 于 2019 年上线。另外，美国 Circadence 公司也上线了基于 Project Ares 战神项目的网络安全靶场，名为 CyRaaS。

3.7.2.3 竞技 CTF

夺旗赛（Capture The Flag，CTF）指的是网络安全技术人员之间进行技术竞技的一种形式。CTF 起源于 1996 年 DEFCON 全球黑客大会，代替了之前黑客通过互相发起真实攻击进行技术比拼的方式。CTF 为团队赛，通常以三人为限，团队中每个人在各种类别的题目中至少要精通一类，三人优势互补，取得团队的胜利。

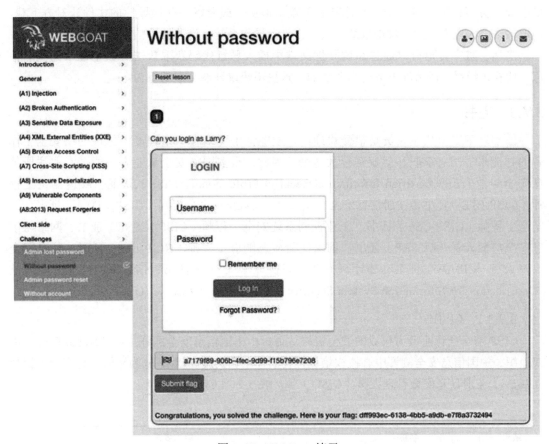

图 3-16　WebGoat 练习

参赛团队通过攻防对抗、程序分析等形式，率先从主办方给到的比赛环境中得到一串具有一定格式的字符串或其他内容，并提交给主办方，从而获得分数。

Web 是 CTF 的主要题型，题目涉及许多常见的 Web 漏洞，如 XSS、文件包含、代码执行、SQL 注入等。因为 Web 环境比较容易模拟，裸露的靶场很容易被攻破，但是在现实攻防下通过 WAF、RASP、DBF 等工具严防死守，攻方就没有那么容易了。

此外，从事 Web 安全渗透的居多，从事二进制漏洞挖掘的人偏少，但各种黑客大赛（如 Pwn2Own）基本以二进制漏洞挖掘为主，因此政企可吸纳此类人才。Angr 提供了很多 CTF 比赛案例，适合做二进制漏洞挖掘工作的人参考学习。

3.7.2.4　攻防兼备

在攻防兼备（Attack with Defense，AWD）比赛中，防守方需要使用自己的防御手段阻止攻击者获取自己的 Flag，同时也要通过攻击手段获取攻击方的 Flag。因此，防守方在

AWD 比赛中也需要具备攻击能力，并且需要具备较强的技术水平和丰富的经验，才能对攻击者发起有效攻击，并保护自己的网络不受攻击。防守方可以搭建多个诱饵系统，将攻击流量引导到虚拟机或者容器中，并让其留下攻击痕迹，或者以一些误导性的文件让对方下载，获取攻击方的攻击手段、攻击来源、攻击工具、操作系统、浏览器等信息。

当然，防守方也可以通过在诱导性文件中插入恶意代码获取攻击方数字证书的签名信息，但在未经授权的情况下取得是非法的，这里不建议开展类似的行为。

3.7.3　证书

证书对于安全从业人员是很受欢迎的。技能证书可以在一定程度上体现网络安全工作者的技能水平，对求职和就业有很大帮助。因此，很多网络安全从业者一般会考取注册信息安全专业人员（Certified Information Security Professional，CISP）认证、渗透测试工程师（CISP-PTE）证书、注册信息安全专业人员 - 大数据安全分析师（CISP BDSA）证书、云安全工程师（CISP-CSE）证书、工业控制系统安全工程师（CISP-ICSSE）证书、网络与信息安全应急人员（CCSRP）证书、国家注册应急响应工程师（CISP-IRE）证书、信息安全保障人员（CISAW）证书、云计算安全知识认证（CCSK）证书、信息系统安全专业认证（Certification for Information System Security Professional，CISSP）、OSCP Security+ 等。

3.7.3.1　CISP

CISP 是安全行业最为权威的安全资格认证，由中国信息安全测评中心 CNITSEC 统一授权组织，中国信息安全测评中心授权培训机构具体培训实施。CISP 分为注册信息安全工程师（CISE）、注册信息安全管理人员（CISO）等。表 3-2 为 CISP 的分类。

表 3-2　CISP 的分类

编号	名称	能力要求
CISP	注册信息安全专业人员	持证人员可以满足《网络安全法》对于关键信息安全岗位人员的持证上岗要求，为组织事业单位的网络安全保驾护航
CISP-PTE	渗透测试工程师	持证人员要求具备一定渗透测试能力，或有意向从事渗透测试工作
CISP-BDSA	注册信息安全专业人员 - 大数据安全分析师	持证人员具备大数据安全分析理论基础和实践能力，可从事大数据安全分析、安全管理等工作
CISP-CSE	云安全工程师	持证人员掌握云计算体系架构及关键技术，具备从事云计算安全规划和系统运维等工作的能力，可从事云计算安全设计、安全运维、安全管理等工作
CISP-ICSSE	工业控制系统安全工程师	持证人员主要从事信息安全技术领域工业控制系统安全方向的工作，具备制定工控安全威胁应对方案、开展工控系统安全防护设计、建立工控安全应急处置体系、实施安全管理等工作的能力
CISP-IRE	国家注册应急响应工程师	持证人员主要从事信息安全技术领域应急响应工作，具备了解应急响应概况、应急响应基础、应急响应事件监测、应急响应事件分析和处置的能力

其中，CISP-PTE 专注于培养、考核高级实用型网络安全渗透测试安全人才，是业界首个理论与实践相结合的网络安全专项技能水平注册考试。

3.7.3.2 CISSP

CISSP 是国际信息系统安全从业人员的权威认证，旨在验证持证人员是否具备网络安全管理和领导能力。CISSP 认证项目面向从事商业环境安全体系构建、设计、管理或控制的专业人员，对从业人员的技术及知识积累进行测试。

3.8 本章小结

安全防护本质上是人与人的对抗，不能完全依赖设备或系统。安全团队建设是纵深防护体系建设的重要一环。除了专业的安全运维人员外，组织中的每个员工都应参与其中。集成商和安全厂商等盟友有时也会因为管理不善而成为数据泄露的风险来源。

网络与信息安全作为新兴专业由于学科交叉性强、细分领域众多、更新迭代速度快等特点，加大了专业人才培养的难度。信息安全从业者选择技术还是管理取决于能力、适应性和意愿，从头到尾是自我认知和实现的过程。许多年轻人从具备一点点计算机知识开始入门，现在 80 后、90 后已成为国内网络安全行业的主力军。

安全既要讲情怀，也要看投入。业务的壮大才是安全水位不断提升的底气。无论甲方还是乙方，从业者都有从初级、中级、高级到专家的成长路径，但动机才是成长的动力。

社会工程攻击是无法避免的问题，人始终是系统安全防护最薄弱的环节。对于攻击者而言，通过社会工程攻击几乎可以获取任何办公网入口并将其作为攻击点继续扩大攻击面。

最后，值得一提的是，多数组织都在开展网络安全教育，但是效果并非尽善尽美。未来游戏化可能是一个出路，通过排行榜、点赞和等级特权的引入，让人乐在其中，并有可能在潜移默化中改变他们的安全意识。

Chapter 4　第 4 章

网络边界安全

以 IP 为边界是网络安全纵深防御关键手段。网络边界安全主要是指由网络设备组成的通信安全，是传统意义上的网络连接安全。随着云计算的大发展，政企正在从内网有清晰边界的模式走向混合云这种模糊边界的模式。数字化推动了云上和云下资产数量的增加，并与更多的上下游合作伙伴相连接，比如金融行业中的银行、理财、证券、互联网金融等通过业务互通、技术互通、场景互通等方式相互连接。因此，一个金融系统的安全问题可能会波及相关系统，我们需要从更广泛的防御角度考虑安全性。

古代的君王保护子民的安全首先是建立城墙将城内外分割开来，然后在城墙上修建城门作为检查关卡，监控进出人员与车马，甚至城王府和民居之间还要有院墙。同样，网络安全也采用了类似方法：通过构建各种检查关卡，形成纵深防御。

网络边界是指组织内部核心业务区域和互联网攻击者（或者任何其他未受控制的外部网络）之间的边界。如图 4-1 所示，互联网暴露层、网络边界层、边界设备互通层和内网核心层之间都有边界，一次成功的攻击需要层层突破。换句话说，网络边界指的是政企控制范围的边缘。例如，一个小型政企有一个内部机房，连接了一个服务器、几十台员工台式计算机、几台打印机，以及路由器和交换机等设备。如果员工将个人笔记本带进酒店，笔记本在网络边界外；如果将它连接到内部机房，笔记本在网络边界内。

本章以典型的金融机构混合云为例，介绍了网络设备和安全设备的配置和协同，包括域名系统（DNS）、证书（SSL）、路由器（Router）、交换机（Swtich）、防火墙（Firewall，FW）、统一威胁管理（Unified Threat Management，UTM）、入侵检测系统（Intrusion Detection System，IDS）、入侵防御系统（Intrusion Prevention System，IPS）、虚拟专有网络（Virtual Private Network，VPN）、无线（Wi-Fi）等。同时，如果使用了公有云，还可能涉及一些特定厂商的网络安全产品和服务，例如抗 DDoS、SLB 等。本章覆盖的网络安全设备如图 4-2 所示。

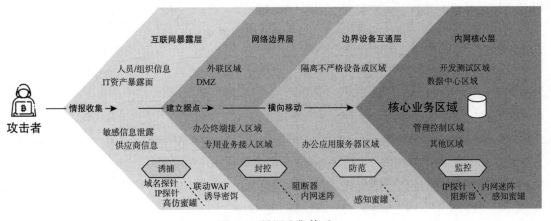

图 4-1 纵深防御体系

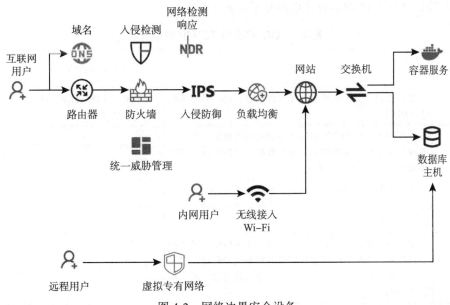

图 4-2 网络边界安全设备

4.1 网络基本知识

网络安全的核心是保护网络中传输的数据、信息的安全性和机密性，网络通信是信息传输的基础。这里主要介绍 TCP/IP、SNMP、安全域及不同规模的安全需求等。

4.1.1 TCP/IP

TCP/IP 模型是在 OSI 模型之后出现的，是 OSI 模型的简化版本，是实际上的工业标准。TCP/IP 模型包含 TCP、IP、UDP、Telnet、FTP、SMTP 等上百个互为关联的协议，得到了很多开源商业化产品的支持。

TCP/IP 是从 OSI 模型简化而来的，简单的映射如图 4-3 所示。

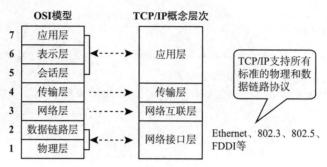

图 4-3 OSI 和 TCP/IP 模型对比

OSI 模型和 TCP/IP 映射更详细的介绍如表 4-1 所示。

表 4-1 OSI 模型和 TCP/IP 映射介绍

OSI 模型	功能	对应的网络协议	TCP/IP 四层概念模型
应用层	文件传输、文件管理、电子邮件信息处理，最小单位为 APDU	HTTP、TFTP、FTP、NFS、WAIS、SMTP	应用层
表示层	确保一个系统的应用层发送的消息可以被另一个系统的应用层读取，编码转换，解析数据，管理数据的解密和加密，最小单位为 PPDU	Telnet、Rlogin、SNMP、Gopher	
会话层	负责在网络中的两节点建立、维持和终止通信，在一层协议中，可以解决节点连接的协调和管理问题，最小单位为 SPDU	SMTP、DNS	
传输层	定义一些传输数据的协议和端口。传输协议同时进行流量控制，或是根据接收方接收数据的快慢程度，规定适当的发送速率，解决传输效率及能力的问题，最小单位为 TPDU	TCP、UDP	传输层
网络层	控制子网的运行，如逻辑编址、分组传输、路由选择，最小单位为分组（包）报文	IP、ICMP、ARP、RARP、AKP、UUCP	网络互联层
数据链路层	主要是对物理层传输的比特流包装，检测保证数据传输的可靠性，将物理层接收的数据进行 MAC（介质访问控制）地址的封装和解封装，也可以简单地理解为物理寻址。最小传输单位为帧	Ethernet、802.3、802.5、FDDI、ARPAnet、PDN、SLIP、PPP、STP、HDLC、SDLC、帧中继	网络接口层
物理层	定义物理设备的标准，主要对物理连接方式、电气特性、机械特性等制定统一标准，传输比特流，最小的传输单位为位（比特流）	IEEE 802.1A、IEEE 802.2 到 IEEE 802.3	

从这里看，OSI 更多是一个概念，而 TCP/IP 是一个流行的工程实现。

4.1.1.1　MAC 地址

媒体存取控制（Media Access Control，MAC）地址用来定义网络设备的位置，通常是绑定在网卡上的一个固定值，负责二层的数据交换。前三个字节（高位 24 位）是由 IEEE 的注册管理机构给不同厂家分配的代码，也被称为"编制上唯一的标识符"（Organizationally Unique Identifier，OUI）。后三个字节（低位 24 位）由各厂家自行指派给生产的适配器接口，被称为"扩展标识符"（唯一性），具体格式见图 4-4。

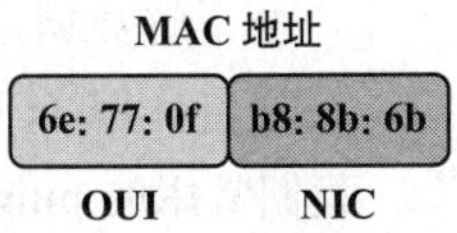

图 4-4　MAC 地址格式

4.1.1.2　IP 地址

IP 地址专注于网络层，将数据包从一个网络转发到另一个网络。在 OSI 模型中，第三层网络层负责 IP 地址管理。IP 地址分为两个部分：网络位和主机位。网络位代表 IP 地址所属的网段，主机位代表网点上的某个节点。总之，MAC 地址就像自己的 ID 号，而 IP 地址就像带着邮政编码的住址，各有各的用途。具体 IP 地址的格式如图 4-5 所示。

图 4-5　IP 地址格式

4.1.1.3　子网掩码

通过子网掩码（Subnet Mask），我们就可以判断两个 IP 在不在一个局域网。子网掩码是一个 32 位地址，用于区分网络地址和主机地址。1 表示网络位，0 表示主机位（连续）。子网掩码单独使用没有意义，必须结合 IP 地址一起使用。此外，127.0.0.0 看着像一个掩码，但它是一个 IP 地址，又叫"本地回环地址"，用于在同一台计算机上测试网络应用程序和服务。

4.1.1.4　端口

TCP 端口就是为 TCP 通信提供服务的端口，通过协议端口号（通常简称为端口）来识别。在 OSI 模型中，它实现第四层传输层所指定的功能。当访问一个应用进程的时候，只要把要传送的报文交到目的主机的某一个合适的目的端口，剩下的工作（即最后交付目的进程）就由 TCP 端口来完成了。SSH、FTP、SNMP 等都是常见的固定端口的 TCP 或 UDP。

DNS 同时占用 UDP 和 TCP 的 53 端口，这种单个应用协议同时使用两种传输协议的情况在 TCP/IP 栈中是特殊的。

- 域名解析（UDP）：客户端向 DNS 服务器查询域名，一般返回的内容都不超过 512B，用 UDP 传输即可。它是客户端向 DNS 服务器查询域名的命令，不用经过 TCP 三次握手，响应更快。

- 域名同步（TCP）：辅域名服务器会定时（一般为3h）向主域名服务器进行查询，以便了解数据是否有变动，如有变动，则会执行一次区域传送以进行数据同步。区域传送将使用TCP。

我们常用的ping是ICMP，仅包含控制信息，不需要端口。

4.1.1.5 地址解析协议

地址解析协议（Address Resolution Protocol，ARP）主要维护IP和MAC地址关系（它们往往是成对出现的）。通常情况下，IP数据包只包含目标设备的IP地址，从而要求发送设备需要在本地的ARP缓存表中查找与目标IP地址对应的MAC地址。

4.1.1.6 套接字

套接字（Socket）是通信的基础，许多网络应用程序都依赖套接字进行数据传输。它是操作系统内核中的一个数据结构，是网络节点相互通信的门户，是网络进程连接的ID。两个进程通信时，首先要确定各自所在的网络节点的地址，而一台计算机上非常可能同时执行多个进程，因此套接口中还需要包含其他信息，也就是端口（Port）号。所以，使用Port号和网络地址的组合能够唯一确定整个网络中的进程。所以在一个TCP包中，除了源IP和目标IP，就是源端口和目标端口。

通信发生时，通过层层打包，例如最后一个FTP/Telnet指令被打包（具体打包过程如图4-6所示），离开客户端，到达服务端后，又以相反的方向逐层解包，直到拿出原始的指令。

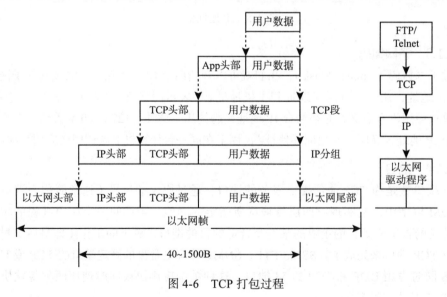

图4-6 TCP打包过程

4.1.2 SNMP

简单网络管理协议（Simple Network Management Protocol，SNMP）被广泛应用于企业、

组织和服务提供商的网络管理系统中。SNMP 是基于 TCP/IP 协议族的网络管理标准，是管理网络节点（如服务器、工作站、路由器、交换机等）的标准协议。SNMP 能使网络管理员提高管理效能，及时发现并解决网络问题以及优化网络。网络管理员还可以通过 SNMP 接收网络节点的通知消息和告警事件报告，从而获知网络出现的问题。

　　网络中被管理的每个设备都被存储在一个管理信息库（MIB）。我们可以通过 SNMP 的 Get 查询主动获取到信息。例如，查询 SNMP 对象标识（OID）是 .1.3.6.1.2.1.4.21，转换后为 ip.ipRouteTable。

```
    snmpwalk -v 2c -c public
localhost .iso.org.dod.internet.mgmt.mib-2.ip.ipRouteTable.ipRouteEntry
```

　　对应的输出如下：

```
    RFC1213-MIB::ipRouteDest.192.168.111.0 = IpAddress: 192.168.111.0
RFC1213-MIB::ipRouteDest.192.168.111.1 = IpAddress: 192.168.111.1
RFC1213-MIB::ipRouteDest.192.168.111.255 = IpAddress: 192.168.111.255
RFC1213-MIB::ipRouteIfIndex.192.168.111.1 = INTEGER: 11
```

　　解析出的路由表如下：

192.168.111.0	255.255.255.0	在链路上	192.168.111.1	291
192.168.111.1	255.255.255.255	在链路上	192.168.111.1	291
192.168.111.255	255.255.255.255	在链路上	192.168.111.1	291
224.0.0.0	240.0.0.0	在链路上	127.0.0.1	331
224.0.0.0	240.0.0.0	在链路上	192.168.6.1	291
224.0.0.0	240.0.0.0	在链路上	192.168.111.1	291
224.0.0.0	240.0.0.0	在链路上	192.168.0.3	311
255.255.255.255	255.255.255.255	在链路上	127.0.0.1	331

　　常见的网络设备支持把日志和告警信息以 SNMP 的形式发送出来。通常，我们将主动发送 SNMP 通知称为 SNMP Trap。这种方式是通知管理员有关安全事件的详细信息。

　　SNMP 出现得比较早，通过 Get 方式周期轮询容易导致反应滞后，而主动通知的 Trap 模式使用的 UDP 也常会丢包，再加上 .1.3.6.1.2.1.2.1.8 这么长的 OID，SNMP 在现如今的 IT 基础设施云化背景下，已经遇到瓶颈。

4.1.3　安全域

　　安全域是具有相同安全级别并且可以用统一的边界访问策略控制的服务集合。多数网络设备支持通过安全域的方式来分割和管理网络中不同的业务区域。安全域通过在网络间形成边界，将一个复杂庞大的系统分割成更小的结构，以对重要的区域重兵把守，从而保障安全。

比较典型的安全域划分方案是 IATF 提出的，旨在建立一个多层次、纵深的防御体系。4个典型的安全域划分包括终端等本地计算环境、安全设备等区域边界、服务器等网络和基础设施及机房等支撑性设施。

参考 IATF 安全域的划分思路，一旦一个脆弱的区域被攻破，很可能波及其他网络。例如攻击者先突破 DMZ，然后利用运维监控工具（如 Zabbix Agent）渗透到 Zabbix Server 所在的网络和安全管理域，基本上就可以访问任意一个区域（例如生产服务区）。典型的安全域划分如图 4-7 所示。

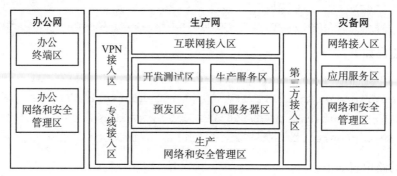

图 4-7　典型的安全域划分

办公区内设有主要的办公设备，如办公计算机和打印机等，覆盖 Windows、Mac、Android 和 iOS 等不同操作系统。这些终端需要访问 OA 服务器区安装有各种安全设备的服务器端，而相应的客户端及代理程序分布在各个办公区。

生产网一般按从开发到发布的顺序把开发测试区、预发区、生产服务区分开。将生产网络和开发测试网络分开，可以降低开发测试过程中引入风险的可能性，保证生产环境的稳定性和安全性。生产网一般需要提供 24h×7 不间断的服务。

网络边界接入区主要包括互联网接入区、VPN 接入区、专线接入区和第三方接入区等。互联网接入区主要是接入外部客户 / 消费者等，通过 Web 服务器访问生产服务器的数据。

生产网络和安全管理区主要部署网络管理系统、自动化运维系统、持续构建系统、安全基础设施主机入侵检测系统等服务端部分，对应的客户端代理分布在其他生产服务区的服务器上。

防火墙默认安全域（见图 4-8）及其安全等级说明如下。

- 本地（Local）区：安全等级为 100，指的是防火墙的各个端口，用户不可改变 Local 区本身的任何配置，包括向其添加接口。
- 信任（Trust）区：安全等级是 85，一般连接内网的端口。
- 非信任（Untrust）区：安全等级是 5，一般连接外网的端口。
- 隔离区或非军事区（DeMilitarized Zone，DMZ）：安全等级是 50，一般连接服务器的端口。

- 管理（Management）区：安全等级是 100，一般性连接以 Telnet、HTTP、HTTPS 等协议管理防火墙的端口。

图 4-8　防火墙默认安全域

如图 4-9 所示，在安全域和安全域之间部署防火墙都可以。不同的安全域又可以细分为更小的子安全域，这些安全域之间需要设置边界以进行安全保护。图 4-9 中的网络核心域又细分为应用计算域、安全支撑域、运维支撑域、网管支撑域和数据计算域。

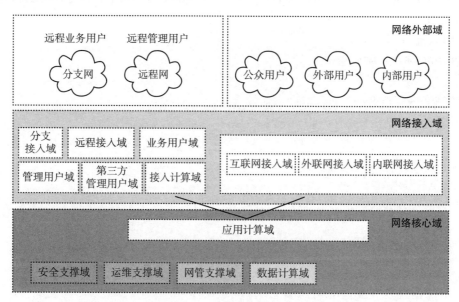

图 4-9　安全域划分示例

网络安全域大致可分为运维支撑域、网管支撑域、网络域、计算域、用户域，落实到具体产品、技术、服务等有差异。如以政企网站群为例，根据不同的 Web 业务数据流，垂直拆分业务服务模块，根据业务逻辑，区分不同业务数据流组。水平分割，不同的业务数据流组应划分为不同的 VLAN。

不同的安全域具备不同的安全防护等级与策略，形成一个大的访问矩阵（Mesh）。目前，很多防御技术是基于 IP 网段来实施的，安全域之间是基于 ACL 的边界安全，安全域间的策略即边界安全访问控制。未来，我们会引入更多面向服务的 Service Mesh 安全模式，更加关注访问者的身份。

只要有分支，我们就需要关注其访问控制。例如某企业 ERP 受勒索病毒攻击，后经路径排查发现，黑客首先入侵该企业办公终端，然后以此为跳板控制总部的办公终端，再入侵 EPR 服务器。这个案例表明总部缺少对分支的访问控制，例如屏蔽掉 445、3389 等高危端口，才使得黑客得手。

4.1.4　不同规模的安全需求

中大型政企应定期梳理所有外部系统接入本单位内部网络的路径，并给出网络路径图。网络边界层是与外网直接连通的网络区域，是攻击者进入政企内网必经的网络区域，通常包含外联区域、DMZ、办公网区域等网络区域，是攻击者在第二阶段建立据点之后进行进一步信息获取并横向移动的区域。这里以图形化的方式表现安全域间访问路径，如图 4-10 所示。

比如使用 Echart 图表用低代码实现：

```
  option = {
tooltip: {
  trigger: 'item',
  triggerOn: 'mousemove'
},
animation: false,
series: [
  {
    type: 'sankey',
    bottom: '10%',
    emphasis: {
      focus: 'adjacency'
    },
    data: [
      { name: 'hacker' },
      { name: 'customer' },
      { name: 'remote worker' },
      { name: 'DMZ' },
      { name: 'FW' },
      { name: 'VPN' },
      { name: 'OFFICE' },
      { name: 'WEB' },
      { name: 'FW_IDC' },
```

```
        { name: 'DB' }
    ],
    links: [
      { source: 'remote worker', target: 'FW', value: 3 },
      { source: 'hacker', target: 'FW', value: 2 },
      { source: 'customer', target: 'FW', value: 15 },
      { source: 'FW', target: 'DMZ', value: 3 },
      { source: 'WEB', target: 'FW_IDC', value: 3 },
      { source: 'FW_IDC', target: 'DB', value: 12 },
      { source: 'FW', target: 'VPN', value: 3 },
      { source: 'VPN', target: 'OFFICE', value: 3 },
      { source: 'DMZ', target: 'WEB', value: 5 },
      { source: 'OFFICE', target: 'WEB', value: 1 }
    ],
    orient: 'vertical',
    label: {
      position: 'top'
    },
    lineStyle: {
      color: 'source',
      curveness: 0.5
    }
  }
  ]
};
```

　　上述访问方式一个可能的风险点是，本来开通了远程办公，期望联动 VPN 跳到 OA 服务器，但是攻击者连通 VPN 后，可能会横向移动到运维网络。这种攻击在安全域这个层面上是无法防范的。

　　无论企业规模多大，它们都会有安全域划分、边界隔离和访问控制。要想在一个不断变化的世界中有所作为，你必须能以已有的知识体系解决更多没处理过的问题。大公司的框架不也是在很多类似小公司的单元上组合起来的吗？下面讨论不同业务规模企业的网络拓扑。

4.1.4.1　小型企业的网络拓扑

　　小型企业的网络拓扑通常非常简单，主要采用路由器和防火墙实现内外隔离。办公网络通常由 LAN 和 Wi-Fi 组成，是上网的基础；如果需要对外交流，可能会有一个网站，因此可能会有邮件服务器和网站服务器。另外，根据业务特点，可能会使用办公协同和生产管理系统，如 OA 和 EPR 等。典型的小型企业的网络拓扑如图 4-11 所示。

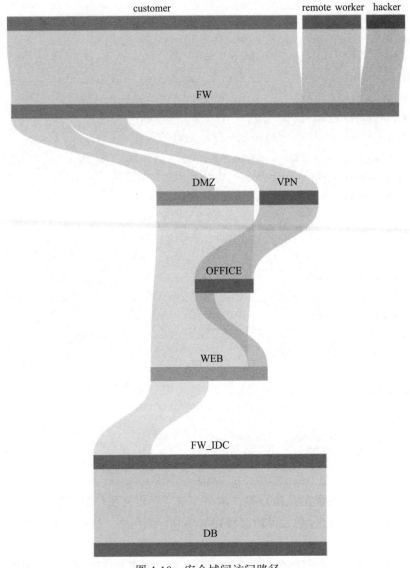

图 4-10 安全域间访问路径

这里涉及的网络分区有办公接入区、DMZ、业务系统服务器区、安全管理区、Wi-Fi 接入区，技术有 VLAN、Trunk、DHCP、WLAN、OSPF、PPPoE、NAT、ACL 等。除了像补丁、终端杀毒软件这类必需的桌面管理产品，这里要配置的安全设施往往只有和路由器一体的防火墙，如果关心带宽消耗会有上网行为管理，关心网站安全会有 WAF、网页防篡改等。

在今天混合云盛行的架构下，如果把网站、邮件等都迁移到公有云上，甚至 ERP 系统也上了云，办公 OA 架设在钉钉或企业微信上，那么只剩下一个办公电脑的区域了。可以说，小型企业的安全投入往往是少得可怜的。

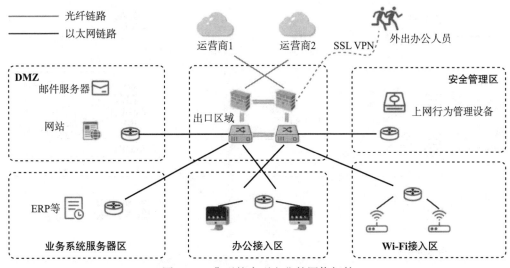

图 4-11　典型的小型企业的网络拓扑

4.1.4.2　中型企业的网络拓扑

中型企业的网络拓扑根据业务的不同，可能会很简单，也可能非常复杂。可以看到在小型企业的基础上，中型企业的网络拓扑主要是利用路由器、防火墙实现更细粒度的内外隔离，通常有外部网络区、DMZ、内部网络区三大块。内部网络区又可以细分为业务服务器区、安全区、管理区、办公大楼接入区等，外部网络区有 Wi-Fi 接入区、供应链三方接入区。此外，IPS 和 IDS 都是必要的产品。IPS 是防火墙的合理补充，一般串联部署在访问路径上，帮助系统应对网络攻击，扩展系统管理员的安全管理能力（包括安全审计、监视、攻击识别和响应），提高信息安全基础结构的完整性。IDS 旁路部署在网络上，对业务干扰较小，可用于更细粒度地检测黑客和攻击者的入侵行为。典型的中型企业网络拓扑如图 4-12 所示。

如果有分公司、子公司，这里的区域就更细了，访问策略就很复杂了。如果分公司、子公司是企业的独立运营单位，并且只需要访问互联网或其他公共网络资源，那么它们的接入通常会放在外部网络区，而不是像分支机构那种可以接入内部网络区。几乎每个分支接入区都是一个小型的网络，其中区域间的两两连线都需要做更进一步的访问控制。在技术上，在小型企业网络的基础上引入很多新的概念，中型企业的网络规模较大，可能需要采用如核心层、汇聚层、接入层等多层次的网络架构。例如交换机之间的远程冗余（Inter-Switch FRC Remote Redundancy，IFR2）是光纤通道中用于实现交换机冗余和高可用性的一种技术。

为了方便外出人员办公，通常企业还要提供专业的 SSL VPN 设备，而不是再用防火墙自带的 VPN 能力。当然，中型企业可能需要将部分业务或数据迁移到云端，因此需要采用云计算技术，如云存储、云服务器、云备份等。

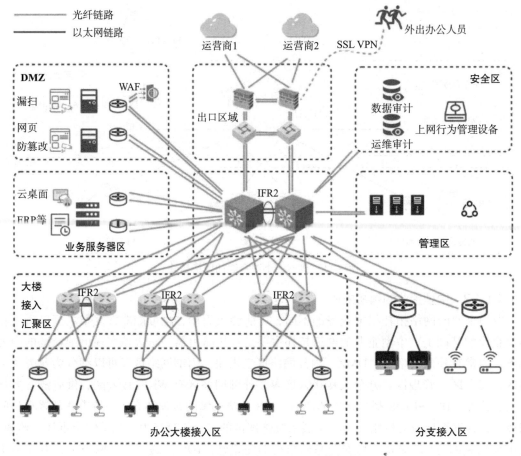

图 4-12　典型的中型企业的网络拓扑

4.1.4.3　大型企业的网络拓扑

　　大型企业的网络拓扑就更复杂了，每个分公司、子公司几乎是一个小的中型公司。集团往往有各种类型的业务，比如有自己的生产厂区、门店、办事处、金融招商公司等，有自己的互联网业务或金融租赁等服务，需要采用一定的公有云服务。这几种服务的安全要求、能力和等级就完全不同了。在安全要求上，在中型公司的基础上，一般还会有终端准入系统、数据防泄露（DLP）系统的建设。终端准入是指安装了杀毒软件和 DLP 的客户端，才可以接入网络。DLP 系统也可以通过网络准入系统进行客户分发；同时，在分支接入和三方伙伴接入区也会有 IPSec VPN 接入来实现点对点的连接。典型的大型企业的网络拓扑如图 4-13 所示。

　　大型企业尤其是集团企业通常会在多个地区或国家进行业务活动，因此需要建立跨地域的网络连接，以实现远程办公、数据共享和协同工作。在技术上，企业可能需要建立多级网络架构（如核心层、汇聚层、接入层、边缘层、混合云专线等），以实现更灵活、更可扩展、更可管理的网络架构。对应地，网络隔离、入侵预防系统、SIEM 系统等都要引入更复杂的配置。

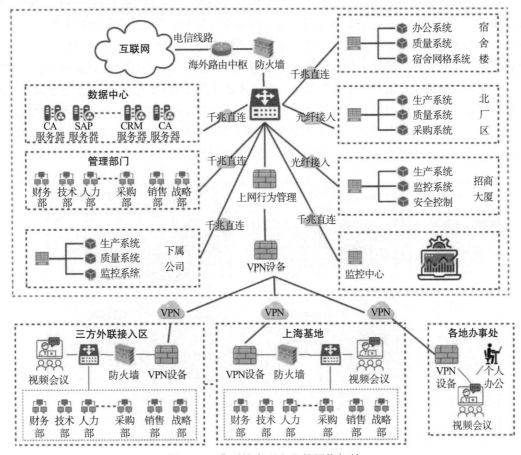

图 4-13 典型的大型企业的网络拓扑

除了互联网接入需要重点关注，三方外联接入区也需要重点关注，这两个区都是可能给大企业带来恶意流量的入口。在攻防演练中，面对红队密集防守的总部系统，蓝队很难正面突破，直接撬开内部网络的大门，因此需要侧面包抄，尝试通过攻击防守相对薄弱的下属单位，再迂回攻入总部的目标系统。从 2020 年开始，各个行业的总部系统被红队从下级单位攻击甚至攻陷的案例比比皆是。

奇安信针对 136 个信息化组件，总结出了 29 个安全区域场景，部署了 79 类安全组件。它的内生安全框架试图从"甲方视角、信息化视角、网络安全顶层视角"展现出政企网络安全体系全景，设计出将网络安全与信息化相融合的目标技术体系和目标运行体系，帮助政企机构摆脱"事后补救"的局部整改建设模式，真正做到安全的"事前防控"。面对这样复杂的网络，看不懂，搞不清，有一些焦虑是很正常的。一口不能吃个胖子，可以一点点来，先以分公司、子公司为单位把大的框架画出来，再逐渐把更多的细节丰富起来。

4.1.4.4 安全能力要求差异

不同规模的企业有不同的安全投入，对应的投资回报（Return On Investment，ROI）也大不相同。初级防护是基础的安全建设，这一时期主要做办公网络安全的基础部分，往往只适用于小型企业；中型企业开始同时关注生产网络的安全，这时就要完成基础防范；大型企业就要讲体系化控制，所提的那些网络安全设备全都要覆盖到。集团企业更是会关注主动防御。互联网类型的企业强调与业务的融合，在成本产出较为直观的业务安全上主动投入，而不是局限在优化安全基础架构，这样产出会更加直观。对于高层来说，安全从第一阶段到第二阶段一直有明显可见的产出，只有看到持续的产出才会提高影响力，才会有持续的投入。如图4-14所示，从初级到成熟，企业的网络安全投入是逐步增加的。

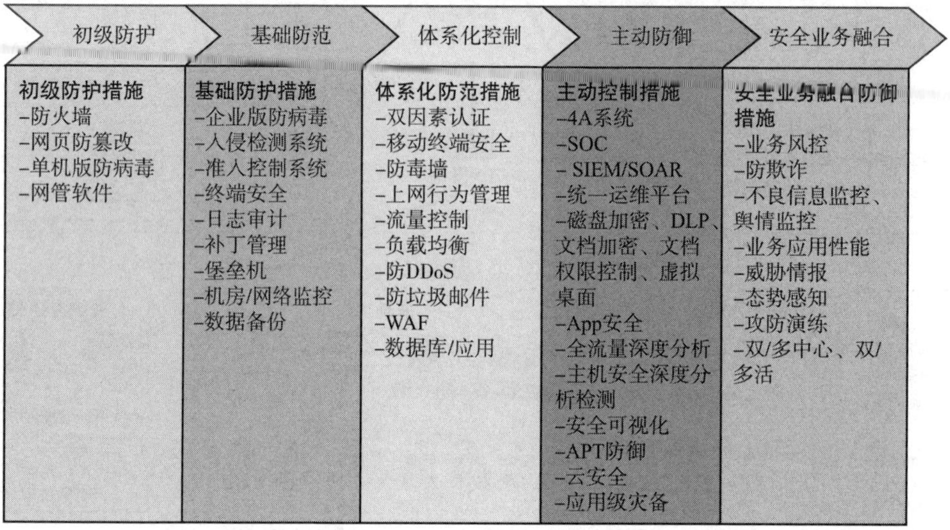

图 4-14　安全成熟度

我们或许掌握了许多安全建设的方法，但要真正将其应用到实践中极具挑战。业界有句顺口溜："方法都知道，落地很艰难"。因此，在推动安全建设过程中，企业必须打好网络边界安全的基础，以便事半功倍。

4.2　网络设备

网络设备主要包括宽带接入设备、交换机、路由器、Wi-Fi接入设备和负载均衡设备等。交换机负责处理二层报文，路由器负责处理三层路由。这些网络设备通过相互连接的方式，将计算机、服务器、存储设备等连接在一起，是构建计算机网络所必需的基础设施。

4.2.1　宽带接入设备

运营商在提供专线服务的时候，一般会利用以太网点对点协议（Point-to-Point Protocol

over Ethernet，PPPoE）。用户在宽带接入设备上配置 PPPoE 客户端，向运营商的 PPPoE 服务器发送 PPPoE 请求进行身份验证，并获取 IP 地址等网络参数。这部分工作一般由运营商配合完成，这里不再赘述。

4.2.2　交换机

交换机（Switch）是一种用于电（光）信号转发的网络设备。常见的交换机是以太网交换机（即网络交换机）。它是一种提高网络连接能力的设备，能为子网络提供更多的连接端口，因此也被称为多端口网桥。

4.2.2.1　交换机的作用及功能

最初的交换机是简单的电路交换机，它们通过将数据包发送到指定的目标网络来实现数据转发。随着技术的发展，网络交换机变得更加复杂，功能更加强大，并支持许多高级特性，如路由、防火墙、负载均衡等。交换机的主要功能如下。

1）转发数据包：交换机将接收到的数据包转发到目标计算机。

2）创建多个 VLAN 域：交换机可以创建多个 VLAN 域，从而实现网络隔离。

更多的交换机功能如提高网络效率、实现 QoS、配置 ACL、网络监控等，这里不再一一阐述。交换机常见的仍然是透明网桥模式（Transparent Bridge Mode）和虚拟局域网（Virtual Local Area Network，VLAN）等。透明网桥模式是一个即插即用模式，即只要把网桥接入局域网，不需要改动硬件和软件，也不必设置地址开关和加载路径选择表或参数，网桥就能正常工作。对于用户来说，它是透明的。VLAN 是将一个物理的 LAN 在逻辑上划分成多个广播域的通信技术。VLAN 内的主机间可以直接通信，而 VLAN 间不能直接互通，从而将广播报文限制在一个 VLAN 内。在一个 LAN 内，通过对端口划分，就可以分割出几个各自独立的群组，当分属不同 VLAN 的设备（如 PC）要通信时，要经过路由表，这样就增强了网络的健壮性。

4.2.2.2　交换机的部署位置

交换机一般部署在网络安全区域的连接处。按在网络中起的作用，交换机分为核心层交换机、汇聚层交换机和接入层交换机，如图 4-15 所示。

通常，我们将网络中直接面向用户连接或访问网络的部分称为接入层，将位于接入层和核心层之间的部分称为分布层或汇聚层。前者比后者具有低成本和高端口密度特性。

汇聚层交换机是多台接入层交换机的汇聚点，作用是将接入

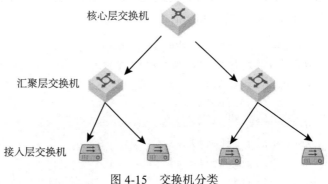

图 4-15　交换机分类

节点统一出口，同样也做转发及选路。它必须能处理来自接入层设备的所有通信，并提供到核心层的上行链路，因此与接入层交换机相比，汇聚层交换机需要具备高转发性能，通常也是三层交换机。

核心层交换机的主要目的在于通过高速转发信息，提供可靠的骨干传输通道。因此，核心层交换机应具有更高的可靠性和吞吐量，一般是指有网管功能、吞吐量强大的交换机。

4.2.2.3 交换机联动

交换机通常可以与以下安全产品联动。

- 防火墙（FW）：交换机可以配合 FW 来保护网络免受外部威胁。
- 虚拟专用网络（VPN）：交换机可以配合 VPN 来保护网络中的数据安全。

交换机还可以和入侵检测和防御系统、入侵预防系统、反病毒软件等联动来预防网络攻击。总的来说，交换机与安全产品的联动可以帮助提高网络安全性，降低网络遭受攻击的风险。

4.2.2.4 交换机安全

交换机是整个政企内网最重要的组成部分，因此与之相关的安全问题关系到整个政企的信息系统是否能正常运行。大部分政企网络安全策略会将注意力放在外网的安全威胁上，但处于政企内部的二层及三层网络安全问题其实也很重要。以下是一些典型的交换机安全风险。

1）攻击：攻击者利用漏洞攻击交换机，以获取敏感信息或破坏网络通信，包括中间人攻击，监听和篡改网络中的数据，并进行数据泄露或窃取机密信息。

2）访问控制不当：如果没有正确设置访问控制，任何人都可以登录并管理交换机，可能会导致数据泄露或破坏网络安全。

3）固件漏洞：交换机固件可能存在漏洞，导致网络被攻击者攻击。

为了确保交换机的安全，我们可以采用以下方法。

1）安装安全补丁：及时安装交换机的安全补丁，以修复漏洞。

2）配置访问控制：通过设置访问控制，确保只有授权人员才能登录。

交换机端口安全是指针对交换机端口进行安全属性配置。802.1x 是控制最终用户端口被激活的重要一环。此外，交换机可以确保管理员的控制台安全接入。这里以思科为例，来施行针对 Console 的 Telnet 的访问控制。

```
SW1(config)#line console 0
SW1(config-line)#password cisco
SW1(config-line)#login
SW1(config-line)#line vty 0 15
SW1(config-line)#password cisco
SW1(config-line)#login
SW1(config-line)#exit
SW1(config)#
```

交换机有 Trunk 口和 Access 口两种，它们都是基于报文帧上的标签来区分数据。Trunk 口为多个 VLAN 提供服务，Access 口仅为一个 VLAN 提供服务。IEEE 802.1Q 是一个流行的 Trunk 协议。Trunk 协议一般用于交换机与交换机之间，或者交换机与路由器之间（配置单臂路由时）。

具体到配置上，核心层交换机到汇聚层交换机通常使用 Trunk 口，如图 4-16 所示。

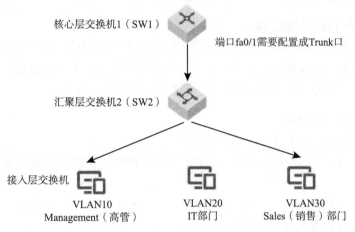

图 4-16　Trunk 口的配置

例如，SW2 上有 Management、IT 和 Sales 等几个各自的 VLAN，对于堆叠在上层的 SW1，需要配置成 Trunk 口，以便统一应用访问控制。一般而言，配置成 Trunk 口并不是最终目的，而是将 VLAN 叠加，以更便捷地实现应用策略和访问控制。

交换机间链路（ISL）是思科特有的，DOT1Q 是公有的。

4.2.3　路由器

路由器又称网关设备，是连接因特网中各局域网、广域网的设备，可根据信道的情况自动选择路径，从而以最佳路径发送信号。

4.2.3.1　路由器的作用及功能

路由器的主要作用是通过连接网络中的多个设备，控制数据的传输，实现数据的路由和转发。它是互联网的枢纽，用于连接多个逻辑上分开的网络。因此，路由器具有判断网络地址和选择 IP 路径的功能，能在多网络互联环境中，建立灵活的连接，可用完全不同的数据分组和介质访问方法连接各种子网。在技术上，路由器只接收源站或其他路由器的信息，属于网络层的一种互联设备。路由器的主要功能如下。

1）网络路由：路由器通过路由协议实现数据的传输和转发，并维护路由表等，保证数据在网络中的高效传输。

2）IP 地址分配：路由器通过 DHCP 为网络中的设备分配 IP 地址，以便实现网络通信。

同时，路由器还提供网络安全、网络管理等功能，核心还是路由。

路由器有静态路由和动态路由两种方式。静态路由不能对网络的改变做出反应，一般用于拓扑结构固定、比较简单（简单不代表规模小）的网络。静态路由的优点是简单、高效、可靠。在所有的路由中，静态路由优先级最高。动态路由能够根据链路和节点的变化适时地进行自动调整，能自动进行健康检测。与静态路由不同，动态路由不需要手动配置路由表。当动态路由与静态路由发生冲突时，以静态路由为准。

4.2.3.2 路由器的部署位置

路由器通常部署在网络拓扑的核心位置，如办公室、数据中心的网络出入口等。在小型办公室中，路由器一般安装在墙上或桌面上，并通过电缆连接到其他设备；在大型网络环境中，路由器可能会部署在机房或数据中心，放在专门的恒温机柜中。

4.2.3.3 路由器的联动

路由器通常可以与以下安全产品联动。

1）防火墙（FW）：路由器可以配合 FW 来保护网络免受外部威胁，很多情况下二者是合二为一的。

2）虚拟专用网络（VPN）：路由器可以配合 VPN 来保护网络中的数据安全，如果有防火墙功能，VPN 往往也包含在其中。

它还可以和入侵检测和防御系统、反病毒软件、入侵预防系统等产生联动，以预防网络攻击。总的来说，路由器与安全产品的联动可以帮助提高网络安全性，降低网络遭受攻击的风险。

4.2.3.4 路由器安全

路由器因为在网络拓扑中占有重要的位置，所以它的安全受到格外关注。

1）漏洞：路由器可能存在漏洞，如果不及时修复，可能被攻击者利用。

2）密码破解：路由器的后台通常需要密码保护。如果密码被破解，攻击者可以控制路由器并访问敏感信息。

3）中间人攻击：路由器作为网络数据的中转站，如果被攻击者控制，可能会导致数据泄露和窃取。

4.2.4 Wi-Fi 接入设备

无线网络（Wi-Fi）正在加速进入我们的日常生活与各行各业，很多办公场所已经看不到网线了，办公无线网络通常是控制器（Access Controller，AC）和接入点（Access Point，AP）建立起来的集中式 Wi-Fi 控制架构。除了 Wi-Fi，目前物联网应用的无线通信技术众多，其中 ZigBee、NB-IoT 和星闪等技术都有着广泛应用。

4.2.4.1 Wi-Fi 接入设备的作用及功能

Wi-Fi 自诞生以来就成为人们访问互联网的主要方式之一，在办公场所 Wi-Fi 几乎代替了有线网络，以便用户在任何地方都能通过无线设备访问互联网。

Wi-Fi 接入设备的主要功能如下。

1）提供无线互联网接入服务。

2）支持多种无线设备，如笔记本电脑、智能手机、平板电脑等。

Wi-Fi 还具有高速传输数据、加密传输数据、支持多用户同时在线等功能。

4.2.4.2　Wi-Fi 接入设备的部署位置

Wi-Fi 接入设备可以部署在办公场所，甚至能够替代有线网络。AC 一般连接在内网的核心或汇聚层交换机上。利用分布式 AP，Wi-Fi 可以覆盖很大的楼宇，甚至整个园区。

4.2.4.3　Wi-Fi 接入设备的联动

Wi-Fi 接入设备可以和以下安全产品联动。

- 防火墙：可以保护无线网络免受攻击。
- AP 管理系统：可以保证接入点的安全，例如通过加密的方式来实现认证。
- 网络准入控制系统：可以实现只有符合基线检查的设备才能接入网络。
- 无线防入侵系统：可以监控无线网络是否受到攻击并提醒管理员。

Wi-Fi 接入设备还可以和 VPN、防病毒和蠕虫系统等联动，共同保护网络的安全。

4.2.4.4　Wi-Fi 接入设备的安全

无线安全是指保护无线网络免受未经授权的访问和攻击。目前，Wi-Fi、蓝牙等无线技术已经被广泛使用，政企对无线安全要采取措施，尤其是办公网络，需进行身份认证，限制非法终端接入，如采用 MAC 地址认证。当然，针对无线网的攻击也很多，最简单的是安装 Kali，买好点的 USB 网卡，WPA/WPA2-PSK 密码破解只是时间问题，具体的安全风险如下。

- 黑客攻击：未加密的 Wi-Fi 网络易受到黑客的攻击。
- 中间人攻击：数据在传输过程中可能被第三方攻击者截获并识别。
- 热点钓鱼：攻击者可以在工作区域设置看起来和办公一样的热点，从而获取敏感信息或传播不良软件。
- DDoS 攻击：攻击者可以利用 DDoS 攻击，使正常用户不能上网。

国外无线安全审计公司 Hak5 开发并售卖 The Wi-Fi Pineapple。该产品是一款无线安全测试神器（俗称"大菠萝"），从 2008 年至今已经发布到第六代。它的 Recon 模块采用被动式扫描，会自动将网卡设置为监听模式，扫描周围不同信道（客户端）发送的各种数据包，嗅探出 SSID、MAC 地址、加密方式等信息。更有甚者，启动 DNSmasq 服务，对客户端访问的域名进行重定向。Wi-Fi 一旦沦陷，可以想象的攻击方式太多了。

另外，员工私自携带小型无线路由器接入网络，如果设置不当很容易被非法入侵，从而连接到政企网络，成为进一步入侵其他核心系统的起点。黑客还会利用职场应聘等近源方式攻破 Wi-Fi，尽管这类情况较少，但说明访问 Wi-Fi 还是有很多风险的，因此要加强认证管理。

针对上面这些风险，常见的应对措施是隐藏无线网络，使用高强度的加密算法来加密无线网络，包括 WPA2- 企业（WPA2-Enterprise）和 WPA3-SAE 强认证机制、定期更新软件和固件等。无线认证主要有 3 种类型，分别是无加密认证、WEP 认证和 WPA 认证。前两者的安全等级都比较低，不适合企业级认证，这里重点介绍后者中安全等级最高的802.1x 认证。

通过使用 802.1x 和 WPA2-Enterprise，政企可以实现更细粒度的访问控制，并保护无线网络不受未经授权的访问和攻击。这是一种安全且方便的接入方式，且可以很好地实现设备在不同的办公地点的漫游。第一次配置好以后，只要在 Wi-Fi 热点的覆盖范围内，系统将会自动连接并进行身份认证，非常方便，只有当你更改身份与访问管理（IAM）系统账号密码，才需要到 Wi-Fi 设置里更改缓存的密码。通过 802.1x 认证接入无线网络，所有数据都经过安全加密，保障了用户的隐私不被窃取。

在客户端，配置 WPA2-Enterprise 认证方式，选择"加密类型"为 AES；将网络身份验证方法选为 Microsoft：受保护的 EAP（PEAP）（Microsoft: Protected EAP（PEAP））（见图 4-17）；认证方式选为 User or Computer authentication；是否缓存用户密码选择 Cache user information for subsequent connections to this network；在高级（Advanced）处选择 Enforce advanced 802.1x settings。

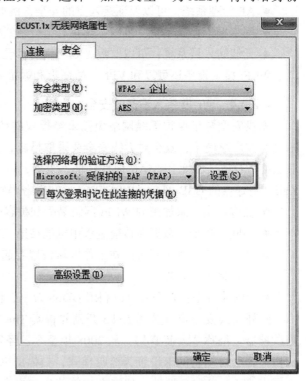

图 4-17 无线网络属性

在配置 802.1x 服务器端时，需要部署认证服务器 FreeRadius 和目录服务器 OpenLDAP。在 FreeRadius 中配置指向 OpenLDAP 的连接，然后使用 radtest 或 eapol_test 工具来检查 FreeRadius 和 LDAP 的联动是否成功，最后在网络设备交换机上启用 802.1x 认证，并完成 FreeRadius 认证服务器的设置。

在办公网、生产网等总部 - 分支无线网场景中，为了不影响业务产出效率，网络管理员对网络的可靠性提出更高的要求。可以在 AC 上部署两个无线信号下发给 AP，其中一个信号启用 802.1x 认证，另一个信号设置为默认情况下对用户不可见，当 CAPWAP 断开链路后自动对用户可见。

4.2.4.5　Wi-Fi 安全产品

在开源产品上，Kismet 无线网络检测器可以扫描无线网络并分析网络流量，以检测和预防攻击。它可以用于发现未经授权的设备、漏洞和攻击，并提供实时警报。

在商业产品上，国内的安全厂商（如绿盟、奇安信等）都有相关产品。绿盟的安全产品包括无线安全管理、Wi-Fi 网络安全防护、移动应用安全防护等。奇安信的天巡无线入侵防御系统目标是守住政企无线网络边界。

4.2.5　负载均衡设备

负载均衡设备是通过分配网络请求流量，在多个后端服务器上实现资源的均衡使用，以提高系统的可用性和可靠性，同时减轻单个服务器的压力。

负载均衡本身是一种反向代理技术，基于"端 - 管 - 云"一体化布防，通过部署在终端侧（Web、H5、小程序、移动 App、桌面客户端）的安全组件，以及部署在链路中的反向代理网关、云端的大数据集群，形成一体化、智能化的完整闭环。

有的负载均衡设备提供七层流量清洗服务，比如云化的负载均衡是一套部署在公有云所有业务链路前端的流量管理产品，对混杂在流量中的恶意请求（CC 攻击、Web 攻击、爬虫、刷单、垃圾注册、垃圾消息等）进行清洗，提高最终提交到业务系统的流量纯净度，从而保障业务系统的稳定性和消费者的权益。

4.2.5.1　负载均衡设备的作用及功能

负载均衡设备本质上是一个反向代理，接收互联网上的连接请求，然后将请求转发给内部网络中的服务器。过去，在使用一个或多个网络安全设备时，网关容易成为单一故障点，并可能成为带宽的瓶颈，负载均衡由此诞生。这些串接的负载均衡设备是局域网（内网）与互联网（外网）连接的唯一通道，那么它有可能成为内网访问外网的瓶颈。我们要扩展这个通道，防止断网，也就是说要保证网络系统的可靠连接、运行稳定，还应保证网络系统的吞吐量、连接速度。负载均衡设备的功能如下。

1）流量分配：将网络请求均衡分配到多个后端服务器。

2）负载均衡算法：根据后端服务器的资源使用情况，选择最佳的负载均衡算法。

负载均衡设备功能还包括健康检查、SSL/TLS 加密、IP 地址映射等，共同提升安全保障效果。

4.2.5.2　负载均衡设备的部署位置

负载均衡设备通常部署在数据中心或云环境的边缘，在防火墙与后端 Web 服务器之间。它们可以作为独立的硬件部署，也可以作为软件部署，如图 4-18 所示。

为了实现高可用性，负载均衡设备一般采用双机热备建设方案，即支持两台安全设备以主 - 备或主 - 主两种工作模式运行，以满足不同的组网需求，提高集群的可用性和高性能。

4.2.5.3　负载均衡设备的联动

负载均衡设备可以和以下安全产品联动。

● 防火墙：负载均衡设备通常部署在防火墙的后面以免受攻击。

- WAF：负载均衡设备部署在 WAF 的后面，以保护网站免受 SQL 注入、XSS 攻击、CSRF 攻击。
- SSL/TLS 加密：保证客户端和服务端以加密的形式通信。

负载均衡还可以和防入侵检测系统、身份识别与访问管理（IAM）系统、VPN 等实现联动，具体的要根据使用场景。

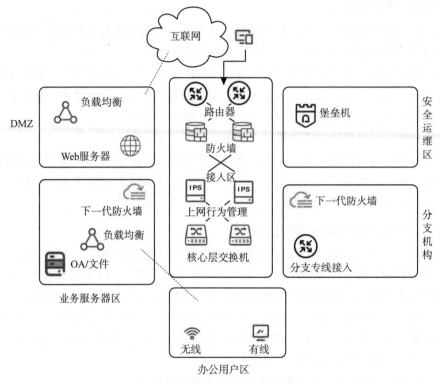

图 4-18　负载均衡设备的部署位置

4.2.5.4　负载均衡设备安全

负载均衡设备是网络基础设施的重要组成部分，用于处理大量的网络流量和数据。因此，安全是负载均衡设备的关键问题。一些常见的负载均衡设备安全问题如下。

1）拒绝服务（DoS）攻击：攻击者可以利用被劫持系统的资源，给后端服务器或整个网络造成严重的拒绝服务影响。

2）中间人攻击：攻击者可以在网络中截取和篡改数据。

3）配置错误：负载均衡设备配置不当，可能导致数据泄露或漏洞被利用。

4）访问控制不当：如果没有适当的访问控制，攻击者可能会滥用负载均衡设备的资源。

为了防范这些安全问题发生，负载均衡设备通常提供安全功能，如加密、访问控制、审核日志和安全更新。此外，政企也可以通过实施安全审核和漏洞扫描来评估负载均衡设备的安全风险，并采取必要的措施来确保安全。

4.2.5.5　负载均衡产品

在开源产品上，Nginx 是一个轻量级高性能 Web 服务器、反向代理服务器和负载均衡器，支持 HTTP、HTTPS、SMTP、POP3 和 IMAP 等。

在商业产品上，国内的深信服、阿里、腾讯、百度都有自己的负载均衡产品。

国外的 F5 公司的 BIG-IP 是一款集成了网络流量管理、应用程序安全管理、负载均衡等功能的应用发布平台。

4.3　安全设备及技术

交换机、路由器、负载均衡设备等更多被认为是网络设备，而像防火墙、入侵检测系统等更多被认为是安全设备。网络安全最常见的纵深防御是利用各种设备实现网络边界防护，从 UTM 到下一代防火墙、WAF 都是这一体系的产物。这一体系强调御敌于国门之外，在网络边界解决安全问题，优势是交付简单，只要在网络边界部署安全设备就可以。

广义的网络安全设备还包括基于 IP 的 SSL 证书、TLS 加密套件、VPN 网关、加密机/卡、中间件、公开密钥基础设施（PKI）、个人证书（CA）系统、防病毒软件、网络扫描系统、入侵检测系统、网络安全预警与审计系统，及基于密码的，尤其是密码芯片、加密卡、身份识别卡、电话密码机、传真密码机、异步数据密码机等。

4.3.1　防火墙

防火墙也称防护墙，由 Check Point 软件技术有限公司创始人 Gil Shwed 于 1993 年发明并引入国际互联网。它是一种位于内部网络与外部网络之间的网络安全系统，是一种协助信息系统获取更高安全性的形象说法。它是计算机硬件和软件的结合，在用户访问网络（如互联网）与内部网络（如企业网络 Intranet）之间建立起安全网关，将内部网络和互联网分开，构造屏障从而保护内部网络免受非法用户的入侵。

4.3.1.1　防火墙的作用

防火墙的主要作用是做对外南北向流量的过滤和对内东西向区域的隔离，最初主要用在外网访问内网网站、内网终端用户上外网、总部和分支之间的边界访问控制等。随着互联网技术的发展，防火墙也不断演进，从单纯的数据包过滤发展为具有许多高级功能的多层安全解决方案。

防火墙是基本的网络防护设备，使用最为广泛。防火墙作为网络安全的第一道屏障，通过监测、限制、更改跨越防火墙的数据流，尽可能地对外屏蔽网络内部的信息、结构和运行状况，以此来实现网络的安全保护。在逻辑上，它是一个分离器，也是一个限制器和一个分析器，能有效监控内部网络和外部网络之间的任何活动，从而保证内部网络的安全。

防火墙的另一个重要应用是动态路由技术，也就是将内部网络的应用通过网络地址转换暴露在对外互联网上，从而有效地隐藏内网地址。具体的网站防护在第 6 章会有更多阐述。

4.3.1.2 防火墙的功能

除了防御网络安全威胁外，防火墙还具有许多其他功能，包括身份验证、审计和网络流量管理等。防火墙通过 ACL 技术过滤进出网络的数据包，管理进出网络的访问行为，封堵某些禁止的访问行为，记录通过防火墙的信息内容和活动，对网络攻击进行检测和报警等。

防火墙的主要功能如下。

1）数据包过滤：防火墙可以检查网络流量并根据预定义的规则阻止不安全的数据包通过，例如只允许 SSH 的 22 号端口流量通过。

2）访问控制：防火墙可以限制对网络资源的访问，以保护关键资产不受未经授权的用户访问。防火墙通过五元组来检查每个数据包的源地址、目的地址、协议类型、双方端口等信息来实现访问控制。

3）身份验证：防火墙可以验证用户身份，以确保只有授权用户可以访问网络资源。

4）审计和日志记录：防火墙可以记录网络流量的详细信息，以便审计和检测安全事件。

其他的防火墙功能包括网络流量管理、加密、防止攻击等。这些功能可以通过配置预定义的安全规则实现。防火墙的网段隔离避免了局部重点或敏感网络安全问题对全局网络带来的影响，避免一个网段沦陷影响网络内部其他网段。

4.3.1.3 防火墙的部署位置

防火墙通常部署在政企的边界出入口位置，如图 4-19 所示。有些情况下，政企内部比如总部和分 / 子公司之间也会部署防火墙，具体要看业务需求。

一般，防火墙前端连接着路由器，后端连接着防病毒软件。防火墙基本的功能是在计算机网络中控制不同信任程度区域间传送的数据流，在两个网络之间通信时执行访问控制规则，最大限度阻止黑客访问内网。换句话说，如果不通过防火墙，内网的用户无法访问互联网，互联网中的用户也无法和内网的用户通信。传统防火墙能防止黑客攻击，但不能防止病毒攻击，后者防御也是非常必要的。

4.3.1.4 防火墙的联动

防火墙作为边界防御的关键设备，可以和许多安全产品进行联动。一些常见的联动安全产品如下。

● 安全信息和事件管理（SIEM）系统：防火墙可以与 SIEM 系统集成，将安全事件和日志信息发送到 SIEM 系统进行集中管理和分析，以便更好地监控和响应安全事件。

● 安全运营中心（SOC）：SOC 利用 SIEM 系统收集的情报发现潜在攻击时，可以向防火墙发送指示，要求其立即采取相应的防御措施，如拦截攻击流量、禁止特定的 IP 地址访问等，事后还可以对防火墙规则进行调整。

需要指出的是，防火墙和路由器也有联动配合的关系。防火墙默认所有流量都不可以通过，如果想让某些流量通过，则需要进行配置，加入白名单。相反，路由器默认所有流量都可以通过，如果不想让某些流量通过，则需要通过 ACL 加入黑名单。

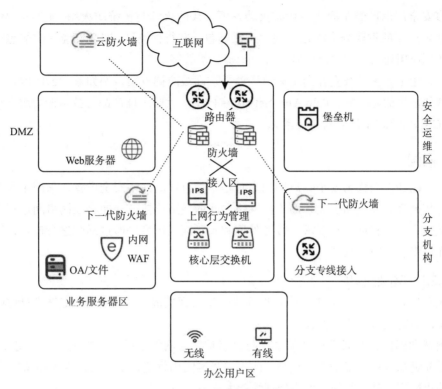

图 4-19　防火墙的部署位置

4.3.1.5　防火墙安全

防火墙作为网络安全的基础产品，功能非常有限，因此在网络安全攻防里很容易被穿透。防火墙也存在一定的安全风险，主要有以下几点。

- 配置错误：如果防火墙配置不当，它可能会被恶意软件绕过，成为攻击者的工具。
- 软件漏洞：防火墙软件也可能存在漏洞，如果不及时修复，会被攻击者利用。
- 内部威胁：防火墙不能防御内部威胁，如员工的恶意行为。
- 管理风险：防火墙需要定期维护和管理，如果管理不当，也可能导致安全风险。

4.3.1.6　防火墙产品

在开源产品上，比较有名的 pfSense 是基于 FreeBSD 的防火墙和路由器发行版。它提供了许多网络安全功能，如网络地址转换（NAT）、虚拟专用网络（VPN）、带宽管理、反垃圾邮件、负载均衡、多个 WAN 连接和透明网桥模式。

在商业产品上，国内老牌的安全厂商天融信、绿盟、启明星辰也都有自己的防火墙产品。这是一个竞争非常激烈的安全领域。对于它的选型，我们一般会重点关注网络吞吐量、最大并发数、网卡接口数、集中管理、模块升级等。

国外 Palo Alto Networks、Fortinet、Check Point 都是主流的防火墙巨头，在市场中竞争激烈。

很多安全厂商已经布局下一代防火墙。下一代防火墙与传统防火墙、UTM、WAF 等网络边界防护产品的重要分水岭是实现"一次解包、并行检测",即报文经一次解包后,可并行识别监测应用协议、用户及内容,大大地提高了效率。

同时,越来越多的政企在向防火墙厂商寻求高级防御方案,例如基于云的沙盒,以及基于应用威胁情报的防火墙。Palo Alto Networks 的下一代防火墙产品将技术能力组合扩展到了 SASE、CNAPP 和 XDR 等新兴技术。

4.3.2 网闸

网闸(GAP)全称为安全隔离网闸。它是一种特殊的网络安全设备,采用带有多种控制功能的专用硬件,在电路层面切断不同网络之间的链路连接,并能够在网络间进行安全适度的应用数据交换。根据合规要求,政务外网和互联网区域最好通过网闸进行连接,以确保政务外网无法直接访问互联网。

4.3.2.1 网闸的作用

网闸可以在不同的网络之间建立物理或逻辑层面的隔离,阻止未经授权的数据流通过,从而保护网络的安全性和完整性。

防火墙和网闸存在联动配合关系,防火墙是三层网络层设备,网闸是二层链路层设备。二者谁越靠近物理层,安全性就越高。防火墙当网闸用肯定是不行的,因为隔离的力度不够;网闸当防火墙用也是不行的,因为处理性能太低。

4.3.2.2 网闸的功能

网闸是使用带有多种控制功能的单向信息安全设备来连接两个独立固态开关续写存储介质,具备以下功能。

1)文件摆渡:网闸一般都会内置文件摆渡功能。这样,用户可以设定在内外网的文件存储位置,由网闸实现文件同步。

2)物理隔离:网闸所连接的两个独立主机系统之间通过物理隔离,不存在通信的物理连接和逻辑连接、信息传输命令、信息传输协议,也不存在依据协议的信息包转发,只有数据文件的无协议摆渡,且对固态存储介质只有读和写两个命令。

3)协议切断:常见的木马大部分是使用 TCP 协议。木马的客户端和服务器端由于网闸的隔离而使协议失效,使各种木马无法通信。

所以,网闸从物理上隔离、阻断了具有攻击可能的一切连接,通常用于安全要求高的环境(例如军事、金融或政府组织)中,使黑客无法入侵、无法攻击、无法破坏,实现了真正的安全。

4.3.2.3 网闸的部署位置

网闸用于不同区域之间物理隔离、不同网络之间物理隔离、网络边界物理隔离,也常用于数据同步、信息发布等。网闸典型的应用场景包括医院的核酸检测报告上传,如果没有网闸，需要通过手工的方式上传到政务平台，供民众查询，如果利用网闸，就可以实现数据自动同步。

网闸一般不会用于小的区域和小的区域之间的隔离，一般用于两个大网之间的串行。一般情况下，保密单位、科研单位按要求来说要物理隔离的，但为了方便数据同步，会采用网闸。

4.3.2.4　网闸的联动

网闸一般会和网站、数据库、SIEM 系统等联动，具体如下。

- 网站：通过设置过滤规则，网闸可以允许合法的网络流量通过，同时阻止恶意的流量进入网站。
- 数据库：网闸可以对进入数据库的数据进行过滤和检查，过滤掉非法或恶意数据，并检查数据格式和内容的正确性和安全性。
- SIEM 系统：SIEM 可以收集和分析网络安全事件。网闸可以与 SIEM 系统联动，向 SIEM 系统发送安全事件和日志信息，帮助 SIEM 系统进行安全事件分析和响应。

网闸在内外做一些小的数据同步是可以的，可以在数据库前面实现对内网数据的保护。

4.3.2.5　网闸安全

网闸存在被绕过的风险。由于数据的不落地原则，在有些情况下，外网要调用内网的数据，又不希望在外网保存，这时往往会使用透明代理模式。这种模式理论上还是支持 TCP 穿透的，并不是物理隔离。

4.3.2.6　网闸产品

网闸是一个非常有国内特色的产品，国际上使用很少，没有对应的开源项目。

在商业产品上，国内网御的网闸产品采用了多种技术手段，如硬件加速、多核 CPU、流量分析等，能够实现高性能的网络安全保障。

4.3.3　统一威胁管理平台

统一威胁管理（UTM）平台集成了的安全功能，包括防火墙（FW）、入侵防御系统（IPS）、防病毒及蠕虫系统、VPN、内容过滤、反垃圾邮件等。

4.3.3.1　UTM 平台的作用

UTM 平台实现了集中部署与管理，是对原有传统安全网关设备防护手段的整合和升华。防火墙、入侵防御系统等的信息处理方式仍然是 UTM 的基础，但这些信息处理方式不再各自为战，而是在统一的安全策略下相互配合，集中收集、分析信息以实现协同工作。

4.3.3.2　UTM 平台的功能

UTM 平台可以提供全面的网络安全解决方案，主要功能如下。

1）防火墙：UTM 平台往往内置了防火墙能力，可根据安全策略控制传入和传出的网络流量，并保护网络免受外部威胁。

2）虚拟专用网络（VPN）：UTM平台往往内置了VPN，连接政企总部和分支等，实现进出流量的加密传输。

3）防病毒及蠕虫系统：UTM平台内置的防病毒模块可以拦截病毒、木马、间谍软件和其他蠕虫等。

4）网站及内容过滤：UTM平台内置了上网行为管理能力，可以阻止对非法网站（包括成人网站或社交网站等）的访问。

5）入侵防御系统（IPS）：UTM平台可以利用对数据包的检测来阻止网络攻击。

高级的UTM平台还配置了网站及内容过滤，以提供上网行为管理、邮件安全、认证和授权、报表及审计等功能。

虽然UTM平台集成了多种功能，但它们并非必须同时启用。UTM平台的一个明显的问题是，内容过滤功能在应用层需要大量计算资源，从而会严重影响网关的性能。

4.3.3.3　UTM平台的部署位置

UTM平台部署在防火墙的后面，或是取代防火墙，可部署在办公区、数据中心、分支机构及云的出口等，如图4-20所示。

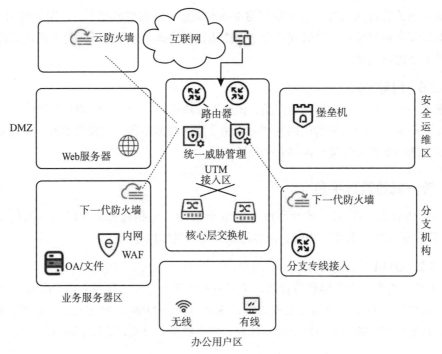

图4-20　UTM平台的部署位置

4.3.3.4　UTM平台的联动

UTM平台与其他安全产品联动是一个重要的概念，因为它允许不同的安全产品进行协作，以提高网络的总体安全性。UTM平台可以和以下安全产品联动。

- 身份和访问管理（IAM）系统：与 IAM 系统联动来管理用户访问 UTM 平台特定功能和资源的权限。
- 威胁情报（TI）系统：与威胁情报系统联动来检测新的威胁并对其进行应对。
- SIEM 系统：与 SIEM 系统集成，以提供更全面的网络安全监控和事件响应能力。
- 防病毒（AV）系统：与防病毒软件产品配合使用，以更好地防范病毒和恶意软件的侵害。

例如，假设你想确保只有经过身份验证和授权的用户才能访问 UTM 平台中的某个 Web 网站。为了实现这个目标，你可以将 UTM 产品配置为与 IAM 产品集成，只允许具有特定访问权限的用户访问该网站。

4.3.3.5　UTM 平台安全

UTM 平台在政企的网络出入口起到了重要作用。它常见的一些安全风险如下。

1）配置错误：UTM 平台中的防火墙策略、IPS 签名过滤条件、路由配置错误等，都可能被攻击者利用。

2）系统漏洞：UTM 自身也是一个软件，它的固件同样可能有缺陷，容易被攻击者利用。

3）内部人员：UTM 对内部人员的访问权限几乎不设防，很容易成为攻击对象。

UTM 平台的安全漏洞也会造成相当严重的损失。此外，UTM 的设计原则违背了深度防御原则，采用单一设备而不是多个设备，虽然在防御外部威胁方面非常有效，但面对内部威胁就无法发挥作用了。

4.3.3.6　UTM 产品

在开源产品上，OPNsense 是一个提供全面的 UTM 功能的防火墙和路由平台。它从 pfSense 分支衍生而来，在流量分析和 Web 过滤等方面更强大。

在商业产品上，国内新华三 H3C 等厂商的 UTM 产品包含防火墙、入侵检测和预防系统（IDS/IPS）、反病毒、反垃圾邮件等，可以全面保护政企网络免受各种网络威胁。国外 Fortinet 的 UTM 产品拥有强大的威胁情报系统，可以及时更新全球范围内的威胁情报，提供最新的威胁防护功能。

4.3.4　网络威胁检测及响应系统

网络威胁检测及响应（Network Detection and Response，NDR）系统对于网络安全建设是一个非常重要的补充。这种系统的价值在于能够迅速、准确地发现新型变种威胁，并根据业务情况和安全等级迅速应对风险和异常，阻止威胁继续传播。

4.3.4.1　NDR 系统的作用

NDR 系统最早可以追溯到最初的入侵检测系统和入侵防御系统，强调对新型网络威胁和高级网络威胁的检测和响应，发展到后期变得更加全面和先进，可以帮助组织应对更加复杂的网络威胁。

NDR 系统具备对分析对象进行实时检测的能力。它可以自主采集通过网络边界的南北向流量以及通过内网的东西向流量，并通过传统的网络威胁检测技术（如签名和指纹匹配）来发现威胁。此外，NDR 系统还可以对原始网络流量进行一段时间的学习、训练和优化，以建立相对准确且能够动态调整的网络流量行为模型。这个行为模型作为网络风险和异常判定的基准，能够实现精细化的溯源定位。

在威胁处置方面，承载 NDR 系统的网络安全产品具备和其他安全产品联动的能力，解决分布在不同区域的网络异常问题，并且支持客户根据业务情况和安全等级，自由选择自动或手动进行威胁及异常响应处置。

4.3.4.2　NDR 系统的功能

围绕网络威胁检测和响应能力，NDR 系统的主要功能如下。

1）威胁检测：识别潜在的网络威胁，如恶意软件、攻击和数据泄露。

2）威胁响应：在发现威胁后，采取适当的措施，如阻止攻击、隔离恶意代码和修复漏洞。

3）威胁情报（TI）分析：利用第三方威胁情报源，如联合威胁情报（CTI）、更新特征库，识别最新的威胁。

4）网络分析：NDR 系统通常有政企网络进出的全流量数据，因此是对网络全面的审计的最佳方式之一。NDR 系统的一个重要能力是网络分析。面对各种网络问题，NDR 系统可以对网络中所有传输的数据进行检测、分析、诊断，帮助用户解决网络堵塞故障。

4.3.4.3　NDR 系统的部署位置

NDR 系统通常部署在组织的网络边缘，用来做全面的行为审计，以帮助防止威胁从外部进入网络。NDR 系统一般采用镜像旁路的部署模式。旁路模式使得上网行为管理系统通过监听方式抓取网络数据包，而不影响数据包的正常传输，对客户网络环境和网络性能无任何影响。

通常，NDR 部署在核心层交换机的一个镜像口的后面。下面命令是把接口 F0/0 的所有流量镜像到 F0/1 口。

```
port-mirroring to observe-port 1 both
```

在 NDR 交付上，交换机镜像是成本低、操作简单的方法，其他的如图 4-21 分光镜和网络分流器相对昂贵和复杂。流量镜像后可以普遍应用于网络排障、简单网络分析与监控。

4.3.4.4　NDR 系统的联动

NDR 系统与其他安全产品联动是非常重要的，因为它们可以共同协作来保护网络免受威胁。

- 防火墙和入侵防御系统（IPS）：在攻击到达 NDR 系统前，可以阻止攻击进入网络。
- SIEM 系统：NDR 可以将网络的流量信息汇总到 SIEM 系统，以支持进一步的关联分析。

● 终端检测与响应（EDR）系统：NDR 可以与 EDR 系统集成，当 NDR 系统检测到有问题的终端时，通知 EDR 系统对该终端进行封禁。

4.3.4.5　NDR 系统安全

NDR 系统有助于提高网络安全，但也存在一些安全问题，其中一个主要问题是错误的报警，这可能会导致不必要的响应措施，例如误报攻击或误报安全事件。此外，NDR 系统可能会遭到攻击，从而导致整个系统故障或数据泄露。

为了避免这些问题，我们有必要对 NDR 系统进行适当的配置和管理，以确保系统的稳定性和安全性。此外，我们还应该定期对 NDR 系统进行安全审核和测试，以识别安全漏洞并采取适当的修复措施。

下一代网络数据包代理技术（NGNPB）可以将经过处理

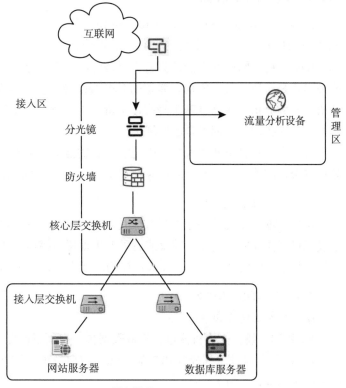

图 4-21　NDR 系统的部署位置

的数据分别发送至特定工具进行分析，这种共享的流量服务正在推动着流量可视领域的快速发展。这相当于一辆单车可为多人使用，是对网络流量的最大化利用。NGNPB 使不同类型工具能够以菊花链形式串接，例如，防火墙可能会先过滤掉一部分流量，有助于下行 IPS 进一步过滤掉更多流量，这样就可减少分布式拒绝服务（DDoS）防护装置的负载。

4.3.4.6　NDR 产品

在开源产品上，Zeek（原名 Bro）通过脚本语言可以非常细粒度地进行协议分析，可以在 TCP 会话层解析出 HTTP 应用、DNS 应用等的行为，以常见的日志格式记录协议的详细内容（比如 HTTP 会话以及请求的 URL、关键头、MIME 类型、服务器反馈、DNS 请求及反应、SSL 证书、SMTP 会话的关键内容等）。

在商业产品上，国内在该领域做得比较出色的是科来，它主打 NDR 类似技术手段的 NTA 产品，有一个免费的技术交流版本可以下载（https://www.colasoft.com.cn/download/capsa.php）试用。国外 NetSkope、GREYCORTEX、ProtectWise 等的 NDR 产品都在监测和检测网络安全事件和威胁方面有各自的特点。

4.3.5 入侵检测系统

入侵检测系统（Intrusion Detection System，IDS）主要检测攻击行为是否存在，分为 NIDS 和 HIDS 两种。本章覆盖的 IDS 主要是前者，后者在第 5 章中介绍。

IDS 是基于网络的入侵检测，主要是旁路在网络连接上，获取网络全流量，不断地分析连接是否是非法入侵。因此，典型的 IDS 必须包括一个数据包嗅探器，以收集网络流量进行分析。它的分析引擎通常基于规则，支持添加自己的规则进行修改。在熟悉了所选 IDS 的规则语法后，我们可以创建自己的规则。

IDS 的分析引擎处理大包、中包、小包的能力是有很大差异的，在实际网络中一般考虑处理混合包的能力。各政企的业务存在差异，在选型的时候要尽量在实际应用场景中测试。

4.3.5.1 IDS 的作用

IDS 是防火墙之后的第二道安全屏障，可以对操作系统日志、网络传输进行即时监控，在发现可疑操作时还会发出警报或者采取主动反应措施。IDS 通常采用误用检测的分析技术，比较依赖系统的特征库，对已知入侵检测准确率高，对未知入侵检测准确率低。

4.3.5.2 IDS 的功能

IDS 的主要功能如下。

1）检测：镜像交换机流量，抓取数据包，识别不被允许的活动，并通知管理员。

2）分析：通过识别模式和趋势，帮助管理员识别潜在威胁，把抓取的包进行拆解，匹配特征规则进行分析。

3）警报：当发现可疑活动时，通知管理员或自动执行响应程序。

4）报告：生成详细的报告，以便管理员更好地了解发生的活动。

它的分析能力有很多种，基于贝叶斯推理检测是其中一种。该方法是在任何给定时刻测量变量值，并推理判断系统是否发生入侵事件。举个例子，某程序运行时执行了扫描端口等与特征库相匹配的行为（例如尝试利用 SMB 端口漏洞），IDS 会检测到这些活动，可能将此程序标记为恶意代码，并记录日志，也可能采取发出警报等主动措施。这样，当一个新的挖矿类病毒作为其相似变种使用了相同的漏洞，尽管渗透方式有所改变，但仍会尝试目标主机的 445 端口是否开启，IDS 就可以发挥作用了。

4.3.5.3 IDS 的部署位置

IDS 部署模式为旁路模式部署，在核心交换设备上开放镜像端口，分析镜像流量中的数据，判断攻击行为。

常见的网络全流量获取方式为交换机镜像、分光镜和网络分流器 3 种。第一种最常见，是指核心层交换机将内网流量镜像到指定端口。以常见的 IDC 拓扑结构为例，双机热备被简化，服务器直接与接入层交换机连接，接入层交换机直接与核心层交换机连接，核心层交换机与防火墙直接连接，防火墙通过运营商的链路接入外网。其中，部分规模较大的机房还会在核心层交换机和接入层交换机之间部署汇聚层交换机。同 4.3.4 节 NDR 系统的流量镜像机制一样，一般镜像采集在核心层交换机、DMZ 交换机和办公交换机上，如图 4-22 所示。

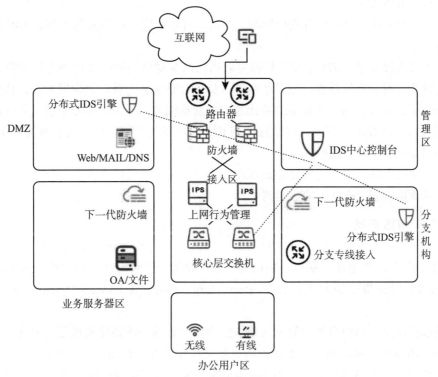

图 4-22　IDS 的部署位置

如果 IDC 出口防火墙支持镜像，或者 IDC 出口防火墙上联口也有交换机，也可以在 IDC 出口防火墙或者其上联口交换机上进行流量镜像。

4.3.5.4　IDS 的联动

网络层的 NIDS 一般只是报警，并不参与拦截。切断连接的话需要 HIDS 对关键库文件、注册表、重要文档和文件夹进行保护。IDS 和以下安全产品联动。

- SIEM 系统：IDS 可以将检测到的事件和警报信息传递给 SIEM 系统，帮助安全团队对整体的威胁情况进行分析、管理和响应。
- 网络流量分析器（NTA）：IDS 可以与 NTA 集成，帮助深入分析检测到的威胁，理解攻击的本质以及受影响的范围。
- 安全编排自动化与响应（SOAR）平台：IDS 可以与 SOAR 平台连接，实现自动化威胁响应，加快问题的解决。
- 威胁情报（TI）平台：IDS 可以与 T1 平台对接，获取实时的威胁情报，从而更好地辨识和应对新型威胁。

这些联动方式有助于建立更综合的安全生态系统，提升威胁检测、分析和响应的效率与准确性。

4.3.5.5　IDS 安全

IDS 是一个系统，也有自身安全问题。攻击者可以利用存在的漏洞来绕过 IDS 的防御和检测机制。

IDS 容易误报漏报。IDS 主要是依赖签名指纹匹配对已知的网络攻击进行检测，如果对策略没有优化，导致告警泛滥，刚开始运维人员还会登录上去看，但误报太多，到后面可能就无暇关注了。此外，为了平衡威胁检出率和威胁检测效率，IDS 特征库往往会根据业务和资产情况进行不同程度的裁剪，这就意味着 IDS 的检测技术不仅是无法检测新型变种威胁，对于一些已知威胁也可能漏检。

IDS 会生成大量日志，这些日志必须得到妥善管理。如果日志管理不当，可能导致日志被泄露，从而影响安全事件的追踪和调查。

4.3.5.6　IDS 产品

在开源产品上，Snort 是比较流行的 IDS 产品。它的检测规则由规则头和规则选项组成，规则头定义了 IP 地址、端口、协议类型和满足规则条件时执行的操作，规则选项定义了入侵标志和发送报警的方式，共有 Alert、Log、Pass、Activate、Dynamic 五种操作供选择。

在商业产品上，国内启明星辰的天阗入侵检测与管理系统是比较成熟的 IDS。它采用了多层次的检测技术，包括基于规则的检测、基于统计分析的检测、基于机器学习的检测等，可以有效识别不同类型的攻击。国外 Fortinet 的 IDS 产品使用深度学习和机器学习技术，监控网络流量并分析数据包，以便及时发现攻击。

4.3.6　入侵防御系统

入侵防御系统（Intrusion Prevention System，IPS）主要是对网络流量进行协议解析，拦截对网络和系统的攻击。主动防御与实时阻断是 IPS 的立足之本。IPS 部署在网络出口叫NIPS，部署在 Web 服务器前有时候叫 WIPS。本章主要覆盖的是前者。IPS 主要是串联在网络连接上，针对三～七层的数据流，依据自有特征库进行比对检测（可检测蠕虫、基于 Web的攻击、利用漏洞的攻击、木马、病毒、P2P 滥用、DoS/DDoS 等）。

4.3.6.1　IPS 的作用

IPS 通过监控异常网络流量来达到发现入侵的目的，主要作用是弥补防火墙和防病毒软件之间留下的空档。IPS 可以检测到数据包中的源地址、目的地址、协议类型、端口号等信息，并与已知的蠕虫攻击特征进行比对，从而及时防御和阻止蠕虫攻击的传播。不同于NTA，IPS 主要用来监控但不能拦截。例如，高端 IPS 串接于路由器与防火墙之间，能够快速终结 DoS/DDoS、未知的蠕虫、异常流量攻击所造成的网络断线。

4.3.6.2　IPS 的功能

IPS 主要是基于流量特征进行检测，主要功能如下。

1）行为分析：IPS 利用行为分析技术来识别和拦截可疑的网络行为。

2）异常检测：IPS 利用统计学，阻止可疑的攻击进入网络。

3）流量过滤：IPS 可以过滤掉可疑流量，以阻止其对网络的进一步侵害。

IPS 的更多功能包括流量正常化，它可以按照一定的逻辑将碎片化的流量组装起来。此外，IPS 还提供了虚拟补丁串联实现攻击缓解等功能。

4.3.6.3　IPS 的部署位置

如图 4-23 所示，IPS 常见部署位置在服务器区域的前端或互联网边界处，防止外来攻击，还有一种方式是串行在 DMZ 前面的汇聚和核心层交换机之间。

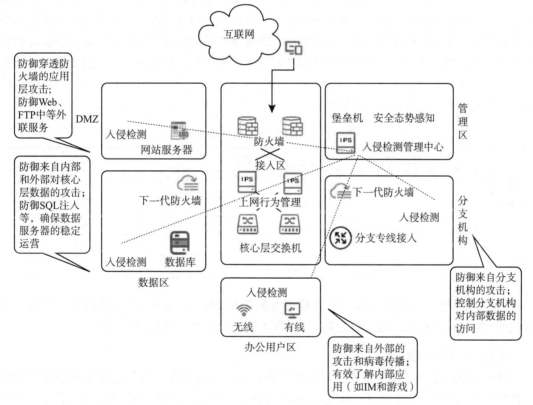

图 4-23　多台 IPS 进行分区防御

IPS 的部署模式包括透明模式、路由模式、旁路镜像模式，这种旁路镜像模式可以作为入侵检测使用。

4.3.6.4　IPS 的联动

现在，安全行业整体的发展趋势是将 IPS 整合到更庞大的综合安全体系中。供应商不再推出单独的防病毒软件、反恶意软件、垃圾邮件检测软件、IPS、IDS 等产品，而是将它们打包成综合解决方案以实现联动。

- 防火墙（FW）：作为网络边界的第一道防线，FW 可以与 IPS 协同工作，对恶意流量进行过滤。
- 入侵检测系统（IDS）：当异常流量被检测到时，IPS 可以结合 IDS 的行为分析，识别潜在的高级持续性威胁。
- 安全信息和事件管理（SIEM）系统：SIEM 系统收集和分析来自 IPS 的日志和警报，进行事件关联和响应。

例如，勒索软件防御和检测解决方案离不开利用 AI 技术综合分析 SIEM、IPS 及其他系统提供的数据，识别潜在的攻击途径，比攻击者抢先一步采取安全措施。

IPS 尚未强大到足以取代 IDS 的地步，技术上的相互渗透和融合并非一定要在产品上取而代之。防火墙最主要的特征是通（传输）和断（阻隔）两个功能，并不对通信包的数据部分进行检测；IPS 对于端口扫描、拒绝服务、蠕虫等特征比较明确的攻击可以做到高效的检测和及时的阻断。IDS 是一个检测和发现为特征的技术行为，其追求的是抓包不能漏，分析不能错，尽量降低漏报率和误报率。因此，如表 4-2 示，防火墙、IDS 和 IPS 一样在网络信息安全体系中可以各显身手，相辅相成。

表 4-2　防火墙、IDS 和 IPS 对比

	防火墙	IDS	IPS
部署位置	串联	旁路	串联
阻断阶段	事前	事后	事中
阻断策略	基于 ACL 的五元组来判断 IP	相对复杂，可以通过特征及规则综合判断异常行为	相对简单，基于已知攻击的签名检测和流量分析
报告能力	不重要	高级	低级

IPS 受检测技术、传输技术、芯片技术等多方面的约束，面对一些局部事件，可以相当准确地判断出问题所在，而对于更为复杂的攻击就难于应对，需要 IDS 出马。

4.3.6.5　IPS 自身安全

IPS 自身的安全也需要重视。它使用了各种三方库和组件，如果这些库和组件存在安全漏洞，攻击者可能会利用这些漏洞来攻击 IPS。因此，及时更新 IPS 的补丁是非常重要的。

IPS 的不当配置可能会导致系统出现漏洞，从而导致安全问题。如果 IPS 没有足够强的访问控制和认证机制，攻击者可以伪装成正常的流量绕过。

4.3.6.6　IPS 产品

在开源产品上，较新的知名 IPS 产品是 Suricata。Suricata 兼容 Snort 的规则并改进了性

能，支持将检测结果导入 SIEM 系统（如 Splunk 和 ELK）。还有专门做网络流量索引回溯分析的 Moloch。Moloch 可以每秒处理高达 10GB 的网络流量，适合做全流量镜像分析系统，从而实现高性能的多线程处理。

在商业产品上，国内绿盟的 NIPS、启明星辰的天清 NGIPS 等都能自动拦截各类攻击性流量。国外 Trend Micro 于 2016 年收购惠普的 Tipping Point 入侵防御系统，在市场上一直与思科的下一代 IPS（NIPS）等竞争。Tipping Point 可以提供威胁情报、集中式分析和实时安全响应以保护政企 IT 基础架构安全。

4.3.7　虚拟专用网络

虚拟专用网络（VPN）作为一种流行的安全技术，支持用户跨越不同的信任网络，比如从家访问办公室网络。VPN 通过加密数据包和重封装报文达到远程访问安全的目的。通过 VPN，政企可以将分布在各地的分支局域网有机地连成一个整体。

VPN 主要有以下几种使用场景。

- 企业网络：为员工提供安全的远程连接。办公用的 VPN 主要有 SSL VPN 和 IPsec 两种。
- 公共 Wi-Fi 网络：为用户提供安全的网络连接。
- 家庭网络：保护家庭网络的隐私和安全。

在选择和使用 VPN 时，建议根据实际需求考虑安全性、可靠性和合规性等因素。

4.3.7.1　VPN 的作用

VPN 的主要作用是保护远程办公等连接安全。它通过对数据进行加密来保护用户的隐私，同时隐藏用户的真实 IP 地址，以防黑客攻击。VPN 还可以用于解除网络限制，允许用户在任何地方访问限制网站和服务。

在办公 VPN 的基础上，还有一种点到点（Site-to-Site）VPN。它可用作数据交换。比如从总部到分支，往往使用的不是 MPLS 这样复杂的协议，也不是 SD-WAN（Software Defined WAN），更多是 IPsec VPN。

4.3.7.2　VPN 功能

VPN 通常具有以下功能。

1）加密：保护用户的隐私和数据安全。

2）隐藏 IP 地址：保护用户的真实 IP 地址。

3）解除网络限制：允许用户访问限制网站和服务，例如只有建立了 VPN 通道，才能访问到不对外暴露的网站。

4）虚拟定位：允许用户模拟访问不同的地理位置。

4.3.7.3　VPN 的部署位置

办公 VPN 分为服务端和客户端两部分，例如在部署 IPsec VPN 时，需要在用户主机上安装客户端软件，如图 4-24 左上角所示。这在一定程度上带来了客户端分发困难。连通两个数据中心的点到点 VPN 一般通过标准协议互为客户端和服务端，如图 4-24 右侧所示。

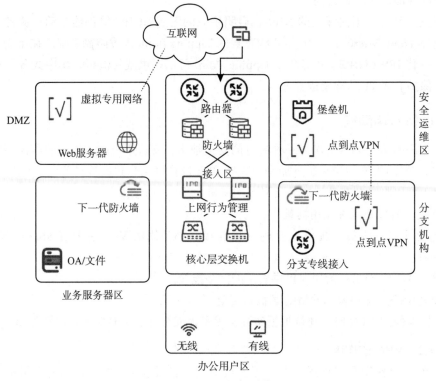

图 4-24　VPN 的部署位置

4.3.7.4　VPN 的联动

VPN 可以和许多安全产品联动，以提供更强的网络安全保护。这些安全产品如下。

● 防火墙：VPN 可以与防火墙结合使用，提供更强的入站和出站安全防护。

● 反病毒软件：VPN 和反病毒软件结合可以有效防止病毒的传播和恶意软件的入侵。

● 加密软件：VPN 与加密软件结合可以提供高级的数据加密保护。

● 身份验证服务器：VPN 可以通过与身份验证服务器结合来实现更强的用户认证。

VPN 可以作为网络安全套件的一部分，与其他安全产品一起工作，以提供更全面的网络安全保护。具体的联动方式可能因不同的产品而异。

4.3.7.5　VPN 安全

VPN 可以帮助提高网络安全，但也存在一些安全风险。

● 没有加密的 VPN：有些 VPN 不提供加密，这意味着数据可能不安全。如果你选择了一个不加密的 VPN，那么任何人都可以查看你的数据，即使使用了加密算法。

● 中间人攻击：在 VPN 通信中，有可能出现中间人攻击的情况。如果攻击者能够截获并改变 VPN 通信中的数据，用户隐私和数据安全就可能受到威胁。

- 软件安全漏洞：VPN 可能存在安全漏洞，如果这些漏洞被黑客利用，那么网络安全就可能受到威胁。

因此，在选择 VPN 时，要仔细考虑其安全性，选择一个可靠的 VPN 服务商，并确保使用的 VPN 软件是安全的。近年来，随着护网、攻防演练常态化等，有些厂商的 VPN 暴露出很多安全隐患，屡屡爆出 0day 漏洞。

同时，VPN 通信机制也带来了不少安全隐患。例如，政企内部难免会有办公人员在出差过程中使用 VPN 连接内网进行办公的情况，当个人终端被勒索病毒感染后，通常会将病毒带入内网，而共享存储必然成为病毒爆发的地方。再比如 VPN 是"先连接，后鉴权"，也就是你会先发现 VPN 的服务器，再开始认证。这些问题导致 VPN 正在被软件定义边界（Software Defined Perimeter，SDP）等新技术替代。SDP 通过网关隐身机制完美地解决了这些问题。

4.3.7.6　VPN 产品

在开源产品上，OpenVPN 是一个被广泛使用的 VPN 解决方案。它基于 SSL/TLS 协议，提供安全的远程访问和点到点连接。

在商业产品上，国内深信服的 VPN 产品支持多种接入方式，包括 SSL VPN、IPsec VPN、L2TP VPN 和 PPTP VPN，以满足不同用户和场景的需求。

由于受到新技术的冲击，VPN 前景不是很好。UTM、下一代防火墙等安全产品越来越多地集成了 VPN 功能。而且，VPN 的换代产品 SASE、SDP、SD-WAN 也已经出现，VPN 是时候需要考虑升级换代了。

4.3.8　软件定义网络

软件定义网络（Software Defined Networking，SDN）是一种新型网络技术。在设备实现上，网络控制平面与数据平面分离，并实现可编程化控制。传统的紧耦合的网络架构被拆分成应用、控制、转发 3 层分离的架构，控制功能被转移到服务器，上层应用和底层转发设施被抽象成多个逻辑实体。SDN 正在逐步替代传统的网络模型，它可以让网络提供更灵活和定制化的服务。

4.3.8.1　SDN 的作用

SDN 实现了网络资源的灵活配置和集中管理，这样可以更好地适应不同的网络应用需求，提高网络的可靠性和安全性。

SDN 大部分采用 OpenFlow 协议来定义交换机与控制器之间的通信方式和数据格式。它的工作思路很简单，网络设备维护一个 FlowTable 并且只按照 FlowTable 进行转发。FlowTable 的生成、维护、下发完全由外置的控制平面来实现。注意，这里的 FlowTable 并非是指 IP 五元组。事实上，OpenFlow 1.0 定义了包括端口号、VLAN、L2/L3/L4 信息的 10 个关键字，但是每个字段都是可以通配的。运营商可以决定使用何种粒度的流，比如运营商只需要根据目的 IP 进行路由，那么 FlowTable 中就只有目的 IP 字段是有效的，其他全为通配。

4.3.8.2 SDN 安全

SDN 控制器通过软件来管理网络，代替传统网络中控制平面和数据平面集成在一起的硬件设备。尽管 SDN 具有许多优点，如更快速、更有效率、更容易管理等，但它也存在一些安全风险，具体如下。

1）控制器安全风险：SDN 控制器作为网络的中心，如果受到攻击或意外故障，可能会给整个网络造成严重影响。SDN 控制器负责控制网络的整体结构，如果没有适当的访问控制，攻击者可以破坏整个网络。

2）控制面攻击：攻击者可以利用 SDN 控制面（如控制器或南向接口）来破坏网络的正常运行，导致数据不可用或信息泄露。

总之，SDN 是一种通过 API 等来控制交换机策略的方法。SDN 的本质是应用软件对网络进行控制管理，满足上层业务需求，通过自动化业务部署简化网络运维。

4.3.9 软件定义广域网

软件定义广域网（Software Defined Wide Area Network，SD-WAN）是软件定义网络技术在广域网中的一种特定应用场景，多用于企业分支、总部和数据中心 / 多云之间的互联互通。SD-WAN 是 VPN 的超级进化版。SD-WAN 利用软件实现，使用了新的协议、新的技术，安全性更强，性能更好，成本更低，使用更简单。

4.3.9.1 SD-WAN 的作用

SD-WAN 通过使用 MPLS 协议来实现虚拟专用网络连接，以提供对更广泛的互联网连接的透明性，一般用来提供低成本、灵活的备份连接。MPLS 协议通过为数据流分配标签来简化分组路由，并且可以支持更高的服务质量（Quality of Service，QoS），以确保优先级更高的应用流量得到快速、可靠的传输。

4.3.9.2 SD-WAN 安全

SD-WAN 技术本身提供了一些安全功能，以保护网络免受外部威胁。

- 加密：SD-WAN 使用加密协议（如 IPsec 或 TLS）来保护数据传输的隐私和安全。
- 防火墙：SD-WAN 内置了防火墙功能，以防止黑客从互联网进入网络。
- 访问控制：SD-WAN 支持定义哪些用户可以访问哪些应用程序和资源，以保护网络安全。
- 威胁情报：SD-WAN 可以与 SIEM 系统和威胁情报数据库集成，以监测和响应网络威胁。

SD-WAN 本身提供了一些安全功能，但仍然需要通过与其他安全产品（如外部防火墙、入侵检测和防御系统等）的协同来实现完整的网络安全。

4.4　其他网络边界安全设备

从访问链路上看，网络边界上还有 DNS 服务、SSL 证书服务等。它们有可能来自公有云的一种服务，也可能来自私有云的服务器。

4.4.1　DNS

DNS 服务可以在 DNS 服务器、路由器、防火墙等设备上找到。它从诞生至今已经有数十年历史，是大数据、云计算、人工智能等新技术快速发展的基础。

DNS 安全指的是防范威胁对 DNS 造成的影响，以确保 DNS 可靠地解析域名到 IP 地址的映射，并且保护 DNS 查询和应答的隐私。

4.4.1.1　DNS 的作用

域名欺骗是指域名系统（包括 DNS 服务器和解析器）接收或使用来自未授权主机的不正确信息。在此类威胁中，攻击者通常伪装成客户可信的 DNS 服务器，然后将伪造的恶意信息反馈给客户。域名欺骗主要是事务 ID 欺骗（Transaction ID Spoofing）和缓存投毒（Cache Poisoning）。

常见的针对 DNS 的攻击有域名欺骗、恶意网址重定向和中间人攻击等。它们之所以能够成功，是因为 DNS 解析的请求者无法验证所收到的应答信息的真实性和完整性。为了应对上述安全威胁，IETF 提出了 DNS 安全扩展（DNSSEC）。DNSSEC（DNS 安全扩展）可以确保 DNS 应答的完整性和真实性，防止 DNS 数据被篡改或劫持。

DNSSEC 依赖数字签名和公钥系统来保护 DNS 数据的可信性和完整性。权威域名服务器用私钥来签名资源记录，然后解析服务器用权威域名服务器的公钥来认证来自权威域名服务器的数据。认证成功，表明接收到的数据确实来自权威域名服务器，则解析服务器接收数据；认证失败，表明接收到的数据很可能是伪造的，则解析服务器抛弃数据。

4.4.1.2　DNS 的功能

DNS 的功能主要包括以下几方面。

1）避免 DNS 劫持：使用 DNS 服务器、防火墙和实施网络安全措施，可以避免 DNS 劫持，防止钓鱼网站和恶意软件的入侵。

2）提高隐私保护：加密 DNS 协议（如 DNS-over-HTTPS 和 DNS-over-TLS）可以保护 DNS 查询和应答的隐私，防止中间人攻击和数据泄露。

总的来说，DNS 服务可以确保 DNS 系统正常运行，保护域名系统的完整性和隐私性，并防止 DNS 劫持和网络安全威胁。

4.4.1.3　DNS 安全

DNS 的机制是就近查询配置的 DNS 服务器，返回什么就是什么。这种机制导致 DNS 容易被投毒、缓存攻击、域名劫持，甚至 DDoS 攻击。在近期的 Black Hat 大会上，Wiz.

io 的安全研究人员披露了他们从 DNS 托管服务提供商（如 Amazon Route53、Google Cloud DNS）构建的服务逻辑中，发现了一种新的 DNS 漏洞类型。

企业 A 在 AWS 平台注册了账号，在 AWS 平台创建了 example.com 权威区，并在权威区创建了如 www、mail 等服务域名。而作为一个标准的 DNS 服务，AWS 平台会在企业 A 创建 example.com 权威区时为此权威区生成一条 SOA 记录，内容如下：

```
ns-1161.awsdns-61.co.uk. awsdns-hostmaster.amazon.com. 1 7200 900
1209600 86400
```

攻击人员也注册了 AWS 账号，并在 AWS 平台上直接创建 ns-1161.awsdns-61.co.uk. 域，然后创建 ns-1161.awsdns-61.co.uk. 的 A 记录对应自己私建的一个用于劫持查询的服务器 1.3.3.7。这样就可以控制 DNS 查询的返回了，比如将用户请求的域名解析到错误的 IP 地址或者恶意站点，从而实现网络攻击。

4.4.1.4　DNS 安全产品

在开源产品上，eyes.sh 是一个用来辅助安全测试和漏扫工具的 DNS Log/HTTP Log 检测工具，基于 BugScan DNSLog 优化。

在商业产品上，DNSPod 是一款免费智能 DNS 产品，但也有收费版本。它可以为同时有电信、联通、教育网服务器的网站提供智能解析（例如就近解析）。

4.4.2　SSL 证书

SSL（Secure Sockets Layer）证书可以安装在 Web 服务器、应用服务器、负载均衡器等多种网络应用设备上。有了它，我们就可以在客户端和服务器之间建立安全的 TCP 连接。利用 SSL 安全协议标准，我们可以向基于 TCP、IP 的客户端、服务器应用程序提供客户端和服务器的验证、数据保护及信息保密等安全措施。

4.4.2.1　SSL 证书的作用

SSL 证书是网络安全技术的一个重要组成部分，主要作用是保证在通信过程中数据的安全性。基于 SSL 的 Web 网站可以实现以下安全目标：用户（浏览器端）确认 Web 服务器（网站）的身份，防止假冒网站；在 Web 服务器和用户（浏览器端）之间建立安全的数据通道，防止数据被第三方非法获取；如有必要，可以让 Web 服务器（网站）确认用户的身份，防止假冒用户。目前，大多数 Web 服务器（如微软的 IIS、Apache、Tomcat 等）支持 SSL；大多数 Web 浏览器默认支持可信的 SSL 证书厂商颁发的证书。

SSL 证书是网络服务器和客户端重要的加密手段，尤其是在双向加密时，有很高的安全等级。

4.4.2.2　SSL 证书的功能

SSL 证书是保护网络数据安全和用户隐私安全的关键技术。它的主要功能如下。

1）数据加密：SSL 证书可以保证在网络传输过程中数据的加密，从而防止数据被窃取或篡改。

2）身份验证：通过 SSL 证书，网站所有者可以向访问者证明其身份，避免被冒充的风险。

3）保证数据完整性：SSL 证书可以保证数据在传输过程中不被篡改，从而确保数据的完整性。

4）提高用户信任度：当用户在网站上看到 SSL 加密的标识时，他们会对网站的安全性和可信度有更高的信心，从而提高用户的信任度。

5）安全更新：SSL 证书需要定时（比如每隔一年）更新，以保持最高的安全级别。

SSL 证书为网络安全提供了有力保障。一般的网站在安全和隐私保护方面用 HTTPS 就可以。

4.4.2.3　SSL 证书安全

SSL 证书中保存了很多有用的信息。这些信息在安全性评估中非常重要。SSL 证书中包含域名、子域名和电子邮件地址，这使目标站点的证书在实现网络安全的同时，也成了攻击者的信息宝库。

证书透明性（Certificate Transparency，CT）是一种网络安全机制，要求证书颁发机构（CA）必须把它们签发的所有 SSL/TLS 证书公布在一个开放的日志系统中。这样做的目的是增加证书颁发的透明度。因为这些日志对任何人都是可访问的，所以可以利用特定的脚本，从日志中检索到域名的子域名信息。

虽然 SSL 证书比 HTTPS 更加安全，但是依然存在中间人攻击风险，导致请求在中间状态下依然可以被明文抓取。典型的手段是使用代理软件（如 BurpSuite），比如在手机上安装并信任 BurpSuite 证书，手机连接代理软件进行 HTTPS 请求时，就可以抓取 HTTPS 报文信息，并且可以以明文查看传输的数据内容。

4.4.2.4　SSL 证书产品

在免费 SSL 证书上，国内主要有阿里云 Symantec DV SSL 证书（免费版）、腾讯云 DV SSL 证书及西部数码免费 DV SSL 证书等。免费证书适用于有网络访问的个人网站和小微网站。由于免费 SSL 证书是向三方发证认证机构申请而来的，因此访问拥有免费 SSL 证书的网站时，浏览器通常不会出现证书不可信的提示。

4.5　公有云网络安全

网络虚拟化技术是伴随着服务器虚拟化技术不断发展的。在复杂业务场景下，互联网可以通过公有云接入，公有云又可以通过专有云接入，最后专有云又可以接入传统的数据中心，组成一个复杂的混合云网络。这种架构下的网络安全需要综合使用安全组、白名单、云防火墙等服务限制不必要的服务端口暴露在外网，防止被黑客利用，如图 4-25 所示。

阿里云的网关系列产品提供了 SSL/TLS 协议加密功能，用于保护传输链路的安全。

VPN 网关服务能够通过加密通道可靠地连接政企本地 IDC 和阿里云（Virtual Private Cloud，VPC），通过建立 IPsec-VPN 连接本地 IDC 和云上 VPC，通过建立 SSL-VPN 实现本地客户端对 VPC 的远程接入。此外，阿里云还提供智能接入网关（SAG）服务，通过该服务实现就近宽带接入，并利用 IKE 和 IPsec 协议对传输数据进行加密，从而确保数据的安全。

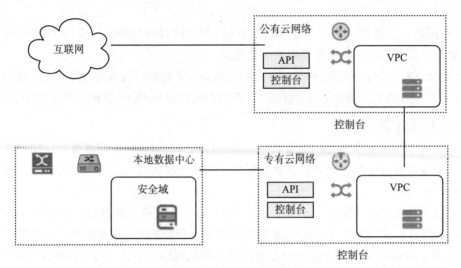

图 4-25　混合云访问控制

4.5.1　虚拟交换机

业界通常在物理服务器上部署虚拟交换机（vSwitch），用作虚拟机和物理网络的中继设备，提供基础二层转发和一些高级功能。虚拟交换机有大家熟知的 VMware ESXi、开源的 OpenvSwitch 和 Linux Bridge。各个公有云厂商也有自己的虚拟交换机实现方案。

4.5.2　虚拟路由器

虚拟路由器（vRouter）是公有云网络的枢纽。作为云网络中重要的功能组件，它可以连接 VPC 内的各个交换机。同时，它也是连接 VPC 和其他网络的网关设备。和传统的路由器工作机制相同，每个公有云网络创建成功后，系统都会自动创建一个路由器，每个路由器关联一张路由表。

4.5.3　VPC

VPC 是多数公有云都提供的一个隔离网络环境。专有网络之间各自指向自己的出入口，逻辑上彻底隔离。专有网络是用户自己独有的云上私有网络，简单来说，就是通过虚拟化让用户的云上网络不再和其他用户共享，而是有自己的独立网络 IP 配置空间，对其他用户是不可见的。

用户可以完全掌控自己的专有网络，比如选择 IP 地址范围、配置路由表和网关等，可以在自定义的专有网络中使用阿里云资源（如 ECS、RDS、SLB 等）。

每个 VPC 都由一个 vRouter、至少一个私网网段和至少一个 vSwitch 组成。每创建一个 VPC 就会自动生成一个路由器，然后每个 VPC 下又可以创建很多子网。那么，两个 VPC 之间是通的吗？答案是否定的，除非我们创建一个对等连接。除了创建同账号、同地域，我们还可以创建同账号跨地域、跨账号同地域以及跨账号跨地域的 VPC 对等连接。

注意，错误配置的 VPC 会带来安全风险，例如将生产和测试环境没有隔离在不同的 VPC 中，这样会增加生产环境受到测试环境问题影响的风险。

4.5.4　区域

云计算中的区域可以理解为一个大的独立的数据中心，一般按地理位置来划分，例如杭州，北京等。不同区域之间的内网互不相通。

4.5.5　可用分区

可用分区（Available Zone，AZ）可以理解为一个区域下有多个机房，每个机房就是一个 AZ。原则上，一个 AZ 只能属于一个区域，每个 AZ 之间也是相互独立的，比如有独立的网络、独立的供电系统等。

另外，每个区域中的 AZ 在物理上是互通的，但是在网络层面是可以互相通信的。

4.5.6　安全组与自身安全

安全组是一种虚拟防火墙，具备状态检测和数据包过滤能力，用于在云端划分安全域。通过配置安全组的 IP 五元组规则，我们可以控制安全组内 ECS 实例的入流量和出流量。

配置安全组时会有一个入方向规则和一个出方向规则。入方向规则是指允许谁访问，比如这里默认的开启 22 端口，就相当于默认允许 SSH 连接；出方向规则是指可以对外访问哪些资源。除非防止非法外连，我们一般不对出方向加很多限制，但是对入方向控制就非常严格了。

安全组的配置直接影响云主机安全，需要应用多因素身份验证（Multi Factor Authentication，MFA）来确保只有认证用户访问，并确保仅通过安全方法（例如加密的 VPN 连接）访问管理控制台。

4.5.7　应用负载均衡器与自身安全

传统负载均衡器（SLB）是将同一个任务分摊到多个操作单元（例如 Web 服务器、FTP 服务器、企业关键应用服务器等）上执行。应用负载均衡器（ALB）专为容器化和微服务架构设计，不仅支持 HTTP、HTTPS 的负载均衡，还能提供智能路由、会话保持、SSL 处理、URL 重定向等高级功能。二者都以低成本、有效、透明的方法提高网络设备和应用的带宽、吞吐量与处理能力。

ALB 将访问流量根据转发策略分发到后端多台云服务器，通常被用作公有云的出口。它默认检查云服务器池中的 ECS 实例的健康状态，自动隔离异常状态的 ECS 实例，消除单个 ECS 实例的单点故障，提高了应用的整体服务能力。

负载均衡器的安全性受多个因素影响。对于用户而言，正确的配置和管理负载均衡器是确保其安全性的关键，包括使用该服务的应用程序的安全性；供应商提供的相应的安全功能和控制措施。只有综合考虑这些因素，才能确保负载均衡器的安全性。

4.5.8　弹性公网 IP 地址与自身安全

弹性公网 IP 地址（Elastic IP Address，EIP）是可以独立购买与持有的公网 IP 地址资源。目前，EIP 可被绑定到专有网络类型的弹性计算实例、专有网络类型的私网 SLB 实例、NAT 网关、高可用虚拟 IP 地址、弹性网卡、辅助 IP 地址等多种资源上。

公有云提供了多种访问控制方式，例如通过白名单、密钥对等方式来控制对 EIP 的访问，以保证数据的安全性。用户也需要注意不要在不安全的网络中使用 EIP，不要泄露自己的访问密钥等。

4.5.9　网络地址转换网关与自身安全

网络地址转换（Network Address Translation，NAT）网关是一款企业级公网网关，提供修改数据包的源地址转换（Source Network Address Translation，SNAT）和修改数据包的目的地址代理转换（Destination Network Address Translation，DNAT）服务。SNAT 为源地址映射，即可以将内网 ECS IP 地址转换成公网 IP 地址，从而提供访问公网的能力。SNAT 只限于内网 ECS 主动发起的外网访问请求。DNAT 为目的地址映射，即可以将公网地址映射成内网 IP 地址，这样外部应用就可以主动访问到内部资源，如图 4-26 所示。

当有很多云主机需要访问外网时，我们可以通过 SNAT 实现。注意，要隐藏客户端在局域网内的私网 IP 地址，不让它暴露在公网中，以免受到攻击。

NAT 网关用于在 VPC 环境下构建公私网流量的统一出入口，通过自定义 SNAT、DNAT 规则灵活使用网络资源，提供多 IP、共享公网带宽、丰富监控指标等能力。

公有云 NAT 网关的安全可以通过隔离不同的内部网络以限制不必要的访问来实现。但如果未正确配置访问控制和安全组规则，攻击者可能会直接访问 NAT 网关，导致端口扫描、拒绝服务攻击等安全问题。

4.5.10　云防火墙与自身安全

云防火墙（Cloud FW）是一款云原生的网络边界安全防护产品，可提供统一的互联网边界、内网边界、主机边界流量管控与安全防护。更高级的云防火墙提供结合情报分析的实时入侵防护、全流量可视化分析、智能化访问控制、日志溯源分析等能力。和线下的防火墙一样，它们是网络边界防护与等保合规利器。

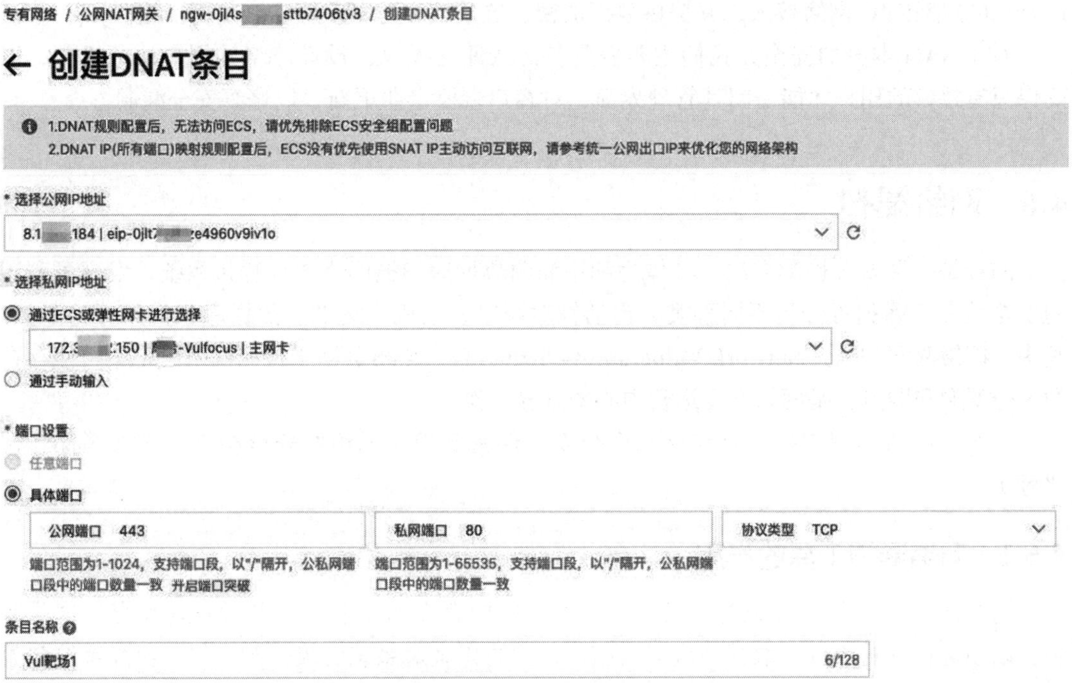

专有网络 / 公网NAT网关 / ngw-0jl4s░░░░sttb7406tv3 / 创建DNAT条目

← 创建DNAT条目

ⓘ 1.DNAT规则配置后，无法访问ECS，请优先排除ECS安全组配置问题
　 2.DNAT IP(所有端口)映射规则配置后，ECS没有优先使用SNAT IP主动访问互联网，请参考统一公网出口IP来优化您的网络架构

* 选择公网IP地址

| 8.1░░░░184 \| eip-0jlt7░░░░ze4960v9iv1o | ⌄ | ↻ |

* 选择私网IP地址

◉ 通过ECS或弹性网卡进行选择

| 172.3░░░░150 \| ░░░-Vulfocus \| 主网卡 | ⌄ | ↻ |

○ 通过手动输入

* 端口设置

◎ 任意端口

◉ 具体端口

公网端口　443	私网端口　80	协议类型　TCP ⌄
端口范围为1-1024，支持端口段，以"/"隔开，公私网端口段中的端口数量一致　开启端口突破	端口范围为1-65535，支持端口段，以"/"隔开，公私网端口段中的端口数量一致	

条目名称 ❓

| Vul靶场1 | 6/128 |

图 4-26　DNAT 代理

云防火墙的安全是非常重要的，因为它们保护的是用户的网络资源。不同于 ECS 的安全组，云防火墙的作用范围不止 ECS，而是整个 VPC。云防火墙的实现应该遵循安全的开发标准，并在开发过程中进行严格的安全测试。此外，云防火墙应该配备安全日志功能，以便在发生安全事件时进行追踪。

同时，用户需要适当地配置和管理云防火墙，关闭不必要的端口和路径，以确保其安全。

4.5.11　云 VPN 网关与自身安全

云 VPN 网关（VPN Gateway）是基于 Internet，通过加密通道将企业数据中心、企业办公网络或 Internet 终端与阿里云 VPC 安全、可靠地连接起来的服务。

大多数公有云 VPN 网关提供商采用了高级的加密技术和身份验证机制来保护 VPN 连接的安全。用户需要采用证书或多因素身份验证等安全措施来保护 VPN 连接免受未经授权的访问和攻击。

这些安全措施很有效，但仍有一定安全风险。例如，用户在 VPN 中使用不安全的 Wi-Fi，那么仍然有可能遭受黑客攻击。

4.5.12　智能接入网关与自身安全

智能接入网关（Smart Access Gateway，SAG）通常用于将私有网络中的设备和数据与公有云服务连接。阿里云提供的云原生 SD-WAN 一站式智能上云解决方案，支持物理专线、

Internet 宽带和 4G 网络接入，并提供数据加密、抗重放和防篡改等安全加密措施。

对于 SAG 本身的安全，我们主要需要考虑认证与授权，设计严格的用户认证机制，以确保只有授权的用户才能访问其管理界面；对客户端要定期更新，以修复安全漏洞。

4.6　网络漏扫

漏扫是一种安全检测方法，具体为利用漏洞数据库扫描网络或计算机系统，发现可利用的安全漏洞。漏扫可分为不同种类，包括针对网络、主机、终端、数据库和代码等的漏扫。其中，网络漏洞扫描（Network Vulnerability Scanning，NVS）用于检测网络设备中可能存在的安全漏洞和弱点，是网络安全运营中心的重要工作。

如今，网络漏洞扫描工具能够辅助公安、保密部门完成组织安全检查（例如等保、密评等）。

4.6.1　网络漏扫工具的作用

网络漏扫工具可以检测网络设备和应用程序中存在的漏洞，并及时发现和定位这些漏洞，以便进行修补或者采取其他应对措施，以预防黑客对系统的攻击和入侵，保障系统和数据的安全。如果把网络信息安全工作比作一场战争的话，漏洞扫描工具就是这场战争中盘旋在终端设备、网络设备上空的"全球鹰"。它的主要作用如下。

- 保护政企资产：网络设备漏洞可能会被黑客利用，导致政企资产损失。通过定期漏洞扫描并及时修复漏洞，可以保护政企资产和业务连续性。
- 发现潜在的安全漏洞：漏扫工具可以发现网络设备已知的漏洞、弱点、配置错误和不安全点（如未经授权的远程访问、弱口令等），这有助于组织及早发现潜在的安全威胁，并采取措施。
- 提高网络设备安全性：通过对网络设备进行漏洞扫描，可以及时发现并修复漏洞，从而提高网络设备的安全性，降低黑客攻击、数据泄露等安全风险。
- 符合合规要求：很多行业标准和法规都要求组织对其网络设备进行定期漏扫，以保护客户信息安全。

4.6.2　网络漏扫工具的功能

漏洞扫描工具的典型功能如下。

- 漏洞评估：识别潜在的漏洞，包括存在于网络设备、主机、数据库、网站应用和代码的安全漏洞，并对其进行评估以确定其严重程度。
- 漏洞报告：生成详细的报告，提供发现的漏洞信息，例如受影响的设备、漏洞类型、严重程度以及漏洞修复的建议。
- 自动修复：一些漏洞扫描工具具有自动修复功能，可以自动修复识别的漏洞。

● 网络漏扫工具的其他功能包括资产发现、安全工具集成、定期扫描等，以尽早发现网络设备、主机、数据库和网站等的漏洞，确保系统安全。

4.6.3　网络漏扫工具的部署位置

网络漏扫工具可以部署在政企内部网络或云服务提供商提供的服务中，如图 4-27 所示。如果漏扫工具不能直接触达网络安全域（如服务器区域或在核心网络区域），还要部署漏扫代理客户端，保证触达所有目标网络区域。

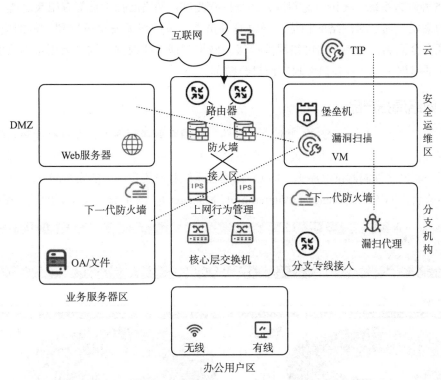

图 4-27　网络漏扫工具的部署位置

使用云服务提供商提供的漏洞扫描工具可以节约成本，例如无须购买情报库，可获得专业的安全评估和修复建议。

4.6.4　网络漏扫工具安全

因为网络漏扫工具几乎可以触达网络的各个角落，有些攻击也会利用这个通道，把恶意流量混在其中，需要额外注意。

4.6.5　网络漏扫工具联动

网络漏洞扫描工具和防火墙、入侵检测系统互相配合，能够有效提高网络的安全性，实现更强的安全保护。常见的联动安全产品如下。

- 入侵检测系统（IDS）：IDS 可以监测网络中的异常活动，以识别潜在的入侵行为。网络漏洞扫描工具可以与 IDS 配合，以更好地检测漏洞。
- 入侵防御系统（IPS）：IPS 可以识别和阻止网络中的攻击。网络漏洞扫描工具可以帮助 IPS 更好地识别漏洞，以防止攻击者利用这些漏洞进行入侵。
- SIEM 系统：SIEM 系统可以整合多种安全信息，以提供综合的安全分析。网络漏洞扫描工具可以向 SIEM 系统提供漏洞信息，以便进行分析和响应。
- 各种测试系统：无论白盒测试，还是黑盒测试，网络漏扫工具都有用武之地。

总的来说，通过对网络的扫描，网络管理员能了解网络的安全设置和运行的应用服务，及时发现安全漏洞，客观评估网络风险等级。网络管理员能根据扫描结果更正网络安全漏洞和系统中的错误设置，以在黑客攻击前进行防范。

4.6.6 网络漏扫产品

在开源产品上，OpenVAS 在功能、可用性、漏洞库更新频率等方面具有优势。OpenVAS 是开放式漏洞评估系统，也可以说是一个包含相关工具的网络扫描器。它的核心部件是服务器（包括一套网络漏洞测试程序），可以检测远程系统和应用程序中的安全问题。OpenVAS 的最新版本改名为 GVM（Greenbone Vulnerability Manager）。图 4-28 是 GVM 的后台截图示例。

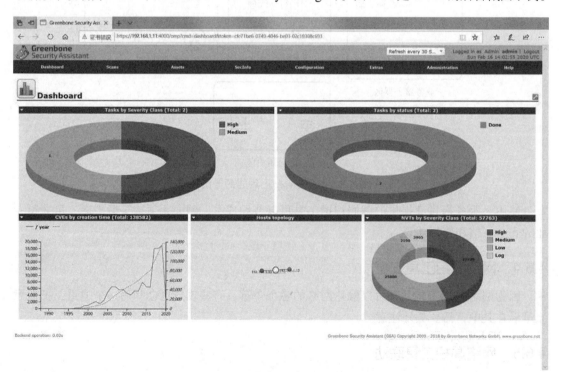

图 4-28　GVM 的后台截图示例

OpenVAS 维护了自己的漏洞库，支持在线下载和手动升级。

Nessus 是目前世界上使用人数最多的系统漏洞扫描与分析软件。全球共有超过 75000 个机构将 Nessus 作为电脑系统扫描软件。

Nmap 不局限于信息收集和枚举工具，是一款可以作为漏洞探测器或安全扫描器的工具，适用于 Windows、Linux、Mac 等操作系统。它能检测活跃在网络上的主机（主机发现）、主机上开放的端口（端口发现或枚举）、相应端口的软件和版本（服务发现）、操作系统、硬件地址等。

在商业产品上，国内的深信服、绿盟等都提供了漏扫服务，云服务商华为云、腾讯云也有相应的服务。国外 Rapid7 公司推出的 InsightVM 工具专注在漏洞管理。很多厂商都提供了基于云的安全扫描服务，例如 Tenable 提供的 tenable.io、Qualys 提供的 Cloud Platform 等。

至此，相信大家对漏洞扫描已经有了一个初步的了解，至于漏洞管理、漏洞生命周期管理等方面的内容，可以参考第 11 章，此处不再赘述。

4.7　本章小结

传统的网络安全设备作为网络边界防御的重要手段，仍然具有重要价值。在整个客户端到服务器的传输过程中，应当统一采用 HTTPS 加密协议确保链路加密；同时，跨区域的数据传输应当通过网闸实现；为了发现通过网络向外传输敏感数据的情况，可以在办公网出口和办公终端部署防数据泄露产品。

当前，政企 IT 环境的复杂程度已经超过了以往。政企 IT 系统的基础网络通信设备包括路由器、交换机、防火墙、负载均衡器、VPN 等。常用的安全手段是通过实施南北向或东西向流量的网络隔离来加强安全保护，并辅助专业的安全产品如防火墙（FW）、网闸（GAP）、统一威胁管理（UTM）平台、网络威胁检测及响应（NDR）系统、入侵检测系统（IDS）、入侵防御系统（IPS）、虚拟专用网络（VPN）等进行防护。

一旦应用或数据上云，传统的网络边界安全设备将失去保护对象，因此需要综合运用云厂商的 VPC、安全组、应用负载均衡器、云防火墙、云 VPN 网关等安全能力来保障数据安全。

总而言之，日益复杂的混合云环境给政企网络 IT 治理和安全带来了巨大挑战。

Chapter 5 第 5 章

基础计算环境安全

基础不牢，地动山摇！近年来，随着云计算、人工智能和大数据等新一代信息技术的快速发展，传统产业和新兴技术加速融合，数字经济也迅速发展。在这个背景下，算力基础设施作为支撑各行各业信息系统运行的核心载体，已经成为经济社会运行中不可或缺的关键基础设施，扮演着至关重要的角色。

在 2000 年前后，芯片、架构、系统和软件技术都有了突破性进展。国内的电子政务、金融、运营商、税务、海关等行业快速整合数据，传统机房逐渐成为以提供互联网数据处理、存储、通信为服务模式的互联网数据中心。随着云计算的发展，数据中心又逐渐被专有云和行业云所替代，并逐渐走向虚拟化数据中心或云数据中心。云数据中心是在虚拟化数据中心的基础上提供更细化的服务，基于云计算建设，可以根据租户的需求提供对应的接口，满足个性化需求，如各种二次开发等定制化服务。云数据中心采用与云计算相同的技术，包括资源共享、弹性调度、服务可扩展、按需分配、高速运算、高可用性与冗余、自动化管理等。基础算力的安全对整个计算环境的安全至关重要，因此需要给予其足够的重视。

如图 5-1 所示，数据中心内常见的基础计算设备都有安全防御体系。南北向边界防御体系和纵深防御体系需要增加一些东西向的安全管理与运维，例如主机防护（HIDS）、堡垒机（JH）以及特权账号管理（PAM）等。此外，数据中心还需要使用文件服务器、数据库服务器、中间件等。

随着公有云的广泛应用，云数据中心已经超越了传统数据中心的计算范围，并形成了新的部署模式。为了获得更高效、灵活的计算能力，对外提供各种服务的 URL，我们可通过云上的主机、中间件、服务网格，甚至无服务器下的函数计算平台进行部署。这种情况已经非常依赖云计算技术。

然而，混合云计算环境的安全面临着巨大挑战。该环境是上层应用的基石，如果不稳定或者不安全，会给应用的健壮性和业务的稳定性造成严重影响。

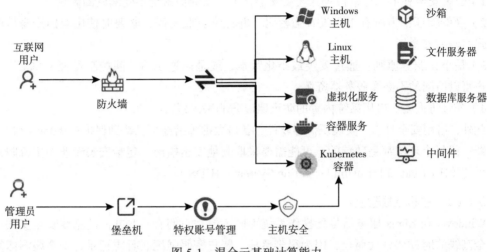

图 5-1 混合云基础计算能力

本章主要讨论计算环境安全问题，即数据中心、私有云和公有云中计算能力的安全性要求和挑战，重点讲解主机和存储设备的安全措施。

5.1 数据中心设备安全

这里的数据中心（Internet Data Center，IDC）既包括传统的机房、私有云、专有云，也包括公有云的部分能力。它们都会依靠多种不同的设备来提供计算能力。下面是可能包括在其中的设备。

- 物理服务器（私有云的物理主机、公有云的云主机等）。除了硬件和操作系统外，还需要关注主机访问控制、漏洞管理、安全配置和日志监控等。
- 存储设备（私有云的硬盘阵列，公有云的对象存储、块存储、文件存储等）。除了加密和备份外，还需要关注存储访问控制、漏洞管理和存储监控等。
- 虚拟化管理软件（私有云的 VMware、KVM，公有云的 OpenStack、Kubernetes 等）。主要关注虚拟化管理平台的安全。

私有云和公有云在技术上的实现原理和机制都非常相似，但也存在一些不同。比如：公有云需要实现不同租户之间的相互隔离，包括计算隔离、存储隔离、网络隔离等；公有云租户无须担心机房等物理设备的安全问题。

5.1.1 主机服务器安全

主机服务器一般承载了 Web 服务、数据库服务、日志服务等重要能力。因此，我们需要确保它的安全。基线检查、正向代理等都是常见的手段。

下面是一些常见的安全保护措施。

1）安装安全补丁：经常检查并安装安全补丁，以保护系统不受漏洞的影响。

2）身份验证：为所有用户设置强密码，并经常更改密码，必要时使用双因子身份验证来加强密码的安全性。

3）最小化服务原则：通过安装最小化版本，或是通过使用访问控制列表（ACL）来减少用户可以访问的不必要服务器资源。

4）开启防火墙：启用系统内置的防火墙以防非法入侵。

此外，启用安全日志、安装反病毒软件、备份数据等措施可以帮助保护 Windows 和 Linux 服务器，但每个环境都是独特的，可能需要采取其他安全措施，包括安装专业的主机防入侵检测系统（Host-based Intrusion Detection System，HIDS）。

5.1.1.1 主机基线检查

Windows 和 Linux 服务器虽然操作系统不同，但是它们有一些共同的基线安全实践。制定安全基线的时候切忌大而全，因为很难落地。账户密码强度、日志记录、安全漏洞修复等核心内容是必须落实的。表 5-1 是 Windows 和 Linux 服务器的核心基线检查项，供大家参考。

表 5-1　Windows 和 Linux 服务器的核心基线检查项

类别	检查项	推荐基线
安全补丁	是否安装最新的	设置补丁服务器，定时更新
安全配置	使用安全配置模板	关闭不必要的服务，限制用户访问权限，以降低系统被攻击的风险
身份鉴别	密码长度、复杂度、过期时间等	必须 8 位以上，包含大小写字母，90 天过期等
访问控制	账号权限管理	禁止 Root 用户，或是有 Root 权限的用户启动应用程序，需要单独创建一个应用账号
恶意代码	防病毒软件	定期更新防病毒软件并扫描，以便检测和清除病毒、恶意软件和其他威胁
安全审计	日志管理	启用安全审计功能，例如 Linux 系统开启 Syslog 及 Audit 等，Windows 系统开启安全设置 / 本地策略等

在混合云盛行的今天，数据中心往往都有自己的符合上述基线要求的安全镜像，在服务器初始化的时候可以一步到位。

安全基线制定好后，需要定期进行核查。我们可以通过购买基线核查工具，或是自行开发 Shell 或 PowerShell 脚本来实现，具体要看是采用无插件的远程连接方式还是已经有某种插件，灵活利用。

5.1.1.2　正向代理

为了防止攻击者横向移动，在安全策略制定中，我们通常会要求服务器不得直接与互联网相连，所有连接必须经过正向代理进行转发。然而在实践过程中，配置白名单的难度往往远超安全团队的预估。首先，为了明确哪些服务器需要访问互联网，需要收集访问日志以梳理白名单 IP 地址（如果没有开启过日志记录，就需要开启后进行长达一两个月的记录观察）；其次，安全专家与运维人员配合，对日志进行深入分析，最终筛选出所有有效的访问地址，配置其生效，确保安全实现。

正向代理其实和代理的概念差不多。客户端发送请求，代理服务器接收请求并转发给目标服务器，目标服务器收到请求后返回结果。常见的正向代理软件有 SOCKS5。如果仅仅是 HTTP 请求，我们可以用 Nginx 来搭建这样的代理服务，以实现网络流量监控、访问日志记录，并进行分析和审计，从而更好地管理和维护服务器和网络。必要时，我们还可以通过访问控制、身份验证等措施来限制网络访问。

设置成功后，我们可以使用 curl、wget 等命令来测试代理是否正常工作，以及尝试从互联网访问服务器的端口来测试防火墙的设置是否正确，同时检查行为是否在代理上可控可查。

5.1.2　Linux 服务器安全

保证 Linux 服务器的安全是一项重要任务，因为它们是许多网站和服务的核心。除了符合主机公共的安全基线（如补丁、强密码、审计等）外，还有以下这些安全策略。

- 限制 SSH 访问：只允许特定 IP 地址访问 SSH，并且使用强密码或密钥认证。
- 关闭不必要的服务：只运行必需的服务和应用程序，以缩小攻击面。
- 使用防火墙：配置防火墙以限制不必要的网络流量，并确保仅允许正常的流量通过。
- 安装安全工具：安装并使用安全工具，如入侵检测系统和防护系统，以识别和响应潜在的安全威胁。

这些是保护 Linux 服务器安全的基本操作。当存在漏洞或未采取足够的安全加固措施时，Linux 服务器可能会被植入木马程序。及时清理木马程序后，我们还需提高安全意识，从安全补丁加固、系统权限加固、操作审计、日志分析等多维度对系统安全进行全方位提升。

此外，攻击者也常常使用 whoami、history 等命令尝试发现用户级别、口令等。我们需要对这些命令的使用情况进行监控和预警。

5.1.2.1　Linux 补丁

为了确保已知的漏洞能被及时修复，Linux 服务器的加固可以通过打补丁（Patch）和实施操作系统基线的方式来实现。操作系统也是软件，在使用过程中可能会出现漏洞，因此系统管理员应该经常关注漏洞情况，及时下载和安装漏洞补丁，以增强操作系统的安全性。

在 Linux 操作系统上安装软件和补丁涉及很多依赖性问题，所以正常情况下都会通过 yum 源或 apt 源安装软件和补丁。在安全要求比较高或者内网不方便访问互联网的情况下，政企一般会搭建内部的 yum 源或 apt 源，以供内部 Linux 机器安装软件和补丁。

安全加固是有风险的。安全加固操作不当可能会导致被加固目标的服务无法使用，影响其可用性。最好的实践是在测试开发环境中先尝试和验证。

最初，Rootkit 是指一种主要用来隐藏其他程序和进程的软件。现在，Rootkit 多指被作为驱动程序加载到操作系统内核中的恶意软件。Linux、Windows、macOS 等操作系统都有可能成为 Rootkit 的侵害目标。安装 Rootkit 检测工具 Rootkit Unter 可以为系统建立校对样本。建议在系统建设完成后执行 rkhunter-propupd 命令来建立，以方便出现安全问题后进行系统前后状态的对比，从而更快发现问题。

5.1.2.2 Linux 账号安全

Linux 的 Root 账号等很容易成为攻击对象，需要考虑强密码等。SSH 暴力破解是常见的攻击形式之一，尤其是在外网环境下。一个典型的场景是，黑产利用自动化攻击工具，对互联网上开放 SSH 登录的服务器进行暴力破解，成功后自动安装后门工具，把服务器变成僵尸网络中的一员，以发起后续攻击。防范建议包括限制 IP 地址，禁止默认用户（如 Root 用户）登录，而改为普通用户登录后，通过 su 模式来取得 Root 权限。

```
su - root
```

输入 Root 密码才可以提权。

1. Linux 漏洞提权

Linux 系统可能存在内核级的安全漏洞。通过使用 /proc/version 命令收集系统信息，可以识别出特定的 CVE 编号漏洞及其相关的利用工具。著名的脏牛（Dirty Cow，编号为 CVE-2016-5195）漏洞由 Linux 内核的创造者 Linus Torvalds 提供的补丁修复。但在将脏牛漏洞的修复程序应用到 PMD 时，由于 PMD 逻辑与 PTE 的不完全一致，新漏洞产生。例如，针对 CVE-2016-5195 开发的 FireFart dirtycow 工具能够在 Linux 系统中提升权限，使攻击者获得更高的系统访问权限，从而能够执行恶意操作。这个工具运行 GCC 编译命令时，将提示用户输入新密码，然后将原始 /etc/passwd 文件备份到 /tmp/passwd.bak，并用生成行覆盖 Root 账户，接下来用户通过 SSH 连接取得 Root 权限。Fire Fart dirtycow 工具的隐蔽性在于不会覆盖 Root 密码，而是提前备份，利用完以后再覆盖回去即可。

2. 限制 SSH 访问

低版本的 SSH 往往有比较多的安全漏洞。我们可以通过自带的防火墙功能限制 IP 地址或 IP 地址段访问 22 端口的 SSH 服务。如果 SSH 是非必要的，我们也可以将它关闭掉。

在有些场合，还可以只允许 HTTP/HTTPS，同时利用它把 SSH 协议也代理起来。

1）在 SSH：客户端安装一个 connect-proxy，执行：

```
sudo apt-get install connect-proxy
```

2）编辑 ~/.ssh/config 文件（如果该文件不存在，则创建一个）：

```
    Host 目标 SSH 服务器地址
ProxyCommand connect -H 代理服务器 :80 %h %p
```

ProxyCommand 命令必须是换行的。配置后，当你尝试使用 SSH 连接到主机：

```
ssh 用户名 @ 目标 SSH 服务器地址
```

客户端将自动使用 connect-proxy 来通过指定的 HTTP 代理服务器建立连接。

5.1.2.3　Linux 防火墙

多数 Linux 内核自带防火墙。Linux 内核通过在网络流量和系统之间设置一个防火墙规则集来过滤和限制网络流量，从而保证系统的安全性。

Linux 防火墙的主要作用是阻止未授权访问，过滤网络流量，只允许授权的流量进入系统。这可以有效防止未经授权的源的攻击和入侵。

5.1.2.4　Linux 安全产品

Linux 服务器需要考虑安装主机入侵检测系统（Host-based IDS，HIDS），以检查内核和文件是否被修改，识别和响应潜在的安全威胁。黑客和病毒常用的一个攻击手段是利用关键系统的缓冲区溢出漏洞进行攻击。缓冲区溢出相当于打开了系统后门，为非法访问者提供了根级或管理员级的访问权限。HIDS 利用安装的代理可以检测缓冲区溢出攻击。

在开源产品上，Linux 内核主动防御产品有 Linux 内核运行时防护（Linux Kernel Runtime Guard，LKRG）。LKRG 除了可以实现 AKO 中的用户权限变更检测，还可以对内核模块的加载 / 卸载、SELinux 的开关、Seccomp 沙盒的变更、命名空间的改变、Capabilities 的破坏等内核漏洞利用的常用手法进行 Hook 监控。

此外，Linux 服务器上的一些不错的后门扫描脚本工具有 ClamAV、MalScan、BinaryAlert 等。其中，BinaryAlert 通过扫描二进制文件和内存转储，并根据预定义的 Yara 规则来查找特定的模式或指标。

5.1.3　Windows 服务器安全

Windows 服务器的作用和 Linux 的很相似，采用的安全策略也大同小异，包括：安装安全更新；使用强密码；禁用不必要的服务；配置防火墙，以限制不必要的网络流量，并确保仅允许正常的流量通过；安装安全软件，包括防病毒软件、防间谍软件和 HIDS，以识别和响应潜在的安全威胁；接入 SIEM 定期审查日志文件，以识别不正常的活动和预防攻击。此外，下面还有一些安全策略。

- 因为 Windows 服务器有域控制器（Domain Controller，DC），所以可以配置网络安全策略，如使用域安全策略管理用户账户，以限制网络上的非法访问。
- 最小安装 Server Core，以确保去除不必要的驱动、应用和图形界面，如 Windows 资源管理器、IE 浏览器、.NET 框架等。

● 限制远程端口使用。

最小安装选项将操作系统运行所需的组件减少到最低程度，主要实现 DHCP、DNS、文件服务器和域控制器等服务器角色。虽然它限制了服务器可以扮演的角色，但是它能够有效地提高安全性和降低管理复杂度，实现最大限度的稳定。该功能主要面向网络和文件服务基础设施开发人员、服务器管理人员、实用程序开发人员以及 IT 架构师。这个特性是微软从Windows Server 2008 开始引入的，在 Windows Server 2012 和 Windows Server 2012 R2 中得到了改进和完善。

5.1.3.1 Windows 补丁

同 Linux 一样，Windows 也需要定期更新补丁，尤其是安全补丁。我们可以通过漏洞扫描的方式发现漏洞，一旦发现，需要快速定位有哪些补丁需要安装。微软提供两种安全补丁服务：一种是基于推送的付费服务，另一种是免费的可自动下载的补丁下载服务。第二种服务基本上可以满足千台 Windows 服务器的补丁更新。如果你的 Windows 服务器都是用域控制器管理的，你还可以用组策略直接下发第二种服务的配置。

5.1.3.2 Windows 账号安全

在有域控制器的情况下，我们需要统一设置密码策略，以保证密码长短、大小写、特殊字符、过期时间等的限制。

为了彻底解决账号安全问题，我们可以用 MFA（多重身份验证）客户端来接管账户登录方式。GINA（Graphical Identification and Authentication）和 ICredentialProvider 是不同Windows 版本用于身份验证的技术，你可以利用它们来实现双因子身份验证。

双因子身份验证可以加强安全性，并防止任何单一因子（如密码）被破坏导致账户遭受攻击。此外，它还可以防止不当使用用户账户，从而保护组织的敏感信息和资源。

同 Linux 的 Root 账户一样，Windows 的默认账户 Administrator 也很容易受到攻击，建议减少使用。

1. 限制 RDP 访问

远程桌面协议（Remote Desktop Protocol，RDP）为所谓"瘦客户机"远程访问和使用服务器提供服务，用于远程管理和控制。远程桌面服务（Remote Desktop Services，RDS）的前身是微软的终端服务（Terminal Services，TS），它是 Windows Server 2012 R2 中的一个重要角色，为用户提供连接到基于会话的桌面、远程应用程序或虚拟桌面的服务。通过远程桌面服务，用户可以通过企业网络或 Internet 进行远程连接。

大部分 Windows、Linux、FreeBSD、macOS 系统有相应的客户端，在服务器端打开 TCP 3389 端口可监听来自客户端的请求。也正是这个原因，RDP 如果使用了弱口令等，将会带来很大的安全隐患，攻击者可以利用这些命令：

```
MSTSC
```

上述操作可以提取客户端中缓存的所有 RDP 连接账号和密码。因此，强烈建议开启 RDP 下的双因子身份验证。

2. Windows 漏洞提权

由于 Windows 内核可能存在一些漏洞，在通过 systeminfo 命令收集到信息后，可以找到针对性的 CVE 漏洞及对应的利用工具。例如针对 CVE-2021-40449 的 callbackhell.exe 是一种用于 Windows 漏洞提权的工具，攻击者可以利用它获取更高的系统权限并执行恶意操作。

5.1.3.3　Windows 防火墙

无论是否安装有防病毒软件，都需要开启 Windows 防火墙。打开 Windows 10 计算机的桌面，在右下角找到 Windows 安全中心，在那里可以根据当前网络连接的类型（如公用网络、专用网络或域网络），自动或手动配置防火墙行为，以提供更适合特定网络环境的安全保护，如图 5-2 所示。

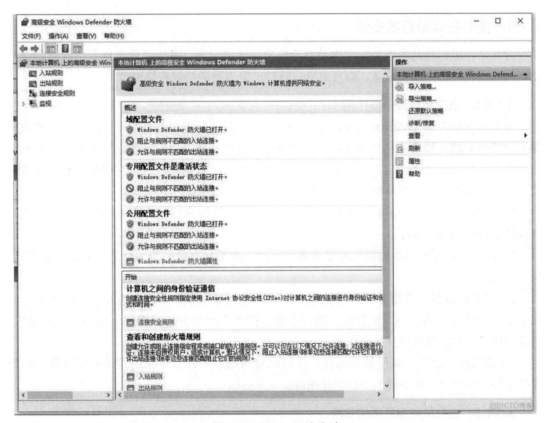

图 5-2　Windows 防火墙

防火墙高级设置包括入站规则、出站规则、连接安全规则、监视。

默认情况下，只有 Web 服务的 80/443 端口和远程桌面端口 3389 是开放的。在 Windows 系统中，最容易出现问题的是 445、139 和 135 这三个端口所提供的服务，因此除非必须开启，否则默认关闭这些端口。WannaCry 蠕虫主要利用 Windows 系统中服务器消息块服务的编号为 MS17-010 的远程代码执行漏洞来传播，禁止访问 445/139 端口，就可以有效防范此类攻击。

建议对文件系统的访问权限设置一定的限制，并对网络共享文件夹进行必要的认证和授权。除非特别必要，禁止在个人计算机上设置网络文件夹共享。

5.1.3.4　Windows 安全产品

在开源产品上，微软提供了 Sysinternals Suite。它是一个开源 Windows 系统实用工具集合，用于系统监控、分析和故障排除。

在商业产品上，奇安信专注于该领域，它的服务器安全管理解决方案以加固 Windows 服务器操作系统、提升内生安全能力为核心思想，从前期准备、攻防对抗、回溯分析 3 个阶段构建服务器端防护体系。

5.1.4　虚拟私有服务器安全

近年来，虚拟化技术在各个方面都有着非常迅猛的发展。常见的虚拟化包括服务器虚拟化、网络虚拟化、存储虚拟化、应用虚拟化等。这里主要讲解服务器虚拟化。

5.1.4.1　虚拟私有服务器作用

虚拟私有服务器（Virtual Private Server，VPS）是通过虚拟服务器软件在一台物理服务器上创建多个相互隔离的虚拟服务器。这些虚拟私有服务器可以安装独立操作系统，无须对物理硬盘进行重新分区，也不会影响原有硬盘上的系统、数据和软件。在虚拟私有服务器中运行的操作系统与应用都是独立的。这种虚拟私有服务器具备以下特征。

1）兼容性：与所有标准的 x86 计算机兼容，可以使用虚拟私有服务器运行在 x86 物理计算机上运行的所有软件。

2）隔离性：安装多个虚拟私有服务器运行时，虚拟私有服务器运行之间是相互隔离的，互不影响。

3）封装：虚拟私有服务器运行将整个运算环境封装起来，所以虚拟私有服务器运行实质上是一个软件容器，将一整套虚拟硬件资源、操作系统及应用程序封装到一个软件包内，具备超乎寻常的可移动性且易于管理。

4）独立性：独立于底层硬件运行，可以配置与底层硬件上存在的物理组件完全不同的虚拟组件，也可以安装不同类型的操作系统。

5.1.4.2　虚拟私有服务器的安全

虚拟私有服务器逃逸是指恶意软件或攻击者利用漏洞，从虚拟私有服务器中逃出并直接访问物理服务器的攻击行为，这可能导致数据泄露和其他安全威胁。

ESXi 是 vSphere 的核心组件。它本身是一个 Hypervisor，用于管理底层硬件资源。所有的虚拟机（VM）都安装在 ESXi Server 上。它有一个比较重要的组件 VMkernel，该组件承载了 4 个子接口，分别是 Management Traffic、vMotion、Fault Tolerance 和 IP Storage。

　　VMware Workstation 12.5.5 之前版本的典型漏洞 CVE-2017-4901 可以被攻击者利用。针对 VMware 的虚拟私有服务器逃逸的 Exploit 源码早已在 GitHub（https://github.com/unamer/vmware_escape）上公布。

　　只要该源码的 shellcode 部分被替换成恶意代码，就会给系统造成很大的危害。

5.1.4.3　虚拟化安全产品

　　在开源产品上，Libvirt 是一个用于管理各种虚拟化平台（包括 KVM、Xen、QEMU 等）的工具包，提供虚拟私有服务器管理和监控功能。Libvirt 支持基于用户和组的访问控制，可以限制对虚拟私有服务器和相关资源的访问权限。KVM 于 2007 年推出后不久就替代了 Xen，那时某些 Linux 发行版（如 CentOS）已嵌入了运用 Xen hypervisor 的解决方案，但 Xen 的缺点是更新版本时需要重新编译整个内核，而且设置稍有不慎，系统就无法启动。而 KVM 不需要重新编译内核，也不需要对当前内核做任何修改。它只是几个可以动态加载的 .ko 模块。KVM 结构更加精简，代码量更少。

　　在商业产品上，选择虚拟化安全产品时，我们需要考虑性能、底层技术实现、与当前使用的系统的紧密程度及产品的成熟度等。其中，Trend Micro 的 Deep Security 不仅提供对物理服务器的安全解决方案，还提供针对虚拟化部分的安全解决方案（包括虚拟私有服务器防火墙、入侵防御、安全审计和漏洞管理等）。

5.1.5　容器安全

　　随着互联网架构技术的演进，以容器（Docker）为基础的云原生微服务架构逐渐发展起来。正是因为以应用为中心，云原生技术体系才会无限强调让基础设施能更好地配合应用、以更高效的方式为应用输送基础设施能力，而不是反其道而行之。容器是云原生生态中关键的开源技术，因轻量化、高性能、高隔离性而受到欢迎。容器化是指将软件代码和所需的所有组件（例如库、框架和其他依赖项）打包在一起，让它们隔离在各自的容器中。容器通常被用来执行特定任务，即所谓的微服务。微服务就是将应用的各个部分拆解成更小、更专业化的服务。如此，开发人员就可以专注于应用的特定模块，而不用担心它会影响应用的整体性能。

　　容器的核心组件包括 Docker 引擎、Docker Hub 和 Docker Compose。Docker 引擎是容器的核心部分，用于创建和管理容器；Docker Hub 是 Docker 的公共镜像库，其中有许多常见的应用程序和操作系统镜像；Docker Compose 是用于定义和运行多个容器的工具。

　　容器安全不容忽视，尤其是错误的配置。《Sysdig 2022 云原生安全和使用报告》显示，超过 75% 的容器存在高危或严重漏洞，62% 的容器被检测出包含 shell 命令，76% 的容器使用 Root 权限运行。

5.1.5.1　容器镜像安全

　　容器安全很重要。由于容器的特殊性，我们需要选用专用的容器安全产品来保障容器及其运行时的安全。这些安全措施包括保护运行时安全、保护网络安全、保护存储安全和保护外部集成安全等。

本节重点介绍容器镜像数量不多、规模不大的场景下容器安全保护如何展开。容器云平台安全将在 5.3 节详细介绍。

1. 验证镜像

在运行容器时，我们必须确保容器内部的应用程序来自官方渠道，容器镜像必须经过验证和签名避免恶意代码注入，以确保其安全性。同时，也要保证宿主机操作系统是最新版本，并采取了适当的安全措施（如限制容器的访问权限等）。

2. 运行时安全

容器安全和监控系统覆盖容器运行时全生命周期，具备容器和宿主机运行时威胁防御、容器网络隔离和访问控制等安全防护机制，实现了针对容器安全的检测、分析、告警和响应闭环。此外，它还支持容器 API 安全防护和监控、Docker/Kubernetes 和宿主机的监控，满足了用户对于业务安全细粒度可视化的需求。最后，它还支持容器内部 shell 操作日志、进程执行日志、文件互访日志、网络访问的会话日志和流量日志的合规审计。

容器安全组件可以部署在宿主机上，监控该宿主机上的所有应用容器。容器安全组件应避免在容器内部署，像虚拟机监控一样，不仅可省资源，而且因为对应用透明，对自身也是一种保护。主机防病毒软件对于各类木马、病毒和勒索软件的查杀具备优势，可以和容器入侵检测系统形成互补，进一步增强主机检测和阻断威胁的能力。

3. 防逃逸漏洞

同虚拟机一样，容器也要防止逃逸漏洞。宿主机的版本和补丁不匹配，就会存在前面 Linux 服务器安全中介绍的"脏牛"漏洞。

针对上述问题，常见的解决方案除了安装补丁外，还有使用虚拟化技术隔离和使用沙盒隔离。容器网络隔离有助于限制容器间的横向移动攻击和外部 IP 地址对内部服务的访问。

5.1.5.2 容器安全产品

在开源产品上，Trivy 是一款强大的容器镜像漏洞扫描器，它能通过深入扫描 Docker 镜像的底层操作系统层以及应用依赖的第三方类库来查找有没有感兴趣的 CVE 等，甚至扫描配置文件中的敏感信息（如密码或令牌），同时支持对云下的 Kubernetes 和云上 AWS 等环境的安全检查。

在商业产品上，国内阿里云容器产品以增强型的容器服务 Kubernetes（ACK）和 Serverless Kubernetes（ASK）为核心，整合了阿里云的虚拟化、存储、网络和安全能力，为政企提供了一系列业务所需的必备能力（如安全治理、端到端可观测性、多云混合云等）。创业公司小佑科技自主开发了 PaaS 容器安全防护产品，来解决容器全生命周期的安全问题。国外的 Twistlock 是一款商业容器安全产品，提供了漏洞管理、运行时防御、合规、CI/CD 集成、云防火墙功能。

5.1.6　服务网格安全

微服务是一种软件架构风格，它以专注于单一任务与功能的小型功能区块为基础，利用模块化的方式组合出复杂的大型应用程序。各功能区块使用与语言无关的 API 集相互通信。

在服务网格中，代理变成了分布式的，常驻在服务的旁边。最常见的部署模式是 Kubernetes Sidecar，每一个应用的 Pod 中都运行着一个代理，负责流量处理。这样，应用中所有的流量都被代理接管。

5.1.6.1　服务网格概念

服务网格是一种基于代理的网络架构，用于在微服务架构中解决服务间通信、服务发现、负载均衡、安全认证、流量控制、监控等问题。

API 服务注册中心是微服务架构中不可或缺的组件，它的主要作用在于实现服务治理。过去，Spring Cloud Eureka 被广泛应用于服务发现，在其中，新服务一旦注册，就可以被其他服务调用。此外，ZooKeeper、Nacos、Consul 等组件都是分布式系统中的服务注册中心和配置中心。它们都可以实现微服务架构中的服务发现、配置管理和元数据管理等，从而为微服务治理提供支持。

5.1.6.2　服务网格自身安全

提到服务网格安全，就不得不提到网络安全网格架构（Cyber Security Mesh Architecture，CSMA）。CSMA 是搭配服务网格使用的。服务网格和零信任架构天然有很好的结合，可实现 Pod 认证、基于 mTLS 的链路层加密、在 RPC 上实施 RBAC 的 ACL、基于身份认证的微隔离（动态选取一组节点组成安全域）。

在服务网格中，各个服务之间的通信是通过网格中的代理实现的，因此需要确保代理之间的身份验证和授权。这可以使用云原生基础设施的身份验证和授权机制（例如 Kubernetes 中的 ServiceAccount、Role 和 ClusterRole 等）来实现。此外，一些网格服务平台（如 Istio 和 Linkerd 等）也提供了自己的身份验证和授权机制，通过访问控制规则可以控制谁能够访问哪些服务和资源。一些网格服务平台提供了丰富的访问控制功能（例如 Istio 中的 EnvoyFilter 和 Linkerd 中的 ServiceProfiles 等），以帮助管理员实现更细粒度的访问控制。

因为来自单个服务的所有传入和传出网络流量都流经 Sidecar 代理，CSMA 才有机会将分布在碎片化分支网络里的各种安全系统整合在一起，采集各种安全系统的相关日志或告警，汇总在控制分析平台，并进行以身份为中心的上下文分析，进而根据分析结果对威胁进行实时处置，降低政企安全风险。

5.1.6.3　服务网格安全产品

在开源产品上，多数服务网格提供商会有机制保证其自身安全。例如，Istio 就提供了多种安全功能，如 TLS、访问控制策略、监控和日志记录。

在商业产品上，阿里云的企业级分布式应用服务（EDAS，即 Spring Cloud Alibaba 云版本）提供了 Nacos 商用版本注册中心。该产品全面支持 HSF、Dubbo、Spring Cloud 技术体系，提供 ECS 集群和 Kubernetes 集群的应用开发、部署、监控、运维等全栈式解决方案。

1. Istio

开源的 Istio 是服务网格的一种很流行的实现。由于 Istio 建构于 Kubernetes 技术之上，所以它天然地可运行于提供 Kubernetes 容器服务的云厂商环境中。这样，Istio 成为大部分云厂商默认使用的服务网格方案。它是一个服务治理平台，治理的是服务间的访问，只要有访问就可以治理，不在乎这个服务是不是所谓的"微服务"。Istio 是一个与 Kubernetes 紧密结合的用于服务治理的开放平台，适用于云原生场景的服务网格形态。Istio 在微服务之间建立连接，接管通信功能，对微服务屏蔽通信细节，同时通过流量控制、访问控制策略、遥测统计、安全机制等对微服务进行监控和管理，使微服务架构更加健壮、安全和易扩展。

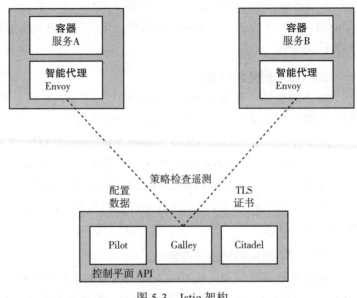

图 5-3　Istio 架构

Istio 是一个开源的服务网格（见图 5-3），主要由两部分组成：数据平面（Data Plane）和控制平面（Control Plance）。数据平面由智能代理（Envoy）组成，这些代理作为边车（Sidecar）与微服务（Service）一同部署，负责微服务间的所有网络通信。控制平面的核心组件是 Istio。它管理代理流量配置、执行策略和收集遥测数据。Citadel 负责安全方面的工作，如密钥和证书管理。Pilot 负责服务发现和流量管理。Galley 处理配置管理。Envoy 在网络的第四层（L4）和第七层（L7）提供丰富的过滤和路由功能，允许用户扩展和定制网络处理能力。

2. Nacos

Nacos 支持基于 DNS 和 RPC 的服务发现。服务提供者注册服务后，服务消费者可以查找和发现服务。如图 5-4 所示，Nacos 提供对服务的实时健康检查，阻止向不健康的主机或服务实例发送请求。

动态配置服务可以让你以中心化、外部化和动态化的方式管理所有环境的应用配置与服务配置。配置中心化管理让实现无状态服务变得更简单。

默认安装 Nacos 是没有认证保护的，不会对客户端鉴权，即任何访问 Nacos 服务器的用户都可以直接获取 Nacos 中存储的配置。比如一个黑客攻进了政企内网，就能获取所有的业务配置，这样肯定会有安全隐患。在 Nacos 服务器上将 conf/application.properties 中 nacos.core.auth.enabled 的值修改为 true，这样 Nacos 客户端在获取配置时需要提供对应的用户名和密码。

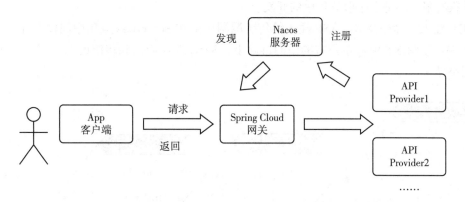

图 5-4　微服务注册及使用

有了认证也不是一劳永逸的。Nacos 官方发布过安全补丁，修复了一处身份验证绕过漏洞（NVDB-CNVDB-2023674205）。该漏洞危害等级为高危。Nacos 在默认配置下使用固定的 JWT 密钥来对用户进行认证鉴权。由于该密钥是公开的，因此未授权的攻击者可用此固定密钥伪造任意用户身份登录 Nacos，管理操作后台接口功能。

针对对外的南北向 API 调用，首先使用 Spring Cloud 网关提供的路由过滤器功能，结合 Nacos 提供的服务发现来实现限流、黑白名单等功能；其次 Spring Cloud 网关利用 Nacos 获取的微服务实例可用信息进行动态路由和负载均衡，优化系统处理能力；最后结合 Nacos 服务实例配置的详细信息，进一步定义路由策略，对访问请求进行精确控制。

5.1.7　无服务器安全

无服务器（Serverless）计算又称函数计算（Function as a Service，FaaS），是一种按需提供后端服务的方法。也有人认为 Serverless 相当于容器（Kubernetes、Docker）+FaaS+BaaS，即用户部署自己的函数在容器中，调用服务商的后端存储等服务来构建整个后端应用的架构。Serverless 允许用户编写和部署代码，而不必担心底层基础结构。近年来，Serverless 加速发展。用户使用 Serverless 架构在应用可靠性、成本、开发和运维效率等方面获得显著提升。

小程序、Web/ 移动应用等的业务逻辑复杂多变，对迭代上线速度要求高，而且这类在线应用的资源利用率通常低于 30%，尤其是小程序等长尾应用，资源利用率更是低于 10%。Serverless 免运维、按需付费的特点非常适合构建小程序、Web 应用、移动应用等。通过预留计算资源、实时自动伸缩，开发者能够快速构建延时稳定、能承载高频访问的在线应用。阿里巴巴使用 Serverless 构建了很多后端服务，包括前端全栈领域的 Serverless For Frontend、机器学习服务、小程序等。

Serverless 在有些场景下可以提供即开即用的功能，甚至开发人员不用服务器开发即可完成一个 Web API 的开发，比较适合前端和客户端开发人员，但是由于缺乏灵活性，应用场景其实很有限，不适合主服务程序的开发。

SQL 注入、命令注入、XSS 注入等传统漏洞风险在 Serverless 应用中同样存在。从某种意义上讲，在图 5-5 中从左到右的访问链路上，Serverless 应用和传统的 Web 应用面临的风险大同小异。

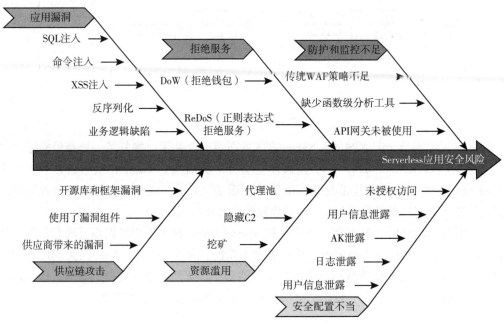

图 5-5　Serverless 应用安全风险

Serverless 依赖事件输入，而这些事件可能来自任何云服务（如云服务器、云存储、云电子邮件、云消息服务等），因此仅仅依靠编写安全的代码和依赖传统 WAF 防护并不能完全杜绝注入风险的发生。更为复杂的是，由于 Serverless 服务一般会接入多个云服务组件（包括云 API、API 网关、事件触发器等），若这些组件在接入 Serverless 服务时未对身份或接收数据进行校验，则可能导致安全风险发生。每个 Serverless 服务运行在一个隔离的容器中，可以保障应用程序不会被其他应用程序影响。Serverless 服务具有以下特点。

- 网络隔离：Serverless 服务默认会在一个独立的虚拟网络中运行，防止非法用户或应用程序通过网络攻击、访问应用程序。
- 访问控制：Serverless 服务通过公有云的身份认证系统（如阿里云的 RAM）提供细粒度的访问控制。开发者可以设置不同用户的访问权限，防止未经授权的用户访问应用程序。

在 Serverless 架构中，运行的最小单元通常为函数。Serverless 中的最小权限原则是通过事先定义一组具有访问权限的角色，并赋予函数不同的角色，从而实现函数层面的访问控制，避免统一的权限分配导致各类安全风险。

一些函数可能会公开对外的 Web 接口，因此 Serverless 需要强大的身份验证方案、事件触发提供访问控制保护。当创建身份验证策略时，如果没有遵循最小权限原则，则可能导致分配给函数的角色过于宽松，攻击者可能会利用函数中的漏洞横向移动到云账户中的其他资源。

要在阿里云上运行一个 JWT 保护的 Java Serverless 应用程序，你可以使用阿里云函数计算，无须安装 Tomcat 等中间件，具体步骤如下。

1）创建函数计算服务：在阿里云函数计算控制台上创建一个新的函数计算服务，选择 Java 作为运行时，并选择"创建函数"选项。

2）编写 Java 代码：在阿里云函数计算控制台的"代码配置"部分创建新的 Java 函数，并编写接口代码。

3）配置触发器：在阿里云函数计算控制台的"触发器管理"部分添加适当的触发器以触发函数。例如，你可以使用 API 网关或 OSS 等阿里云服务来触发函数。

4）部署应用程序：保存函数计算代码并配置触发器后，你可以在阿里云函数计算控制台选择"部署"选项，将函数部署到生产环境中。现在，你可以通过触发器访问接口，并将 JWT 令牌作为输入参数。

AWS 提供的 Fargate 采用了无服务器计算模型，支持用户根据需要自动扩展和缩减计算资源。

5.1.8　沙盒安全

沙盒的主要作用是对应用程序运行环境做隔离限制，通过严格控制执行的应用程序所访问的资源来达到限制恶意行为的目的。沙盒用于多用户多进程隔离，以确保应用程序安全运行。

沙盒还可以使用动态或静态分析技术来检测应用程序中的漏洞或恶意行为，并在检测到问题时停止应用程序的运行；也可用于恶意软件行为识别。

5.1.8.1　Java 沙盒

应用层的沙盒（如 Java 安全模型）实际上就是 Java 沙盒，包括字节码校验器、类加载器、存取控制器、安全管理器、安全软件包 5 部分。我们可以利用 Java Instrumentation 相关 API 并通过 Hook 机制来实现沙盒功能。

5.1.8.2　操作系统沙盒

在操作系统中，Windows 和 Linux 沙盒都是很好的安全机制，但它们并不能完全消除应用程序的安全风险。虽然沙盒可以缩小攻击面，但是攻击者仍然可以越过沙盒的限制来攻击系统和其他应用程序。此外，沙盒的实施与维护也需要额外的资源和成本。

Windows 沙盒是 Windows 系统自带的一个应用程序。它提供了一个隔离、临时的虚拟环境。在这个虚拟环境中，用户可以运行不受信任的应用程序或文件，而无须担心对操作系统或数据造成损害。此外，Windows 沙盒还具有安全防火墙功能，可控制由应用程序进行的访问，并支持基于端口的防护。

要启用沙盒功能，你的计算机的 BIOS 需要支持并启用虚拟化功能。重启计算机后，在"开始"菜单栏找到以 W 开头的一栏，然后打开 Windows Sandbox，如图 5-6 所示。

在 Linux 系统上，用户可以通过 systemd 服务来配置一系列沙盒功能来保护由 systemd 启动的服务（如 Apache、MySQL 等）。Linux Namespace 是一种轻量级虚拟化技术，它从操作系统级别实现了资源的隔离。具体而言，Linux Namespace 主要实现了 6 项资源隔离，包括主机名、用户权限、文件系统、网络、进程号和进程间通信。

除此之外，我们还有其他用于恶意软件分析的沙盒工具，比如 Cuckoo Sandbox 可用于分析 Windows、macOS、Linux 和 Android 系统中的恶意软件行为。

图 5-6　开启 Windows 沙盒功能

5.1.8.3　沙盒产品

在开源产品上，Firejail 通过限制应用程序（如 Firefox 等）对操作系统的访问权限，提供额外的安全层，以保护操作系统免受潜在的恶意攻击。

在商业产品上，Sophos 的 Sandboxie 可以隔离运行不可信的软件，防止系统感染病毒。Windows 8 及以上系统便自带了 AppContainer 沙盒，后来在内核层又实现了 Hyper-V 的虚拟化沙盒。

5.1.9　存储安全

存储系统是数据的载体，称它是政企 IT 基础设施的根基也不为过。常见的存储方式有存储区域网络（Storage Area Network，SAN）和文件服务器等多种方式，前者更为流行。

存储区域网络是一种在应用服务器和存储服务器之间实现高速、可靠访问的存储网络。存储服务器基于 SCSI 协议将存储卷上的存储块提供给应用服务器，应用服务器通过 SCSI 客户端将这个存储块当作本地硬盘初始化，然后用于存储和访问数据。

对于存储安全，我们需要关注访问控制、备份/恢复等。

5.1.9.1　访问控制

存储区域网络可以使用 ACL 来限制对存储资源的访问权限，可以将其不同的逻辑存储单元分配给不同的用户或设备，从而实现对存储资源的访问控制。

相比之下，公有云，如 AWS 的 S3 存储桶，具有不同的访问控制机制，例如定义身份和访问管理角色，控制特定用户、组或服务对 S3 存储桶的访问权限。

5.1.9.2　备份 / 恢复

在网络安全中，一个重要的措施是定期对文件进行备份，将备份文件存储在安全的地方，并定期验证备份的可恢复性，以确保在紧急情况下能够顺利恢复数据。

对于政企信息系统容灾备份能力的建设，除了备份与恢复的技术措施外，备份策略的制定和管理、备份与流程的制定以及备份恢复能力的演练也是重要的保证。

快照和备份是有区别的，如果是硬盘等物理损坏，备份 / 恢复是必要的。如果我们只是丢失了一个不重要的文件，这时通过备份来恢复的话，有点小题大做，而通过快照直接还原则速度快且影响小。

5.1.9.3　存储安全产品

在开源产品上，Duplicati 是一款跨平台备份软件，支持加密、压缩和增量备份，可与各种云存储服务集成，支持使用 AES-256 加密备份数据，并上传至本地或世界各地。

在商业产品上，国内阿里云的盘古是一种在云环境中非常出色的存储解决方案。它能够将 PC 服务器上的磁盘连接在一起，形成一个整体，为用户提供安全、稳定的文件存储能力。同时，盘古还提供了数据库备份服务，可以为数据库提供连续的数据保护服务和低成本的备份服务。

国外的备份 / 恢复产品 Data Protection Suite 可以在多操作系统和平台上运行，对各种不同的 IT 环境具有良好的兼容性。

5.1.10　主机入侵检测系统安全

主机入侵检测系统（HIDS）是一种针对主机的入侵检测系统。作为计算机系统的监视器和分析器，它并不作用于外部接口，而是专注于系统内部，监视系统全部或部分的动态行为以及整个计算机系统的状态。

5.1.10.1　HIDS 的作用

HIDS 作为安全检测的最后一道防线，主要用于保护大量的服务器。主机层可检测的入侵威胁有很多，如系统提权、异常登录、反弹 Shell、网络嗅探、内存注入、异常进程行为、异常文件读写、异常网络通信、病毒后门、安全漏洞、配置缺陷等。对于检测弱口令、后门、WebShell、命令执行、组件漏洞等，HIDS 均有良好的对策，属于纵深防御体系的底线。

随着 APT 攻击的盛行，HIDS 开始具有机器学习和人工智能的能力，但是目前覆盖的范围已显不足。

5.1.10.2 HIDS 的功能

HIDS 的主要功能如下。

1）文件一致性：可以监控文件和系统配置是否被修改。

2）日志监控：通过监控 Syslog 等检测是否有异常流量登录。

3）进程监控：通过监控系统运行的进程来发现是否有病毒或蠕虫等。

4）Rootkit 检测：可以监控是否存在会修改内核的 Rootkit。

HIDS 的更多功能，如资源调用监控、系统调用监控、告警等，可以用于监测与识别主机系统中的安全事件和攻击行为。

5.1.10.3 HIDS 的部署位置

HIDS 可分为管理的后台服务端和安装在服务器上的客户端两类。前者一般部署在安全运维区域，后者则分布在有服务器的各个安全域内。

5.1.10.4 HIDS 的联动

HIDS 可以和更多安全产品联动，以确保整个环境安全。

1）防火墙：帮助发现非法访问，进一步减轻 HIDS 的负担。

2）SIEM 系统：帮助发现非法访问等，并告知管理员。

3）IAM 系统：给 HIDS 增加一层安全保障。

4）端点安全产品：例如和防病毒软件联动以防蠕虫攻击。

5）网络安全产品：例如和 UTM、IPS、IDS、MSG 等联动，以在网络层发现针对主机的攻击。

5.1.10.5 HIDS 安全

HIDS 自身也是软件，也会面临各种安全风险。

1）误报：因为规则的不完善，HIDS 会发出错误的结论。

2）资源消耗：HIDS 的客户端在特定情况下会耗费大量 CPU 资源等，导致宿主机受影响。

3）被作为跳板：因为 HIDS 通常会安装在很多服务器上，如果自身漏洞被利用，会导致大规模的攻击传播。

4）可视化不佳：对于成千上万的服务器，产生的有效告警可能会被淹没在误报中，容易引发安全问题。

5.1.10.6 HIDS 产品

在开源产品上，比较有名的是 OSSEC、Wazuh、Osquery。它们主要用于实时监测与分析计算机系统中的安全事件和漏洞，以便及时采取措施保护系统免受攻击。

在商业产品上，国内的阿里云、青藤云以及国外的 Symantec、CrowdStrike 等都提供了成熟的商业化 HIDS。

1. OSSEC 等

OSSEC 主要是服务器 / 客户端架构，同时支持不安装客户端的情况，通过 Syslog 协议实现日志分析。Linux 服务器收集的日志内容范围为 /var/log/secure、/var/log/lastlog 等，包括用户登录失败、登录异常、是否通过白名单 IP 地址登录等，并对日志做关联分析。所以从某种角度来说，OSSEC 也是一种 SIEM 或 SOC 软件。

Wazuh 是一个安全检测、可视化、安全合规开源项目。它最初是 OSSEC 的一个分支，后来与 Elastic Stack 和 OpenSCAP 集成在一起，发展成一个更全面的解决方案。它在 OSSEC 核心功能基础上，加上 OpenSCAP 的漏洞扫描管理能力，将所有日志、数据通过 Filebeat 传入 Elasticsearch，最后由 Kibana 实现可视化。

Osquery 是 Facebook 公司为系统管理、运维人员开发的一款管理工具，适用于 macOS、Windows 和 Linux 系统，可以使用 SQL 语句直接查询系统环境变量、进程运行状况、资源占用等，也可以对文件设置完整性监控，以及检测网络连接等。

2. 青藤云等公司的产品

在商业产品上，国内青藤云的青藤万相·主机自适应安全平台就是典型的 HIDS，通过在主机里安装 Agent 来测探各种信息以判断是否有异常或者攻击发生，这是一种通用的主机安全产品。作为一款商业 HIDS，它有着强大的资产识别功能，可以对系统补丁情况进行提示（包括补丁说明，是否影响业务，是否需要重启服务或重启主机，是否有相关漏洞利用等），也有着良好的界面并提供了相关 API，方便进行二次开发。

阿里云的安骑士是一款经受百万级主机稳定性考验的主机安全加固产品，提供自动化实时入侵威胁检测、病毒查杀、漏洞智能修复、基线一键检查、网页防篡改等功能，是构建主机安全防线的统一管理平台。

5.1.11 堡垒机安全

堡垒机又称运维审计系统，是用于完善安全运维管理体系和满足运维审计合规性要求的一套非常重要的系统。

打个比方，堡垒机就像是一个看门人。所有对网络设备和服务器的请求都必须通过它，所有的网络设备、安全设备和操作系统都可以通过它来代理登录。在堡垒机没有被攻破的情况下，即使有正确的账号和密码也无法登录设备。堡垒机的外观可以参考图 5-7。

图 5-7 堡垒机外观（来自厂商截图）

运维人员可以通过 B/S、C/S 两种方式登录堡垒机并完成对服务器等的安全管理工作。堡垒机支持单点登录。运维人员登录堡垒机时，只需输入一次系统的主账号，无须输入服务器等的管理员账号、密码。

5.1.11.1 堡垒机的作用

堡垒机主要提供了一个到服务器和网络设备的安全、可控的访问通道。它综合了核心系统运维和安全审计管控两大主要功能，让使用者无须记忆众多系统密码，即可实现自动登录目标设备，便捷安全。简单来说，堡垒机用于管理谁可以登录到哪些资源（事前预防和事中控制），并审计登录后的操作（事后溯源）。从技术实现上讲，堡垒机是通过切断终端计算机对网络和服务器资源的直接访问，采用协议代理的方式，接管了终端计算机对网络和服务器资源的访问。

如图 5-8 所示，堡垒机最为重要的作用之一就是支持对 Unix 系统、Linux 系统、Windows系统等各类资产的操作过程进行录屏，以满足操作在合规方面的硬性要求。同时，堡垒机还提供自动定期改密等多项功能，进一步加强了安全保障。

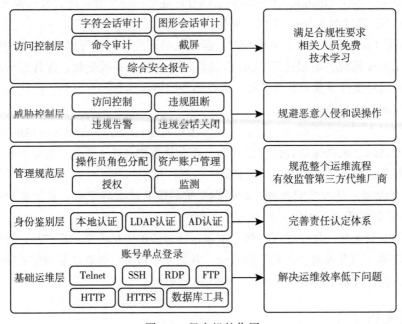

图 5-8　堡垒机的作用

5.1.11.2　堡垒机的功能

通过使用堡垒机，组织可以更安全地访问和管理远程网络资源，记录终端用户安全接入堡垒机执行的有关事件。堡垒机通常具有以下功能。

1）身份验证：对远程用户进行身份验证，确保只有被授权的用户才能访问网络资源。

2）访问控制：对远程用户的访问权限进行控制，以确保用户只能访问所需的网络资源。

3）审计：记录所有远程用户的活动，以便后期审计和管理。

4）安全隔离：通过隔离网络资源来保护它们免受恶意软件和网络攻击的影响。

5）数据加密：保护远程用户获取网络资源时免受数据窃听和篡改。

从图 5-9 可以看出，堡垒机主要用于管理资产、用户和授权等。

具体到各个功能：用户部分支持多种用户角色，包括超级管理员、部门管理员、运维管理员、审计管理员、运维员、审计员、系统管理员、密码管理员；资产部分支持主流服务器（包括 Windows、Linux 及 Unix 服务器等）、防火墙、交换机、网络设备等；授权部分支持集中授权，帮助客户梳理用户与主机之间的关系，并且提供一对一、一对多、多对一、多对多的灵活授权模式；策略部分提供了集中的命令控制策略功能，实现基于不同的主机、不同的用户设置不同的命令控制策略，还提供了命令阻断、命令黑名单、命令白名单、命令审核 4 种动作的执行条件。

图 5-9　堡垒机功能（来自厂商截图）

很多堡垒机还有文件上传的能力，确保在计算机和服务器间安全地传递文件，同步实现对用户名、IP 地址、文件名、文件内容等的审计。只要有堡垒机账号，用户就有权限上传文件，但是只允许利用白名单的方式，而且只有经过授权的用户才能将文件导出；同时要利用 ELK 等监控日志，防止攻击者通过此种方式将服务器文件外传；下载文件的时候，可以利用 Tornado 来搭建基于 HTTP 的下载方式，利用 URL 解析到对应的文件目录，通过 CURL、Wget 等下载。

5.1.11.3　堡垒机的部署位置

大多数堡垒机在部署时，为了不改变现有的网络拓扑结构，采用旁路部署方案，通过在防火墙或者交换机上配置 ACL 策略，限制用户区 PC 直接访问服务器区主机 IP 地址或者端口。要实现强制管理员只能通过堡垒机访问服务器的目的，必须切断管理员直接访问资源的路径，否则部署将没有意义。

从图 5-10 可以看出，堡垒机主要是旁路部署（即旁挂在管理区的交换机侧），只要网络路由上能访问所有被管理的服务器设备即可。一般办公区的运维用户可以通过有限的端口连接到堡垒机来做运维。

如果有多个不同的数据中心，我们可以在它们中部署多台堡垒机，并通过配置信息的自动同步实现异地同步部署。

5.1.11.4　堡垒机的联动

堡垒机管理的对象往往比较重要。一台服务器上线前，需要管理员提出申请，纳管到堡垒机，然后进行漏洞扫描，将日志采集到 SIEM 系统等。堡垒机纳管网络设备除了登记 IP 地址、主机名、所属业务系统、负责人等之外，一般还要求登记用户账号与口令。

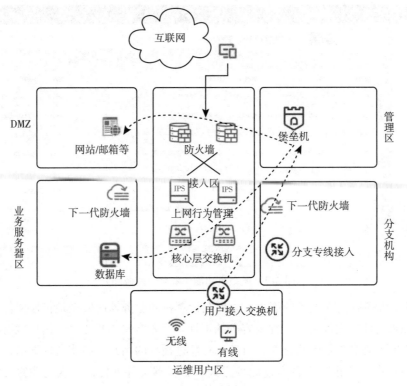

图 5-10　堡垒机的部署位置

堡垒机可以与多种安全产品联动，具体取决于其自身特性和功能。通常情况下，堡垒机可以与以下安全产品联动。

- 身份认证系统：堡垒机可以同步账号信息，整合各种身份认证系统，以确保对网络资源的访问是安全的。
- 防火墙：堡垒机可以监控防火墙的日志并结合其他安全产品的信息识别潜在的威胁。
- SIEM 系统：堡垒机可以监控 SIEM 系统中的日志（包括安全信息与事件管理），以发现潜在的安全问题。

更多的联动包括 IDS 及 IPS 等，最后的目标是，堡垒机在从资产管理平台收集到主机等信息后，结合 IAM 等系统，实现 IT 运维账户的开通、收回等。当然，这要和政企的工作流结合，建立申请 / 审批机制。

5.1.11.5　堡垒机安全挑战

为了防止出现堡垒机彻底无法运行的情况，政企一般会保留应急通道，比如允许固定的主机访问固定的管理服务器等。这些应急通道往往最容易被黑客利用。一种场景是服务器区防火墙或者交换机上没有 ACL 功能，以及 ACL 策略粒度不够细，导致用户区 PC 可以直接绕过堡垒机，直接远程访问服务器；另一种场景是先通过堡垒机访问 A 服务器，然后利用 Trust 机制，在 B 服务器上通过 /etc/hosts.equiv 或者 $HOME/.rhosts 的检查，远程用户可以在 A 服务器上使用 RCP 或者 RSH 不用口令登录 B 服务器，这样就绕过了堡垒机的限制。

因为堡垒机托管的账号都非常重要，包括生产、开发、测试等特权账号，因此，运维人员登录都需要强制地使用双因子或多因子认证，确保自身登录的安全性。

此外，原则上堡垒机不能在互联网上开放，必须通过 VPN、SDP 等接入，从而增加一层网络隔离和认证防护。

5.1.11.6　堡垒机产品

在开源产品上，JumpServer 是一个被广泛认可和使用的堡垒机产品。它提供了安全的远程访问和会话管理功能。

在商业产品上，奇治的堡垒机提供了多层安全技术（包括 SSH 隧道、认证、授权和审计），以确保只有授权用户可以访问系统，并且对所有访问进行详细记录和审计。

5.1.12　特权账号管理系统安全

特权账号管理（Privileged Account Management，PAM）系统对设备中有特权的账号进行管理。它使用访问策略和严格执行这些策略的软件来控制谁可以访问敏感系统和信息。特权账号管理系统依靠凭据（密码、密钥等）来控制访问，通过在安全保险库中创建、存储和管理这些凭据来控制用户、进程或计算机对 IT 环境中受保护资源的授权访问。随着时间的推移，人们更关心访问权限的管理，而不是账号本身。PAM 有时更宽泛地被称为特权访问管理（Privileged Access Management）。除了特权账号管理以外，特权访问管理还包括对用户、账号和流程的权限管理和访问控制。

相比于普通账号管理系统，特权账号管理系统基于更高级别的权限，提供对政企系统和敏感数据的管理或专业级别的访问权限。特权账号管理系统可以与自然人或非自然人 IT 系统相关联。

注意，这里的 PAM 和 Linux 等系统上的 PAM 模块不同。后者即 Pluggable Authentication Module，是一种在 Unix 和类 Unix 系统上进行身份验证的机制，往往在双因子认证中需要修改，让它接受 OTP 验证。

5.1.12.1　PAM 系统的作用

PAM 系统的目的是限制特权账号访问，尤其是对主机等的访问限制，确保只有授权用户可以执行特权操作，确保有效的身份验证和访问控制策略落地。当今政企在云平台、混合办公等环境中的基础设施以惊人的速度增加，PAM 系统简化了批准或拒绝用户对服务器等访问请求的过程，并记录每个决定。PAM 系统可以管理和控制特权用户对系统、网络、应用程序和数据的访问，并确保这些访问是安全的。

PAM 系统支持统一账户管理策略，能够实现对所有服务器、网络设备、安全设备等的账号进行集中管理，完成对账号整个生命周期的监控，并且可以对设备进行特殊角色设置以满足审计需求。

5.1.12.2 PAM 系统的功能

PAM 系统包括但不限于以下功能。

1）认证授权：确保特权用户的身份是可靠的，决定特权用户有权访问哪些系统、网络、应用程序和数据。

2）审计报表：记录特权用户的操作，以诊断安全问题、审核活动及生产各个管理维度的报表。

3）删除回收：通过密码库和密码/凭证轮换来缩短凭据有效时间，限制特权用户的活动，以防恶意活动和数据泄露，降低恶意攻击者通过被盗密码进行访问的可能性。

4）认证授权：支持基于 IP 地址/IP 地址段、用户/用户组、资产/资产组、协议、时间、危险级别等策略进行访问控制，对于匹配规则的行为予以阻断或放行。

PAM 是一种高效、可视和集中的综合解决方案，有助于政企降低受攻击的可能性。它通过整合策略、SaaS 应用及安全措施来管理、保护重要的系统和数据。

5.1.12.3 PAM 系统的部署位置

PAM 系统通常部署在安全运维管理区，如图 5-11 所示。它需要访问各个服务器、网络设备。该区域网络安全控制严格，并且只允许授权人员访问。

第 7 章办公安全中介绍的身份认证系统既可以部署在 PAM 系统的区域，也可以部署在办公服务器区，以减少潜在攻击和降低风险。

5.1.12.4 PAM 系统的联动

PAM 系统通过对特权用户访问的控制与监控来保护政企数据和系统的安全。它可以与以下安全产品联动。

1）堡垒机：对特权账号的使用过程审计离不开堡垒机，甚至有人认为 PAM 系统中应该内置堡垒机。

2）IAM 系统：PAM 系统可以直接集成 IAM 系统，以便实施基于角色的访问控制。

3）EDR 系统：EDR 系统可确保特权用户的终端设备在发起 PAM 会话时不受威胁，从而降低被利用的风险。

4）密码库：硬件安全模块（HSM）可以集成到 PAM 系统中，以管理和保护密码，降低泄露的风险。

5）SIEM 系统：SIEM 系统可以收集 JH 和其他安全系统的日志，以便对特权用户的 SSH 会话、数据库查询和 kubectl 等命令进行监控。

总之，PAM 系统可以与任何能够影响系统安全性的网络及服务等基础设施或安全产品联动。

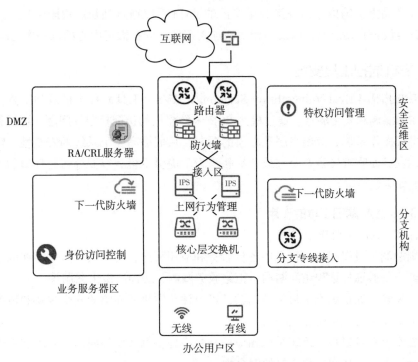

图 5-11 PAM 系统的部署位置

5.1.12.5 PAM 系统的安全挑战

PAM 系统对核心关键系统、应用及数据的特权账号进行访问控制，自身的安全性面临很大挑战。

1）自身漏洞：PAM 系统也是一种软件，也会被爆出各种漏洞。

2）配置错误：如果对用户角色或访问路径配置错误，最后会导致严重的信息泄露。

3）密码认证：PAM 系统本质上还是在保险箱中存储密码，并用重放的方式来登录各种重要设施，一旦被攻破，组织里将无秘密可言。PAM 系统比较容易被内部人士绕过。

4）恶意误用：如果授权不当，PAM 系统容易被内部管理员访问一些不该知道的数据。

5）缺少可见性：PAM 系统对特权用户操作的记录往往就是几行日志，缺少对操作的可见性。

6）集成困难：PAM 系统和其他安全产品（例如 SOC 及 SOAR 等）集成困难。

PAM 系统是 IAM 系统的一个子集解决方案，主要管理服务器和网络设备等，因此需要特别的管理和保护，必要时需要整合加密机来存储根密钥。

5.1.12.6 PAM 产品

在开源产品上，Conjur 提供了访问控制、身份验证和安全审计等功能，包括对数据库角色的支持。CyberArk 于 2017 年收购了 Conjur，将其纳入特权账号安全解决方案的产品组合中。

在商业产品上，国内厂商齐治和奇安信的 PAM 系统通过细粒度权限管控，定期巡检风险，识别各类设备自动改密，以及国密算法加密存储，守护数据中心的每一次访问。

5.1.13 主机漏扫工具安全

主机漏洞扫描（Host Vulnerability Scanning，HVS）工具简称主机漏扫工具，用于评估主机上存在的漏洞和安全弱点。通过检测 SSH 未经授权的访问权限等问题，可以帮助政企发现和排除主机操作系统、应用程序等方面的漏洞，从而提高整个系统的安全性。随着技术的不断发展，主机面临着诸多安全挑战和威胁。为了确保主机、容器等运行环境的安全，各种主机漏扫工具应运而生。

5.1.13.1 主机漏扫工具的作用

主机漏扫工具的主要作用如下。

- 识别漏洞：可以扫描主机上的各种服务和应用程序，检测其中可能存在的漏洞，例如未经身份验证的远程访问漏洞、拒绝服务漏洞、缓冲区溢出漏洞等。
- 评估风险：通过识别主机上的漏洞，可以评估主机所面临的安全威胁和风险，帮助组织确定安全防御策略和优先级。
- 加强安全：可以指导组织采取相应的补救措施，例如修补漏洞、升级软件版本、配置安全设置等，从而提高主机的安全性。
- 合规性验证：许多安全标准和法规要求组织对其 IT 环境中的漏洞进行定期扫描和评估，主机漏扫工具可以帮助组织满足这些要求。

5.1.13.2 主机漏扫产品

在开源产品上，常见的主机漏扫工具有安全审计工具 Lynis。它可以运行在多种操作系统上，例如 AIX、FreeBSD、HP-UX、Linux、macOS、Net-BSD、NixOS、OpenBSD、Solaris，还可以运行在树莓派或物联网设备上。Lynis 可以在被扫描的主机上运行，并且可以执行比较深入的安全检测。它的主要目的是测试安全配置是否合适，并提供进一步强化系统的建议。

更多的开源漏扫产品还有扫描系统中安装软件包的 OpenSCAP、专门用于扫描 CVE 漏洞的开源工具 cvechecker 和 cve-check-tool、针对容器漏洞扫描的 Clair。

在商业产品上，Qualys 提供的主机漏扫产品具有全面的主机漏扫功能。

5.2 灾备环境安全

在网络安全方面，容灾备份也是一项非常重要的安全措施，因为网络安全攻击的风险无时不在，可能会造成系统崩溃或数据丢失。采取容灾备份措施可以保障信息系统在遭受攻击或灾难时的连续性和可用性，从而最大限度地降低损失。

5.2.1　两地三中心

两地三中心是一种管理和运营模式，包括两个地点和三个中心（分别是生产中心、异地灾备中心和同城灾备中心）。这种模式在灾难恢复中扮演着重要角色。从某种意义上说，两地三中心是将同城容灾和异地容灾结合在一起的概念。这种模式在对安全要求高的金融行业中非常常见。

在灾难恢复中，两地三中心的应用可以确保关键业务的连续性和高可用性。当生产中心发生灾难时，异地灾备中心可以立即接管生产中心的业务，确保业务的连续性。这可以通过虚拟化技术、负载均衡器和自动化工具实现。

平时，政企可以将数据从生产中心备份到同城灾备中心和异地灾备中心，以确保数据在灾难发生时仍然可用。这可以通过数据备份、镜像、复制等技术实现。

例如某大型银行构建了北京主中心、上海一期和二期数据中心，形成两地三中心的灾备架构模式。其中，上海一期数据中心专门作为备份的数据中心，为该行全国系统提供灾备服务；与此同时，上海二期数据中心作为灾备中心与上海一期数据中心形成同城灾备关系，与北京主中心形成异地灾备关系，从而应对该行在异地、同城情况下的灾难。

在灾难发生时，我们可以利用负载均衡技术实现主备切换，提高系统的可用性和容错能力。以下是主备切换的基本步骤。

1）在备份服务器上部署应用程序和数据库，并确保应用程序和数据库的版本与主服务器相同。

2）配置负载均衡器，将主服务器和备份服务器都添加到负载均衡器的服务器列表中。

3）配置健康检查，以确保主服务器和备份服务器的可用性。

4）当主服务器发生故障时，负载均衡器会检测到并将所有请求转发到备份服务器。同时，将备份服务器上的数据同步到主服务器，以确保在切换回主服务器时不会出现数据丢失。

5）一旦主服务器恢复，负载均衡器会自动将请求转发回主服务器，并将备份服务器设置为备用状态，等待下一次灾备事件。

需要注意的是，为了确保负载均衡器能够正确识别主备服务器并执行切换操作，需要在负载均衡器的配置中指定主服务器和备份服务器的 IP 地址或域名，并确保它们在同一个虚拟网络或子网中。另外，在切换期间可能会发生一些服务中断或性能下降的情况，我们需要对系统进行充分的测试和准备，以确保切换能够在最短时间内完成并保证系统正常运行。

那么你可能会问，如果负载均衡出现问题怎么办？我们不仅可以考虑使用多个负载均衡节点，并将它们部署在不同的物理位置，还可以利用 DNS 来解决这个问题。因为 DNS 通常托管在异地第三方服务商，在发生自然灾难时，受到的影响较小。必要时，通过 DNS 解析的方式，可以将流量在数分钟内切换到备用的负载均衡节点上。

综上所述，两地三中心架构在灾难恢复中具有重要作用，可以帮助政企快速恢复业务，提高业务连续性水平。

5.2.2 混合云灾备

混合云是指政企将其 IT 基础设施和应用程序部署在多个公有云和私有云环境中的混合架构。通过将混合云与灾备解决方案相结合，政企可以实现对生产中心的异地容灾。

首先要了解业务关键性、数据量、可承受的恢复时间（RTO）和恢复点目标（RPO）等关键因素，然后根据业务需求选择合适的云服务提供商，考虑安全性、可用性、成本和性能等因素，选择适当的灾备解决方案（可以是混合云灾备、跨云灾备等，具体要根据业务需求和风险评估来决定）。

一旦云下和云上打通，政企可以利用 DTS 通过专线和 VPN 网关将自建 MySQL 数据库同步至公有云上的 RDS MySQL 数据库，实现全量数据同步后增量数据的实时同步；同时，还可以将自建数据中心环境与公有云上创建好的网络建立容灾关联，即在容灾服务控制台创建一个连续复制型容灾站点对。

除了日常的监控和检查外，测试和演练是确保灾备解决方案能够在灾难发生时成功运行的关键步骤。政企要定期进行测试和演练，以确保灾备解决方案在实际应急情况下能够正常工作。

需要注意的是，在实现灾备过程中，政企还需要考虑数据安全性和合规性等因素。有的行业监管不允许将数据公开，因此，应根据行业和法规要求，采取相应的安全和合规措施，确保数据在传输和存储过程中的安全。

5.3 公有云安全

公有云通常指第三方提供商为用户提供的云。一般提供的以 IaaS（基础设施即服务）、PaaS（平台即服务）分层为标准的云计算基础技术已经非常成熟，同时围绕这两层的泛网络、泛存储、泛安全等与云计算相关的技术也起着关键支撑作用。

5.3.1 公有云规划工具

在公有云中，云计算架构包含多种不同类型的计算、存储和网络资源，因此政企用户需要对这些资源进行规划和管理，以满足不同的业务需求。使用云服务提供商的云规划工具可以帮助政企用户快速创建和配置云资源，并提供可视化的管理界面，使政企用户能够更加方便地管理和调整这些资源。

例如，在阿里云平台上，借助 IaaS 平台中的弹性计算（ECS）、关系数据库服务（RDS）、对象存储服务（OSS）以及服务器负载均衡器（SLB）等组件，政企可以轻松搭建自己的 Web 官网或者基于 Web 或移动应用程序开发站点。这些组件不仅可以让站点具备负载均衡和云资源弹性伸缩能力，还可以提供分布式拒绝服务（DDoS）攻击防御和安全保护。此外，通过内容分发网络（CDN），网站可以在不同地域实现"秒开"，从而优化用户访问体验和提高可用性。阿里云的计算服务产品如图 5-12 所示。

图 5-12　阿里云的计算服务产品

　　配套的阿里云资源编排服务（Resource Orchestration Service，ROS）对标亚马逊云 CloudFormation，提供可视化的拖曳界面，可以创建多种类型的资源（包括云服务器、负载均衡器、数据库、对象存储、安全组等），以减轻管理员的工作负担并提高云资源的可用性。

　　最近，阿里云又推出了云速搭 CADT 产品。它面向系统架构师，提供丰富的云应用模板，用户只要选择其中一个拓扑图，就可以快速配置出对应的产品服务清单，甚至费用评估，如图 5-13 所示。

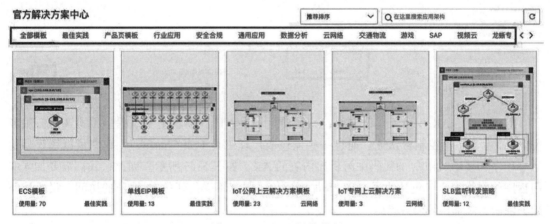

图 5-13　CADT 架构模板

5.3.2　公有云安全实现

　　公有云平台一般会提供一体化安全组件，包括云防火墙、云安全中心等，一般会提供以下基础安全功能。

　　1）身份认证和授权：公有云平台提供基于角色的访问控制和多重身份验证功能来确保只有经过授权的用户才能访问敏感数据和资源。

　　2）网络安全：公有云平台提供网络隔离、虚拟私有云、安全组、防火墙等机制来保障网络安全。

　　3）数据加密：公有云平台提供数据加密机制，如在传输过程中采用 SSL/TLS 加密技术，在数据存储过程中通过 KMS 进行加密。

　　4）安全审计和日志管理：公有云平台提供安全审计和日志管理功能，可以记录与监控用户操作和系统事件，从而提高安全性并符合合规要求。

5）DDoS 攻击防护：公有云平台提供基于负载均衡、DDoS 攻击防护等安全机制来确保业务连续性和安全性。

6）漏洞扫描和修补：公有云平台提供漏洞扫描和修补功能，定期对系统进行漏洞扫描，及时修复已知漏洞，特别是针对主机和网站的漏洞。

阿里云提供了上述几乎所有的产品和服务，还有 WAF、RASP 等一系列更细分的保护网站安全的产品。

5.3.2.1　AK 安全

在云计算领域，访问密钥（AccessKey，AK）被广泛应用，并成为用户访问云资源的重要身份凭证，如图 5-14 所示。无论调用 API 进行通信加密，还是进行身份认证，AK 都扮演着至关重要的角色。它是云上用户访问云服务 API 和云资源时的唯一身份凭证。对于用户而言，保管好自己的 AK 至关重要。

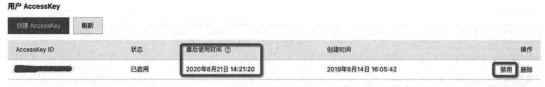

图 5-14　AK 样本

通俗来讲，AK 相当于登录密码，只是使用场景不同，前者用于以程序方式调用云服务 API，而后者用于控制台认证。通过一些抓包或代理工具（如 Charles），我们可以很容易地从小程序、移动 App 等的代码中解析出内置的 AK，如图 5-15 所示。因此，我们需要加强应用程序的网络安全，包括使用 HTTPS 加密通信、限制不受信任的 IP 地址的访问、设置访问频率限制、添加验证码等措施。

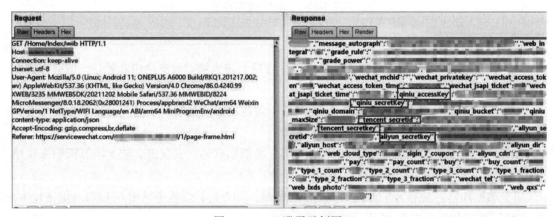

图 5-15　AK 泄露示例图

云厂商都在积极想办法应对 AK 泄露这个难题。阿里云率先和最大的开源代码托管服务商 GitHub 合作，引入 Token Scan 机制。云安全中心 AK 检测流程完全自动化，可以对在 GitHub 上泄露的 AK 进行高效和精准的检测。在实际场景中，含有 AK 的代码提交到 GitHub 数秒之内，系统就可以通知用户并且做出响应，尽可能降低对用户的负面影响。

从租户侧，可以建立一个安全的访问代理，所有对云服务的访问都必须经过这个代理。代理可以实施访问控制、监控和审计，确保只有经过授权的请求才能到达云服务。

总之，嵌入代码中的 AK 容易被忽视，经验丰富的开发者会将其写入数据库或者独立的文件，使管理更方便。

5.3.2.2　公有云 IaaS 安全

IaaS 是一种服务模式，将 IT 基础设施作为服务通过网络提供，并根据用户实际使用或占用的资源量计费。与主机和存储安全类似，公有云 IaaS 安全由同一个云服务商统一规划、提供，技术集成度和一致性更高。

需要注意的是，虽然云平台提供了云主机、云存储等资源，但其配置及软件由租户侧负责。租户需要特别关注资源的安全配置和上层软件的安装，以确保云资源的安全性和稳定性。具体来说，租户应根据业务需求对云主机进行合理配置，包括安全、网络、存储等方面。

1. 云主机安全

各个大的公有云服务商都有云主机业务。阿里云的云主机弹性计算服务（Elastic Compute Service，ECS）是一种典型的云计算服务，提供虚拟计算资源，包括计算能力、内存、存储、网络等，可以用来搭建网站、应用程序、数据库等。对它的安全防护主要有基线加固和 HIDS 两种方式。

- 基线加固：基线是一种基于安全最佳实践和标准的安全检查方案，尤其是针对等保三级以上的操作系统加固，可以对云主机进行全面的安全检查和评估，包括操作系统、数据库、Web 服务器等方面的安全配置，能够识别潜在的安全风险和问题，并提供相应的修复建议，提高云主机的安全性和可靠性。
- HIDS：HIDS 提供了安全监控、漏洞扫描、入侵检测等功能，可以实时监控云主机的运行状态，并提供有关安全事件的警报和解决方案，从而帮助用户迅速应对潜在的安全威胁。

在使用 ECS 的过程中，需要：注意安全防护，包括设置强密码，不要使用弱密码或者常用密码，定期更换密码，不要泄露密码；开启防火墙，限制 IP 地址访问，禁止外部未经授权的访问，避免被攻击；进行数据备份，避免数据丢失或者被损坏；及时更新操作系统和软件，安装杀毒软件和防火墙，避免被病毒和恶意软件攻击。

2. 云存储安全

公有云存储的主要安全风险包括数据泄露、数据损坏、数据丢失和数据篡改。据统计，缺乏经验或人为错误导致的存储桶错误配置造成的安全问题，占所有云安全漏洞的 16%。

如果在开发过程中没有谨慎考虑，使用 OSS（阿里云对象存储）前端直传的 JavaScript

SDK 时没有采用使用安全令牌授权的前端模式，而是直接将阿里云 OSS 的 AccessKeyID 和 AccessKeySecret 写在代码中，一旦这些密钥泄露，那么利用基于 Web 的 OSS 管理工具（如 oss-browser），就可以查看 OSS 上的文件和对象。因此，在使用 OSS 时，务必注意安全性并正确配置授权和访问权限，以防敏感数据泄露。

5.3.2.3　公有云 PaaS 安全

PaaS 是一种商业模式，将服务器上的软件平台作为服务提供。PaaS 建立在 IaaS 之上，提供应用程序运行环境基座。

公有云中间件类型繁多，通常情况下，数据库服务和中间件服务由云计算环境提供，并由云服务提供商维护和管理。此外，在公有云中，我们还可以找到业务流程管理系统、消息中间件、缓存中间件（如 Redis）等。

在安全方面，公有云厂商会采取严格的访问控制策略、身份认证及权限管理等手段来保障各种类型的中间件安全。例如，用户可以通过 ACL 对特定类型的中间件进行访问控制，并只允许被授权用户执行相关操作。

1. 容器云安全

一个优秀的容器云应具备以下功能。

1）容器资产可视化：通过实时监控和分析，用户可以更好地了解容器之间的关系、应用程序的运行状况以及容器所在主机的环境。

2）容器镜像安全扫描：除了提供加固的镜像，我们还需要对容器镜像进行全面扫描，检查是否存在漏洞，从而减少镜像带来的安全隐患。

3）安全管理：集成 Kubernetes、Docker 等容器云平台的安全管理能力，并提供安全策略配置、追踪、安全事件分析和告警等功能。

更多的容器云功能包括容器运行时安全监测、容器日志分析、容器安全评估等，共同保护容器云安全。

经过多年的发展，阿里云的容器产品和容器安全产品都提供了丰富的功能。它为客户提供了一种全景视图，包括资产、集群、容器和应用程序 4 个层次的递进式网络拓扑可视化图。同时，阿里云容器服务 ACK 提供了安全策略功能，可以对容器运行时进行限制和监控，防止恶意软件攻击和未经授权的用户访问等安全风险。2022 年，国际知名第三方网络安全检测服务机构赛可达实验室发布报告，阿里云容器安全顺利通过测试，是国内首家完成容器安全测评的厂商。

2. Web 中间件安全

公有云提供了流行的 Web 服务器，如 Nginx 和 Apache 可用于搭建静态和动态网站、应用程序等。Web 应用服务器是将 Web 服务器和应用服务器结合在一起的产品，Spring Boot 不是过去流行的 J2EE 架构中的一种，但它在现代 Java 开发中被广泛使用。由于能够直接支持三层或多层应用系统的开发，Web 应用服务器受到广大用户欢迎，目前在中间件市场上竞争激烈。像 Tomcat 这种开源中间件，政企往往是自己购买云主机自建。

3. 数据库中间件安全

公有云中数据库中间件安全主要是保护云数据库中的数据安全。对于云数据库中间件，数据可能被存储在第三方服务器上，未经授权的人员可能会获得敏感数据的访问权限，导致数据泄露。因此，需要对其访问控制进行严格管理，而这可以采取设置 IP 地址白名单、用户身份认证、权限管理等方式。

阿里云最大的数据库中间件是 PolarDB，支持 MySQL 和 PostgreSQL 引擎，具有高可用、高性能、弹性扩展等特点。PolarDB 支持部署在阿里云的专有网络（VPC）中，可以通过 VPC 实现网络隔离和安全通信，可以配置支持基于 IP 地址白名单的访问控制（即只有在白名单中列出的 IP 地址才能访问数据库）。

更多的相关内容会在第 8 章中介绍。

4. 其他中间件安全

消息中间件是一类以消息为载体进行通信的中间件，利用高效、可靠的消息机制来实现不同应用间大量的数据交换。消息中间件之间非直接连接，支持多种通信操作规程，达到多个系统之间的数据共享和同步。2019 年，网络安全公司 UpGuard 发现了一份包含 490 万某著名杀毒软件供应商用户数据的 Amazon Web Services S3 存储桶。后来发现，攻击者利用该公司未经授权访问消息队列的漏洞，从而窃取敏感数据。对于这类中间件，要限制对消息队列的访问和操作权限。

事务中间件又称事务处理管理程序，是当前使用最广泛的中间件之一。它的主要功能是提供联机事务处理所需要的通信、并发访问控制、事务控制、资源管理、安全管理、负载均衡、故障恢复以及其他必要的服务。JTA 是 Java 平台上的标准事务处理 API，可以通过 Java EE 容器或者第三方实现来支持分布式事务处理。对于这类中间件，如果事务中间件中传输的数据未加密，则攻击者可以通过监听网络流量来截取数据，从而泄露数据。2016 年，奇虎 360 的消息推送平台被黑客攻击，导致超过 100 万个设备的消息推送被篡改。攻击者对事务中间件传输的未加密数据进行篡改，向用户发送虚假消息，从而实施钓鱼攻击。使用加密和身份验证技术可以帮助保护事务数据的机密性，设置访问控制可以帮助防止未经授权的访问。

关于 Web 应用服务器的攻防将在第 6 章详细阐述，这里不多介绍。

5.4 私有云安全

私有云（Private Cloud）是为组织单独使用而构建的一种云计算服务形式，可保证组织对数据、安全性和服务质量的有效控制。该组织不但拥有基础设施，还可以部署自己的网络和应用服务。私有云可由该组织自己的 ICT 部门构建，也可由专门的私有云提供商构建。一般来说，私有云的能力覆盖计算机网络、操作系统、数据库、云存储、虚拟化应用、云容器、云安全、云应用开发等，这和公有云能力是非常接近的。

私有云底座技术提供了完整的虚拟化服务，包括虚拟机管理、存储管理、网络管理等。它还具备高可用、自动化管理、安全可靠等特点，可以满足政企对于云计算基础设施的各种需求。私有云底座还结合了自主研发的软件定义网络（SDN）技术、虚拟化存储技术、安全隔离技术等，从而提供更加灵活、高效、可靠的云计算服务。

5.4.1　私有云规划工具

私有云构建非常复杂，需要考虑众多因素，例如网络拓扑、安全性、可扩展性、性能和可靠性等。私有云规划工具可以帮助管理员在面对大量数据和因素时更好地进行决策，确保整个实施过程更加高效和准确。它还可以自动化许多烦琐的任务，例如分配资源、分配 IP 地址、配置安全策略等，旨在帮助政企用户规划私有云架构。该工具基于供应商技术专家的最佳实践和经验，为政企用户提供快速、准确的架构规划和优化方案，主要功能如下。

1）私有云网络拓扑图的设计和生成。

2）私有云主机和存储资源的规划和分配。

3）私有云安全控制策略的制定和实施。

4）私有云高可用性和容灾方案的规划。

5）私有云资源预算和成本预估。

在建设过程中，用户将基线版本导入规划工具，按需选择售卖的云产品能力。同时，规划工具将根据基线版本定义的配置和资源进行调度，给出合理的服务器和网络设备选择。用户需要基于软件需求执行勘测机房、上架设备等操作，并定义相应的数据中心以及云产品集群配置参数。这样可以确保实施过程中各个组件的配置和部署都是一致的。

5.4.2　私有云安全实现

私有云针对主机和容器等的安全一般提供以下功能。

1）使用安全的容器镜像：确保使用受信任的源的容器镜像。

2）加强容器和主机（尤其是宿主机）的访问控制：通过身份验证和授权机制，限制容器和主机的访问权限，防止未经授权的用户访问这些资源。

3）更新主机和容器上的软件和补丁：及时更新容器和主机上的软件和补丁，以消除已知漏洞和缩小攻击面。

4）限制网络流量：通过网络隔离和流量限制，限制容器和主机之间的网络通信，从而缩小攻击面。

5）加密容器中的敏感数据：使用加密算法对容器中的敏感数据进行加密，并确保加密密钥得到安全管理，如利用云平台的 KMS 机制实现数据写入磁盘之前自动加密数据。

6）安全监控：在容器和主机上建立严格的监控和日志记录机制，及时发现安全事件和异常行为。

总之，容器和主机的安全性与私有云的整体安全密切相关。

5.4.2.1 私有云 IaaS 安全

私有云中的虚拟环境可能会受到恶意攻击。攻击者可能会利用虚拟环境中的漏洞或配置错误来获取敏感信息或控制虚拟机。切记要更新和修补虚拟软件和操作系统，保持最新的安全补丁和更新版本。

为了避免这些风险，我们可以采取以下措施：对存储系统进行加密，确保数据在存储和传输过程中的安全性；实现访问控制策略，限制存储系统的访问权限，并为存储系统分配最小的权限；实施存储的备份 / 恢复策略，确保存储系统中的数据在发生故障或损坏时能够及时恢复。

5.4.2.2 私有云 PaaS 安全

私有云中 PaaS 层的数据库等的安全也需要额外关注。公有云中的数据通常分布在不同的服务器和数据中心，而私有云中的数据存储在本地，可能会面临物理攻击、硬件故障等风险。对于存储应用程序的数据（例如 MySQL、PostgreSQL、MongoDB 等）最起码要进行加密和备份，以防数据泄露和意外损坏；要不时地组织灾难恢复演练，以确保在数据丢失或损坏时能够及时恢复数据。

同时，要加强访问控制等安全管理，限制对数据库的访问和权限，使用安全的访问控制和身份验证方式（例如强密码、多因素认证等）。

5.5 本章小结

首先，本章介绍了数据中心设备安全，涵盖主机、Linux、Windows 服务器安全，以及虚拟机、容器、服务网格、无服务器、沙盒、存储、主机入侵检测系统、堡垒机、特权账号管理系统、主机漏扫工具的安全。

然后，本章还探讨了两地三中心、混合云的灾备方案，着重从数据可用性和灾备恢复角度进行考虑。

最后，本章介绍了公有云和私有云涉的相关规划工具及安全实现。

网站安全

网站安全非常重要，因为网站是政企对外开展业务的主要窗口，分为 To C 和 To B 两大类。对于政企而言，Web 应用程序是接触外部网络最多的应用程序之一。由于 Web 应用程序本身的特性，许多攻击者将其视为目标，并且所面临的风险也是政企信息系统中最严重和最多的。

在 To C 领域，政企在各种互联网平台上展开了高频商务活动，包括但不限于银行、保险、证券、电商、O2O、游戏、社交、招聘、航空等领域，所涉及的重要隐私数据，诸如金融、个人信息、交易纪录等，已成为黑客攻击的首要目标。一旦遭受攻击，危害不可小觑，轻则导致数据泄露，重则导致财产损失。例如，黑客或攻击者可能利用窃取的用户个人信息从事非法活动，从而窃取资金或进行其他非法交易。

就 To B 领域而言，远程移动办公的普及导致许多以前需要通过虚拟专用网络（VPN）才能访问的 OA 应用程序（例如泛微 / 致远）或者办公邮箱（例如 Coremail）也因此暴露在互联网中。这些产品一旦出现 0 Day 漏洞，可能给广大用户带来极其严重的影响。

当前最常用的网站安全防护方法是采用 Web 应用防火墙（Web Application Firewall，WAF）来建立安全边界。通过图 6-1，我们发现构建一个安全的网站不仅要关注南北向的纵深防御，还要关注来自内部员工的东西向威胁，涉及的组件及安全产品有防火墙（FW）、Web 应用防火墙（WAF）、网站服务器（Web）、API 服务器、中间件（Middleware）、数据库（DB）、运行时应用自我保护（RASP）、数据库防火墙（DBF）及可能的云 WAF、云抗D 等。

本章主要讨论网站及 API 安全问题，即传统的内部办公网站和公有云上的互联网业务网站等的安全性要求和挑战，重点针对南北向攻击的安全防御。

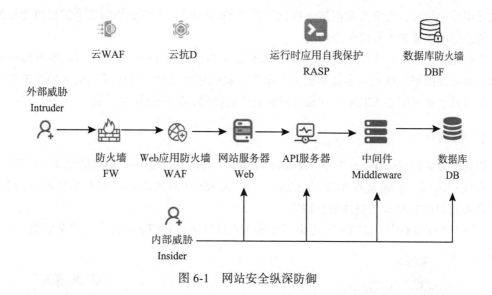

图 6-1　网站安全纵深防御

6.1　网站的纵深防御

网站安全已经成为小型或大型网站不可或缺的重要议题。目前，网站入侵、数据泄露等安全问题已经成为互联网网站广为关注的话题。从整体而言，除了业务相关的高可用性等安全属性之外，一般意义上的网站安全主要指通过一系列防御措施，防止网站遭受外部入侵者或内部人员对其进行注入、XSS、挂马、篡改网页等恶意行为。

即使是在南北向纵深防御方面，涉及的问题也非常广。

- DDoS 攻击阻塞网站导致的不可用问题。
- 对外发布应用的负载均衡可能有已知漏洞。
- 中间件有已知的安全问题。
- 网站开发的代码中有供应链安全风险。
- WAF 等防御方式存在策略太复杂导致访问变慢的问题。
- 网站不能承受 0 Day 攻击。
- 网站的数据库组件配置失误问题。

我们可以将 Web 网站划分为几个不同的层：网络层、网络边界层、Web 服务器、中间件服务器数据库服务器，每个层面都有其特定的安全需求和相应的安全产品。然而，这些安全产品之间缺乏有效的协同机制，导致防御措施整体效果不佳。在实际工作中，我们需要在以上所有的层面都能够有效地检测和对抗威胁。在网络层，我们可以结合内容分发服务和 DDoS 防护来共同协同防御；在网络边界层，我们可以在流量网关侧引入 WAF 和机器人防火墙进行行为识别，并在应用开发时提供应用安全开发框架，同时在应用运行时引入 RASP 以实时拦截已知的漏洞和 0 Day 漏洞；在数据库层，我们可以引入数据库防火墙对数据调用情况进行审计。同时，安全开发框架还提供了基于 SpringBoot 主流框架的安全扩展包和轻量级安全包，适用于各种内外部业务环境。

更高级的安全除了引入代码安全机制，我们还可以将开发好的安全包发布到各种 Serverless 平台，从而提供平台级的安全防御能力。最后，我们还可以叠加基于威胁情报的攻击发现能力，并与安全运营中心（SOC）和反入侵运营平台联动，以进行快速反制。

6.1.1 HTTP

超文本传输协议（Hyper Text Transfer Protocol，HTTP）是一个简单的请求 - 响应协议，属于应用层协议。它通常在 TCP 之上运行，使用 ASCII 格式表示请求和响应消息的头部，并具有类似 MIME 格式的整体消息内容。

从图 6-2 可以看出，HTTP 首先是明文的，而且早期的 HTTP 是没有用户会话的。

图 6-2　HTTP

至今，HTTP 仍存在许多可利用的漏洞。为了尽可能地掌握漏洞，我们需要了解与 Web 网站和 HTTP 相关的信息，并使用以下工具进行收集。

- 域名、子域名：例如资产侦察灯塔系统、子域名挖掘机等。
- Whois 信息：阿里云 Whois。
- IP：微步在线等。
- DNS 信息：Nslookup 等。

- 开放的端口及运行的服务：Nmap、Masscan、Zmap 等。
- 服务器操作系统：Nmap 等。
- 服务器类型：httprecon 等。
- 开发语言：PHP、JSP 等。
- 开发框架：Python 语言的 builtwith 模块。
- 网站架构：检查页面提交的 API 来确定是否采用了前后端分离，以及 CDN 集群的使用情况。
- CMS 类型：潮汐指纹 TideFinger 等。
- CDN 类型：DNS 查询工具测吧，以查看 IP 地址的归属。
- WAF 类型：WAFW00f。
- 网站目录：WebRobot、Dirmap 等。
- SSL 证书：Censys 等。

在条件允许的情况下，尽量多地综合采用以上工具，这样收集到的信息才会比较全面。

6.1.2　网站的架构

通常，传统的办公网站服务是由内网的 DNS、SLB、服务器和数据库等几个关键组件提供的，如图 6-3 所示。其中的动态资源服务器负责对外提供动态数据查询类的服务，一般是基于 Java、Go、PHP 等开发的。

如今，政企的互联网业务网站通常部署在公有云上，这样，网站在向正常用户提供服务的同时也暴露给了攻击者。一般情况下，基础设施由各大云计算厂商提供，包括云计算平台和多种后端即服务（Backend as a Service，BaaS）平台，以及运行函数的无服务器（Function as a Service，FaaS）平台。业务应用可以采用 Serverless 架构。该架构将函数计算和后端即服务相结

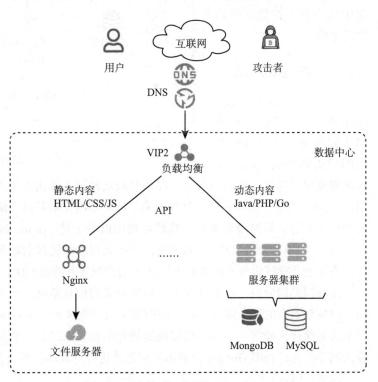

图 6-3　传统数据中心网站

合，运行在 FaaS 平台中，并利用 BaaS 平台中的后端服务。BaaS 平台提供一系列后端云服务，例如云数据库（RDS）、对象存储（OSS）、消息队列（MQ）等。通过使用 BaaS 服务可以大大简化应用开发的难度，FaaS 提供一些事件驱动的全托管计算服务。公有云网站如图 6-4 所示。它与传统数据中心网站最大的不同在于，无需进行任何基础设施的安装和调试。

大型政企通常采用集约化网站群来管理网站。这种体系是在顶层设计下建立的，技术、功能和结构都是统一的，并且资源向上归集，从而实现了一站式服务。该服务面向多个服务对象和渠道，包括 PC 网站、移动客户端、微信和微博等。此外，该系统还具有多层级和多部门的特点，是政府等门户网站集群平台的典型代表之一。通过采用该系统，政企网站能够实现集中统一管理并提高网站的安全性。

6.1.3 攻击路径分析

根据杀伤链的思路，攻击者可以通过多个环节和步骤逐渐实现对目标网站的攻击和控制，这一过

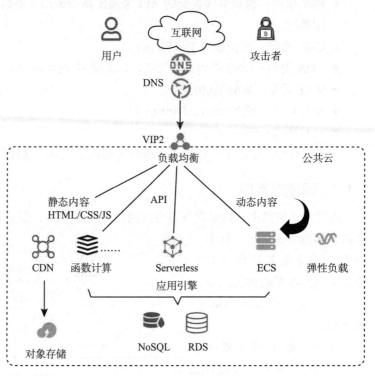

图 6-4 公有云网站

程可能是层层递进、步步为营的。在信息收集阶段，攻击者通常会使用一些工具（如 Whois 查询、DNS 记录、端口扫描工具等）来了解网站的技术基础、IP 地址、服务器架构以及运行的服务等信息。针对域名解析，我们可使用以下工具：ping、Nslookup（交互式域名查询工具）、Dig（DNS 查询工具）。通过在位于不同国家和地区的域名解析服务器上查询同一个域名，有可能获得该服务器部署在不同地区的物理服务器或 CDN 节点服务器的信息。

在漏洞扫描阶段，攻击者在上一阶段获取的信息基础上使用漏洞扫描工具对网站进行扫描，以发现潜在的安全漏洞。相关的扫描工具有很多种。Google 搜索引擎功能强大，在黑客眼中也是绝佳利器之一。黑客可以构造特定的搜索关键词，在互联网上寻找相关隐私信息并侵入网站。这种利用 Google 搜索相关信息并进行入侵的过程被称为 Google Hacking。

例如，输入：

```
intext:"index of" "backup/*.sql
```

出现图 6-5 所示的一系列站点。

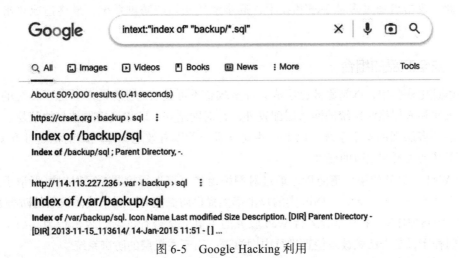

图 6-5　Google Hacking 利用

这里包含了很多信息，其中包括从备份的 SQL 文件中找到的 Admin 账户 Hash 值等。

收集到足够多的信息后，攻击者会进入漏洞利用阶段。他们可能会利用 SQL 注入漏洞、跨站脚本攻击等，获取进入网站的途径。此外，黑客还可以通过在线工具进行 IP 地址反查域名，以便获取网站的旁站信息。例如，www.hack-test.com 有多个注册域名都可以解析到 173.236.164.23 这个 IP 地址，并且运行在该服务器上的其他网站被称为旁站，使用下面的工具链接可以查看旁站信息：

```
https://hackertarget.com/reverse-ip-lookup/
```

这样可以很快找出还有 www.hackerdecals.com 等更多域名绑定在这个 IP 地址上。即使目标站点本身没有漏洞，但在同一服务器上运行的其他网站可能存在漏洞，黑客可以攻陷这些旁站来获得对系统的控制权，以此达到攻陷目标站点的目的。报道称，2012 年元旦，某网友发现著名新闻网站存在 SQL 注入漏洞，利用该漏洞可读取该网站某频道数据库的内容（包括明文密码在内的 7000 多万用户信息）。由于该网站两个频道共享同一用户信息数据库，因此另一个频道也面临这被侵犯、威胁的问题。

在攻击网站入口阶段取得成功后，攻击者会寻找其他漏洞或弱点。他们可以使用特定的工具或脚本，利用系统漏洞或未授权的访问权限来获取网站的敏感数据或其他资源。他们也可以利用一些公开的漏洞和数据库来寻找可供攻击的漏洞。此外，他们还可以利用自动化工具进行更广泛的漏洞扫描和攻击。另外，他们可以定制开发漏洞的利用程序进行攻击。

在权限提升阶段，攻击者可以尝试通过一些技术手段（如提权脚本、社会工程学攻击等），获取更高的系统访问权限，以便访问更多的系统资源。他们还可以使用网页木马、系统木马等方式，创建后门账户。

在清理访问痕迹阶段，攻击者可以清理访问痕迹，包括删除系统日志、临时文件和隐藏后门。常见的后门隐藏功能包括隐藏安装包、隐藏进程、隐藏账户和隐藏端口等。

至此，攻击者通过多种手段和技术，逐步渗透网站的防御系统，最终达成攻击和控制目的。

6.1.4 安全产品的组合

在信息化社会中，网站服务已经成为许多政企不可或缺的业务之一。除了传统的网络层面的防火墙和入侵检测系统的网络层配置外，针对网站安全防御还需要依赖协议层、主机层和应用层等多层面的安全系统。以下这些安全系统可以有效地保障网站的稳定性和安全性，确保其不受到攻击和威胁的侵害。

1）WAF：对外的第一道防御，通过对网络流量直接进行检测，可以对可疑请求进行封禁，对常见的如 SQL、XSS、DoS 类的攻击都能提供防御能力，属于偏协议层的防御系统。

2）HIDS/HIPS：主要监听运行 Web 服务的主机上是否有可疑的攻击行为，如主机上是否有后门程序，是否已经被入侵且进行内网渗透，属于主机层的防御系统。

3）RASP：一种运行在 Web 容器中的防御系统，基于动态插桩技术实现防御。简单来说，它和 Web 服务一起运行，当 Web 服务中出现漏洞且被利用时，这一层防御会抓到 Web 应用层的恶意调用函数行为，属于应用层的防御系统。

4）DBF：主要用于对数据库调用情况的审计。它基于插件形式，代理普通 JDBC 连接等，从而达到监控、拦截和审计的目的，属于协议层的防御系统。

这些安全系统相辅相成，共同承担了流量分析和渗透追踪等多重职责。若要实现更高层次的用户行为分析，需将这些系统产生的日志数据进行集中收集，并借助 SIEM、SoC 等工具进行关联和追溯分析。

6.1.5 WAAP

Web 应用和 API 保护（Web Application and API Protection，WAAP）是一种旨在保护网站和 API 安全的综合性解决方案。WAAP 核心功能不仅包括 Web 应用防火墙，还包括 API 保护、Bot 防护和 DDoS 攻击防护，进一步拓展了云上应用安全防护的范围和深度。

WAAP 主要功能包括攻击识别和预防、访问监控和管理、安全事件检测和响应等多个方面。该方案采用统一视角、海量数据多维展示、联合分析的方式，挖掘关键攻击场景，为用户提供全方位视角、细粒度的安全分析反馈报告。这种方法可以全面监控和管理对系统的访问，实时检测和响应安全事件，为用户提供安全保障和维护服务。

国内众多知名互联网公司，包括阿里、腾讯、百度、金山、UCLOUD 等，均在自主研发的云平台上，通过云安全技术，实现了对网站的全方位保护。其中，阿里采用了多种安全防御产品，同时还配备了态势感知方案，以提供更全面的安全保障；腾讯采用了主机防护产品以及大禹网络安全产品集，以加强对客户数据的保护；金山建立了海陆空防御体系，全面保障用户数据的安全。这些互联网公司的云安全实践，为用户提供了更为可靠的网站安全保障，也促进了云计算安全技术的发展。国际上 Imperva 提供了一系列 Web 安全产品和服务，是这一领域的佼佼者。

本章重点覆盖其他章节没有覆盖的 Web 安全技术，比如云抗 D、WAF、RASP、数据库安全等。

6.2　Web 安全

网站在对外暴露后，通常会面临不同类型的攻击。这些攻击可以是有针对性的群狼攻击，即攻击者有意针对特定目标进行攻击，并利用目标的弱点获取敏感信息或控制网站；也可以是独狼式的随机攻击，即攻击者使用自动化工具扫描互联网上的所有网站，并对网站进行无差别攻击。无论是哪种情况，网站都需要采取有效的安全措施来保护自身不受攻击。

网站面临的最简单粗暴的威胁是 DDoS 攻击。这种攻击会让服务器超载，导致正常用户无法访问。攻击者更高级的攻击方式是利用网站的漏洞，例如注入攻击，包括 SQL 注入、LDAP 注入、XML 注入等，他们会在输入数据中注入恶意代码，从而执行攻击代码。不安全的身份认证和授权也是一种威胁，攻击者可以通过密码猜测、会话固定、会话劫持等手段，盗取用户身份信息或劫持用户会话，从而获取系统权限。

6.2.1　OWASP 简介

前面提到 OWASP 是一个开源的、非盈利的全球性安全组织，致力于应用软件的安全研究，旨在使应用软件更加安全，为政企提供更清晰的应用安全风险判断和决策。OWASP 自成立以来，已在全球范围内建立了 250 个分部，会员数量接近 7 万。这些会员积极推动安全标准、安全测试工具以及安全指导手册等安全技术和措施的发展，共同致力于保障全球网络安全。

OWASP 的前 10 攻击如图 6-6 所示。

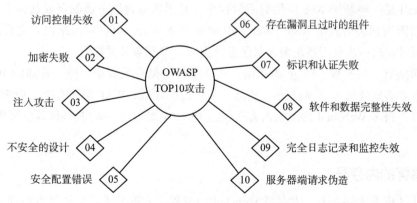

图 6-6　OWASP 的 TOP10 攻击

6.2.2 SQL注入

SQL 注入漏洞在 1998 年公布以来，一直是网站的头号漏洞。它的产生是没有对用户输入数据的合法性进行判断，使攻击者可以绕过程序限制，从而执行一段 SQL 语句。网站地址示例：

```
https://insecure-website.com/products?pid=105
```

正常的 URL 请求导致的 SQL 过滤为：

```
SELECT * FROM products WHERE pid = 105
```

通过 URL 注入则变成：

```
https://insecure-website.com/products?pid=105'+OR+1=1
```

若通过图 6-7 所示搜索框来尝试 SQL 注入：

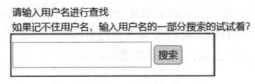

图 6-7　输入用户名

一旦网站被 SQL 注入后，请求的 SQL 变成：

```
SELECT * FROM products WHERE pid = 105 OR 1=1;
```

目前，多数 WAF 对上面这种简单粗暴的请求都具备防范能力。另外，由于开发框架的进步，SQL 注入的危害在降低。

6.2.3 Webshell 上传方式

Webshell 是一种基于 Web 应用的后门程序，是黑客通过服务器漏洞或其他方式提权后，为了维持权限所部署的权限木马。Webshell 的危害非常大，可以对网站内容进行随意修改、删除，甚至可以进一步利用系统漏洞对服务器提权，拿到服务器权限。

很多网站有上传头像、Logo 等功能，文件上传防御难免百密一疏。普通的 Webshell 上传后，攻击者必然要通过与 Webshell 通信，开展后续渗透，WAF 必须有能力识别通信内容，并及时阻断。很多 Webshell 的通信内容是经过 Base64 编码的，WAF 必须具备解码后准确分析的能力。

6.2.4 猖獗的内存马

内存马是指无文件攻击、内存型 Webshell、进程注入等基于内存的脚本类攻击手段。注入内存马的前提是需要 Web 网站的代码执行权限，一般攻击者会使用反序列化漏洞或者已经上传的文件木马进一步注入内存马。

冰蝎（Behinder）是一种强大的网络攻击工具，也是常用的渗透测试工具之一。它的动态二进制加密网站管理客户端，是目前最流行的加密 Webshell 之一。由于其流量加密，传统的 WAF、IDS、IPS 等网络流量检测设备难以检测，这给威胁监控带来了巨大挑战。为了提升自身对抗能力，在护网攻防中，冰蝎推出了 3.0 版本。该版本去除了动态密钥协商机制，采用预共享密钥，全程无明文交互，使网络层对冰蝎的检测更加困难。

6.2.5　Burp Suite 工具

Burp Suite 是一种用于 Web 应用程序安全测试和攻击的集成平台。它包含许多模块（功能），并设计了许多接口，以加快攻击应用程序。所有的模块都共享一个能处理并显示 HTTP 消息、认证、代理、日志、警报等的可扩展框架。Burp Suite 具有如下模块。

1）Target（目标）：显示目标目录结构。

2）Proxy（代理）：拦截 HTTP/HTTPS 代理服务器，作为一个在浏览器和目标应用程序之间的中间件，允许拦截、查看、修改两个方向上的原始数据流。

3）Spider（蜘蛛）：应用智能感应的网络爬虫，能完整地枚举应用程序的内容和功能。

4）Scanner（扫描器）：高级工具，执行后能自动发现 Web 应用程序的安全漏洞。

5）Intruder（入侵）：一个定制的高度可配置的工具，可对 Web 应用程序进行自动化攻击，以及使用 Fuzzing 技术探测常规漏洞。

6）Repeater（中继器）：靠手动操作来触发单独的 HTTP 请求，并分析应用程序响应的模块。

7）Sequencer（会话）：用来分析那些不可预知的应用程序会话令牌和重要数据项的随机性模块。

8）Decoder（解码器）：用于手动执行编码或对应用程序数据智能解码 / 编码的模块。

9）Comparer（对比）：通过一些相关的请求和响应得到两项数据之间的可视化差异的模块。

10）Extender（扩展）：用于加载 Burp Suite 的扩展的模块。

11）Options（设置）：对 Burp Suite 进行设置的模块。

Cobalt Strike（简称 CS）是一款集团队作战渗透测试技术之精华的工具，包含客户端与服务器端两大组件。服务器端具备承载多个客户端的功能，一个客户端可同时连接多个服务器端。该工具包括端口转发、多模式端口监听、Windows EXE 程序生成、Windows 动态链接库生成、Java 程序生成、Office 宏代码生成功能，甚至包含通过站点克隆方式来获得浏览器相关信息等功能。利用 CS 实现的远程文件浏览如图 6-8 所示。

CS 是 Armitage（Metasploit 的图形版本）的增强版，是收费软件。在 2.0 版本，CS 仍需以 Metasploit 为支撑，但在 3.0 版本之后发展为独立平台。

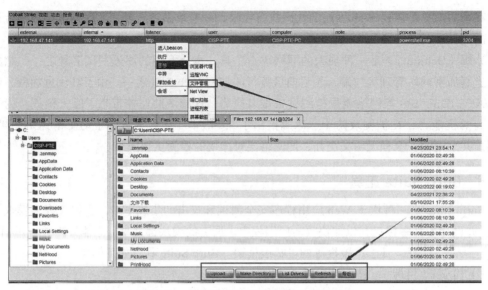

图 6-8　利用 CS 实现的远程文件浏览

6.3　云抗 D

抗 DDoS（Anti-DDoS，抗 D）是一种针对分布式拒绝服务攻击（DDoS）的安全技术，通常有硬件和服务两种形式。它采用多种技术手段如流量清洗、黑名单、白名单、负载均衡等来实现抗 D，以确保服务器能够继续响应正常用户的请求。

拒绝服务攻击的攻击策略侧重于通过很多僵尸主机（被攻击者入侵过或可间接利用的主机）向受害主机发送大量看似合法的网络包，造成网络阻塞或服务器资源耗尽而拒绝服务。CC（Challenge Collapsar）攻击能模拟多个正常用户不停地访问如论坛这些需要大量数据操作的页面，造成服务器资源的浪费，CPU 永远都有处理不完的请求，网络拥塞，正常访问被中止。

CC 攻击与 DDoS 攻击的差异如表 6-1 所示。

表 6-1　CC 攻击与 DDoS 攻击的差异

	来源	危害	协议	变种
CC 攻击	真实 IP	业务故障，或者业务可用，但用户隐私等被窃取	HTTP	较多
DDoS 攻击	伪造 IP	流量打满，业务彻底不可用	TCP、IPU DP	较少

从某种意义上讲，DDoS 和 CC 攻击是有所不同的，DDoS 攻击的是网站的服务器，而 CC 攻击的是网站页面。

6.3.1　云抗 D 设备的作用

云抗 D 主要是针对云环境，帮助政企保护其云基础架构和应用程序免受 DDoS 攻击的影响。线下抗 D 设备主要用于防护数据中心，对比较难防的 CC 攻击更有效。

云抗 D 可以检测 UDP、TCP、HTTP 和 HTTPS 攻击等，以确保政企的应用程序和服务不受攻击影响。云抗 D 利用大数据技术及威胁情报、智能防御系统来监测网络流量和用户行为，通过自动调整防护策略，及时发现并响应 DDoS 攻击。它的优势在于高可用性，具体的技术有：限宽，即对从某个或某些 IP 过来的流量数量进行限制，必要时进行熔断；限速，即对从某个或某些 IP 过来的流量频率进行限制，以避免过载。云抗 D 对 TCP-SYNFlood 这种把三次握手过程只完成前两步，从而使 TCP 连接资源耗尽的攻击更为有效。

6.3.2　云抗 D 设备的功能

云抗 D 的具体功能如下。

1）流量检测与清洗：云抗 D 系统可以通过特定的算法和规则对流量进行过滤和清洗，使用专业的流量清洗技术（如防火墙或黑洞路由器）来剔除无效的流量，减轻服务器压力。

2）黑 / 白名单：云抗 D 系统可以设置黑名单和白名单，对用户和 IP 进行控制和过滤，防止恶意攻击和非法访问，从而阻止攻击。

3）负载均衡：云抗 D 系统可以实现负载均衡，将流量分散到多台服务器，避免单一服务器过载。

综合来看，云抗 D 的功能主要是保障服务器和网络的正常运行，确保用户能够正常访问网站和网络服务。

6.3.3　云抗 D 设备的部署位置

云抗 D 设备一般部署在网络的入口位置，但不在政企的私有云或用户自己的 IDC 网络环境内，如图 6-9 所示。

线下抗 D 设备虽然只能应对较小规模的攻击，但基本够用。若服务全部部署在公有云上，云抗 D 更胜一筹。但对于那些既想保留自己的数据中心，又希望享受云服务优势的混合云，推荐使用运营商提供的混合云抗 D 服务。这类服务利用运营商提供的骨干网络来实现，无需用户过多参与。

6.3.4　云抗 D 设备的联动

云抗 D 设备通常可以与以下安全产品联动。

- WAF：WAF 可以保护 Web 应用程序免受常见的攻击，如 SQL 注入、跨站点脚本攻击和文件包含攻击等，与云抗 D 设备联动可以提高 Web 应用程序的安全性和可靠性。
- CDN 系统：在遇到 DDoS 攻击时，CDN 系统能根据用户的地理位置、网络条件和请求种类等多重因素，智能地将流量分散到多个节点，以均衡分担攻击带来的压力。
- SIEM 系统：SIEM 系统可以帮助组织分析和管理安全事件，提高对网络和系统的监控和检测能力，与云抗 D 设备联动可以提高组织对安全事件的响应能力和追踪能力。

需要注意的是，联动的具体实现取决于厂商和产品的支持和集成能力。

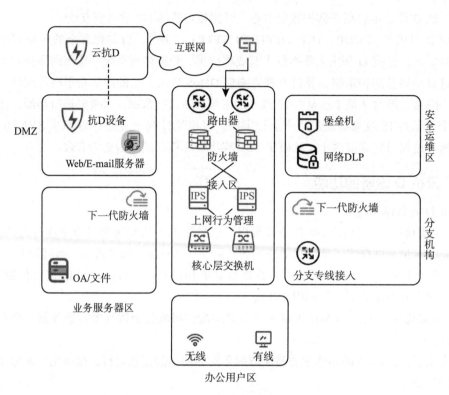

图 6-9 云抗 D 设备的部署位置

6.3.5 云抗 D 设备自身安全

云抗 D 设备的安全风险如下。

1）配置错误：如果配置不当，云抗 D 产品可能无法有效地防范 DDoS 攻击，并可能导致网络故障。

2）漏洞：云抗 D 设备可能存在漏洞，攻击者可以利用漏洞攻击网站。

3）信任假设：云抗 D 设备通常基于信任假设，即认为已知的流量是正常的，但有可能是伪装的，需要严格管理和监测网络流量。

4）干扰：云抗 D 设备可能误识别正常流量为攻击流量，导致网络中断。

因此，使用云抗 D 设备需谨慎，并应对网络进行定期监测和评估，以确保其安全性。例如抗 D 本意是隐藏源站 IP，黑客无法通过其他攻击手段直接针对源站业务进行攻击，但是，如果只保护了个别网站的部分 IP，或是 DNS 历史没有清理干净，攻击者会绕过云抗 D 设备或云 WAF，直击"安全之盾"背后真实源 IP。

6.3.6 云抗 D 产品

在开源产品上，Gatekeeper 是第一个开源的 DDoS 防护系统，它提供了一个中心化的控制器，对入站流量执行的所有决策集中化管理。

在商业产品上，国内线下抗 D 产品是利用过滤、限速、准入控制、溯源等多种手段发现并限制攻击造成的危害。绿盟和深信服等大的安全厂商都有提供线下抗 D 产品。

阿里云盾是基于自身公有云的网络带宽资源，结合自身对 DDoS 攻击的防护经验研发出来的云清洗服务。DDoS 高防和 WAF 同时部署时采用以下网络架构：DDoS 高防（入口层，防御 DDoS 攻击）→ WAF（中间层，防御 Web 应用攻击）→源站服务器（ECS、SLB、VPC、IDC 等）。网站业务流量会先经过 DDoS 高防清洗，然后转发到 WAF 过滤 Web 攻击，最后只有正常的业务流量被转发到源站服务器，保障网站的业务安全和数据安全，具体流程如图 6-10 所示。

图 6-10　阿里云网站防护

在国外，Imperva 和 Akamai 都是业内领先的网络安全解决方案提供商，能够在云端和本地为业务关键数据和应用程序提供保护服务。

6.4　WAF 安全

WAF 是一种有特殊能力的防火墙，主要用于保护 Web 应用程序、API 和抵御恶意机器人攻击。它通过执行一系列针对 HTTP/HTTPS 访问的安全策略，为 Web 应用程序提供专业保护。此外，许多应用程序通常通过 API 访问后端服务，这时 WAF 的 API 防护能力也非常重要。除了下文提到的各种 Web 漏洞防护，很多时候，爬虫会遍历网站的所有页面，因此 WAF 也需要具有针对性的 Bot 防护功能，具体配置如图 6-11 所示。

政企 Web 应用中常见的漏洞类型不胜枚举，其中包括 SQL 注入、跨站脚本攻击（XSS）、XML 外部实体注入（XXE）等。这些漏洞在业务应用中难以被一刀切除，即便开发团队水平再高也难免疏漏。因此，为了保障 Web 应用的安全性，政企不得不依赖 WAF。通过购买不同的硬件设备或服务套餐，政企可以获得多种漏洞防护能力，以提升 Web 应用的安全性，确保业务稳健运行。

6.4.1　WAF 的作用

WAF 的作用是监视网络流量，识别和阻止对 Web 应用程序的潜在攻击，以确保 Web 应用的可用性、完整性和保密性。WAF 可分为基于公有云技术的云 WAF 和传统的线下 WAF。

线下 WAF 主要是本地部署的传统盒子类 WAF，可以完全由组织自己管理和控制，并根据组织事先定义的安全策略识别和阻止潜在的攻击。与云 WAF 的威胁情报输入和超强计算能力加持相比，线下 WAF 具有更多优势，例如在管理、控制、可扩展性和数据隐私等方面，得失相随，但它也需要组织投入更多的时间和资源进行管理和维护。在政企网络环境中，部署线下 WAF 是一个非常积极、有效的防御措施，尤其在 0 Day 漏洞爆发时，可以快速响应，拦截针对此类漏洞的攻击请求。

当前配置

实例id：waf-cn-09▇▇▇a0g	API安全：关闭	域名扩展包：0	地域：中国内地
套餐选择：云WAF	版本：基础普惠版		

到期时间：2023年12月20日 00:00:00

版本	基础普惠版	高级版	企业版	旗舰版

套餐规格说明

适用场景：
　全面应对被浏览器及搜索引擎识别成危险网站；网站被挂马中毒出现垃圾内容、恶意弹窗；网站漏洞；应用被黑客攻击；数据泄露；账号被盗等web安全问题
　适用于有定制化企业级防护需求的场景
默认规格：
　业务并发请求峰值：10000 QPS
　业务带宽（源站服务器部署在阿里云/不在阿里云）：200Mbps/50Mbps

混合云扩展防护　　关闭　　开启

如果您有多云、本地IDC、云内VPC、专有云业务需要WAF防护，请开启混合云扩展防护功能

混合云防护节点扩展包　　— 2 +

混合云防护支持本地IDC、云内VPC、多云、以及专有云等多种环境的混合部署，具有统一管理、协同防护能力；

单一集群至少部署2个防护节点，单一防护节点最大支持防护web业务HTTP 5000 QPS或HTTPS 3000 QPS，叠加节点实现防护自动扩容。

API安全　　关闭　　开启

一键开启，全量API业务资产的访问可视化，预警敏感数据泄露、内部接口公开暴露等各类中高危风险，保障核心资产安全。

Bot管理　　关闭　　开启

提供针对自动化攻击/Bot流量的智能防护方案，缓解机器流量对业务造成的安全威胁。支持人机识别，防黄牛、防恶意注册场景

APP防护　　关闭　　开启

专门针对原生APP端，提供可信通信，防机器脚本本薅刷等安全防护，可以有效识别代理、模拟器、非法签名的请求。

图 6-11　WAF 配置（来自厂商截图）

政企搬站上云时，除了部署云 WAF，有时还会在内部再部署一个线下 WAF，再加上一些代码层面的防御手段和措施（针对 SQL Injection Attack 以及 XSS Attack 的防御手段等），以防一些"漏网之鱼"。这种混合云 WAF 相对更安全。

6.4.2 WAF 的功能

云 WAF 和线下 WAF 的主要共同点在于都是防护 Web 网站的安全，具体的功能如下。

1）威胁检测和预防：WAF 可以实时监测 Web 应用的流量，及时识别恶意流量并进行拦截和阻止，使用丰富的规则引擎来识别攻击（例如 SQL 注入、跨站脚本攻击（XSS）、跨站请求伪造（CSRF）等），以保护 Web 应用。

2）漏洞扫描和修补：WAF 可以自动扫描 Web 应用中的漏洞并进行修补，提高 Web 应用的安全性。

3）访问控制和鉴别：WAF 可以基于访问控制和鉴别策略，限制不同用户的访问权限和访问频率。

4）应用程序层负载均衡：WAF 可以实现应用层的负载均衡，提高 Web 应用的性能和可用性。

更多的 WAF 功能包括支持 HTTPS 和 SSL 访问防护、水印、细粒度日志分析等，共同维护网站的安全。

6.4.3 WAF 的部署位置

WAF 部署位置一般在网络防火墙的后面，网站 Web 服务器的前面，无论是公有云 WAF 还是线下 WAF。

线下 WAF 相对简单，一般采用透明桥接模式，部署在防火墙和负载均衡器之间。如果使用了政企自己的 DNS，需要修改 CNAME，将域名指向 WAF 提供的域名。卸载 SSL 的时候，需要将 SSL 证书导入 WAF，这样才能解析 HTTPS 流量包。

公有云 WAF 的部署位置在云端，所有访问网站应用的流量会先被引到云 WAF，经过防护后再转到真正的网站上。云 WAF 背后通常都是一个集群节点，因为要提供多租户的能力给众多的用户使用，一般都有很好的计算能力和带宽。由于 WAF 和网站应用是捆绑安装的，因此政企网站内部会出现多个 WAF 的场景，针对 WAF 的统一管理具有一定挑战。政企如果搭建了自己的私有云，对于软件定义的给予某个云平台的原生云 WAF 也是有迫切需求的。

但在一些特殊业务场景，流量无法通过 CNAME 接入公有云 WAF，这时图 6-12 所示的混合云 / 多云 WAF 就派上用场了。它为用户提供云上、云下统一 Web 安全防护方案。

例如在阿里云、其他公有云（如华为云）、VPC 内网都有业务，我们就可以使用公有云 WAF 和线下 WAF 联动的方式来交付安全防护方案。这就必须在规划为集群节点的本地服务器上安装 WAF 客户端 vagent，并与阿里云 WAF 服务器端通信，实时同步云上配置信息（包括转发配置、防护规则和威胁情报），确保混合云 WAF 防护的实时性。

同时要注意，将云 WAF 的流量转发到本地部署的线下 WAF，那么原始请求的源 IP 会被更改成云 WAF 分配的一组特定的 IP，而非真实的客户端浏览器 IP。通常，云 WAF 会将真实的 IP 记录在 X-Forward-For 字段中，我们可以通过修改目标网站服务器的 Nginx 配置来获取真实的 IP。

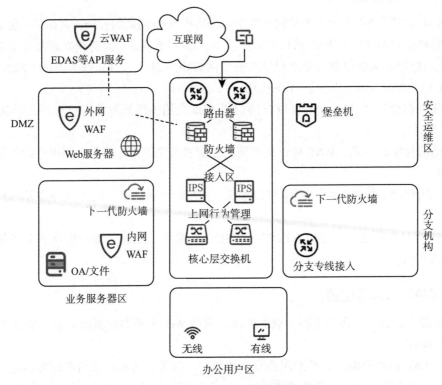

图 6-12　WAF 防护部署

6.4.4　WAF 的联动

WAF 提供的服务比较丰富，可以和以下安全产品联动。

- DDoS 防护系统：WAF 一般在 DDoS 防护系统的下游，二者协同工作，以提高网络层和应用层攻击的防御能力。
- 负载均衡器：WAF 一般在负载均衡器的上游，确保传入的流量经过检查和过滤后再转发给后端服务器。
- API 网关：WAF 可以与 API 网关结合使用，保护 API 网关接口免受攻击，并在 API 网关中实现访问控制和授权策略。
- CDN：WAF 可以与 CDN 结合使用，保护 CDN 服务和源站。
- DNS：WAF 可以与 DNS 结合使用，提供基于域名的流量管理和安全防护。
- SIEM 系统：SIEM 系统可以收集和分析来自不同安全设备的事件数据，其中包括 WAF。WAF 可以与 SIEM 系统结合使用，将 WAF 检测到的安全事件信息传递给 SIEM 系统进行分析和响应。

综上所述，好的 WAF 还要和其他产品，包括防火墙、IDS/IPS、威胁情报平台、SOC 等的联动。针对网站的纵深防御，WAF 还可以和 RASP、数据库防火墙、HIDS 等联动。这些联动可以增强 Web 应用程序的安全性和可用性，但需要注意的是，在联动过程中需要确保不会出现冲突或漏洞。

6.4.5　WAF 自身安全

WAF 不仅需要保护目标网站的安全，还需要确保自身的安全。在判断暴力破解行为时，ASM 会检查会话有效性。然而，这里存在一个 Bug，即当使用 Burp Suite 爆密码时，ASM 无法拦截攻击，因此，ASM 设备登录入口必须具备连续登录失败 X 次后拦截登录请求的功能，以防被爆破；同时，应该检查 WAF 产品供应链安全，并注意第三方库（如 jQuery 等）是否包含已知的 CVE 缺陷，一旦发现，则需要逐一验证是否存在相应的漏洞。

攻击者总是能想出各种奇怪的办法来绕过 WAF，例如云 WAF 一般通过域名指向云 WAF 地址后反向实现代理，因此找到这些公司的服务器的真实 IP 即可实现 WAF 绕过。

WAF 通常用于保护政企的应用程序，但由于不同应用程序之间的安全策略不同，因此没有哪个 WAF 可以完全拦截所有测试脚本。换句话说，如果发现有测试脚本能够绕过 WAF 的防护，则需要手动配置 WAF 策略来解决问题。这是一项复杂而需要仔细处理的工作。例如，在手机号码项目中，必须提交以 13、15、17、18 开头的 11 位纯数字，这只需使用一行正则表达式即可完成任务，但需要编程才能快速完成。

绕过 WAF 的主要方式是对流量进行加密和混淆。例如将数据通过 Base64 加密甚至只需简单切换字母大小写就可以绕过 WAF 防御。为了应对这种攻击，Nginx 配套的 ngx_lua_waf 提供了规则定义功能，可以灵活指定需要被过滤掉的内容，示例如下。

```
# 防止 SQL 注入
    if ($request_uri ~* "(cost\()|(concat\()") { return 504; }
    if ($request_uri ~* "[+|(%20)]union[+|(%20)]") { return 504; }
    if ($request_uri ~* "[+|(%20)]and[+|(%20)]") { return 504; }
    if ($request_uri ~* "[+|(%20)]select[+|(%20)]") { return 504; }
    if ($request_uri ~* "[+|(%20)]or[+|(%20)]") { return 504; }
    if ($request_uri ~* "[+|(%20)]delete[+|(%20)]") { return 504; }
    if ($request_uri ~* "[+|(%20)]update[+|(%20)]") { return 504; }
    if ($request_uri ~* "[+|(%20)]insert[+|(%20)]") { return 504; }
    if ($query_string ~ "(<|%3C).*script.*(>|%3E)") { return 505; }
    if ($query_string ~ "GLOBALS(=|\[|\%[0-9A-Z]{0,2})") { return 505; }
    if ($query_string ~ "_REQUEST(=|\[|\%[0-9A-Z]{0,2})") { return 505; }
    if ($query_string ~ "proc/self/environ") { return 505; }
    if ($query_string ~ "mosConfig_[a-zA-Z_]{1,21}(=|\%3D)") { return
505; }
    if ($query_string ~ "base64_(en|de)code\(.*\)") { return 505; }
```

```
    if ($query_string ~ "[a-zA-Z0-9_]=http://") { return 506; }
    if ($query_string ~ "[a-zA-Z0-9_]=(\.\.//?)+") { return 506; }
    if ($query_string ~ "[a-zA-Z0-9_]=/([a-z0-9_.]//?)+") { return 506; }
    if ($query_string ~ "b(ultram|unicauca|valium|viagra|vicodin|x
anax|ypxaieo)b") { return 507; }
    if ($query_string ~ "b(erections|hoodia|huronriveracres|impote
nce|levitra|libido)b") {return 507; }
    if ($query_string ~ "b(ambien|bluespill|cialis|cocaine|ejacula
tion|erectile)b") { return 507; }
    if ($query_string ~ "b(lipitor|phentermin|pro[sz]ac|sandyauer|
tramadol|troyhamby)b") { return 507; }
```

通过 ngx.req.get_uri_args、ngx.req.get_post_args 获取 URI 参数，但只能获取前 100 个参数，当提交第 101 个参数时，URI 参数溢出，无法正确获取第 100 个参数以后的参数值，也就无法进行有效安全检测，从而绕过 WAF 安全防御。

```
1&id=1&id=1&id=1&id=1&id=1&id=1&id=1&id=1&id=1&id=1&id=1&id=
1&id=1&id=1&id=1&id=1&id=1&id=1&id=1&id=1&id=1&id=1&id=1&id=
1&id=1&id=1&id=1&id=1&id=1&id=1&id=1&id=1&id=1&id=1&id=1&id=
1&id=1&id=1&id=1&id=1&id=1&id=1&id=1&id=1&id=1&id=1&id=1&id=
1&id=1&id=1&id=1&id=1&id=1&id=1&id=1&id=1&id=1&id=1&id=1&id=
1&id=1&id=1&id=1&id=1&id=1&id=1&id=1&id=1&id=1&id=1&id=1&id=
1&id=1&id=1&id=1&id=1&id=1&id=1&id=1&id=1&id=1&id=1&id=1&id=
1&id=1&id=1&id=1&id=-1' union select 1,2,3 --+
```

在 MySQL 中，从 0x01 至 0x0F 的字符都可以代表空格。通过注释加换行也可以绕过一些 WAF 防御过滤，比如，1%23%0AAND%23%0A1=1（%23 经过 URL 解码后是 # 字符，# 字符是 MySQL 中的注释符，%0A 经过 URL 解码后是换行符）；还有利用 "." 和 ":" 特殊符号进行 WAF 防御绕过的，如 union select xx from.table、union select:top 1 from、and:xx；另外，利用 exec 编码也可以绕过关键字，如 AND 1=0;DECLARE@S VARCHAR（4000）SET@S=CAST（0x44524f50205441424c4520544d505f44423b AS VARCHAR（4000））;EXEC（@S）;-。

从上面可以看出，WAF 不是全能的，利用 Burp Suite 插件可以简化数据包修改操作，过长的 URL 参数、加密字段、编码字段，这些都有可能绕过 WAF 的规则防御。对 WAF 进行定期维护和更新，以及对其配置和过滤规则进行适当的调整和测试，可以降低 WAF 本身的安全风险。

6.4.6　WAF 产品

因为市场巨大，WAF 产品和服务众多，包括开源的、商业化的，主要产品和服务有线下

WAF、云 WAF 等。

相比开源 WAF，商业 WAF 最大的优势在于拥有多项专利技术，如自学习功能，可以根据 Web 应用的访问行为和流量，自动学习用户正常访问行为特征，据此建立防御策略。实践中，WAF 自学习功能最大的困扰是误报，因此，需要有灵活的手工打标处置能力。

6.4.6.1　线下 WAF 产品

开源的 WAF 有很多，ModSecurity 3.0 是一个跨平台的 WAF，也被称为 ModSec 及 WAF 界的瑞士军刀。它支持的网站类型多样，可作为有一定动手能力且预算不多的网络安全职能部门的起步选择。ModSecurity 提供了一个免费的 Core Rule Set 和一个收费的 Trustwave SpiderLabs Commercial Rule Set。ModSecurity 同时提供了多种连接器，可以支持主流的 Web 服务器，例如 Nginx 连接器、IIS 连接器、Apache 连接器等。但是可惜的是，ModSecurity 并没有图形界面，如果你需要的话，可以考虑使用 WAF-FLE，界面如图 6-13 所示。

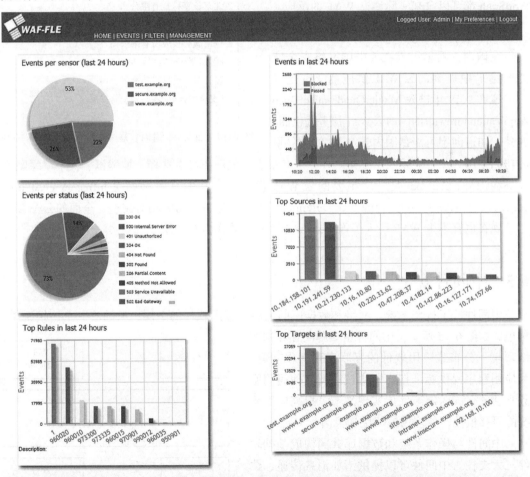

图 6-13　WAF-FLE 界面

WAF-FLE 下载地址是 http://waf-fle.org/about/。它支持在控制台中存储、搜索和查看事件。

开源社区 OpenResty 集成了大量的 Lua 库、第三方模块以及大多数依赖项，用于方便地搭建能够处理超高并发、扩展性极高的动态 WAF 和过滤网关。

在商业产品上，国内 2021 首届 WAF 攻防大师赛，排名前 5 的 WAF 如图 6-14 所示。

国外比较有名的 WAF 厂商有 Imperva。Imperva 的 WAF 产品有 Cloud WAF，Imperva 在北京、上海、广州都有分支机构。

线下商业化 WAF 一般具备根据数据包特征来识别和阻止扫描器的功能。常见的扫描器如 WVS、SQLmap、Netsparker、Havij、AppScan 都可以拿来实际测试 WAF 的反应。

6.4.6.2 云 WAF 产品

在国内，阿里云是在《中国网络安全能力图谱》中提到的云 WAF 供应商，也是唯一一家在 2019 年进入 Magic Quadrant for Web Application Firewall 的国内云 WAF 服务提供商。此外，知道创宇可能是国内云 WAF 领域最早的初创公司。除了上述两家公司之外，还有很多其他厂商可供选择，如腾讯、长亭、绿盟等。

总分 TOP5
（按拼音首字母排序，顺序不代表比赛结果排名）
* 阿里云计算有限公司 　阿里云Web应用防火墙
* 百度在线网络技术（北京）有限公司 　百度WEB应用防火墙
* 北京长亭科技有限公司 　长亭雷池（SafeLine）下一代Web应用防火墙
* 深信服科技股份有限公司 　深信服Web应用防护系统
* 厦门服云信息科技有限公司 　安全狗云御–网站安全防护系统

图 6-14　2021 年国内首届 WAF 攻防大师赛 TOP5

在国外，Akamai 是一个主要的云 WAF 供应商，它的官方网站是 https://www.akamai.com，代表 WAF 产品有 Kona Site Defender。该产品是一个功能相对完整、全面的云 WAF。

现在也有不少 WAF 引入了像 Repsheet 这样反欺诈信誉引擎。

6.5　中间件安全

中间件位于操作系统、网络和数据库的上层，应用软件的下层，扮演着一个连接桥梁的角色，如图 6-15 所示。中间件主要解决在异构网络环境下分布式应用软件的互联和互操作问题，为应用程序提供标准接口、协议以及其他通用服务和功能，同时屏蔽底层实现细节，提高应用系统的可移植性，使应用框架更加灵活。

中间件与操作系统和数据库共同构成基础软件三大支柱。中间件可以提供诸如消息传递、数据传输、数据库访问、安全认证、负载均衡等功能，为应用程序提供支持。

图 6-15　中间件

中间件安全是指保护中间件软件本身不受攻击，以及保护应用程序和数据不受中间件安全漏洞的影响。

6.5.1　中间件基线检查

中间件的种类繁多，包括数据库、Web 服务器、消息队列、应用服务器等。而在这些中间件中，最常用的是 Web 中间件，它们都有一些共同的基本安全检查实践，如表 6-2 所示。在制定安全基线的时候，切忌制定一个大而全的安全基线，因为这样很难实际落地。制定中间件基线的目的在于确保系统中使用的中间件都是必要的，并且被适当地配置，这样可以尽可能地减少系统中的漏洞和安全风险，并且保证系统的稳定性和可靠性。

表 6-2　中间件基线检查

类别	检查项	推荐的安装实践
安全补丁	是否安装最新的	设置补丁服务器，定时更新
安全配置	使用安全配置模板	正确配置包括安全设置、访问控制、网络接口等，避免漏洞和错误配置导致系统存在安全漏洞
认证授权	密码长度、复杂度、过期时间等，启动账号等	包括使用安全的认证协议、强密码策略、多因素认证等，禁止用 root 权限启动、创建并使用应用程序账号
安全审计	日志管理	启用安全审计功能，例如对于 Linux，启用 Syslog 及 Audit 等；对于 Windows，启用安全设置 / 本地策略等

在混合云盛行的今天，很多流行的中间件都已经 PaaS 化。在服务器初始化的时候，基线配置往往可以一步到位，即使没有 PaaS 化，数据中心也都有自己的已经符合上述基线要求的安全镜像，以减少后续工作量。

6.5.2　Nginx 安全

Nginx 是一个被广泛使用的开源 Web 服务器软件，虽然它本身比较安全，但也存在一些安全风险，需要进行安全加固，比如禁用不必要的模块和功能，限制访问权限，使用 HTTPS 协议等。

在部署 Nginx 时，我们需要考虑访问控制，例如设置口令以保护服务器免受未经授权的访问。当 Nginx 配置为需要用户认证时，只有输入正确的用户名和密码才能访问网站或资源，这样可以有效防止未经授权的人员访问你的服务器和数据，从而保护网站和业务不受攻击和破坏。此外，还可以设置只允许特定 IP 地址范围的用户访问。

Nginx 的日志包含很多信息，日志文件默认存储路径为 /var/log/nginx，主要包括访问日志和错误日志两种。这两种日志都可以在 Nginx 的配置文件（/etc/nginx/nginx.conf）中进行开关设置（默认是开启的）。

实现 Nginx 代理一个网站的操作并不复杂，具体在 nginx.conf 中进行如下配置：

```
server {
  listen 80;
  server_name example.com;
  location / {
    proxy_pass http://localhost:3000;
    proxy_set_header Host $host;
    proxy_set_header X-Real-IP $remote_addr;
  }
}
```

在这个例子中，我们使用代理将所有来自 example.com 的请求都转发到本地端口 3000 上。这个端口应该替换为你的应用程序的实际端口。Nginx 会将请求中客户端的主机名和 IP 地址添加到代理请求头中，以便你的应用程序可以使用这些信息。

重新加载 Nginx，命令如下：

```
sudo service nginx reload
```

在浏览器中输入 example.com，可返回被代理的应用程序的响应头信息。

6.5.3　Tomcat 安全

Tomcat 是一个被广泛使用的开源 Web 服务器和 Servlet 容器，虽然它本身比较安全，但也存在一些安全风险。Tomcat 在默认安装情况下管理后台默认密码很简单，且可以正常访问。为了防止未授权用户访问，应该禁止用默认的管理员账户、禁用不必要的功能和服务、移除示例 Web 应用程序等。

安装 Tomcat 后，正常情况下将 Web 应用程序 WAR 文件复制到 Tomcat 的 webapps 目录下。Tomcat 会自动将 WAR 文件解压并部署 Web 应用程序。但是，它有一个控制文件可以决定谁可以访问后台，具体可找到 /etc/tomcat/tomcat-users.xml 进行查看，示例如下：

```
<role rolename="manager-gui"/>
  <user username="tomcat"password=" 密码 " roles="manager-gui"/>
```

上面的用户由于使用了默认密码，容易被以猜测或暴力破解的方式拿到密码，后台可能被上传有木马的 WAR 包等恶意文件。如果不进行正确的配置，政企将存在安全风险。

在可用性上，Tomcat 风险也是存在的。在 MySQL 5 之后，如果一个连接长时间没有活动，MySQL 数据库会自动断开连接，这会导致出现异常：

```
MySQLNonTransientConnectionException: No operations allowed after
connection closed
```

为了避免这种情况发生，我们可以通过设置 validation Query 选项来让连接池主动检查连接的可用性，这样可以保证连接池中的连接总是处于活动状态，从而避免连接断开异常。

6.5.4 WebLogic 安全

WebLogic 是一款流行的 Java 应用服务器，但它也存在一些安全风险。WebLogic 可能会受到命令执行漏洞的攻击，这可能导致攻击者在服务器上执行恶意代码。例如 CVE-2019-2725 漏洞允许攻击者在 WebLogic 服务器上执行任意代码，包括在不需要进行身份验证的情况下通过 T3 协议远程执行代码。

对应的措施是使用输入验证和过滤等技术。

6.5.5 微软 IIS 安全

微软的互联网信息服务（Internet Information Services，IIS）一般在 Windows 服务器上都可以安装，但配置不当容易产生 WebDAV 漏洞，比如开启了 put 请求类型，就会导致出现文件上传漏洞。

为了对抗一系列土豆提权攻击，我们可以禁止 SMB 服务。即使禁用了它，Windows 2012 服务器仍然可以用作 IIS 服务器。

6.5.6 东方通 Web 中间件安全

东方通的 Web 中间件提供了多种安全认证和授权机制，以确保系统的安全性。这些机制包括基于用户名和密码的简单认证、基于 SSL/TLS 协议的安全传输，以及基于 IP 地址和端口的访问控制等。通过这些机制，系统可以实现安全的访问和传输，保护敏感信息不被未授权的访问所获取。

6.5.7 中间件产品

在开源产品上，多数中间件自身的安全是由厂商自己保障的，例如漏洞补丁、访问控制等。第三方安全厂商针对中间件的解决方案通常包括漏洞扫描、入侵检测和防御、访问控制、加密通信等，以检测为主，进一步帮助保护中间件本身的安全。

在商业产品上，国内普元信息和宝兰德等公司都提供中间件产品。国外主流的中间件产品有 IBM 的 WAS 和 Oracle 的 Fusion 系列。其中，Fusion 系列的涵盖开发工具、整合方案、身份管理、协作，甚至商业智能各领域的软件产品，共有 13 种之多。最常见的是企业级 Java 应用服务器 Oracle WebLogic Server，它提供了一个完整的基础架构平台，支持 Web 应用程序、企业应用程序、Web 服务和消息传递等。另外，在安全上很常见的 Oracle Identity Management 和 Oracle Identity Federation 平台被用来实现跨企业和跨域身份管理的强认证（MFA）和单点登录（SSO）。

6.6 API 网关安全

数字化程度越高的政企，数据流转的中心越不在数据库或数据文件点上，而是在业务应用上。政企基层员工不是通过数据库读取数据的，而是通过 CRM 系统等业务应用读取数据的。随着移动 App 的快速发展，业务应用迅速从单纯的基于 PC 的 B/S 架构网站过渡到与手机 App 的 API 服务并存，甚至部分业务应用只有 API 服务了。

API 网关的主要功能是为多个 API（不论它们在后端如何实现或部署）提供一个统一入口点，如图 6-16 所示。API 滥用是指系统或程序开发框架提供的 API 被恶意使用，导致出现无法预知的安全问题。这种情况通常包括以下几种类型：不安全的数据库调用、不安全的随机数生成、不恰当的内存管理调用、不完善的字符串操作、危险的系统方法调用等。在进行检查时，渗透人员有时会对源代码进行分析，以便发现此类问题并加以解决。

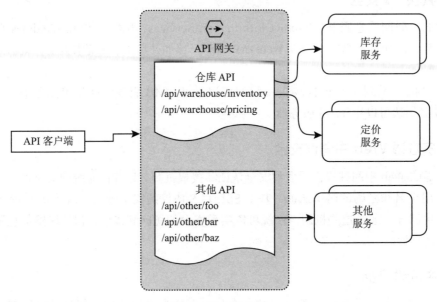

图 6-16　API 网关

通常，今天的业务应用基本是微服务化的，至少也是前后端分离的，对外一般是由几个独立的微服务集合在一起后，作为单个 API 服务发布。通常，API 可以通过以下方法保护。

1）认证：对 API 接口的调用都要经过认证系统许可，最好能关联到用户。

2）加密：敏感信息在网络传播时要加密。

3）访问控制：对敏感的 API 做细粒度的访问控制。

4）输入验证：对 URL 等参数做输入验证，防止 SQL 注入或 XSS 攻击等。

5）日志审计：对 API 调用及相应情况有所记录。

6）API 管理工具：利用成熟的 API 管理工具来保护 API 的对外发布。

上述这些方法实现门槛有高有低。通常，一个业务需要的各个微服务模块开发的时间有早有晚，团队安全能力有高有低，这时部署统一的 API 管理工具，特别是 API 网关，是最简单有效的方法。

此外，在做好 API 自身安全的基础上，注意上下游供应链的安全。

6.6.1 API 网关的作用

API 网关的主要作用是保护 API 安全，使其免受各种威胁，包括恶意攻击、数据泄露、身份验证和授权问题等。提供基于令牌、OAuth、OpenID Connect 等的认证授权机制，可以验证请求的用户身份，以确保只有授权的用户可以使用 API。

数据安全时代，业务的需求导致你会主动将数据交给你的合作伙伴或基本信任的人，但你信任的人未必完全可靠（可能被入侵），攻击者不需要侵入边界内部，利用缺陷就可直接获得大量数据。业务应用系统和大量的客户、合作伙伴和员工进行交互，通过 API 形成数据流动，比如酒店有很多分支，在某分支酒店软件系统上上传木马即可把该分支酒店的大量数据拿走。大的互联网公司如阿里自身有防护能力，但小公司很少有这种能力。我们订了票后有时会接到诈骗电话，这是非常大的一个风险点。可以看到，我们在应用数据攻防层面的巨大缺陷。

6.6.2 API 网关的功能

API 网关是一种安全解决方案，用于保护 API 不受恶意攻击或滥用。API 网关通常位于 API 和客户端之间，控制 API 的访问和保护 API 的安全。API 网关具有以下功能。

1）访问控制和身份验证：确保只有经过身份验证和授权的用户才能访问 API，并且只能访问被授权的资源。

2）数据加密和解密：在传输过程中对 API 请求和响应数据进行加密，以保护数据免受窃取和篡改。

3）防止 DoS 攻击：通过限制 API 的访问速率和流量来防止恶意的 DoS 攻击。

4）检测和防止恶意攻击：通过检测和拦截恶意攻击来保护 API 免受各种安全威胁，如 SQL 注入、XSS 攻击和跨站点请求伪造（CSRF）等。

5）监控和日志记录：记录所有 API 请求和响应数据，并提供有关 API 的性能、可用性和安全方面的有用信息。

其中，访问控制和身份验证的 API 鉴权是最容易实现的一种 API 保护。API 密钥是客户端和 API 网关的共享密钥，本质上是一个作为长期凭证发给 API 客户端的长而复杂的密码。在企业级应用开发过程中，团队每时每刻都需要管理各种各样的私密信息，从个人的登录密码到生产环境的 SSH Key，以及数据库登录信息、API 认证信息等。API 因为往往暴露在互联网上，所以认证鉴权就变得非常重要。

6.6.3 API 网关的部署位置

API 安全产品的部署通常取决于政企的实际情况和需求，包括暴露在云上的互联网业务，在 DMZ 伙伴提供的订单，在业务服务器区对员工提供的办公等。

常见的部署位置，如图 6-17 所示，包括：

- API 网关：部署在互联网的关键位置，能够对进出的 API 请求进行审查，实施安全策略，包括身份验证、授权和流量控制等。
- 云服务：将 API 安全产品部署在云服务上，可以利用云服务提供商的安全服务（如 AWS WAF 等）来保护 API。
- 应用程序服务器：将 API 安全产品（如 Apache Tomcat 等）部署在应用程序服务器上，可以在应用程序级别对 API 进行保护。

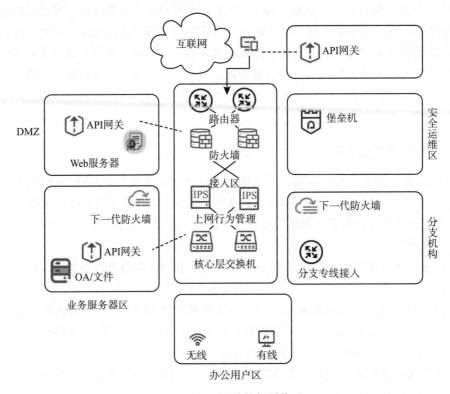

图 6-17　API 网关的部署位置

　　API 客户端更是无处不在，它可以和服务器端产生联动，例如移动应用程序中的 API 安全控件可以在客户端签名，然后在服务器端配对验证，从而实现双向保护。无论在客户端还是在服务器端部署 API 安全措施，都需要根据政企的业务实际情况和需求进行合理的规划和部署，以确保 API 的安全性和可靠性。

6.6.4　API 网关的联动

API 网关可以与以下安全产品进行联动。

- WAF：WAF 可用于检测和防止针对 API 的攻击，如 SQL 注入、XSS 攻击等。
- IDS/IPS：IDS/IPS 可以监测和防止未经授权的访问，以及拒绝服务攻击等。
- SIEM 系统：SIEM 系统可以帮助政企对 API 的日志进行集中管理、分析和报告，以便及时发现安全事件并采取相应措施。

- DLP 系统：DLP 系统可以帮助政企防止 API 中的敏感信息泄露，如客户数据、财务数据等。
- 隐私管理工具：隐私管理工具可以帮助政企遵守数据隐私法规，如 GDPR、CCPA 等，以确保 API 处理的数据符合相关隐私法规要求。

通过与这些安全产品联动，API 网关可以增强整个系统的安全性和可见性，提供更全面的 API 保护和威胁应对能力。

6.6.5 API 网关产品

在开源产品上，Kong 是一个在 Nginx 中运行的 Lua 应用程序，它与 OpenResty 一起发布。OpenResty 已经包含了 lua-nginx-module 模块，因此具备了针对 API 的强大控制功能。使用 Kong 后，各个接口可以专注于自身的业务实现，而通用的缓存、日志记录等功能以及与安全相关的认证、授权和限速等功能都由 Kong 来实现。图 6-18 展示了 Kong 的具体架构。

可通过命令行直接启动 Kong，默认服务端口为 8000，管理端口为 8001：

```
cd/usr/local/kong/
kong start -c kong.conf
```

登录后，可以看到 Kong 安全相关功能包括 ACL 控制、动态 SSL、Bot 检测等。Kong 部署了集群后，使用 Nginx 做负载均衡，为提高可用性，防止集群中某个服务中断，Nginx 对服务启用进行健康检查。

在商业产品上，国内的创业公司如全知科技的 API 风险监测系统是一款以数据为中心，针对 Web、App、小程序等应用系统的流量分析系统，帮助政企实现对 API 数据暴露面的治理和对数据攻击行为的持续发现。

阿里云的微服务网关服务 CSB 专为微服务架构下的 API 开放而设计，它具备与微服务环境中的治理策略无缝衔接的能力，以实现高效的微服务 API 开放。

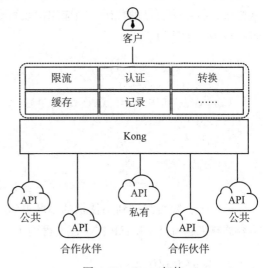

图 6-18　Kong 架构

6.7 RASP

RASP 主要是解决 0 Day 和 N-DAY 攻击，可在应用运行时检测攻击并进行自我保护。0 Day 攻击又称"零日漏洞"（Zero-Day），是已经被少数人发现（有可能未被公开），而官方

还没有相关补丁的漏洞。通俗地讲就是，除了漏洞发现者，没有更多其他人知道这个漏洞的

存在，并且可以被有效地利用，发起的攻击往往具有很大的突发性与破坏性，如图 6-19 所示。2021 年波及范围较广的 Log4j2 事件中，RASP 展示出过人的优势。

例如，0 Day 木马的最终目的还是要通过外连的方式把数据窃走，因此，RASP 会监控 Web 服务器上的任何外连举动，并进行报警和阻拦。

2021年漏洞利用TOP 10
Apache Log4j2远程代码执行漏洞（CVE-2021-44228）
Hadoop YARA RESET未授权命令执行漏洞
GitLab exiftool远程代码执行漏洞攻击（CVE-2021-22205）
Docker Remote API未授权访问漏洞
Redis未授权访问漏洞
Confluence远程代码执行漏洞（CVE-2021-26084）
Weblogic命令执行漏洞（CVE-2020-14882）
ThinkPHP 5.x远程命令执行漏洞
XXL-JOB未授权命令执行漏洞
Drupal远程代码执行漏洞（CVE-2018-7600）

图 6-19 2021 年漏洞利用 TOP10

6.7.1 RASP 的作用

RASP 的作用是帮助检测和防御在应用程序运行时可能发生的攻击，例如 SQL 注入、XSS 攻击等。同 WAF 不同，RASP 通过在应用程序运行时实时监测应用程序行为并进行评估，从而检测和防御攻击。它运行在应用程序内部，通过钩子（Hook）关键函数，实时监测应用在运行时与其他系统的交互过程。例如 Java Instrumentation 允许开发者访问 JVM 中加载的类，并且可以在运行时对它的字节码做修改，替换为自己的代码，当应用出现可疑行为时，RASP 会根据当前上下文环境识别并阻断攻击，示例如下。

```
{
  type: 'alert',
  body: ' 应用清单，并配置防护策略，统计安装实例等 ',
  level: 'info',
  showIcon: true,
  className: 'mb-1',
},
```

近年来，随着漏洞利用技术的不断升级，传统的 WAF 技术出现了一定的局限性，尤其是容器越来越流行，RASP 技术逐渐得到了广泛关注和应用。

6.7.2 RASP 的功能

RASP 在应用程序运行时监测和防御潜在的攻击，功能如下。

1）实时监测：在应用程序运行时实时监测请求和响应数据。

2）攻击检测：通过对请求数据的分析，检测潜在的攻击行为。

3）攻击防御：当检测到攻击时，立即采取措施以防攻击继续扩展。

4）日志记录：记录所有检测到的攻击行为，以便后续分析。

随着开发语言和框架的变化，Java 的 MyBatis、PHP 的 PDO 已经变得比较少见，但 Java 为主的反序列化（Tomcat JMX 反序列化、Weblogic 反序列化、Fastjson&Jackson 反序列化、Spring RMI 反序列化）漏洞依然流行，而且各种 Web 框架（如 Struts2、Spring）漏洞和第三方组件漏洞（如引起 QQ 邮箱远程代码执行错误的图片处理组件 ImageMagick 的漏洞）也不时出现。这时，高端的 RASP 就有了用武之地。对于任意文件读取、任意文件删除、恶意文件读写、恶意文件上传、SQL 注入、XXE、恶意外连、线程注入、目录遍历、内存马注入、数据库弱口令、JNI 注入、恶意 DNS 查询、恶意反射调用等，RASP 具有防护能力。漏洞，RASP 会提供相应的知识库功能，其中包括预先设定的漏洞知识库。为了提高效率，阿里云等 RASP 产品还允许用户自行选择需要启用的功能，这样做的目的是在确保系统安全性的同时，平衡性能和保护的需求。

漏洞知识库支持根据漏洞名称、漏洞类型、CVE编号、CNNVD编号进行快速查询搜索，同时支持对漏洞扫描报告结果详情进行关联查询，允许用户在系统使用过程中不断丰富和完善，后续我们会针对性地进行讲解。

6.7.3　RASP 的部署位置

通常，RASP 是由一组服务器和若干 Agent 组成的，服务器通常部署在安全运维区，分散的 Agent 通过加密的方式与服务器通信。在混合云架构下，可以把服务器部署在云端，而把 Agent 部署在线下的 Web 服务器，从而更有效地利用公有云的威胁情报等资源。图 6-20 所示是 RASP 的部署位置。

6.7.4　RASP 的联动

通常，RASP 需要和 WAF、DBF 等一样有纵深防御的能力，和 SIEM/SOC 一样有 AI 分析的能力，同时能无缝集成到组织现有的 CI/CD（持续集成 / 持续交付）流程中，使团队能够快速行动，并确保每个版本的安全性。

以下是一些常见的安全产品和 RASP 的联动。

- WAF：WAF 可以在网络层面防止攻击，而 RASP 可以在应用程序层面提供更强的保护，两者结合可以提供全面的保护。
- SIEM 系统：SIEM 系统可以收集和分析来自多个源的安全事件，而 RASP 可以通过提供实时保护来增强 SIEM 的效果，这样可以更快地检测和响应安全事件。
- APM 系统：APM 系统可以监视应用程序的性能和可用性，而 RASP 可以在应用程序运行时保护应用程序免受攻击，两者结合可以提供全面的应用程序保护和监视。
- 安全测试：安全测试可以检测应用程序中的漏洞和弱点，尤其在 CI/CD 阶段发现后修复成本会更低，而 RASP 可以在应用程序运行时提供实时保护，使攻击者无法利用这些漏洞和弱点。

总之，RASP 可以与多种安全产品联动，以提供更全面的应用程序保护和监视。

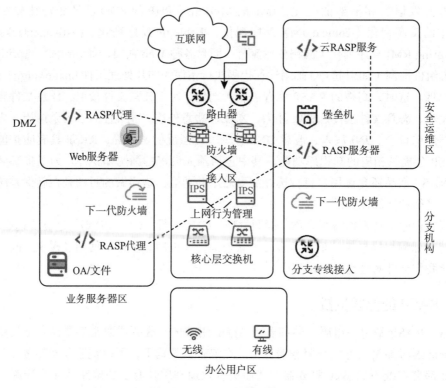

图 6-20　RASP 的部署位置

6.7.5　RASP 产品

在开源产品上，百度的 OpenRASP 在应用程序运行时进行监控和检测，主要用于保护 Web 应用程序免受常见的安全攻击，如代码注入、SQL 注入、文件包含、远程命令执行等。

在商业产品上，国内除了有支持 Java 和 PHP，也有支持 Python、Node.js、Ruby 等 Web 编程语言的 RASP 产品。

国外 Imperva 的 RASP 是 Imperva 攻击分析机器学习平台的最新补充，可以与 Imperva 的云端 Web 应用程序防火墙（Cloud WAF）和云数据安全（Cloud Data Security）产品结合使用。

6.8　网站数据库连接安全

Tomcat 等中间件到数据库的连接是通过一个 properties 文本文件，一旦操作系统被攻破，可以在这个文件里找到连接的明文密码。我们可以使用加密算法来加密 MySQL 数据库口令。在 Tomcat 的 context.xml 文件中，使用加密后的口令来配置 MySQL 数据库连接，这样可以确保口令在传输过程中不被拦截或泄露。

通常，流行的网站数据库或搜索引擎有 MySQL、ElasticSearch 等，尤其是这几年兴起的种类繁多的 NoSQL 数据库。它们有一个共同的特点，即都去掉了关系数据库的关系型特性，数据之间无关系，这样在架构层面无形之中带来可扩展的能力。同时，NoSQL 数据库均具有非常好的读写性能，尤其是在数据量大的情况下表现优秀。

数据库审计等在第 8 章数据库安全中将进一步讲解，这里重点强调一下和 Web 安全有关的部分。相比于 WAF 和 RASP，数据库防火墙提供了最后一层对 SQL 注入的安全防护能力。

在 Tomcat 中，可以通过创建一个加密的密码文件，比如 conf/dbpasswords.properties，实现 JDBC 连接时加密。该 conf 目录下的文件应该只有 Tomcat 管理员用户有权限访问，dbpasswords.properties 文件中定义数据库的密码作为变量，以及密码加密算法的相关信息。例如：

```
myDBPassword=ENC(xz+3o+j3FhscyQnE1+uA1A==)
```

其中，**myDBPassword** 是密码的别名，ENC() 表示该密码被加密，xz+3o+j3FhscyQnE1+uA1A== 是加密后的密码。加密算法可以在 Tomcat 的配置文件中指定，常用的加密算法有 AES、Triple DES 等。

在 Tomcat 的 context.xml 文件中配置数据源时，使用加密的密码文件中定义的密码别名，而不是直接使用明文密码。例如：

```
<Resource name="jdbc/myDataSource" auth="Container"
        type="javax.sql.DataSource"
        username="myusername" password="${myDBPassword}"
        driverClassName="com.mysql.jdbc.Driver"
        url="jdbc:mysql://localhost/mydatabase"/>
```

注意，这里的 ${myDBPassword} 就是上文加密后的密码。

在应用程序中，你可以使用 JNDI 查找来获取 JDBC 数据源，并使用数据源来实现数据库连接。以下是一个代码片段示例：

```
Context initContext = new InitialContext();
Context envContext = (Context) initContext.lookup("java:/comp/
env");
DataSource dataSource = (DataSource) envContext.lookup("jdbc/
TestDB");
Connection conn = dataSource.getConnection();
```

在这里，java:/comp/env 是 Tomcat 中的 JNDI 命名空间，jdbc/TestDB 是在 server.xml 中配置的 JDBC 连接名称，dataSource 是一个接口，用于获取数据库连接。

通过这些步骤，你就可以在 Tomcat 中使用加密的 JDBC 密码。这样，即使这个文件被攻击者窃取，也不能直接连接到数据库。

6.9 网站漏扫工具

网站漏扫工具（Web Vulnerability Scanner，WVS）是一种自动化安全测试工具，用来评估网站安全性，旨在发现可能存在的安全漏洞和风险。它可以模拟黑客攻击并全面测试 Web 应用程序，发现潜在漏洞和安全问题。它的主要作用是帮助网站管理员或安全工程师及时发现和修复漏洞，以避免黑客利用这些漏洞来攻击网站，降低被黑客攻击的风险。但需要注意，网站漏扫工具不能保证检测出所有漏洞，仍需结合人工审核和其他安全测试方法来全面评估 Web 应用程序的安全性。

网站漏扫工具有很多，下面从开源、商业化两个维度进行介绍。

6.9.1 开源工具

开源的网站漏扫工具有很多，包括前面介绍的 Burp Suite、AWVS、ZAP 等。

AWVS（Acunetix Web Vulnerability Scanner）通过网络爬虫测试网站安全，检测流行安全漏洞，是一款自动化的 Web 应用程序安全测试工具。AWVS 可以快速扫描 XSS 攻击、SQL 注入、XML 注入、源代码泄露、目录、代码、URL 重定向等。

当然，你也可以使用 Selenium+PhantomJS 的方式来对 XSS 攻击进行自动化检测，但此方法在数据量大的时候会有性能问题。

OWASP ZAP 攻击代理（简称 ZAP）是一款便于使用、能帮助用户从网页应用程序中寻找漏洞的综合类渗透测试工具。

6.9.2 商业化工具

商业化的网站漏扫工具也有很多，如国内绿盟 20 年以来，基于优秀的安全检测及评估能力，向国内各行业客户交付可信赖的漏洞管理解决方案。

国外的 AppScan 是 IBM 公司出品的一款针对 Web 应用程序的安全测试工具，可以自动化地评估 Web 应用的安全漏洞，能扫描和检测所有常见的 Web 应用安全漏洞。

6.10 网站安全应急处置

当网站出现挂马事件时，我们首先想到的是 Web 网站漏洞引起的挂马，当然还有其他原因，如系统漏洞、数据库漏洞、三方应用漏洞等。

一般网站安全应急处置的步骤是暂停服务、查明原因、恢复备份或病毒查杀、重新上线及客户沟通。

1）暂停服务：指的是采取措施停止当前受影响的网站的运行，这是为了避免进一步的损害或传播，保护系统和数据的安全。

2）查明原因：网站被黑客挂马后很可能会传入非常多的 Web 后门，需要对 Web 目录下的所有文件进行木马查杀。在查杀之前，对所查杀的文件进行备份，防止数据意外丢失。将文件复制到自己的计算机进行查杀，可以使用自定义扫描功能对指定文件夹进行扫描，发现的可疑文件如确认不是原网站的文件，需要及时删除和修改。

3）恢复备份或病毒查杀：如果有最近的备份，可以尝试恢复网站；如果没有最近的备份，则重新构建网站，并修复安全漏洞。一些常用的清理网站中的恶意代码的工具包括病毒扫描器、木马查杀工具和安全扫描工具等。

4）重新上线：对恢复服务有信心的时候，就可以执行系统恢复操作。

5）客户沟通：如果用户的个人信息受到影响，你应该与他们沟通，并向他们解释事件的影响和所采取的措施。

6.11　网站安全协防

现今的网站安全是多团队合作的综合工作，一荣俱荣，一损俱损，需要多方齐心协力。为了应对业务多样化，网站通常被切分成多个子系统，如产品、购物、支付、评论、客服、接口等。这些子系统又被划分为核心和非核心系统，核心系统包括产品、购物和支付，非核心系统包括评论、客服和接口。

6.11.1　主机安全

在有些情况下，运行网站的服务器容易因为漏洞而沦陷。使用命令 history 查看系统中执行的代码，既可能被攻击者利用（使用过账户密码连接到其他服务器），也可能发现攻击者的痕迹（未擦除的情况下可以看到一些添加 hack 账户操作）。通过 lastb 和 last 命令查看系统的登录信息，确认是否有异常用户和暴力破解。

6.11.2　CDN 安全

内容分发网络（Content Delivery Network，CDN）是用来给网站等加速的技术。它是在现有 Internet 基础上增加一层新的网络架构，通过部署边缘服务器，采用负载均衡、内容分发、调度等功能，使用户可以就近访问获取所需内容，从而解决网站拥塞问题，提高用户响应速度。特别是针对视频类应用，CDN 是普遍采用的技术。CDN 一般建立在存储的基础上，采用了分布式文件系统，通过数据多副本技术来保证数据安全。

CDN 还提供一些安全保护措施，例如分布式拒绝服务攻击（DDoS）防御，使源站不会受到某个地理位置的恶意攻击。SSL 证书为网站和移动应用提供 HTTPS 保护，对流量加密，防止数据被窃取。为了安全，有的云厂商可一键部署证书到 CDN。

CDN 是重要的网站加速手段，它其实是很多服务器都有的静态资源备份，缓存分为本地缓存和远程缓存，本地缓存速度更快。当用户发出请求时，通过主服务器对用户的 IP 地址进行判断，选择离用户最近的服务器，并将最近的 IP 地址返回给用户，让用户去请求这个 IP

地址的服务器。

6.11.3 网站群管理

网站群管理是一个集站群管理、内容管理及门户应用管理的基础平台，由数据资源与信息化建设管理处统一进行后台维护，由各部门维护网站内容，实现分级授权。

网站群平台不需要通过代码编程，便可实现网站的建设、维护，方便管理。和 CDP 类似，网站群平台以静态页面的方式发布内容，同时配合网页防篡改（和缓存网页的 Hash 对比），或在主机上部署网页文件保护模块，从而显著提高网站的安全性。

6.12　本章小结

网站安全又称应用安全，是保障 Web 和 API 安全的必要手段。Web 和 API 易受攻击，因此需要采取相应的安全措施。首先，了解 HTTP 的工作机制以及各种攻击手法，包括 OWASP 的专项研究成果，是必不可少的。

网站攻击不仅有利用大流量进行的 DDoS 攻击，还有更为针对性的攻击，例如 SQL 注入、XSS 攻击等。单靠一两项云清洗服务是难以防御这些攻击的，需要使用 WAF 和内容分发网络来共同防御。因此，在选择混合云网站安全提供商时，要看它们是否提供完整的安全防护方案，包括云清洗、云 WAF、CDN 这三个主要功能。这种一体化的防护能力对于网站拥有者来说非常具有吸引力和价值。

我们可以发现，要确保网站安全，需要考虑很多方面，除了考虑代码漏洞等，还需要考虑 DOS 攻击的抗击、应用发布的负载均衡、WAF 和防爬、中间件安全、数据库安全、API 网关、RASP 防 0 Day 攻击等。这些措施样样具备，才能确保网站安全。

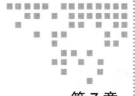

第 7 章　*Chapter 7*

办公安全

在现代社会中，越来越多的政企人员已经认识到网络安全问题的重要性，特别是在办公环境中。商业应用中的办公网是计算机网络的一种形式。为了更高效地工作，政企通常会自建计算机服务系统，并将所有办公计算机和系统连接起来，以实现文件统一管理、共享等目标。然而，这种便利同时也带来了安全风险。在信息安全领域，办公安全一直是薄弱环节之一，数据泄露、内部恶意人员、APT 攻击以及病毒蠕虫等都是常见威胁。

为了提供多层面的终端保护，防止数据泄露、检测和应对安全事件，我们不仅使用传统常见的防病毒（AV）系统、补丁分发系统和终端准入（NAC）系统，还会经常使用 3 个主流产品：数据防泄露（DLP）、终端检测与响应（EDR）和邮件安全网关（SEG）。近年来，市场上出现了一些新兴产品，包括软件定义边界（SDP）、上网行为管理（SWG）、加密机（HSM）和移动设备管理（MDM）等。办公网络的设备如图 7-1 所示。

除了外部网络渗透，内部网络渗透也是一种主要的攻击手段。攻击者利用木马和钓鱼等方式获取办公设备的权限，并进一步向服务器区扩散。政企需要了解哪些人可以访问哪些系统，以及他们使用何种方式进行访问。身份相关的产品如证书认证（Certificate Authority，CA）系统、身份与访问管理（Identity and Access Management，IAM）系统都是重要的手段。

当用户改用远程或在家办公时，网络安全团队可以通过外部攻击面管理（External Attack Surface Management，EASM）技术对远程办公员工的数量和每天请求数量进行监测，以识别潜在的风险，并保护系统免受恶意攻击者侵害。

本章主要讨论办公安全问题，重点针对办公设备及配套安全产品。

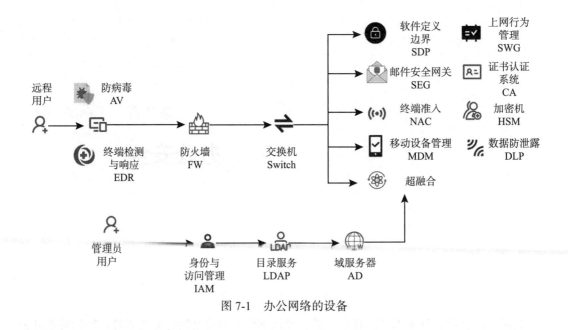

图 7-1　办公网络的设备

7.1　安全威胁

攻击者入侵政企的办公网络时，通常会先收集员工信息，接着通过发送带有恶意程序的邮件附件、恶意链接等方式攻击员工办公设备。例如，在交友软件上伪装成互联网大厂的HR，然后加微信提供一个年薪翻倍的工作机会，发过来一个工作描述 Word 文件，很多人会上当去下载这个文件。一旦接入这台机算机，攻击者就会将这台计算机作为跳板进一步攻入政企内部网络，通常是通过扫描和利用常见漏洞（例如微软系统漏洞或弱口令）控制更多员工计算机。黑客主要针对政企高管、IT 系统管理员或财务人员，并进一步搜索服务器等重要目标以获取更高权限。

更加阴险的是，攻击者还可能进行水坑攻击。他们分析员工的网络访问规律，并入侵常访问的网站，在这些网站上部署恶意附件和脚本等待员工中招，然后进一步行动。

为了防范攻击，我们可以在办公网络中部署蜜罐。这些蜜罐模拟出弱密码和 Windows 共享服务等易受攻击的服务，并且应该密集地部署以覆盖每个重点区域，例如，前面提到的高管等三类人员的办公网区域。

7.2　办公网资产

办公网资产主要是指办公网络中的设备，如交换机、PC、打印机等，并配备相应的安全产品。通过利用指纹识别技术和更多工具（如 DHCP、Wi-Fi、ARP、EDR、MDM、UES 等）的基础数据，我们可以建立一个包含时间、IP 地址、设备名称、设备类型和设备使用者等信息的关系链大图。这个大图覆盖了办公网中的网络设备，个人计算机、手机、服务器，以及打印机、摄像头、电话、门禁等各种联网的设备。通过这个大图，我们可以综合了解和管理办公网中各个设备的状态和使用情况。

7.2.1 办公网络

图 7-2 给出了一个典型政企高可靠性的网络拓扑，汇聚层和核心层都使用了第三层交换机，接入办公用户区。

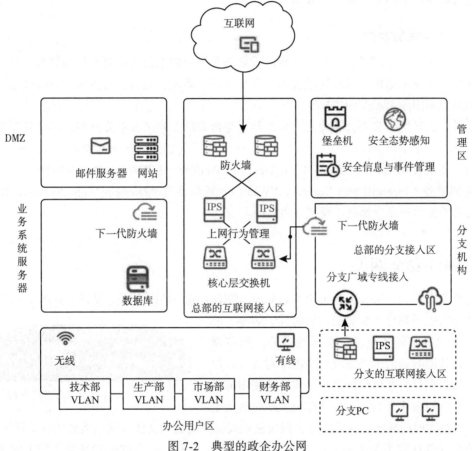

图 7-2 典型的政企办公网

其中，实线部分是政企总部内部网络，虚线部分是政企分支机构网络。总部和分支机构网络的连接使用路由器通过广域网专线或 Internet 的 VPN 实现，而政企网内部的计算机或网络各部分之间的连接通过交换机实现。

7.2.2 办公终端

常用的办公终端主要包括 Windows 和 Mac 两大主流系统计算机，以及 Android 和 iOS

等手机。它们由于被安全意识水平不同的全公司员工操作，且与互联网连通，已经逐步转变为攻防对抗的主要战场之一。传统的杀毒软件、准入系统、VPN、DLP、EDR 等各自为战，面对的一个巨大挑战是无法有效应对攻击，尤其是 APT 攻击。这些 APT 攻击者不断尝试各种攻击手段，甚至渗透到网络内部长期蛰伏，不断收集各种信息，直到取得重要情报为止。例如利用 HackBrowserData 这样的工具，很容易收集计算机上缓存的浏览记录、密码等信息。IDS 和 IPS 是用于检测网络或系统恶意行为及违规策略的安全组件，基于网络（用于检查流量）或主机（用于检查活动和潜在的网络流量）。但在单网络远程办公室等小型运营环境中，为了降低成本，基本不部署 IDS 和 IPS。

7.2.3　办公安全设备

为了保护办公终端设备的安全，我们需要部署办公安全设备：终端行为管理系统、终端准入系统、防病毒系统、邮件反垃圾和沙盒系统域控系统，同时会有少量针对办公用的服务器，包括但不限于 WAF、HIDS 等。

此外，云环境下和办公相关的安全产品也是很多的。除了云桌面这些，云访问安全代理（Cloud Access Security Broker，CASB）、云安全网关（Cloud Security Web Gateway，Cloud SWG）、零信任网络访问（Zero Trust Network Access，ZTNA）、虚拟专用网络（VPN）、防火墙即服务（Firewall as a Service，FWaaS）、域名系统（Domain Name System，DNS），林林总总的安全产品，都是需要统一协同的。

7.3　邮件安全网关

邮件安全网关（Secure E-mail Gateway，SEG）是一种网络安全设备（见图 7-3），用于保护政企的电子邮件系统免受垃圾邮件、病毒、恶意软件、钓鱼邮件和网络钓鱼等的威胁。虽然微信、钉钉等即时通信工具在政企中越来越普及，但众所周知，在日常办公中仍然不可或缺地使用电子邮件。尽管很多业务沟通工作迁移到了即时通信工

图 7-3　SEG 产品（来自厂商截图）

具上，以减少时间成本、回复次数，但大量正式商务交流和文件传输仍然采用电子邮件。

钓鱼邮件往往不是采购一两个安全产品就能解决的，因为攻击者经常伪装为同事、领导、合作伙伴等，诱骗用户回复、打开链接或是按提示操作。由于钓鱼邮件都是精心设计的，附带的木马程序甚至可以绕开防病毒软件的检测（免杀），攻击成功率很高。除了技术手段，对应的管理手段包括加强安全宣导、提高员工安全意识等，避免上当受骗。必要时，可以利用三方产品来测试用户的安全意识是否到位，例如向员工发送钓鱼邮件，统计点击情况，汇总后编制成培训材料，反复宣导，这样可以起到很好的效果。

SMTP 是一种电子邮件传输协议，但缺乏必要的身份认证，导致垃圾邮件泛滥。为了解决

这个问题，几乎所有的 SMTP 服务器都要求进行身份认证以减少垃圾邮件的存在，同时避免被人冒充发送邮件。然而，SMTP 使用 AUTH LOGIN 命令进行身份验证时只采用 Base64 编码方式，虽然比明文难以记忆，但仍可能被拦截破译，需要使用 SMTP 的 SSL 加密形式来解决。政企需要加强邮件安全意识培训并注意谨慎处理各种附件，特别是风险较高的可执行文件。

POP3 利用 USER 和 PASS 命令中的信息决定是否允许客户端访问存储的邮件。客户发送 USER 命令，如果服务器确认，客户发送 PASS 命令完成确认，或者发送 QUIT 命令终止会话。POP3 的缺陷在于所有邮件都会被下载，且恶意文件也很容易被投递。所以，我们需要维护 SEG，更新黑名单，以过滤垃圾邮件中包含的恶意 URL 等内容。

7.3.1 SEG 的作用

SEG 除了保护电子邮件系统免受恶意软件、垃圾邮件和其他网络威胁的攻击，现代的邮件安全防火墙也可以提供加密、数据防泄露等功能。邮件有一个致命问题，就是发件人的邮箱通常是不做校验的，这样，任何人都可以冒充他人发送邮件。SANS 发布的关于电子邮件安全的调查白皮书显示，近 3/4 的网络钓鱼、恶意软件和勒索软件攻击都是以电子邮件为入口的。钓鱼邮件如图 7-4 所示。

SEG 可隔离内部真正的邮件服务器，可以扮演防火墙的角色。在 Internet 外部只能看到防火墙，并且无法知道内部采用哪种软件系统、什么版本等信息，因此大大降低了由于暴露在外而潜伏的安全隐患。防火墙还有一个路由痕迹擦除功能，可以消除冗余路由信息以避免泄露敏感数据。

图 7-4 钓鱼邮件

7.3.2 SEG 的功能

SEG 通常包括垃圾邮件过滤、恶意软件防护和邮件安全防护等功能。具体而言，它可以过滤不安全的电子邮件，因为黑客和垃圾邮件发送者可能利用 SMTP 中的 VRFY 和 EXPN 命令来获取系统账户等信息，并带来潜在的安全隐患。作为协议翻译机，SEG 通过屏蔽这些不安全协议，能够杜绝此类漏洞；此外，在设定严格中继规则方面也可预防开放式中继所带来的垃圾邮件风险。

总之，SEG 可保护政企免受恶意软件、垃圾邮件、网络钓鱼及其他网络攻击对其电子邮箱系统造成侵害。

7.3.3　SEG 的部署位置

SEG 可以串行部署在邮件服务器前端进行邮件分析、过滤、拦截等，如图 7-5 左上角所示的 DMZ 内。这样可以提供额外的安全防护，以防恶意邮件或攻击直接进入内部网络。

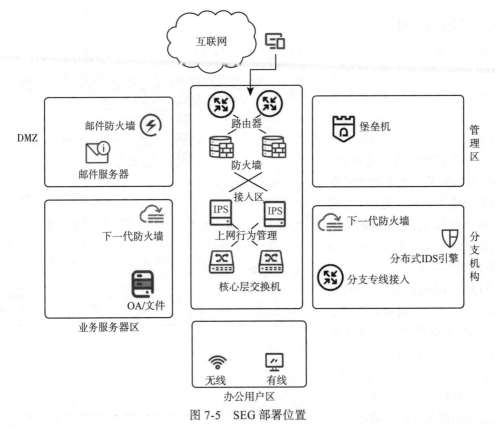

图 7-5　SEG 部署位置

比如在较短的时间内发送大量电子邮件，通常都有特定的通信特征等，这些都可以作为拦截不良邮件的凭据。

7.3.4　SEG 的联动

SEG 可以和很多安全产品联动，下面以 EDR 和 DLP 为例进行介绍。
- 终端检测与响应（EDR）系统：与 EDR 系统的联动可以提供端到端的安全保护。终端安全产品可以在用户终端检测和拦截恶意邮件、垃圾邮件，以及阻止恶意附件或链接的执行。

- 数据防泄露（DLP）系统：与 DLP 系统的联动可以加强对敏感数据的保护。DLP 系统可以在邮件传输过程中监测和阻止包含敏感信息的邮件，确保数据不被泄露。

当然，最重要的往往是不仅仅依赖产品、技术，还要加强用户的邮件安全意识教育。

7.3.5　SEG 自身安全

邮箱的密码安全问题一直非常严峻，有了邮件安全防火墙能缓解，但并不能根除。例如 Compay@2023 这个密码包括大写、小写、数字、特殊符号，长度也大于 8 位，但是因为包含公司特征，还是很容易被猜出来。网上有许多利用 POP3 来破解邮箱密码的软件，如 ABF Password Recovery V1.2、Mail PassView、黑雨邮箱破解软件等。针对性的防护方案是使用认证协议的授权码模式，有效地防止暴力破解。

黑雨邮箱破解软件是一个常用的邮箱破解工具。它使用深度学习算法、广度优先搜索算法、多线程深度算法等一系列搜索方法实现快速的密码破解。它可以使用字典破解功能，即使用下载的密码字典进行邮箱密码的搜索破解，这样能大范围进行登录尝试，从而获得用户的密码，针对 163 邮箱非常有效。

7.3.6　SEG 产品

在开源产品上，Amavisd-new 是一个邮件内容过滤器，支持多种反垃圾邮件和反病毒插件的集成，可与多种邮件服务器集成使用，支持 SMTP。

在商业产品上，国内邮件安全厂商很多，奇安信、亚信都有相应的产品，但是因为邮件在国内使用得越来越少，所以这类产品市场热度远不及国外。

在国外，Proofpoint、Barracuda 和 Mimecast 是电子邮件安全细分市场的领头羊。目前，市场上也涌现出许多有竞争力的创新者。以色列公司 Perception Point 推出了一种预防即服务邮件安全解决方案，可在第一时间阻止网络钓鱼、商业电子邮件入侵、账户接管、垃圾邮件、恶意软件、0 Day 和 N Day 漏洞，以免危害政企用户，并提供免费的事件响应服务。

7.4　防病毒软件安全

防病毒（Antivirus，AV）软件是一种用于保护计算机系统免受恶意软件和其他恶意活动的安全软件。恶意软件不仅包括传统病毒，还包括那些能够在计算机系统中进行非授权操作的代码。在通常情况下，所有具有自我复制能力的恶意软件统称为病毒。

图 7-6　NGAV 外观示例（来自厂商截图）

面对高级威胁，下一代防病毒（Next Generation AntiVirus，NGAV）软件利用行为分析与机器学习来防御勒索软件、无文件攻击等高级威胁。图 7-6 是一个 NGAV 的外观。

NGAV 改变了以往基于特征比对的方式，通过观察恶意软件运行过程中的网络活动来了解其网络功能。这种方法更为有效是因为恶意软件通常会展现出一些特殊的网络行为，例如通过网络进行传播、繁殖、拒绝服务、攻击等破坏网络活动，或者进行诈骗和其他犯罪活动，或者通过网络将搜集到的机密信息传递给恶意软件的控制者。此外，恶意软件可能会在受感染主机上开启后门，等待控制者对其进行控制访问，这通常涉及本地端口和服务的激活。通过行为分析与机器学习，NGAV 可以实时监测恶意软件在网络中的行为，因此可以有效地抵御新型和未知的高级威胁。

病毒技术也在不断演变，因此防病毒软件仍然是计算机安全领域的一个重要组成部分。

7.4.1　AV 软件的作用

AV 软件的主要作用是保护计算机系统、网络，以及存储在其中的数据不受病毒、蠕虫、间谍软件、恶意软件等的威胁。

勒索病毒是一种新型病毒，黑客会基于网络钓鱼、社会工程和 Web 应用程序等，以邮件、木马、网页挂马的形式进行病毒传播。该病毒性质恶劣、危害极大，一旦感染将利用各种加密算法对文件进行加密，被感染者一般无法解密，必须拿到解密的私钥才有可能破解。很多时候受害者不得不支付赎金，以便重新访问数据。

7.4.2　AV 软件的功能

AV 软件的主要功能是检测和清除计算机和移动设备上的病毒和恶意软件，以及保护系统免受网络攻击和安全威胁。它的主要功能如下。

1）病毒及蠕虫挖矿扫描：AV 软件通过对计算机或设备进行全盘扫描，检测和查杀潜在的病毒和恶意软件。

2）实时保护：AV 软件可以在后台运行，并实时监控系统中的活动，防止病毒和其他威胁进入系统。

3）清理和修复：一些 AV 软件可以自动清理和修复被感染的文件，帮助恢复受到病毒攻击的系统。

7.4.3　AV 软件的部署位置

AV 软件服务端和控制台安装在服务器，客户端程序需要安装在被防护的系统上，控制台可以控制服务端升级和病毒策略下发到客户端等。AV 软件部署位置如图 7-7 所示。

管理上，通过控制台对 AV 软件进行配置和策略管理，以确保统一的安全策略在所有客户端上执行。保持客户端的更新非常重要，只有这样才能获取最新的病毒定义和安全补丁。

7.4.4　AV 软件的联动

AV 软件，尤其是 NGAV 软件，和很多安全产品可以联动。

- NGFW：AV 软件可以与 NGFW 一起工作，集成在 NGFW 中的互联网安全套装等模块也可用于清除病毒。
- EDR 系统：AV 软件可以与 EDR 系统集成，以实时监控和管理终端设备的安全性。这包括远程部署安全策略、软件更新和漏洞修复等。
- TI 平台：TI 平台可以提供有关最新威胁和恶意软件的信息，与 AV 软件共享威胁情报，帮助及时识别和阻止新出现的威胁。

这些安全产品的联动可以增强防病毒系统的能力，提供全面的安全保护，帮助政企有效应对各种安全威胁。

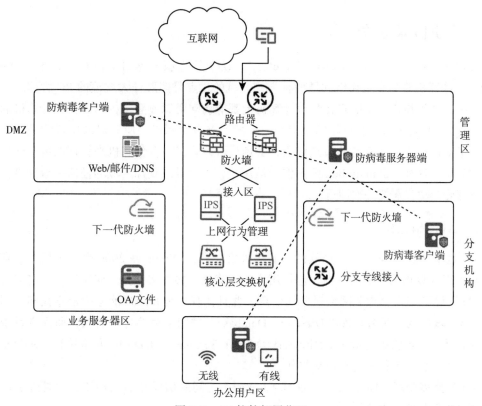

图 7-7　AV 软件部署位置

7.4.5　AV 软件自身安全

AV 软件自身也是软件，同样会有风险和问题。我们应该及时更新补丁，修复漏洞，以确保其始终保持最新和最安全的状态。

某电视台超过 32000 台计算机在同一时间宕机，无法重新启动，原来是黑客入侵了病毒定义更新服务器，利用病毒库定义升级机制，将恶意软件分发到用户的计算机，在用户的计算机上安装并执行恶意程序。

7.4.6 AV 软件产品

在开源产品上，VirusTotal 是一个知名的免费在线病毒、木马及恶意软件的分析服务，在被 Google 收购之后，成为 Google Android 内置扫毒以及 Chrome 浏览器内建安全功能的一部分。它包含了大量不同杀毒引擎的查毒结果。

在商业产品上，国内奇安信、360、火绒等公司都有相应的病毒及恶意软件查杀工具，如天擎等。国外诺顿（Norton）是以 AV 软件出名的。它提供的安全套件提供全面的网络安全保护，包括防病毒软件、防间谍软件、防火墙、恶意软件防护、身份保护等功能。

7.5 活动目录安全

微软流行的活动目录（Active Directory，AD）管理服务是目前流行的目录管理服务。Windows 计算机管理有工作组和域两种方式。域的优点是能胜任大规模的 PC 管理。在工作组环境中，如果想让某个账户在每台计算机上都能访问资源或登录，则需要在计算机的本地 SAM 数据库中创建 bob 账户并修改密码。域的实施是对网络上所有对象单点管理。域控制器提供了对网络上所有资源的单点登录，管理员可以登录一台计算机来管理网络中任何计算机上的对象。这样，domain\bob 账户作为域用户，可以登录到加入域的任何一台计算机。即使修改密码，也只需要一次即可。

7.5.1 AD 的作用

AD 是 Windows 操作系统家族的核心组件之一，自 Windows 2000 引入了后，一直用于管理和组织计算机网络中的资源，包括用户、计算机、共享文件夹、应用程序、打印机设备等。AD 存储了用户、有关网络对象的信息，并且让管理员和用户能够轻松查找和使用这些信息。AD 域内的目录数据库（Directory Database）被用来存储各种对象，而提供目录服务的组件就是 AD 域服务（Active Directory Domain Service，ADDS），负责执行目录数据库的存储、添加、删除、修改与查询等操作。

AD 支持多个域（Domain）和森林（Forest）之间的信任和访问控制，使管理员可以在跨域环境中轻松管理网络资源。

7.5.2 AD 的功能

AD 主要功能包括以下几方面。

1）认证和授权：AD 提供了中心化的身份验证和授权功能，可以验证用户的身份，并控制他们对网络中的资源的访问。

2）组织结构管理：AD 使用目录树的结构来组织网络中的资源，可以通过组织单位（Organization Unit，OU）和组等方式来对资源进行分类和管理。

3）统一命名空间：AD 提供了唯一的命名空间，可以对所有的网络资源和用户统一管理，方便管理员对资源进行访问和管理。

4）集中管理和监控：通过 AD 可以实现对网络中的资源进行集中管理和监控，包括对用户、计算机、设备等的添加、删除、修改和维护等操作。

AD 还提供了自动分发应用程序、备份和恢复等功能，能够为政企提供完整的网络资源管理解决方案，并提高网络的安全性和效率。

7.5.3　AD 的部署位置

一般情况下，AD 部署在网络的中心位置，即网络的业务或办公服务器区（见图 7-8），以便让众多办公计算机更高效地利用政企内部网络资源。

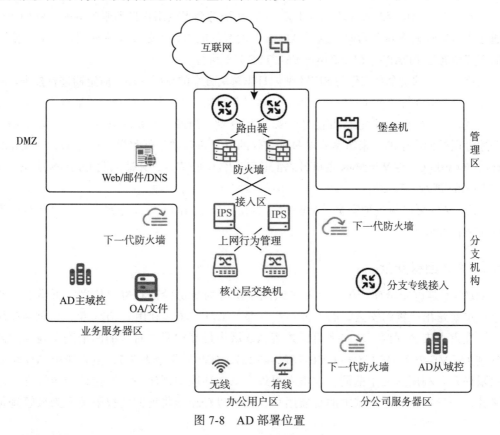

图 7-8　AD 部署位置

它通常被安装在多个专用的服务器上，作为网络的身份验证和访问控制中心。AD 域控服务器的实现一般是主 - 从管理模式。主域控（Primary Domain Controller，PDC）会定期将数据复制给从域控（Backup Domain Controller，BDC），平时两个都可以承担用户登录等工作，当 PDC 出现问题时，BDC 也可以升级为新的 PDC。同时，一个 AD 域还包括加入域的各种 Windows 计算机。

7.5.4 AD 的联动

AD 域控作为政企内部的核心身份验证和访问控制系统，可以与许多安全产品进行集成和联动，以提高安全性和管理效率。以下是一些常见的安全产品和 AD 的联动。

- IAM 系统：IAM 系统可以与 AD 集成，实现统一的用户和权限管理，以确保只有授权用户才能访问政企资源。
- SIEM 系统：SIEM 系统可以集中收集、分析和报告来自 AD 域控服务器的日志信息，以识别潜在的安全威胁或漏洞，并提供实时的事件响应和审计功能。
- EDR 系统：EDR 系统可以与 AD 集成使用，实现基于角色和策略的访问控制、漏洞扫描、安全配置管理等功能。

AD 可与 LDAPS 和 IAM 联动。很多 IAM 系统都会提供用户自助服务页面，例如允许用户通过手机验证码来重置密码，这是 AD 原本没有的能力，但是要实现密码修改就　定要通过加密安全通道 LDAPS（LDAP over SSL/TLS）来执行。

域控制器上的安全日志作为 SIEM 整体日志解决方案的重要一环，应定期进行抽查。检查内容主要包括 AD 管理员账户的登录事件（通过客户端、IP、是否在指定的地点等，确认是否为合法登录）。在 SOC 上定制相应的 Case 监控登录，当触发 528 或 4624 事件，登录用户是在上述管理员列表中的、来源是非堡垒机之外的 IP，都需要进行报警。通过 WEF（Windows Event Forwarding）将 Windows 主机日志汇总到一台中心节点，并输入到 ElasticSearch，最后通过 Kibana 展示。

总之，AD 可以与各种安全产品联动，形成一个全面的安全生态系统，提高政企的安全防御能力和管理效率。

7.5.5 AD 自身安全

AD 本来是因安全而产生，存储了组织中所有的身份验证和授权信息，可惜近几年一些老版本暴露出严重的安全漏洞，被一些掌握了工具的黑客利用。2021 年，微软 AD 域控制器爆发重大安全漏洞，攻击者可以接管 AD 域控最高权限。对应的两个安全漏洞的漏洞号分别为 CVE-2021-42278 和 CVE-2021-42287，CVSS 评分为 7.5，主要影响 AD 域服务的权限提升。利用这两个漏洞，攻击者可以在 AD 环境中创建一个直接访问域管理员用户的路径，一旦攻击者危害域中的普通用户，则可以轻松地将他们的权限提升为域管理员的权限。

拿下域控在护网期间得分较高，因此往往成为最容易被攻击的对象，成为攻防双方争夺的焦点。例如 Nslookup 会找到域控的 IP 地址，从而完成内网信息收集。除限制转发 DNS 查询外，还应禁止域控制器访问互联网，并关闭本地浏览器功能，通过进一步控制一进一出，杜绝木马等传入的风险。

Kerberos 是一种计算机网络授权协议，用来在非安全网络中，对个人通信以安全的手段进行身份认证。黄金票据漏洞是在 Kerberos 网络认证协议中导致的，每个用户账号的票据都是由 krbtgt 用户（AD 的系统默认用户）所生成的，因此如果知道了 krbtgt 用户的 NTLM Hash 值或 AES-256 值，就可以伪造域内任意用户的身份了。工具 mimikatz 等可以利用黄金票据漏洞实现一个普通用户获取域管理员的权限。

尽管 AD 有很多安全隐患，当组织有很多台 Windows 计算机的时候，AD 是首选。近年来，国内很多政企都在寻求 AD 的国产替换。但是，AD 的功能还是非常多的，其中统一账户、桌面管理、上网行为管理等，都会有很高的替换成本。

很多政企将域控服务器部署在虚拟化平台上，一旦虚拟化平台被攻陷，所有域账号都可能被盗取，风险非常大。比如，你登录到 VMware 的 vCenter 后，可以克隆一个域控服务器。在进入该服务器后，你可以使用类似 PTH 的工具来尝试使用暴力破解方法匹配这些密码的哈希值。

目前，抵御上述攻击的最好方法仍然是及时安装最新补丁。以下还有一些最佳实践。

1）实现最小化权限：减少管理员账户数量，并去掉其不必要的权限。

2）启用强密码策略：使用长密码、复杂密码，并强制定期更换密码。

3）启用多因素身份验证（MFA）：强制所有管理员使用 MFA 进行身份验证。

4）使用网络隔离技术：将域控制器放在单独的安全网络中，仅允许必要的流量通过。

当然，将 AD 域控纳入 SOC 的日常安全运营也是非常重要的，定期监控和审核所有域管理员和服务账户的活动，以及所有与域控制器交互的活动，及时发现潜在的安全威胁。

PowerShell 是一种专门为系统管理设计的、基于任务的命令行 Shell 和脚本语言。它可以执行命令行窗口输入的命令，或是脚本。在某些情况下，我们可以禁用 PowerShell，因为通常攻击者都是通过它取得最终权限的。

Empire 是一个基于 PowerShell 的远程控制木马工具，具备在没有 powshell.exe 的情况下运行 PowerShell 代理的能力。它能够快速部署后期漏洞利用模块，包括键盘记录、绕过 UAC、内网扫描等功能。Empire 的特点是可以规避内网检测和绕过大部分安全防护工具的查杀，类似于 Metasploit。

7.5.6　云 AAD

AD 的最新表现形式是 Azure 活动目录（Azure Active Directory，AAD），主要配合微软的云办公套件 Microsoft 365 使用。由于云中账户登录容易受到攻击，AAD 增强了用户登录的安全性。用户可登录账户控制区查看最近的登录行为，并且微软为所有政企级用户提供独立的登录日志面板。线下的 AD 和线上的 AAD 可以通过 AAD Connect 组件同步。如图 7-9 所示把本地 AD 账户同步到 Office 365，这样，线下的 AD 可以和线上的 AAD 实现联动。

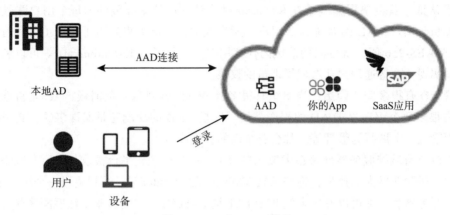

图 7-9　AD 和 AAD 联动

7.6　轻型目录访问服务器安全

基于轻量目录访问协议（Lightweight Directory Access Protocol，LDAP）的服务器通过 LDAP 与客户端进行通信，并提供对目录数据的访问和管理功能。

7.6.1　LDAP 服务器的作用

LDAP 服务器可充当各种应用程序同时访问的用户详细信息的中央存储库，主要存储公司内部员工的用户信息和组织机构信息，以便在不同的应用程序和服务之间共享。

7.6.2　LDAP 服务器的功能

LDAP 是一种目录服务，类似于数据库但又不完全相同。虽然 LDAP 可以存储数据，但它的主要功能是提供目录服务。

LDAP 就像一个表格一样简单明了，只需要输入用户名和密码等相关信息即可进行认证登录，并且能够高效响应大量并发请求。从效率和结构上来看，它非常适合作为统一认证系统的解决方案。通常情况下，我们可在以下场景使用 LDAP。

- DNS 服务。
- 统一认证服务。
- Linux PAM。
- Apache 访问控制。
- 各种服务登录。
- 个人信息类存储，如地址簿。
- 服务器信息存储，如账户管理、邮件服务等。

但随着用户体量的增加，LDAP 的局限性也越来越明显，比如，在一个跨国政企中，如果在国内部署一套 LDAP 系统，因为网络延迟的影响，在他国的用户体验会受到很大影响，甚至可能出现认证超时等问题。

7.6.3　LDAP 服务器的部署位置

LDAP 服务器一般部署在办公网服务器区。考虑到 LDAP 服务器需要的高可用性，一般使用服务器集群、备份和故障转移技术，例如通过复制和故障转移来实现主从冗余。

具体 LDAP 服务器的部署可以参考 AD 的部署。

7.6.4　LDAP 服务器的联动

LDAP 服务器是很多安全产品的身份认证基础，可以与以下安全产品联运。

- IAM 系统：LDAP 服务器可作为 IAM 系统的存储仓库，存储用户信息，如用户名和密码。
- 邮件服务器：LDAP 服务器可以作为邮件联系人存储仓库，以便存储和管理联系人信息。
- VPN：LDAP 服务器可以作为 VPN 的身份验证源，验证用户身份并允许用户访问网络。

因此，LDAP 服务器是 IT 基础设施中非常重要的一部分。

7.6.5　LDAP 服务器自身安全

LDAP 和 AD 连接的时候，一不小心泄露账户密码，很容易导致整个 AD 域的存储对象信息泄露，例如用下面的命令可以查看整个 AD 域的服务器及主机列表：

```
ldapsearch -x -h ldap.example.com -D "cn=admin,dc=example,dc=com" -w
password -b "ou=Users,dc=example,dc=com" "(objectclass=*)" -s sub
```

LDAP 自身也有注入问题。当应用对 LDAP 服务器进行查询时，如果不对查询条件进行合法性判定，就很容易出现 LDAP 注入问题。例如，攻击者输入的 username 是 admin)(&，那么，经过拼接后的过滤条件就变成了 &(cn=admin)(&)(password=any)。这个过滤条件会绕过对 (password=any) 的判定，从而绕过对用户的认证过程，直接以 admin 的用户身份完成认证。

LDAP Connector 使用标准的 JNDI 接口，同时也是常见的注入攻击目标。

7.6.6　LDAP 服务器产品

在开源产品上，免费的 LDAP 服务器有 OpenLDAP、Apache Directory 等。

在商业产品上，国内有南大通用目录数据库 GBase 8d。国外有上文提到的微软 AD，它是一个流行的支持标准 LADP 的产品。IBM/Oracle 等也有对标的产品。

7.7　文件服务器安全

文件服务器是政企用的最多的服务器之一，主要用于实现文件共享。早期 Windows 服务器都自带文件和打印功能，因为使用起来非常便捷，受到了办公用户的欢迎。随着移动和云技术的发展，一些支持不加入域控就能访问的云文件服务器也变得越来越流行。

文件服务器需要提供政企级安全防护。文件服务器最重要的是需要有多用户资源隔离机制及灵活的细粒度权限管控，比如一些文件只能由指定部门的人员查看、改写等，还要有服务端加密、客户端加密、防盗链、IP 黑 / 白名单、日志审计、只读的 WORM（Write Once Read Many）特性等机制。从快速恢复角度来看，文件服务器还包括定期备份数据和支持异地容灾机制。

Windows Server 2012 自带文件服务器，支持在安装时选择，如图 7-10 所示。

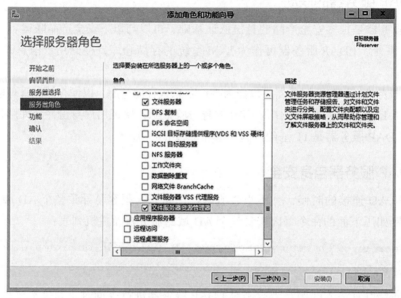

图 7-10　文件授权

文件服务器的访问控制由共享和目录两层决定。在文件夹右键单击，出现一个快捷菜单，其中提供了目录的共享设置链接。当配置用户共享时，系统可以为整个文件夹设置所需的用户组权限，并自动延伸到其子文件夹中的对象，除非明确禁用继承。除了共享的权限控制，我们还可以使用 NTFS 本身的访问控制来实现对另一层的控制。二者结合的情况下，我们可以将每个共享文件或目录都视为可授权的客体对象，这样非常灵活。一般来说，部署时遵循"文件共享权限最大化、NTFS 权限最小化"原则，即在文件共享权限中配置较大的权限，然后通过 NTFS 权限对文件目录的访问进行较小范围限制。

同样，Mac 计算机也有类似的访问控制。打开"文件共享"，在"用户与群组"设置中设置的任何用户都可以通过网络连接到你的 Mac 计算机，拥有管理员账户的用户可以访问整台 Mac 计算机中的资源。

阿里云对象存储服务（Object Storage Service，OSS）是阿里云提供的海量、安全、低成本、高可靠的云存储服务，可以作为文件共享服务器使用。OSS 提供了多种访问控制策略，包括身份验证、授权、访问日志等。你可以使用阿里云的访问控制服务 RAM 来创建和管理用户、用户组和授权策略，从而实现对 OSS 的访问控制。

7.8　虚拟桌面安全

虚拟桌面一般是在超融合基础架构（Hyper-Converged Infrastructure）上实现的，有时又被称为云桌面。超融合远程基础架构是一种集成了计算、存储和网络的系统，可以通过软件定义的方式管理和部署，从而实现数据中心的高度集成和简化。它通过虚拟技术将多个桌面系统部署在单个服务器上。用户可以通过远程访问协议从远程设备访问这些虚拟桌面。

7.8.1　虚拟桌面

虚拟桌面早期是基于远程桌面协议（Remote Desktop Protocol，RDP），通过一个瘦 PC 连接到服务器，实现数据不落地。这种实现方式的数据在远程服务器上，安全性高。

长期以来，新桌面上线、软件的安装与管理、安全补丁的复杂部署、系统升级的版本冲突等问题已经成为 PC 市场面临的巨大挑战。政企中的开发部门由于业务的特殊性，对开发环境和文档管理环境的安全性要求非常高。为了支撑业务的飞速拓展，在开发项目中往往还会涉及很多第三方公司和外包项目，甚至开发人员需要在任意地点进行办公，往往有数据不落地的诉求。

虚拟桌面可以很好地应对这一点，它是云计算时代新型的办公应用系统，能将数据和管理集中在云端，使用远程协议将用户界面传输到用户终端设备。通过这种方式，它解决了桌面运维复杂化、数据安全难以保障的问题，同时满足了移动办公需求。根据应用场景的不同，虚拟桌面主要包括 VDI（Virtual Desktop Infrastructure，虚拟桌面基础）、IDV（Intelligent Desktop Virtualization，智能桌面虚拟化）、SBC（Server-based Computing，基于服务器计算）、RDS（Remote Desktop Service，远程桌面服务）、VOI（Virtual OS Infrastructure，虚拟操作系统基础架构）5 种经典架构。但多数客户业务场景复杂多变，比如医院的收费窗口需要更高的数据安全性，适合采用 VDI 模式；而医生终端对外设的兼容性以及断网能保证使用的要求高，适合采用 IDV 模式等。三云融合虚拟桌面云解决方案适用于各行业客户，采用三大云化融合引擎，为不同业务场景提供匹配的解决方案，并确保一致的使用体验。

传统虚拟桌面其实主要针对的还是运维方便、安全性高这样的一些基础问题。

7.8.2　虚拟桌面自身安全

在虚拟桌面的应用环境中，只要拥有访问权限，任何终端都可以随时随地访问云端的桌面环境，这是许多虚拟桌面供应商所宣传的便利之处。然而，如果访问权限不可靠，会给信息安全带来威胁。例如仅使用单一的用户名和密码进行身份认证，一旦泄露，恶意用户就可以在任何位置访问你的桌面系统并获取敏感数据，因此，需要更加严格的终端身份认证机制。类比于过去在银行办理业务时需要携带身份证，现在的身份认证需要结合多种因素。例如，在网银业务中，仅依靠卡号和密码进行身份认证已经不够安全，至少需要使用"密码 + 手机验证码"，甚至还需要叠加行为的访问控制来保障账户安全。

采用虚拟桌面方案之后，所有的信息都会存储在后台的磁盘阵列中。为了满足文件系统的访问需要，一般采用 NAS 存储系统。这种系统的优势在于政企只需要考虑保护后端磁盘阵列的信息，原本客户端可能引起的主动式信息泄露概率大为降低。但是如果系统管理员，或者拥有管理员权限的非法用户想要获取信息，这种集中式的信息存储正中其下怀。在虚拟桌面设置中，我们通常使用专用的加密设备来实现数据的加密存储，同时需要满足隐私要求，确保加密算法可以由前端用户自行指定。

7.8.3 虚拟桌面产品

在商业产品上，Citrix XenApp 可以很好地实现用户环境的集中、统一运行和管理，可加速并简化应用部署和管理，满足业务的扩展和安全需求，实现便捷的用户访问。

微软的远程桌面服务（Remote Desktop Service，RDS）是 RDP 的升级版，仅限于 Windows 操作系统桌面，能支持的设备有云终端、瘦客户机、平板电脑、手机、笔记本电脑等。RDS 的主要应用场景为教学、办公、阅览室、展示厅等。

在 2020 年的阿里云栖大会上，阿里云发布了一项名为"无影"的云电脑技术。这项技术在虚拟桌面领域的发展中树立了一个云桌面的行业标杆。它可以帮助政企用户快速部署和管理虚拟桌面，并将桌面应用和数据转移到云端，实现安全可控、跨终端和跨地域的云办公场景。"无影"云电脑技术的出现为政企用户提供了更加灵活安全的办公方式。

7.9 公钥基础设施体系安全

公钥基础设施（Public Key Infrastructure，PKI）体系中的数字证书是网络通信中标志各方身份信息的一系列数据，作用类似于现实生活中的身份证。它是由权威机构发行的，用来识别对方身份，并进一步实现敏感信息的机密性、完整性及不可抵赖性。数字证书是由认证中心或者认证中心的下级认证中心颁发的。整个 PKI 体系的架构如图 7-11 所示。

数字证书签发服务平台可以实现数字证书的签发、更新、作废等生命周期的管理。数字证书签发服务平台建设内容包括证书授权（Certificate Authority，CA）系统、密钥管理中心（Key Management Center，KMC）、证书注册机构（Registration Authority，RA）、时间戳中心（Time Stamp Authority，TSA）、通过 LDAP 发布的证书吊销列表（Certificate Revocation List，CRL）和在线证书状态协议（Online Certificate Status Protocol，OCSP）。有些厂商构建了完整的系统，包括证书综合服务系统（CDS）、证书助手的 PC 端和移动端等子系统。

CA 系统是一种用于管理和颁发数字证书的系统。在数字证书认证过程中，CA 系统作为权威、公正、可信赖的第三方，作用是至关重要的。认证中心是一个负责发放和管理数字证书的权威机构。CA 系统允许管理员撤销发放的数字证书，在 CRL 中添加新项并周期性地发布这一数字签名的清单，通过 LDAP 目录服务的形式和数字证书一起发布出去。数字证书应用支撑平台可以通过查询目录服务器获取最新的用户数字证书和 CRL，并利用 CRL 和 OCSP 服务器验证用户数字证书的有效性。

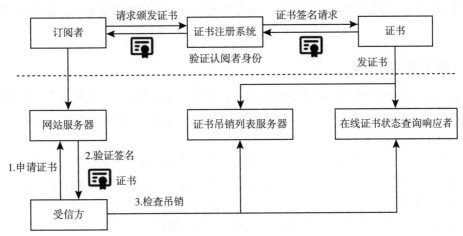

图 7-11　PKI 体系的架构

RA 系统是 CA 系统证书发放、管理的延伸。它负责证书申请者的信息录入、审核以及证书发放等工作，同时，对发放的证书有相应的管理功能。发放的数字证书可以存放于 IC 卡、硬盘或软盘等介质中。RA 系统是整个 CA 系统正常运营不可缺少的一部分。

KMC 是公钥基础设施中的一个重要组成部分，负责为 CA 系统提供密钥的生成、保存、备份、更新、恢复、查询等服务，以解决分布式政企应用环境中大规模密码技术应用所带来的密钥管理问题。例如，一位员工使用了一组加密密钥来加密公司的敏感数据，因为硬件故障或者员工离职，密钥丢失，这时可使用 KMC 的密钥恢复功能。KMC 接到 CA 系统转发的用户密钥恢复申请后，将密钥从数据库中取出并以安全的方式发送给用户。密钥传输过程符合《GMT 0014-2012 数字证书认证系统密码协议规范》，只有最终用户才能取得属于自己的私钥。

TSA 是由联合信任时间戳服务中心（国家授时中心和北京联合信任技术服务有限公司共同创建的）签发的，一个能证明数据电文（CA 文件）在一个时间点是已经存在的、完整的、可验证的、具备法律效力的电子凭证。可信时间戳主要用于防电子文件篡改和事后抵赖，确定电子文件产生的准确时间。可信时间戳符合《中华人民共和国电子签名法》第二章关于数据电文书面形式的要求，能有效证明数据电文（电子文件）产生的时间及内容的完整性。它是指数据电文中以电子形式所含、所附的用于识别签名人身份并表明签名人认可其中内容的数据。授时与守时结合在一起提供的可信时间戳服务，对用户的各种类型的电子文档进行签名认证，能够证明电子文档在什么时间产生（When），电子文档的内容（What），且截至现在数据未经篡改，起到司法凭证的作用。

CRL 是 PKI 体系中的一个结构化数据文件。该文件包含了证书颁发机构已经吊销的证书的序列号及吊销日期。CRL 文件中还包含证书颁发机构信息、吊销列表失效时间和下一次更新时间、采用的签名算法等。CRL 最短的有效期为 1 个小时，一般为 1 天，甚至 1 个月，由各个证书颁发机构在设置证书颁发系统时设置。

这样，CA 系统、RA 系统、KMC、TSA 和 CRL 相互协作，确保数字证书的安全颁发和管理，实现网络通信的安全性和可信度。从安全角度看，采用数字证书认证是一个比较可靠的手段。

7.9.1 密码学原理

信息安全中的密码学包含对称加密算法、非对称加密算法以及哈希算法等。对称加密算法包含的算法有 DES、AES 等，非对称加密算法包含 RSA、椭圆曲线加密算法等，哈希算法包含 MD5、SHA1、SHA2 等。

非对称加密是密码体系重要的基础设施，其中国产商用密码算法主要是 SM，首先要生成公钥和私钥，发送信息时，使用对方的公钥对信息进行加密，对方收到信息之后，使用自己的私钥进行解密。

OpenSSL 是一个开源项目，组成主要包括以下 3 个组件。

- openssl：多用途的命令行工具。
- libcrypto：加密算法库。
- libssl：加密模块应用库，实现了 SSL 及 TLS。

openssl 可以实现秘钥证书管理、对称加密和非对称加密，用到的比较多的技术是非对称的根证书、服务器证书和个人证书。

7.9.2 PKI 体系的作用

PKI 体系的主要作用是为实现安全的身份认证、数据保护和通信加密提供支持。它建立了一个可信任的框架，用于生成、发布、分发、管理和撤销数字证书，以及管理公钥和私钥。

在网络安全方面，PKI 体系具有广泛的应用场景，如通过使用私钥对数据进行签名，验证数据的完整性和来源的真实性，这对于保护文档、电子邮件、软件等的完整性非常重要。使用个人证书签署的电子合同，如劳动合同、买卖合同，与手写签名的合同的法律效力是一样的。

总之，PKI 体系在网络安全中发挥着关键作用，提供了安全、可靠的基础设施，用于保护通信、身份验证和数据完整性。它在电子邮件、虚拟专用网络（VPN）、数字签名等领域得到广泛应用，确保了数据的安全性和可信性。

7.9.3 PKI 体系的功能

PKI 体系，尤其是其中的证书系统，可以实现内容的完整性、防篡改，并且可以获得数字化的、具有法律效力的电子凭证，具有以下主要功能。

1）数字证书颁发与管理：PKI 体系可生成、签发和管理数字证书，核心能力在于生成、存储和管理公钥与私钥对。公钥用于加密和验证数字签名，私钥用于解密和生成数字签名。PKI 体系可确保私钥的安全性，只允许合法用户访问并使用私钥。

2）数字签名：PKI 体系支持数字签名，用于验证数据的完整性和来源的真实性。通过使用私钥对数据进行签名，可以确保数据在传输过程中未被篡改，并验证签名的合法性。

3）身份验证：PKI 体系通过数字证书实现身份验证。用户可以使用数字证书证明身份，并进行双向身份验证。

4）加密与解密：PKI 体系支持公钥加密算法，用于对敏感数据进行加密。发送方使用接收方的公钥对数据进行加密，只有接收方的私钥可以解密数据。

这些功能共同构成了 PKI 体系的核心能力，实现了身份认证、数据加密、完整性验证和可信性保证等安全机制。证书验证是最常用的功能，具体用在身份认证和访问控制上。首先，用户访问业务系统，提示用户选择证书登录；其次，用户提供证书，应用网关提取用户证书信息并验证证书；再次，用户证书信息传递到业务系统；最后，认证正确后，获取用户权限等信息，直接进入业务系统。

总之，使用 PKI 体系可以确保通信的保密性、完整性和可信性，为网络安全提供重要的基础设施支持。

总之，保护 PKI 体系，尤其是 CA 证书的自身安全是数字证书系统安全的重要一环，需要采取一系列的技术和管理措施。

7.9.4　PKI 体系的部署位置

PKI 体系中的 CA 部署在内网安全运维区（图 7-12 中的右上角），RA 和 CRL 部署在 DMZ（图 7-12 中的左上角）。安全运维区受到严格的物理和网络安全控制，以防未经授权的用户访问。

终端 PKI 实体是 PKI 服务的最终使用者，可以是个人、组织、设备（如路由器、交换机）或计算机中运行的进程。实体尤其是 Key，会在终端侧被用户携带。

7.9.5　PKI 体系的联动

PKI 体系通常可以发放以下各类证书，过程都需要进行签名和认证。

- SSL/TLS 证书：WAF 和负载均衡等用到的 SSL/TLS 证书，用于保护网站的安全通信。
- VPN 证书：授权用户需要提供硬件证书（例如 Key）以访问 VPN。
- 数字签名证书：电子合同、电子文档、电子邮件等需要 S/MIME 等数字证书进行签名和验证。
- 代码签名证书：杀毒软件等安全软件通常提供白名单机制，需要使用代码签名证书来验证其他软件和代码的真实性和完整性，确保它们没有被篡改或恶意攻击。

总之，CA 系统作为 PKI 体系的核心，与 SSL/TLS 证书、VPN 许可证、数字签名证书、代码签名证书等安全产品密切相关，一起构建了完整的数字安全生态系统。

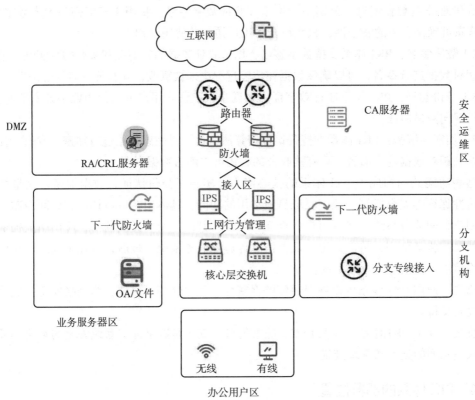

图 7-12　PKI 体系的部署

7.9.6　PKI 体系自身安全

PKI 体系自身存在一些安全风险，需要采取相应的措施来保障安全性。以下是一些常见的安全风险以及相应的保障方法。

- 私钥泄露：私钥是 PKI 体系的核心，如果私钥泄露，攻击者可以伪造数字签名或解密/加密数据。为了保障私钥的安全，应当在硬件安全模块（HSM）保存私钥，控制私钥的访问权限，只授权给经过认证和可信的人员。
- 证书伪造：攻击者能够伪造数字证书，就可以冒充合法实体进行欺骗和攻击。为了防止证书伪造，应使用公开可信的证书颁发机构签发的证书，必要时对证书进行验证，使用 CRL 和（OCSP）等机制来及时撤销已被篡改、过期或被撤销的证书。
- 中间人攻击：中间人攻击是指攻击者在通信过程中窃听、篡改或伪造通信内容。为了防止中间人攻击，使用安全的通信协议，如 TLS/SSL，最好是双向认证，确保通信通道加密和身份可信。

7.9.7　PKI 体系产品

在开源产品上，EJBCA 是一个功能齐全的 PKI 体系，支持证书颁发、撤销、管理和验证，适用于各种场景。

在商业产品上，国内历史比较久的 PKI 厂商有格尔、吉大正元等，擅长运营 CA 的有 BJCA 等。例如格尔的证书综合服务系统 CDS 支持对机构人员信息管理、认证服务、终端设备管理（包含对终端设备安全使用、证书、接入、发证策略等的管理）。

7.10 加密机安全

加密机又叫硬件安全模块（Hardware Security Module，HSM）是国内自主开发的主机加密设备，经国家商用密码主管部门鉴定并批准使用，可用于加密文件、VPN 等 TLS 通道，并与客户端主机通过 TCP/IP 通信。作为国产密码的重要基础设施，加密机在交易验证环节扮演着重要角色，一旦出现问题，可能影响网银等交易类业务。加密机管理员也显得尤其重要。

HSM 的 API 主要用于安全保存、发放和撤销各种签名证书和加密通信密钥等。除了加密，一些政企还会引入签名验签服务器，以满足业务需求。

证书密码直接关系到公司的数据安全。许多公司仍在手动配置各种证书密码，例如运维人员手动配置 SSL 证书，研发人员手动配置各种数据库密码等，这种做法很不安全，容易导致网络劫持和数据泄露的发生。

7.10.1 HSM 的作用

HSM 的作用是帮助用户以硬件加密的形式全生命周期管理和保护密钥，如 API 私钥、云 IAM/STS 证书密码、数据库密码等。HSM 还同步提供密钥的使用权限控制和访问控制。例如，HSM 可以帮助用户管理加密数据库中的敏感信息，保护存储在云端的数据，管理加密通信中的密钥等。

HSM 在对安全性要求更高的场景例如金融、电信、政府等领域大显身手。现在，云 HSM 已经成为许多大型互联网公司（如 Amazon、Microsoft、Google 等）提供的云服务的重要组成部分，帮助用户简化密钥管理流程，提高数据安全性。

7.10.2 HSM 的功能

HSM 主要功能如下。

1）生成、存储、轮转、销毁和管理密钥，并将其存储在安全的加密存储区中。

2）和各种应用结合，加密和解密数据。

3）为授权用户提供安全访问密钥，且无需明确提供密钥本身。

4）提供密钥管理活动的审计和报告功能，包括加密、访问控制和审核记录。

HSM 通常用于加密数据，保护数据隐私和安全，以及提供满足合规性要求的工作流程。通常，加密机要支持多种密钥算法。支持的公钥算法有 RSA、DSA；支持的对称算法有：SDBI、DES、3DES、IDEA、RC2、RC4、RC5、SM4 和 SM1；支持的单向散列算法有 SDHI、MD2、MD5、SHA1 和 SM3。OpenSSL 1.1.1q 5 Jul 2022 在传统的 RSA 算法基础上，已经实现了国密 SM 算法。此外，还可以通过 GmSSL 来生成国密 SM2 签名的公私钥及证书。

7.10.3 HSM 的部署位置

HSM 通常部署在安全运维区域和关键网络节点，如图 7-13 所示的右上角和右下角。在安全运维区，HSM 作为核心安全设备，用于密钥管理、加密算法的加速和执行以及安全协议的实现。在关键网络节点，HSM 一般部署在外网或内网两个需要加密的点之间，用于 VPN 等链路加密、网络加密、应用加密。

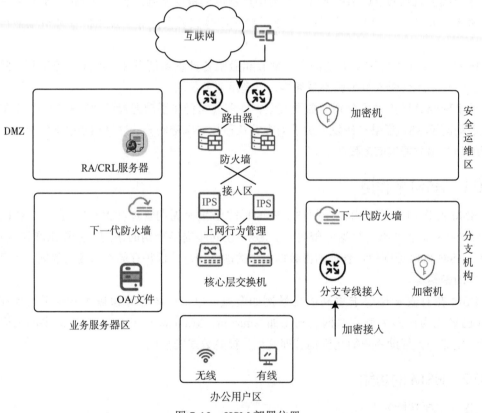

图 7-13 HSM 部署位置

HSM 也可以部署在身份认证服务器同一个区域中，用于加密和保护用户身份验证过程中的敏感信息，以确保用户身份的机密性和完整性。

7.10.4 HSM 的联动

HSM 可以和很多身份认证或加密产品联动，共同提供密钥服务。

- 密钥管理系统（KMS）：HSM 可以与 KMS 一起使用，KMS 负责生成密钥，HSM 负责保护它们的存储安全。
- CA 系统：HSM 可以与 CA 系统一起使用，CA 负责生成数字证书等，HSM 负责保护私钥的存储安全。

HSM 和 IAM 联动也比较多。IAM 可以保证只有授权的用户和角色才能创建和使用这些密钥。同时，HSM 可以为身份认证产品提供安全密钥，保护用户身份令牌的安全。

7.10.5　HSM 自身安全

量子计算技术给 HSM 带来很大的风险，因为量子计算技术具有极强的计算能力，可以破解目前广泛使用的公钥密码系统，当然也包括国密 SM 系列算法。量子计算机可以使用 Shor 算法进行快速因式分解，从而破解 RSA 密码，因此，我们需要采取新的加密技术来保护数据安全。

7.10.6　HSM 产品

在开源产品上，OpenSSL 虽然不是专门针对加密机设计的开源项目，但它是一个被广泛应用的开源加密库，提供了许多加密算法和协议的实现，可以用于构建 HSM 功能。

在商业产品上，HSM 被广泛应用，涉及各种核心业务交易验证环节。从功能和认证方面划分，HSM 可分为传统的线下硬件加密机和新兴的云上加密机。国内 HSM 厂商有江南天安等。

国外 Thales 是全球领先的加密和数字安全解决方案提供商。硬件加密机主要提供加密 / 解密、签名 / 验签等机制。云加密机可以与云计算管理系统无缝对接，同时通过对硬件密码运算资源的虚拟化技术，实现用户密钥信息的安全隔离与单独管理。一台硬件密码平台可以虚拟出最多 20 台密码机。

云加密机的主要作用在密钥安全管理上，它使用经过第三方认证的硬件安全模块来生成和保护密钥，实现密钥全生命周期管理和保障。云加密机的架构如图 7-14 所示。

硬件安全模块集群和密钥管理服务群之间存在一种责任共担模式。虽然 HSM 的基础设施和服务由云厂商提供，但业务应用是政企利用 KMS 开发的，如果代码中存在漏洞或配置错误，可能导致应用风险。因此，KMS 的安全问题是云厂商和租户共同承担的。大多数云厂商有完善的安全体系，经过全面的应用密钥生命周期管理，以确保只有指定用户能够访问。

云密码服务作为云计算 PaaS 层不可缺少的一种基础服务，需求是强烈的。它为云计算的基础环境提供安全保障，也为其他云端应用提供密码服务，同时还要保证密码平台自身的安全。

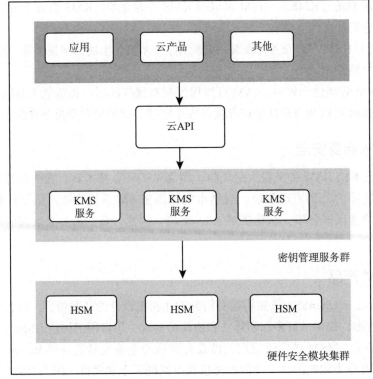

图 7-14 云加密机的架构

7.11 认证安全

身份认证（Identity，ID）的目的是确保访问者的真实身份与声明身份一致。一个可靠的身份认证系统是对外提供服务的出发点，是业务系统和数据信息安全的基石，因此本书将其作为单独章节来阐述。

如今，全世界网络面临大量攻击，攻击者通过各种手段窃取个人隐私、账户密码，甚至 IT 资产。在过去的 20 多年里，90% 到 99% 的有效攻击源于社会工程和软件漏洞。在这些攻击中，很大一部分与系统的身份认证相关。一个不安全的认证系统将导致大量恶意攻击和信息泄露。

常见的认证手段有验证码、双因子认证和多因子认证。

7.11.1 验证码

验证码的全称是全自动区分计算机和人类的图灵测试（Completely Automated Public Turing Test to Tell Computers and Humans Apart，CAPTCHA），是一种人机交互的验证方式，主要用来防止攻击者使用脚本和机器人等手段来破解登录认证。验证码的验证方式多种多样，有拼图、连线、算数、识图等。

Web 页面交互一般作为邮箱、短信验证的呈现载体，插入用户的使用过程中。Web 页面可实现多种基于点击、输入的认证交互手段，受限于浏览器的隐私策略以及计算机硬件信息采集能力，Web 页面能实现的认证手段少于移动客户端。但随着基于 FIDO2 的 WebAuthn 出现，即使在严格的场景下，Web 交互已经能满足我们对认证安全性的要求。

比较有名的是谷歌提供的 CAPTCHA（reCAPTCHA）服务，国内的阿里云、网易等都有相应的产品。

7.11.2 双因子认证

双因子认证也被称为两步验证或双因素认证，是一种安全验证方式。它在强调用户所知的密码基础上，增加了验证用户所拥有的一次性口令（One Time Password，OTP）的登录。双因子认证增加了攻击的难度。由于大多数攻击来自远程互联网连接，因此双因子认证可以大幅减小不在用户身边的攻击威胁。

双因子认证产品也需要有一定的适配。现在很多网络设备（例如路由器、交换机）、安全设备（例如 VPN），甚至很多安全产品、业务应用的管理后台，都会采用双因子认证方式来验证运维人员或者最终用户的身份。双因子认证一般支持 Radius 协议，以实现和多数网络系统等的无缝接入。操作员不仅需要输入静态密码，还需要提供利用令牌生成的动态密码或者一次性密码。采用这种"所知 + 所有"结合的认证方式可以大大加强设备的安全性。华为和思科的认证方式虽然都是基于 Radius 标准协议，配置上还是有细微差异的，尤其在配置上。一个好的产品必然要兼容众多设备。下面是一个 Linux 的 SSH 登录启动双因子认证的配置。

```
root@otp:~# cat /etc/pam.d/sshd
# PAM configuration for the Secure Shell service
auth            required       pam_google_authenticator.so
...
root@otp:~# cat /etc/ssh/sshd_config
...
ChallengeResponseAuthentication yes ... root@otp:~#
```

对安全性要求不太高的政企可以用邮箱验证、短信验证等；对安全性要求高的政企需要使用硬件令牌比如 USB 的密钥 YubiKey。

双因子认证已经在银行、证券、网游、电子商务、电子政务、网络教育、政企信息化等领域普及，可以保护多种类型的应用系统，如主机、各种网络设备及各种使用计算机、手机、电话、数字电视等作为操作终端的应用系统。即使我们常用的网站、论坛，通过采用双因子认证，也可以提供更高级别的安全保障。

当双因子认证不再足够的时候，我们就需要考虑多因子认证。

7.11.3 多因子认证

多因子认证（MFA）在传统的账户密码基础上，通过添加设备、位置、时间等更多维度的验证，以确认用户的真实身份。如果多因子认证的过程过于复杂，人们很容易因为懒惰而跳过其中的一些流程。一个安全且合理的身份认证场景应该最大限度上减少用户的交互，只在必要且合理的情况下要求用户进行必要范围内的最小验证。

在访问一些高风险场景的时候，需要确保使用人的身份正确无误，对安全性的要求高于用户交互体验要求，因此我们可采取结合多项持有物、生物特征及用户行为的多因子认证方式。

MFA 最便捷的方式之一是生物识别。它通过可测量的身体或行为等生物特征来进行身份认证。生物特征一般分为身体特征和行为特征两类。身体特征包括声纹、指纹、掌形、视网膜、虹膜、人体气味、脸形、手的血管和 DNA 等；行为特征包括签名、语音、行走步态、击打键盘的力度等。目前，部分学者将视网膜识别、虹膜识别和指纹识别等归为高级生物识别技术，将掌形识别、脸形识别、语音识别和签名识别等归为次级生物识别技术，将血管纹理识别、人体气味识别、DNA 识别等归为"深奥的"生物识别技术。广泛应用指纹识别技术的领域有门禁系统、微信支付等。

有了 MFA 也不是就一定安全的，针对 MFA 的主要攻击方法主要有 3 种：社会工程攻击、技术攻击、物理攻击。随着越来越多的用户开始使用 MFA 来加强端点安全，我们也看到攻击者正在想方设法来规避 MFA 技术，其中一些尝试已经取得成功。

如今，攻击者水平越来越高，善于伪装自己。大部分攻击者还是以相对固定的公有云或海外服务器作为跳板发起攻击。政企可结合威胁情报，在服务器端对发起请求的用户要求做额外验证来确保安全。除了技术手段，政企还要加强对内部人员的安全意识培训，通过日常的培训和不定期的安全演练来提升员工对可疑邮件的敏感度。

7.12　身份与访问管理系统安全

身份与访问管理（Identity and Access Management，IAM）系统为政企的 IT 系统提供统一的身份认证渠道，是政企安全门户入口。只有安全的认证机制，才可以保证机构大门不被非法人员入侵。同时，Gartner 认为，针对 IT 基础设施或云基础设施的特权账户管理（PAM），针对员工账户生命周期治理的 IGA（Identity Governance and Administration），及针对消费者的 CIAM（Customer IAM），都是泛 IAM 的范畴。IAM 的主要目的是让正确的人在正确的时间以正确的理由访问正确的资源，这四个"正确"兼顾认证登录和访问控制。

例如，员工张三在政企中所在的部门是市场部，职务是经理，在政企内部有 4 个账户，分别是办公系统的 518237、邮件系统的 zhangsan@zk.com、VPN 系统的 zhangsan，以及 Salesforce 的 zhangsan。虽然是同一个人，由于这几个系统的账户命名规范不同，账户是不同的。由于工作职责不同，张三在几个系统中的角色和权限不一样，在办公系统中的角色是经理，拥有审批等作为经理应该拥有的权限；在邮件系统中是普通用户，只能做收发邮件这种简单的操作；在 VPN 系统和 Salesforce 中的角色是普通用户，并没有特殊的权限。在这种情况下，设有 IAM 工具是非常难以高效管理的。

IAM 是一个相对比较复杂、涉及面极广的体系架构解决方案。IAM 解决方案涉及很多概念及相对应的产品和系统，例如用户管理、特权账户管理、身份管理、身份提供、联邦身份管理、一次性口令、MFA、基于风险的身份验证、LDAP、单点登录、联邦单点登录、基于角色的访问控制、审计和报表。政企上云后，又出现了针对 SaaS 的身份认证即服务（IDentify as a Service，IDaaS）和针对云主机存储等设施的云基础设施授权管理（Cloud Infrastructure Entitlements Management，CIEM）。一个好的 IAM 产品具备上述各种能力。

在政企中，规模越大，员工越来越多，应用越来越多，对 IAM 的诉求就会越来越凸显。现在，许多大型政企都使用 IAM 来管理员工、客户和合作伙伴的身份和访问权限，以确保访问安全、合规性和效率。

7.12.1　IAM 系统的作用

IAM 系统的作用是帮助组织管理用户，确保仅有被授权的用户才能访问网络资源。它还可以支持访问控制，帮助管理员控制哪些用户可以访问哪些资源，从而提高安全性，防止未经授权的用户访问或攻击。

IAM 系统可以帮助组织简化用户管理的过程，节省管理成本。随着互联网和云计算技术的普及，IAM 的重要性不断增强，政企越来越多地将信息存储在云中，并使用多种设备访问这些信息。IAM 已经成为确保数字信息安全的关键技术。

7.12.2　IAM 系统的功能

IAM 有时也被称为 "4A"（Account、Authentication、Authorization、Auditing），是指在网络安全中用于管理和控制用户身份和访问权限的一系列功能。

1）用户目录（Account）：确定组织的用户及其唯一主账户身份，同步众多应用子账户，管理用户的账号信息，包括创建、修改、删除和禁用账号等操作。

2）身份认证（Authentication）：识别用户身份，并验证他们是否具有访问网络资源的权限，包括单点登录、安全令牌服务和生物特征认证等。

3）访问控制（Authorization）：也就是授权，确保用户仅可以访问被授权的资源。

4）审计报表（Auditing）：监控用户对网络资源的访问，以确保安全。

IAM 在网络安全中起到关键作用，帮助组织保护敏感数据，防止未授权访问和降低安全风险，是几乎所有的业务系统和安全产品都需要考虑的安全能力。因为功能较多，我们分小节阐述。

7.12.2.1　用户目录

用户目录（User Directory，UD）是存储用户身份信息和属性的数据库或存储系统，是账号管理的基础。HR 是整个身份管理平台的源头，组织架构和员工管理是 IAM 系统的一个基础功能。通过管理政企的组织架构，可以非常直观、系统地对员工进行管理，例如所处城市、所在部门，及许多辅助的员工信息如工号、部门负责人等，如图 7-15 所示。

图 7-15　IAM 中的组织和用户（来自厂商截图）

账号管理涉及对用户账号的创建、修改、删除和禁用等操作，主要关注的是用户账号的生命周期管理。组织中经常发生工作岗位变动。整个员工的入、转、调、离过程不但需要在 IAM 系统中操作，还需要结合政企安全工作审批流程（BPM）等，根据事前和事后审批结果，通过 API 来实现 IAM 和 BPM 的联动。由于变动较大和较频，用户同步（User Provisioning）功能扮演着非常重要的角色。它主要是把员工信息变化，通过自动化脚本及时反映到各个业务应用中。例如将新入职的 IT 管理或运维用户账户自动加入 Linux 操作系统上账户的 Admin 用户组。随着越来越多的云端 IaaS、PaaS、SaaS 应用被采用，用户管理也走出了本地部署应用范畴，考虑更多的云端应用场景。

7.12.2.2　身份认证

早期，用户认证主要为了证明用户所是（Something you are），需要提供用户所知（Something you know），例如账户/密码的方式。随着对安全性要求变高，引入了用户持有（Something you have），包括证书体系和令牌等认证方式。换句话说，就像访问各种应用程序或者办理酒店入住一样，为了证明你的身份（所是），需要提供身份证号码（所知），甚至可能需要进行人脸比对等生物特征的验证（所持有）。

口令登录是 IAM 系统的一个重要的基础功能。密码口令成本低，使用方便，但因为是一种客户端和服务器端对称的机制，也有明显的安全风险。图 7-16 展示的是密码策略。

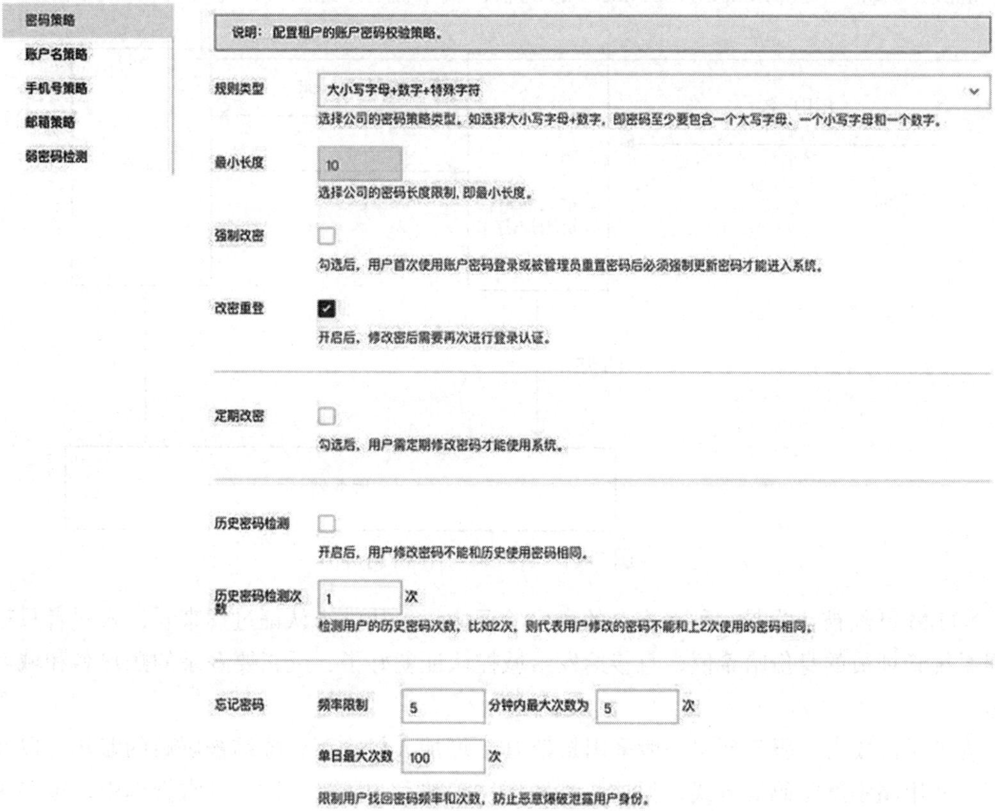

图 7-16　密码策略（来自厂商截图）

密码爆破是一种比较基础的攻击手段，常通过使用脚本等方法来实施。这些破解手段已经非常成熟，门槛很低。攻击者可以利用已公开的常见弱密码，比如 abcd1234、admin、root、admin@123 等；也可以使用数字或字母的连排或混排，例如 123456、abcdef、123abc、qwerty、1qaz2wsx 等；以及利用一些基于短语的密码，如 5201314、woaini1314 等；还会利用公司名称、生日、姓名、身份证号、手机号、邮箱名、用户 ID、年份等组合进行破解。攻击者可以创建密码字典，以提高密码破解的成功率。但在政企内部，除非被劫持利用，不良员工尝试暴力破解别人密码容易被安全人员发现，风险还是很高的。常见的一些工具，例如 Hydra、Brutus、Web Brute、Bert、SQLPing、WFuzz 等，都是利用准备好的密码字典进行登录尝试，以快速获取权限。九头蛇（Hydra）是由著名的计算机安全组织 THC（The Hacker's Choice）开发的一款开源暴力破解密码工具，具有非常强大的功能。它在 Kali Linux 系统下是默认安装的，几乎支持所有的在线协议的爆破，包括 SSH、FTP、HTTP、HTTPS、IMAP、LDAP、POP3、RDP、SMTP、SSH、Telnet 等。

一般，统一认证的第一次登录往往是在域控服务器中完成的，这里除了上面提到的账户/密码验证方式，还有 Kerberos 和 NTLM 两种方式。其中，NTLM 身份验证时使用了一种称为"挑战 - 响应"（Challenge-response）的机制，整个流程如图 7-17 所示。

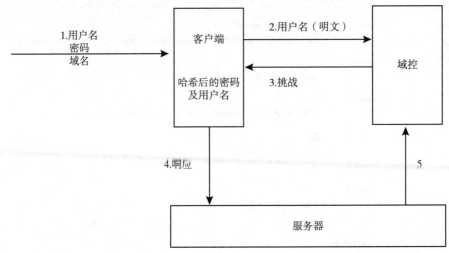

图 7-17　NTLM 工作机制

NTLM 已经被认为是一种不安全的身份验证协议。从整个认证过程来看，入侵者只需要获得系统管理员的身份哈希值，直接给发给域控认证就好了，反正要登录的账户名和域名都知道。

为了对抗攻击，服务器端一般采用封禁 IP、增加人机交互、冻结被爆破的账户，以及要求用户使用高强度密码等方式，但这些都属于比较被动的防御手段。日常管理中，很多用户莫名下线，或是手机上收到需要认证的短信验证码，这都是危险的信号，证明你的系统可能已经被黑客突破了口令这个第一道防线。

7.12.2.3　访问控制

访问控制是明确什么角色的用户能访问应用中什么类型的资源，例如我们通过出示身份证等认证步骤，得到一张房卡，这个房卡所对应的权限是非常有限的，它只能乘坐电梯到指定楼层，入住指定的房间，而且在入住期间有效。这实际上就是我们所说的授权需要完成的工作。

使用访问控制列表（Access Control List，ACL）可以防止用户对计算资源、通信资源或信息资源等进行未授权访问，是一种针对越权使用资源的防御措施。其中，主体（Subject）通常指用户或代表用户执行的程序，又被称为发起者（Initiator）；客体（Object）一般指需要保护的资源，又被称为目标（Target）；授权（Authorization）规定主体对客体可以执行的动作（Action），如读、写、执行或拒绝访问。所有权限（Privlege）访问都可以抽象为主体针对客体执行的动作，如表 7-1 所示。

表 7-1 主体和客体访问关系

主体	访问权限	客体	主体	访问权限	客体
Jack	own	file 1	Mary	w	file 2
Jack	r	file 1	Mary	w	file 3
Jack	w	file 1	Mary	r	file 4
Jack	own	file 3	Lily	r	file 1
Jack	r	file 3	Lily	w	file 1
Jack	w	file 3	Lily	r	file 2
Mary	r	file 1	Lily	own	file 4
Mary	own	file 2	Lily	r	file 4
Mary	r	file 2	Lily	w	file 4

　　基于角色的访问控制（Role Based Access Control，RBAC）的核心是在用户（User）和权限（Permission）之间引入了角色（Role）的概念，减少了用户和权限的直接关联，改为通过用户关联角色、角色关联权限这种双重关联的方法来间接赋予用户权限，从而达到用户和权限之间解耦的目的。角色授权是一种静态的授权，明确赋予/收回某种角色大大减少了给用户批量授权的工作量。在一个稍具规模的政企里，为了提高管理效率，办公用户、IT 管理员、财务人员等通常都会基于角色进行管理。

　　基于属性的访问控制（Attribute Based Access Control，ABAC）是一种根据多种类型数据源进行权限判定和授权控制的机制。属性授权是一种动态的授权，例如新员工加入一个部门自动获取这个部门的权限。ABAC 只是一个模型，并不是最终实现的产品。政企还需要基于这个模型自行开发。

　　政企内部系统权限应实现最小化分配原则，相互制衡，即使 IT 安全运维人员也不例外，这样可避免出现非关键人员系统被攻击后，公司全部系统都被攻击者逐个攻击的情况。默认员工得到的是最小化权限，比如只有邮箱、会议预定、访客记录等权限。如果员工需要在工作中获取额外的权限，比如对客户信息、订单生产系统访问的权限，要定义更高级别的角色。

　　据 Gartner 预测，2020 年前，70% 的政企会采用 ABAC 授权模型来替换已有的 RBAC 和 ACL 授权模型。由此可见，权限的治理是一个过去有历史、未来有方向的提升过程。

7.12.2.4　审计报表

　　审计日志需要记录用户的所有操作，需要记录主体、操作、客体、类型、时间、地点、结果等内容。根据不同的维度，我们可以划分出不同的操作日志，如操作日志、登录/登出日志、用户日志、管理员日志、业务系统日志和 IAM 系统日志等。具体到日志的展示，大屏能够实时展示用户、资产、权限等的基线情况和变化趋势，帮助用户快速了解当前身份认证的安全状态。

报表管理可以帮助政企自动生成很多和员工管理、身份管理、权限管理相关的汇总信息，如有多少员工，多少应用，从什么地方访问了哪些应用。

7.12.3 IAM 系统的部署位置

IAM 系统一般部署在业务服务器区，如图 7-18 所示。政企通过网络隔离、防火墙规则和安全策略等保证 IAM 系统的安全。如果包含特权账户管理，IAM 系统也可部署在安全运维运维区。

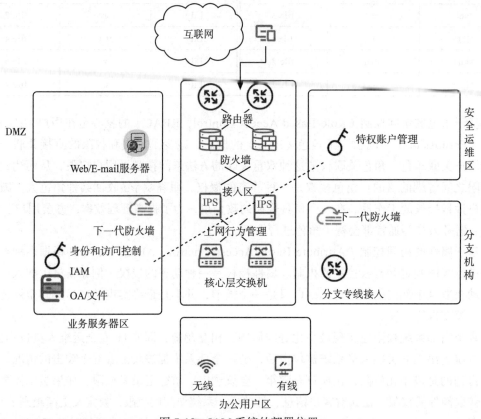

图 7-18　IAM 系统的部署位置

7.12.4 IAM 系统的联动

IAM 系统为用户和设备提供了身份验证机制，并存储了关于这些身份的管理属性和成员关系。IAM 具有平台属性，可以和很多安全产品联动。

- JH 及特权账户管理（PAM）系统：与 IAM 协同管理 IT 用户群体，包括统一认证和用户同步。
- 密码平台：无论是口令的存储，还是密钥的存储，IAM 系统都可以和 PKI、CA 系统、HSM 等深度整合，实现一个用户对应一张个人证书。

- 软件定义边界（SDP）：IAM 系统可以充当 SDP 的控制器，起到认证授权的作用。
- SIEM 系统、SoC：IAM 中的身份信息会贯穿整个访问过程，并纪录在日志中。

SDP 和 IAM 系统集成不仅可以用于最初的用户身份验证，还可以用于后续的权限控制。SDP 可以与现有的政企 IAM 集成，如 LDAP、活动目录（AD）和安全断言标记语言（SAML）等。此外，SDP 还可以基于 IAM 属性、组成员关系及用于连接的设备属性等因素，建立细粒度的访问规则，确保只有授权设备上的授权用户才能对授权应用程序进行访问。这种方法可以将应用程序（而非网络访问）与用户（而非 IP 地址）绑定，提供有用的上下文连接信息，为日志记录提供帮助，并在需要审计历史访问记录时显著降低成本。IAM 系统与 SIEM 系统集成可以自动获取用户身份和权限信息，并将这些信息与安全事件相关联，以及在事件发生时提供更加精确的警报和报告。

SDP 与 IAM 系统的集成更是授权的绝佳组合，更多介绍可以参考本章后面 SDP 部分的内容。SDP 和 IAM 系统的联动还是资产信息收集的一个重要手段，如果管理比较严格，SDP 的客户端几乎安装在所有的办公终端，这样就可以进行相关资产的探测。

原则上，IAM 系统的前面需要部署 WAF，而且 WAF 必须具备识别工具的自动爆破密码、防 XSS 攻击、防 Webshell 的能力，以保证系统安全。WAF 可以检测和告警针对 IAM 系统的攻击，提供实时的安全监控和报告。同时，如果 WAF 被用来做用户或 API 调用的鉴权，IAM 系统可以作为鉴权中心，使用策略和规则来控制用户对资源的访问。

7.12.5　IAM 系统自身安全

IAM 系统在政企内部扮演着一个非常重要的角色，无论是本地部署的平台，还是云端部署的整体环境，都需要保证其自身安全。作为一夫当关的入口，IAM 系统自然是黑客攻击的重点。在很多护网攻防演练中，攻击方只要拿下统一认证门户，都是很大的得分项。

单点登录在带来便捷的同时也有一定风险，因为只需要破解一个密码，就能访问所有相关内容。为了提高密码和账户的安全性，政企必须引入 MFA 并将其与单点登录集成，提高守护力。因为许多用户是记不住所有密码的，即使不设置相同密码，也是一个密码的变体，这些变体非常容易被破解。

IAM 系统的可用性也是一大问题，尤其是用户认证功能，一旦出现问题，会造成政企大范围员工无法正常工作。在选型 IAM 系统的时候，要强调足够高的 SLA，例如 99.99%。

在实施统一认证时，政企还要额外注意软件自身、中间件、数据库等自身漏洞和配置错误的风险。

7.12.6　IAM 产品

在开源产品上，Keycloak 是由 Red Hat 支持的开源 IAM 解决方案，提供用户认证、授权和身份管理功能，广泛应用于政企和开发者社区。

在商业产品上，身份认证即服务（IDaaS）如今是一种流行的利用云基础设施、构建在云上的身份认证服务。IDaaS 为政企提供了一种云托管解决方案，使政企不需要自己购买和维护身份验证和访问管理系统。未来，身份应该是进入充满可能性的新世界的大门钥匙，而不应简单粗暴地限制访问，形成制造摩擦和阻碍创新的瓶颈。在云计算时代，身份更成为各种云服务（IaaS、PaaS、SaaS）的"守护神"。

总的来说，线下 IAM 更适用于对安全性和可控性要求较高的政企，线上 IDaaS 更适用于那些注重灵活性和成本效益的政企。国内竹云、派拉等传统 IAM 厂商都有提供线下 IAM 产品，国外 Ping 提供的 PingID、CA 提供的 SiteMinder、IBM 提供的 Tivoli 等线下 IAM 产品有着非常强大的市场竞争力。对于线上产品，国内阿里云收购了九州云腾后推出一套名为 IDaaS 的应用身份服务。该服务主要针对政企用户，涵盖身份、权限和应用管理。其中，EIAM（Employee IAM）是专门针对政企内部员工、合作伙伴等人员的身份管理服务，整合本地或云端的内部办公系统、业务系统及第三方 SaaS 系统的所有身份，实现一个账户管理所有应用。国外早在 2006 年，Google 推出了 IDaaS，对众多的 Google App 采用了单点登录技术，实现了对电子邮件和文档创建等 SaaS 服务的身份验证和访问管理。Okta 后来者居上，成为行业佼佼者。它的产品包括基于云端提供的 Okta Single Sign-On 以及一些附加功能，例如 Universal Directory、Adaptive Multi-Factor Authentication、API Access Management，提前和上千的 SaaS 应用集成实现了 SSO 和用户目录管理。

7.13 终端检测与响应系统安全

终端检测与响应（Endpoint Detection & Response，EDR）作用于计算机这样的常规终端，是杀毒软件进化的结果。Gartner 于 2013 年 7 月创造了端点威胁检测和响应（Endpoint Threat Detection and Response，ETDR）这一术语，以定义一种检测和调查主机 / 端点上可疑活动（及其痕迹）的工具。后来，该术语被称为端点检测和响应（EDR）。它以主动防御理念为基础，结合准入控制，通过对代码、端口、网络连接、移动存储设备接入、数据文件加密、行为审计分级控制，实现操作系统加固及信息系统的自主、可控、可管理，保障终端系统及数据的安全。EDR 使用静态和动态分析方法来检测恶意软件，还可以监控、收集和汇总来自端点的数据，以尝试检测依赖更隐蔽技术的恶意行为。

2003 年的冲击波蠕虫事件是一个具有重要意义的事件。这个针对 Windows 操作系统 RPC 服务（运行在 445 端口）的蠕虫在短时间内迅速传播到全球，导致数百万台计算机被感染，造成了无法估量的损失。最终，很多人选择彻底禁止与 445 端口的互通。

同时，EDR 在数据防泄露上有了用武之地，例如在终端上禁用 USB 端口，这样数据传不出去，可以一定程度地减少大批量数据的泄露。

7.13.1 EDR 系统的作用

传统终端安全的代表产品是利用安全引擎技术、白名单技术、云查杀技术的杀毒软件。

新一代终端安全的代表产品是 EDR，它是三位一体安全体系的集大成者。例如，EDR 系统深度整合"反病毒 + 主动防御 + 智能拦截"三大防御模块，作用是检测和响应终端设备上的安全事件（包括木马、恶意软件、恶意代码等攻击），为用户提供一个纯净、无绑定的软件环境，有效抵御流行病毒以及流氓软件对计算机的侵害。

7.13.2 EDR 系统的功能

EDR 系统的主要功能是在终端设备上检测和响应安全威胁，具体的功能如下。

1）威胁检测：通过实时监控，识别可疑活动和恶意软件，并向安全团队提供实时通知，统一下发扫描、升级等任务。

2）威胁预防：通过实时保护和阻止可疑活动，防止攻击者破坏系统安全，统一管理病毒库，对病毒库统一升级。

3）威胁响应：提供快速、有效响应安全威胁的工具，包括远程查询、分析，以及恢复控制。

4）威胁情报：提供关于最新威胁的信息，以便安全团队可以更好地了解威胁和相应对策。

5）安全审计：收集、存储和分析终端设备的安全日志，以便安全团队可以评估威胁和调查攻击。

总的来说，EDR 系统可以实时监控终端设备的活动，识别潜在的威胁。它提供了一个全面的安全解决方案，例如对于一个未签名的可移植、可执行文件，所有 EDR 都应该检测、阻止或至少提醒安全团队。

7.13.3 EDR 系统的部署位置

EDR 系统包括客户端和服务器端。EDR 客户端部署在办公用户区（见图 7-19 中的中下部），EDR 服务器端及控制台部署在安全运维区（见图 7-19 中的右上角），并支持多级互联。

因为终端和服务器端要穿越防火墙，因此除了要确保 EDR 客户端能够与服务器端进行安全通信，还要使用加密的通信协议来限制访问。

7.13.4 EDR 系统的联动

EDR 系统一般结合准入控制硬件和其他准入控制措施进行部署，还可以与多种安全产品联动，具体如下。

- 威胁情报平台：EDR 系统可以与威胁情报平台配合，以获取最新的、实时的安全信息和威胁情报并进行响应。
- SIEM 系统：EDR 系统可以与 SIEM 系统配合，以收集、分析和存储安全事件。

此外，EDR 系统还可以和 IDS、IPS、防火墙联动，共同防止有意或者无意地通过物理设备接口将敏感数据泄露。因此，请确保在选择 EDR 时充分考虑你的安全需求。

MSG 可以帮助保护网络中的单个主机服务器或计算机，但它主要是一种网络安全技术，可以和 EDR 联动，而不是替代 EDR 的安全解决方案。

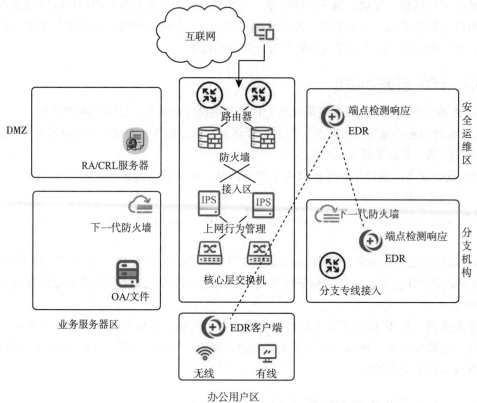

图 7-19　EDR 的部署位置

7.13.5　EDR 系统自身安全

EDR 系统的自身安全也很重要。EDR 系统需要定期更新，以修复已知漏洞。攻击者利用 EDR 产品进行攻击是梦寐以求的事情，因为 EDR 终端代理安装非常普及，利用代码注入方式来执行恶意代码可以影响大范围的终端。

7.13.6　EDR 产品

在开源产品上，OSSEC 是一款跨平台准 EDR 系统，能够提供类似商业 EDR 系统的大部分功能。OSSEC 最令人赞赏的是它对各种操作系统的全面支持，包括 Linux、Solaris、AIX、HP-UX、BSD、Windows、Mac 和 VMware ESX。此外，OSSEC 还可以通过 Syslog 将警报信息导出到任何 SIEM 系统（例如 OSSIM），以进行相关的安全分析。OSSEC 采用灵活的规则和主动响应机制，使用户能够根据系统发生的特定情况采取相应的措施。它可用于日志分析、文件完整性检查、策略监控、Rootkit 检测以及实时警报和响应。目前，OSSEC 的开源项目主要由趋势科技（Trend Micro）提供支持。

在商业产品上，国内 EDR 市场竞争激烈，除了北信源等老牌厂商外，绝大多数厂商提供的 EDR 产品基本上是终端保护平台或反病毒软件。这里的 EDR 需要能关注到进程、网络连接、账户等主机层面或者说 OS 级别的信息。国外 Palo Alto 的 Cortex XDR 平台提供了完善的整体安全能力，SentinelOne、CrowdStrike 和 Cynet 提供的 EDR 产品给用户留下了深刻的印象。未来，托管威胁检测和响应（Managed Detection and Response，MDR）市场将是发展迅速的领域。

7.14　网络终端准入系统安全

网络终端准入（Network Access Control，NAC）系统通常控制哪些设备可以连接到网络，以及哪些网络主体可以被访问。但随着各种木马、病毒、0 Day 漏洞，以及类似 APT 攻击的新型攻击手段日渐增多，传统的网络准入技术及安全管理手段已经无法满足网络安全需求。

构筑在检查、隔离、加固、管理安全模型之上的 NAC 系统为政企提供持续的内网终端安全管理和保护，协助政企管理者实现软硬件终端资产可控可管，防止资产和信息外泄。借助 NAC 系统，政企可以只允许合法的、值得信任的终端设备（例如 PC、服务器、手机）接入网络。

7.14.1　NAC 系统的作用

NAC 系统的作用是对接入终端和用户进行准入控制，按其账户、安全状态、位置等属性进行安全检查与认证，通过对终端用户进行身份认证和安全策略检查的双重认证检查，阻断非法终端，隔离并修复不安全终端。例如，NAC 系统通常使用基于 802.1x 的硬件和软件验证设备，并授予设备访问网络的权限。这些操作在 OSI 模型的第二层完成。这种偏传统的方式面临的挑战突出表现在如下几方面：终端木马、病毒问题严重；违规终端接入问题严重；政企终端违规软件难以管控；终端漏洞不能及时修复。这些问题不仅耗费管理员的时间，还大量占用政企网络的带宽和设备资源，使政企信息网络的运行受到极大的影响。

当设备首次连接到网络时，NAC 系统会对设备进行验证，检查是否安装了必要的补丁和杀毒软件等，并将其分配到相应的 VLAN。大多数政企只需要几种网络，如访客网络、员工网络和生产网络。因为 NAC 运行在 OSI 的第 2 层，需要特定的网络设备支持，无法在云环境中运行，也不能进行远程访问。

7.14.2　NAC 系统的功能

NAC 系统的主要功能如下。

1）认证授权：确保只有经过身份验证的用户才能通过终端访问网络，确定用户的访问级别和权限，以确保他们只能访问特定的系统资源。

2）访问控制：配置允许 / 不允许访问的清单，防止未经授权的访问，以保护系统的数据和信息安全。

3）端点安全：确保入网的终端都是安全并符合安全基线要求的。

4）日志报表：记录用户的访问历史，生成各类报表，以便审计和审核。

5）访问监控：对用户的访问进行监控，以确保访问是合法的。

NAC 系统的目标是提高网络的安全性，可粗略地分为基于网络的安全准入和基于主机的终端准入。基于网络的安全准入通常无须部署客户端，常用的技术包括 802.1x 准入、DHCP 准入、网关型准入、ARP 准入、Cisco EOU 准入、Portal 准入等；基于主机的安全准入需要部署客户端，从而实现安全基线检查，例如终端是否加入域，安全策略是否开启，是否有最新补丁，是否安装杀毒软件等。这两种方式各有优缺点，采用基于网络的安全准入方式只能实现基本的准入，无法实现终端安全检查和控制；采用基于主机的安全准入方式，需要考虑兼容性问题，不能影响性能。

802.1x 准入是只有经过验证的设备才能获得网络连接和访问网络资源，实现对网络的访问控制。未经认证的设备无法获得网络连接，从而减少未经授权的设备访问网络的风险。802.1x 协议源于无线局域网协议，旨在解决无线局域网用户的接入认证问题，但如果在有线网的交换机做配置，也可以解决有线网络的准入。在 802.1x 认证过程中，EAP 协议用于在客户端和认证服务器之间进行 Radius 认证流程的协商和执行。具体流程是，Radius 服务器接收到认证请求后，使用 EAP 与客户端进行认证流程的协商和执行。客户端根据所选择的 EAP 方法提供相应的认证凭证（例如用户名和密码、数字证书等）。Radius 服务器利用 AD、IAM 等验证客户端提供的认证凭证，如果认证成功，则向交换机或接入点发送授权信息。交换机或接入点收到 Radius 服务器的授权信息后，将客户端的网络接入端口置于已认证状态，允许客户端访问网络资源。

DHCP 准入可以对连接到网络的设备进行访问控制，只有通过验证的设备才能获取有效的 IP 地址和网络连接，从而确保网络资源只被授权设备使用。DHCP 服务有两个地址池，分为工作 DHCP 和访客 DHCP 两种。终端主机首先获取访客 DHCP 服务分配的一个临时 IP 地址（如 60s 有效期），在 IAM 上经过实名认证及准入认证后，再通过工作 DHCP 服务分配授权的内网 IP 地址，这时主机的网关指向正常的网关，不再指向准入网关。DHCP 也可以通过安装客户端的方式来确保接入的终端上有健康检查 / 桌面管理客户端，没有的话会跳转到下载网页，当安装完健康检查客户端后，接入主机将获取管理员分配的内网合法 IP 地址。

Portal 准入是一种网络访问控制机制，作用是确保只有经过认证的用户能够访问无线网络资源。H3C 等无线 AC 供应商在面对未认证用户连接 Wi-Fi 上网时，强制用户登录特定的 Portal 门户站点，然后才能使用互联网服务。也就是说，用户必须在门户网站进行认证，只有认证通过后才可以使用互联网资源。一般，Portal 系统背后有 Radius 服务器指向 LDAP 服务器，实现完整的认证闭环。

上述几种实现方式中，从效果上看，DHCP 准入最有实用性，不涉及交换机的配置修改，而是通过一个自建的 DHCP 服务器来控制内网 IP 地址的发放。

7.14.3 NAC 系统的部署位置

如图 7-20 所示 NAC 系统可以部署在核心网络区域，作为内部网络的准入控制点，以确保终端设备的合规性和安全性，防止未经授权的设备接入网络并给网络带来风险。

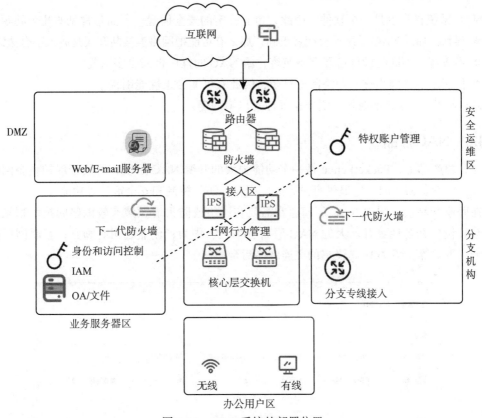

图 7-20　NAC 系统的部署位置

NAC 客户端一般内置在分散的设备上，放置在网络入口点，作为网络边界的第一道防线。例如针对无线网络，NAC 部署在无线控制器（AC）及端点（AP）上；针对有线网络，NAC 部署在交换机或防火墙上。

7.14.4 NAC 系统的联动

准入控制是计算机或手机在向有线 / 无线接入网络请求建立链路的时候，对接入网络的终端和终端的使用人进行合规性检查。NAC 系统和很多其他安全产品是相关的。

- IAM 系统：用户的登录、授权等都可以从 IAM 取得，确保只有合法的用户才能连接。
- EDR 系统：终端是否符合基线要求，同步可以获取用户的硬件 ID，确保只有合法的用户才能连接。

- AV 软件：在连接的时候对会带来病毒威胁的设备有效地防护检测，并在必要的时候移除。
- 数据防泄露（DLP）：帮助用户监控敏感数据，以防通过网络连接泄露。

7.14.5 NAC 系统自身安全

NAC 系统自身也是一个软件，因此，也有一定的安全风险。下面是常见的几个问题。

- 误判：如果 NAC 系统没有配置正确，那么有可能把网络连接断开或是放入不合法终端。
- 不兼容：不同的硬件可能并不兼容，给 NAC 的推广带来更多困扰。
- 性能影响：因为进入网络需要登录，因此有可能带来性能困扰。

政企在交付 NAC 的时候，需要格外注意以上问题。

7.14.6 NAC 产品

在开源产品上，PacketFence 是一个功能强大的开源 NAC 系统，可用于保护政企网络免受未经授权设备的访问。它提供身份验证、授权、访问控制和安全审计等功能。

在商业产品上，国内 NAC 厂商通常需要在网络或防火墙领域有较深厚的技术积累，这样才会让设备兼容性更好。大的 NAC 厂商有华三、华为；创业公司有画方；互联网厂商有阿里云、飞书等。图 7-21 是飞书的飞连产品后台截图。

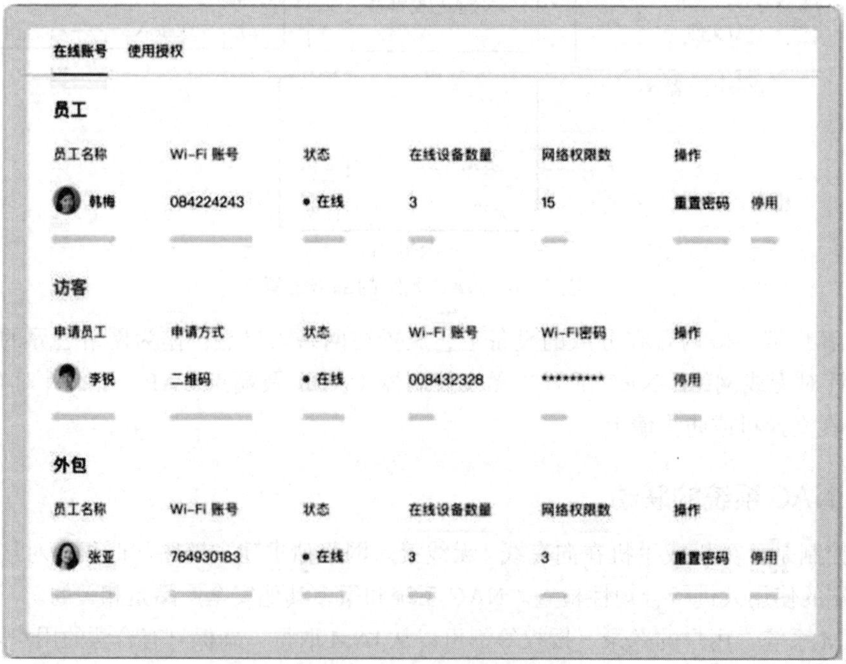

图 7-21　飞连准入产品后台

华为 NAC 系统是华为公司结合自身长期安全管理经验开发出来，并长期应用实践的一套全面的终端安全管理系统。该系统通过对终端用户进行身份认证和安全策略检查的双重认证检查，阻断非法终端，隔离并修复不安全终端。它还提供了资产管理功能，协助政企管理者实现软硬件终端资产可控可管，防止资产和信息外泄。

国外 Cisco 的 ISE 在可用性和功能方面都获得了好评。Fortinet 的 FortiNAC、Extreme 的 Control 和 HPE 的 Aruba ClearPass 在这个领域同样表现不俗。

7.15　上网行为管理系统安全

安全 Web 网关（Secure Web Gateway，SWG）又叫上网行为管理，它是一种检查和过滤所有入站和出站的 Web 流量的安全产品。SWG 在公司员工访问互联网的时候生效，执行控制组织内的网络使用的策略。SWG 一般包含正向代理功能，但又不仅限于正向代理。

在员工每天的互联网访问活动中，很大一部分时间被用在与工作无关的事务上，例如网络购物、视频观看、网络游戏、社交、金融理财等。为了解决这个问题，SWG 提供了强大的网站过滤功能，可以屏蔽员工对非法网站的访问。此外，SWG 还提供基于时间、用户和应用的精细管理控制策略，以控制员工在上班时间无节制地进行网络聊天等行为，从而保障工作效率。

随着互联网的普及和网络安全威胁的不断增加，SWG 系统逐渐发展成为一种全面的网络安全解决方案。

7.15.1　SWG 系统的作用

SWG 系统的主要作用是阻止访问恶意或不适当的网站和网络内容，保护组织的数据和网络资源免受安全威胁。它可以阻止员工访问危险的网站，并对其上传的数据进行审查，以防数据泄露。

7.15.2　SWG 系统的功能

SWG 系统用于保护政企网络免受威胁，可以通过检查所有的网络流量（包括进出政企网络的流量）来发现和阻止恶意软件和其他网络攻击。SWG 系统通常包括以下功能。

1）URL 过滤：阻止用户访问已知的危险网站或受限制的网站。

2）防病毒木马保护：检测并阻止恶意软件的传播。

3）应用程序控制：限制或阻止某些应用程序的使用，以降低安全风险。

4）内容过滤：阻止访问特定类型的网站或内容。

5）数据泄露防护：监测并阻止机密数据泄露。

6）威胁情报利用：使用最新的威胁情报来检测和阻止新的网络攻击。

7）恶意软件检测：检测和阻止通过 SSL（安全套接层）协议传输的恶意软件。

SWG 系统是综合安全策略的重要工具，有助于保护组织免受各种基于网络的威胁。

SWG 系统通过监测和限制访问特定类型的网站和内容，结合最新的威胁情报和检测技术来帮助政企及时识别和阻止新的网络攻击。

水坑形式供应链攻击中的一个重要手段是在员工经常访问的网站中植入木马等恶意软件。SWG 系统可以起到防护的效果。它可以过滤 Web 流量中的不安全内容，类似于滤水器去除水中的杂质，防止蠕虫等网络威胁和数据泄露。SWG 系统会扫描网络流量中的恶意软件，检查数据是否与已知恶意软件中的代码匹配。一些网关还使用沙箱来完成上述动作，在受控环境中执行潜在的恶意代码，以便查看操作行为是否存在外连风险或是否存在未经授权的用户行为。

SWG 系统还提供了一部分数据防泄露能力。安装在内网或云上的 SWG 作为代理服务器，可以阻止政企的敏感信息通过邮件、论坛、网盘、社交软件等泄露。

7.15.3 SWG 系统的部署位置

SWG 系统的部署模式分为串联部署和旁路镜像部署，政企通常采用串联部署模式，如图 7-22 所示。

串联部署可以实现对特定行为进行阻断，而旁路镜像部署仅能起到监测作用。

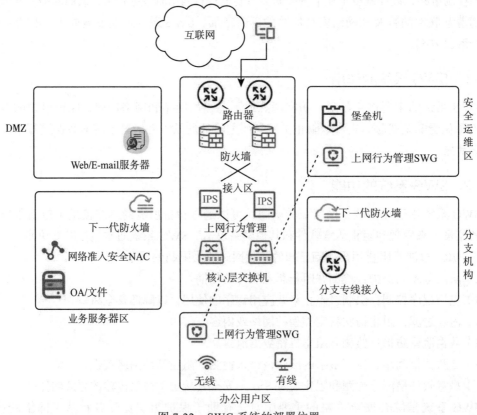

图 7-22　SWG 系统的部署位置

7.15.4　SWG 系统的联动

SWG 是一种用于保护组织网络和终端设备免受 Web 上威胁的安全解决方案。它可以与多种安全产品联动，以提供更全面的安全保护和管理。

- IAM 系统：SWG 可以与 IAM 系统集成，根据用户角色、权限和策略对 Web 访问进行细粒度的控制。
- SIEM 系统：SWG 可以与 SIEM 系统集成，将 Web 访问日志和安全事件信息传送到 SIEM 系统中进行集中监控和分析，实现对 Web 安全事件的实时检测、响应和报告。
- DLP 系统：SWG 可以与 DLP 系统集成，以监控和阻止敏感数据在 Web 流量中泄露。

SWG 实际的联动能力可能因厂商和产品功能而有所不同，使用过程中需加以观察和实践。

7.15.5　SWG 产品

在开源产品上，Squid 是一个广泛使用的开源代理服务器和 Web 缓存程序，可以作为 SWG，提供访问控制、内容过滤、安全日志记录等功能。

在商业产品上，国内深信服和网康都是早期涉足该领域的厂商，成为行业佼佼者。网康已被奇安信收购，主要推出上网行为管理 ICG 产品。

国外 Symantec、Zscaler 等公司都提供了全面的 Web 安全解决方案，能保护组织的网络免受恶意活动和不良内容的影响。

7.15.6　SWG 和 NAC 的对比

SWG 和 NAC 系统都可用于提高网络安全，但是它们的功能和应用场景略有不同。

NAC 系统主要用于保护网络的边界，防止未经授权的设备和用户访问网络。它可以在设备接入网络之前对其进行身份验证，并确保设备符合组织的安全策略。NAC 系统可以限制访问网络的设备数量、类型和权限，并且可以检测和隔离未经授权的设备，以确保网络安全。

SWG 系统主要用于保护网络内部的安全，特别是防止来自云 / 互联网的恶意攻击，通常包括防病毒、反间谍和防垃圾邮件等安全功能。SWG 系统也可以检测和阻止不安全的网络流量，如恶意 URL、网络钓鱼、DDoS 攻击等。

尽管 NAC 和 SWG 系统的应用场景不同，但它们有一些相似的功能，如用户身份验证、访问控制和安全审计。这在以云服务的形式提供的 SASE 使用场景中，有将它们合二为一的趋势。NAC 和 SWG 系统都可以通过限制访问和监视网络流量来提高网络安全，这对于保护组织的机密数据和信息资产至关重要。

7.16　数据防泄露系统安全

数据防泄露（Data Loss Prevention，DLP）系统通过使用关键字、正则表达式等方式，对主机或网络中的文件、数据进行内容识别、监控、保护。随着计算机系统在各行各业的普遍应用，业务数据、项目信息、内部文件、核心图纸、财务数据、软件代码、业务系统配置等各类数据都以电子文件的形态，在不同的设备（如终端、服务器、移动端、云端）上存储、传输、应用。因此，数据安全已经成为军队、政企及个人最为关注的问题。DLP 系统能防止指定数据或信息资产以违反安全策略规定的形式，如电子邮件、Web 邮件、社交媒体、打印、可移动介质流出，以确保数据安全。DLP 系统关注的场景还有很多，包括内部人员的工作习惯（例如将文件上传到某些互联网服务器或者网盘上），开发人员的误操作（例如 GitHub 权限设置不当），或者被恶意窃取（例如黑客通过技术手段窃取，或者某些未授权人员通过其他违规手段窃取）等。

7.16.1　DLP 系统的作用

DLP 系统可以通过限制对敏感数据的访问和使用来实现数据防泄露。例如，DLP 可以防止用户复制或打印敏感文件，或者将文件从组织内的系统下载到本地计算机。

它的作用是防止敏感信息（如个人身份信息、财务数据等）在未经授权的情况下泄露。DLP 系统通常通过对数据进行监控和分类来实现敏感信息不在不应该的地方或不应该的人那里被暴露。同时，DLP 系统还可以通过对数据流量进行分析和限制，来防止敏感信息被意外或故意泄露。

7.16.2　DLP 系统的功能

DLP 系统的功能如下。

1）数据监测：监测数据的使用和移动，以确保敏感数据不会被发送到没有授权的用户或地址那里。

2）数据策略：制定规则和策略，以确保敏感数据得到有效保护。

3）内容分析：识别和分类敏感数据，以便进行相应的保护。

4）加密和访问控制：加密敏感数据并限制访问，以防止数据泄露。

5）报告生成和管理：生成报告，显示数据泄露风险和统计信息，以便管理人员了解数据泄露情况。

6）电子邮件审核：监测电子邮件内容，以防敏感数据泄露。

7）数据防护：通过技术手段防止敏感数据被盗取或篡改。

这些功能的具体实现可能因 DLP 产品和组织的需求不同而不同。例如具体到策略，它的工作机制是根据预先定义的策略，实时扫描存储和传输中的数据，评估数据是否违反预先定义的策略，并自动采取诸如警告、隔离、加密甚至阻断等保护动作。

7.16.3　DLP 系统的部署位置

根据部署方式以及产品形态的不同，DLP 可分为存储 DLP、网络 DLP、终端 DLP、云

DLP 四类，分布于终端、安全运维中心等，详情如图 7-23 所示。

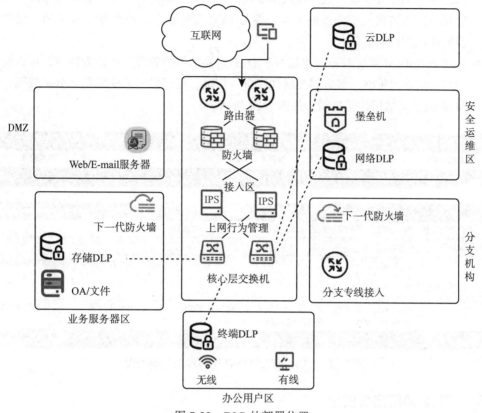

图 7-23　DLP 的部署位置

　　数据泄露的途径可归为 3 类：在使用状态下的泄露、在存储状态下的泄露和在传输状态下的泄露。其中，网络 DLP 类似 IDS 的工作机制，通过镜像端口对传输的邮件、即时通信、Web 等网络协议数据进行内容分析和识别。存储 DLP 多分布在业务服务器区。当使用便携式和移动式设备时，应加密或者采用可移动磁盘存储敏感信息。终端 DLP 主要部署在软件客户端，对 Office、PDF 等文档的敏感数据进行识别和访问控制，主要是拦截办公人员计算机上的敏感数据泄露。云 DLP 通常和 SASE 一起使用，将本地部署的 DLP 解决方案整体迁移上云，从而节省购置多台 DLP 硬件设备的成本。

　　从未来趋势上看，网络 DLP 可与云访问安全代理（CASB）集成，将敏感数据的发现范围进一步扩大到云应用程序，确保数据的安全。

7.16.4　DLP 系统的联动

　　DLP 产品具有其他信息安全产品不具备的内容识别技术，尤其是使用了自然语言处理（Natural Language Processing，NLP）的深度内容识别技术，可与 IAM、SIEM、UEBA、CASB

等产品联动，以更精确地识别风险点。

- DLP 可与数据安全能力成熟度模型联动。例如对数据进行分类，具体为采用一个分析数据并按既定的规则分类的工具，并与 IAM 套件整合，将有助于基于用户属性和内容的认识进行数据分类。
- DLP 可与 IAM 系统联动。比如对于 DLP 产品的组织管理、用户管理等，可以先导入用户，再选取策略，然后修改属性。进一步地，可以设定一些角色并分配权限，由此实现 DLP 的数据访问控制，如图 7-24 所示。

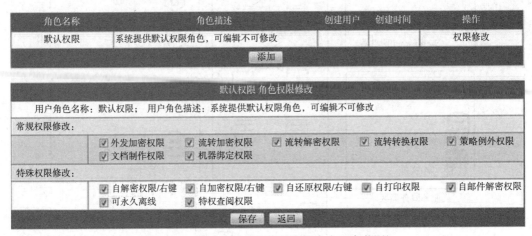

图 7-24 DLP 的数据访问控制（来自厂商截图）

7.16.5 DLP 系统自身安全

虽然 DLP 系统有助于保护数据安全，但是它本身也存在一些安全风险。这些安全风险包括以下几点。

- 技术缺陷：DLP 系统也可能存在漏洞，如果不及时修复，可能会被恶意用户攻击。
- 配置错误：DLP 系统配置错误也可能导致安全问题，例如误识别数据，误阻止合法数据流通等；管理员权限控制不严格，也可能导致安全问题。
- 用户操作失误：DLP 系统只能对已知位置的敏感数据进行保护，因此如果用户将敏感数据存储在未识别的位置，DLP 系统将无法保护该数据。

因此，使用 DLP 系统时，我们应注意以上安全风险，并采取有效的预防措施，以保证DLP 系统的安全。

7.16.6 DLP 产品

在开源产品上，MyDLP 是一个数据丢失防护解决方案，可用于监控、检测和阻止敏感数据在政企内部和外部的传输。

在商业产品上，国内有很多 DLP 厂商，其中包括溢信科技、亿赛通、联软和迅软等，此外还有一些新兴的创业公司，如天空卫士等。在国外，Forcepoint、McAfee 和 Symantec 等公司都开发了与 DLP 相关的产品。

7.17　其他办公安全产品

更多的办公安全产品包括沙箱和终端管理系统，下面将进一步阐述。至于 VPN 等，在第 4 章网络边界安全中已经阐述。

7.17.1　沙箱

终端沙箱（Endpoint Sandbox）通过在终端设备上构建安全工作域，隔离政企数据与个人数据，实现数据不落地。沙箱可针对截屏、打印、复制等常见数据泄露手段添加安全控制策略，让数据始终流转在政企的控制域之内，从根本上保障政企的数据和重要资料的安全。

沙箱是一种安全产品，可以在 Windows、mac OS 和 Linux 等办公终端上进行动态行为分析，可以检测未知文件的行为并生成详细的报告，以防恶意软件攻击和其他安全威胁。开发人员可以将他们的应用程序放在沙箱中，确保不会对用户数据或操作系统造成损害，提高应用程序的可靠性和安全性，增加用户信任度。

7.17.2　终端管理系统

终端管理系统分为3种类型：政企移动管理（Enterprise Mobile Management，EMM）系统、移动设备管理（Mobile Device Management，MDM）系统和统一端点管理（Unified Endpoint Management，UEM）系统。这些系统是政企 IT 和安全管理的重要组成部分。终端管理系统可以自动跨用户设备分发和安装 SDP 客户端，并且通常与 SDP 配套的 IAM 系统协调部署以优化用户体验。此外，终端管理系统还提供了丰富的设备自检和配置评估功能，通过 API 调用获取特定设备信息，并根据这些信息做出访问决策来实现动态控制。如果没有部署终端管理系统，政企可以直接利用零信任的 SDP 来兼顾控制和监管设备。

7.18　本章小结

办公安全是政企安全体系建设中最基础的环节。办公终端的防护是难点也是重点，未来政企将面临远程办公等的挑战。

办公安全产品包括 SEG、AV 软件、AD、LDAP 服务器、虚拟桌面、PKI 体系、HSM、认证、IAM 系统、EDR 系统、NAC 系统、终端管理系统及沙箱、SWG 系统、DLP 系统等，可与网络安全部分的防火墙、IPS、IDS 等联动，共同守护办公网的安全。

Chapter 8　第 8 章

数据安全

数据安全是网络强国的重要目标，政企必须全面规划和系统执行数据安全保障。建立相应的防护系统需要在数据存储、使用、传输和销毁等过程中采取技术手段，进行数据加密、访问控制、安全传输、数据分类、监控和审计等。此外，政企还需要采用培训和教育等管理手段来提高员工的信息安全意识。

据 2023 年 1 月财联社报道，数据泄露已成为最常见的安全事件之一。美国移动电信公司（T-Mobile）于当地时间 2023 年 1 月 19 日表示，黑客入侵了其系统并获取了大约 3700 万客户的个人信息，包括出生日期、账单、地址。该公司在监管申报文件中指出，在当地时间 2023 年 1 月 5 日发现了此次入侵，黑客自 2022 年 11 月 25 日开始就在访问其数据。

在国内，针对数据泄露问题已经有相应的解决方案。阿里巴巴 2017 年发布的《电商生态安全白皮书》表示，商家和物流方是数据泄露的最大来源，分别占比 36% 和 35%，其中 49% 是由政企内部人员泄露，16% 是账户问题导致，14% 是受到了木马攻击所致。市场上有很多防止数据泄露的产品可供选择。然而，这些产品主要只提供政企文件加解密功能，仅限于使用加密技术来解决数据传输的安全问题以及采用认证技术来解决访问人员权限的问题。这主要是因为国内一直没有将企业数据视为安全的核心，而更专注于人员和设备的安全管理。

近几年，"以数据为中心"的安全理念得到了广泛关注与实践应用。由于数据主要以 API 的形式传出，围绕 API 做数据安全一度成为该行业落地的抓手。该理念强调对用户获取数据过程进行纵深防御，并推出了相应的产品，有数据库防火墙（DBF）、数据安全平台（DSP）、数据管理系统（DMS）等，如图 8-1 所示。

传统数据安全包括两方面含义：一是保护数据本身安全，例如采用密码学技术对数据进行加密，以确保其保密性、完整性等；二是保护数据存储安全，例如使用现代存储技术（如磁盘阵列、数据备份和异地容灾等）来保证数据可用性。如果能将数据一直锁在数据中心，许多问题就可以轻松解决。但是，实时采集、传输和分析处理数据的场景越来越普遍，在这种情况下限制数据流通不再可能。未来的数据安全基于零信任架构，数据中心微隔离技术是一个持久性难题。此外，防护的范围也扩大到审计、脱敏、备份等领域。因此，我们从单点防护上升到整个流程的管控，涉及数据生成、共享和销毁过程。

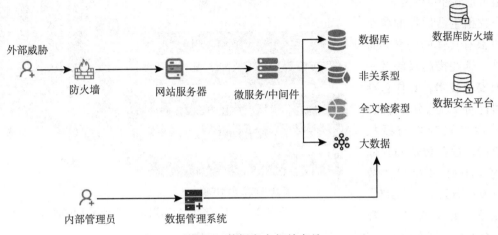

图 8-1　数据安全相关产品

本章主要讨论数据安全问题，包括传统数据中心、私有云和公有云中数据流转的安全性要求与挑战，重点针对关系和非关系数据库及配套的安全手段与措施。

8.1　数据安全系统架构

数据安全系统架构指的是设计与实施数据安全控制措施的整体结构和布局，包括硬件、软件、网络和人员等多个方面的组件与技术，用于保护数据的机密性、完整性和可用性。数据安全生命周期管理是在该架构下，根据数据的不同阶段和需求，制定相应的安全管理策略和措施，以确保数据的安全性。

数据安全生命周期（Data Security Lifecycle，DSL）包括数据采集、传输、存储、共享、使用和销毁等阶段。为了实现纵深防御，政企可以构建以数据安全能力成熟度模型（Data Security Capability Maturity Model，DSMM）为抓手正向驱动的数据安全治理体系（第一道防线检查预警，第二道防线主动防御，第三道防线底线死守）。该体系从组织建设、制度流程、技术工具和人员能力 4 个方面对政企进行评估，并划分出响应的成熟度等级。通过建立处理者与数据之间的正相关关系，推进业界整体提升对数据安全问题的解决能力。图 8-2 是数据安全生命周期在 3 个维度上的展示。

DSMM 包括非正式执行、计划跟踪、充分定义、量化控制和持续优化 5 个级别，每个级别都有不同的数据安全控制要求和评估指标。DSMM 旨在帮助组织提高数据安全防护能力，以便更好地保护数据安全。

数据安全强调的是整个数据生命周期的保护，通过全流程的技术管控和运营，实现"五不两可"。"五不"是指攻不进、看不见、看不懂、拿不走、毁不掉，"两可"是指可追溯和可恢复。

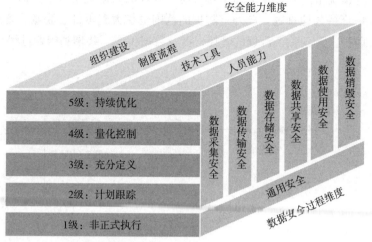

图 8-2　数据安全生命周期在 3 个维度上的展示

数据生命周期的各个阶段都有具体的安全处置措施，这些措施又涉及一系列安全技术，具体包括数据自动发现与分类分级、细粒度权限管控与授权（IAM）、数据传输和存储加密（HSM、KMS）、数据脱敏与溯源（差分隐私、K-匿名、数据水印）、数据安全处理（同态加密、多方计算）、数据的安全销毁等。

8.1.1　数据共享中心

政企可以数据共享中心为基础，将各类数据资源进行有机整合，为各业务系统和相关部门提供数据共享与交换服务。服务内容主要包括业务系统数据接入、数据代码标准推送、业务系统数据推送、标准的数据接口。政企可以通过共享数据，共同防范数据泄露和数据安全问题。

8.1.2　数据管理系统

数据管理系统（Data Management System，DMS）负责政企统一的数据管理、认证授权、安全审计、数据趋势、数据追踪、BI 图表和性能优化，解决了以往运维和研发对数据库访问的不可控和不可审计问题。

阿里云 DMS 能够支持多种类型的数据库（例如 MySQL、SQL Server、PostgreSQL 等）的管理和维护。它能够提供数据库的审计监控、性能优化、安全管理、备份恢复等功能，还提供了可视化的数据库管理界面，让用户可以方便地管理和维护数据库。但是，阿里云 DMS 并不是一个完整的数据管理系统，而只是阿里云提供的一项云服务。

如图 8-3 所示，DMS 中的安全访问代理提供了访问控制功能，可以根据 IP 地址、端口、协议等对客户端进行精细化授权和访问控制。用户可以设置访问白名单、黑名单等策略，确保只有合法的客户端才能访问数据库实例。

DMS 可以对数据进行全面管理和控制，提高数据安全性和可靠性。当数据库多到一定程度的时候，和网站群管理系统一样，DMS 也是刚需。

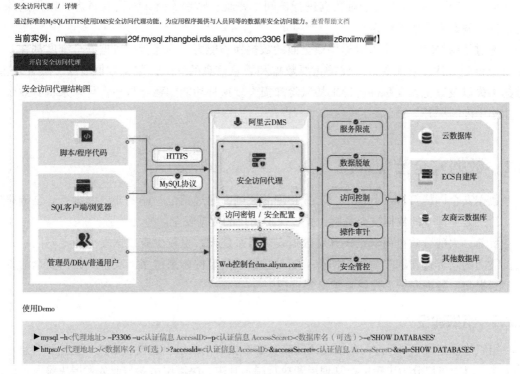

图 8-3 DMS 中的安全访问代理

8.1.3 数据安全平台

数据安全平台（Data Security Platform，DSP）是一种集成了各种数据安全技术和工具的软件平台。DSP 通过参考 DSMM 将现有的各个独立的数据安全技术和功能整合到一个统一的平台中，为用户提供跨数据类型、存储孤岛和生态系统的数据安全服务，从而实现更简单、一致的端到端数据安全。

DSP 可以通过多种安全技术（如加密、访问控制、令牌化和监控）来保护各个层面上的数据，包括数据存储、传输和使用。DSP 通常具有以下功能。

1）访问控制：可以限制特定用户或用户组对数据的访问权限，从而保证数据的机密性和完整性。

2）漏洞扫描：可以对系统和网络进行全面扫描，找出潜在的漏洞和安全问题，帮助管理员及时修补漏洞，提高系统的安全性和稳定性。

3）数据加密：可以对数据库中的数据进行加密，保护数据的机密性，防止数据泄露。

4）威胁检测：可以检测和识别针对数据的威胁，如黑客攻击、恶意软件和网络钓鱼等，及时预警和应对。

5）数据备份和恢复：可以对重要数据进行备份和恢复，以便在数据丢失或系统崩溃等情况下迅速恢复数据。

6）安全审计：可以记录对数据进行访问、修改、删除等操作的所有日志，以便追踪安全事件和调查安全违规行为。

通过使用 DSP，政企可以提供更全面的数据保护能力，确保所有数据安全维度都在一个平台上得到关注。它能更好地保护重要数据和敏感信息的安全，避免数据泄露、黑客攻击、数据丢失以及其他安全事件所带来的风险和损失。这种功能的融合与平台化未来将有效带来行业集中度的提升。

8.2　数据安全治理路径

数据安全同样符合三分技术、七分管理的原则，通过三位一体（如内部盘点 – 全链路加密 – 第三方审计）的数据安全机制，真正保护用户的数据安全。

目前，大部分政企尚未正式开展数据安全体系建设，也较少有数据安全的专职岗位，对人员能力的培养也在起步阶段。但是，随着数据泄露事件越来越多，政企对数据安全的重视度不断提高，数据安全治理越来越得到重视。

8.2.1　组织建设

组织建设指设立一个专门的安全团队来负责数据安全的组织建设、维护、监控和应急响应等工作。组织可以分为决策层、管理层和执行层。其中，决策层由参与业务发展决策制定的高管和数据安全官组成，制定数据安全的目标和愿景，在业务发展和数据安全之间做出良好的平衡。管理层作为核心由业务部门管理层组成，负责制定数据安全策略、规划及具体管理规范。执行层由数据安全相关运营、技术和各业务部门对接人组成，负责保证数据安全工作落地。

- 定岗定责，需要设计数据安全专家岗位。他们要能结合业务发展需求和行业合规监管要求，制订数据安全整体解决方案并组织实施。
- 数据的拥有者和使用者不一定是一致的，使用者可能会遭受黑客攻击或数据泄露，这可能会导致数据拥有者的隐私和安全受到威胁。双方应该尽可能协调沟通，明确数据的使用规则、权限和法律归属权，以确保数据的安全和有效使用。
- 将数据安全政策和流程纳入员工培训，并确保每个员工，尤其是客服人员等普通员工，都了解数据安全的重要性，掌握数据安全的最佳实践，以及如何识别与防止数据泄露和攻击。通过培训、考试、案例学习等提升员工的数据安全意识和数据安全风险识别能力，从而降低风险发生概率。

如果政企与合作伙伴或供应商共享数据，需要确保这些合作伙伴或供应商也采取了相应的数据安全措施，以保护数据的安全性。

8.2.2　数据资产梳理

首先调研自身业务特点，然后结合国内相关标准与法律法规，提出数据分类分级（Data

Classification and Labeling，DCL）模型，明确数据分类分级方法，定义敏感数据规范，最后提出数据安全分类分级管理流程。

暗数据（Dark Data）指的是政企拥有但并未利用或分析的数据。这些数据通常处于混乱、难以访问或未经处理的状态，因此容易被忽略或被攻击者利用。如何发现暗数据？通过数据特性、统计模型、机器学习、语义分析、内容指纹匹配等技术手段，将不理解、看似无用的数据变成分类完善、容易理解、有业务价值的数据，过程如下。

1）初次扫描发现：针对已有的和新增的业务类型，通过工具自动对数据进行智能扫描分析，确定数据业务类型及其可能的分类分级。

2）发现结果确认：对未识别出业务类型的字段、业务类型识别错误的内容进行人工确认。

3）发现规则优化：对于业务类型识别错误的字段，根据数据特征进行规则内容、规则优先级、规则权重的优化。

4）再次扫描发现：再次启动工具的自动扫描程序，根据最新规则对数据重新匹配。

5）结果对比：对两次发现结果进行对比，最后完善资产台账，可视化展现最新执行效果。

8.2.3　数据分类分级

完成数据资产盘点后，开始按照敏感数据定义和分类分级整体思路进行数据分类分级。在实践中，不同行业的分类分级可能存在差异。完成此步骤后，根据结果制定访问控制策略。

政企通常会关注组织战略、商业规划等方面，并将数据分为机密数据、保密数据和内部数据。对于商业秘密类数据（如计划书）、财务信息类数据（如上市公司的季报、年报）、人事信息类数据（如员工的福利待遇）、用户信息类数据（如手机号、银行卡等）、商业机密类数据（如合同等）、技术设计类数据（如图纸及代码等），政企需要标记其敏感程度和级别，并使用统一模板，在页眉页脚处做明显的标识。

政府关注的是市民信息，包括个人基本信息（如姓名、性别、年龄、身份证号和户籍）、个人财产信息（如房产、车辆和银行账户）、教育信息（如学历、学位和毕业院校）、就业信息（如职业、工作单位、工作年限和薪资）、医疗信息（如健康状况、疾病史和就诊记录）以及社会保障信息（如社保、公积金和养老保险）。浙江省在 2021 年发布了《数字化改革 公共数据分类分级指南》（DB33/T 2351—2021）。这是首个旨在规范公共数据分类的省级地方标准。该标准将公共数据分为 4 个安全级别，即敏感数据（L4）、较敏感数据（L3）、低敏感数据（L2）和不敏感数据（L1），并考虑到泄露或损坏后可能对国家安全、社会秩序及公民合法权益造成的危害程度。完成分类后，政府需要开始访问控制。

在国家层面，数据正在成为关键生产要素。只有加快推进数据分类分级、数据确权，才能畅通数据交易。部分行业过度采集并使用敏感数据，出现了影响社会和谐的事件。数据分类分级与确权能明确采集、使用及交易敏感数据的界限，避免敏感数据被滥用。

在行业层面，数据分类分级能让数据处理组织迅速摸清家底，包括知道哪些数据可以内部使用，哪些数据可以交易流通，哪些数据需要进行保护，实现合规利用数据，达到数据价值最大化目标。

在个人层面，大众在享受大数据挖掘分析提升社会服务效率带来的便利，但对个人信息滥用感到愤怒。数据处理者可以通过数据分类分级的方法提升数据管理能力，合规利用数据提升服务，减少对个人层面的影响。

图 8-4 是数据分类分级框架。

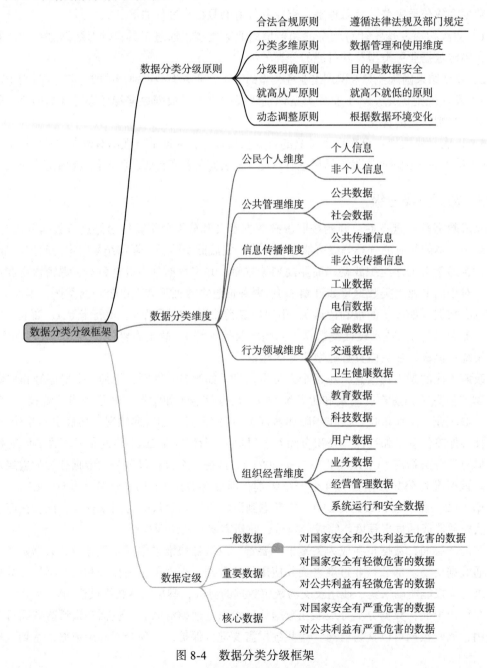

图 8-4　数据分类分级框架

8.2.4 访问控制和权限管理

用户多种多样，但一般是有各自特征和属性的。为了加强数据访问控制和权限管理，政企可以采用细粒度的访问控制和权限管理技术，确保只有经过授权的人员才能访问相应的数据。

例如，对于普通用户，政企通过 IAM 可以为不同的用户角色分组或是打上属性标签，对数据分类分级，从而形成一定的有章可循的规则，分配不同的权限，以控制他们对敏感数据的访问。对于有特殊权限要求的用户他们，可以结合业务流程，提交申请，经层层审批后，访问需要的数据。

通过 IAM 和数据安全技术的结合，政企可以实现更加细粒度的访问控制和权限管理，确保只有经过授权的人才能访问敏感数据，并且可以追踪和监管数据的访问行为，从而提高数据的安全性和保密性。

8.3 关系数据库

关系数据库是按照数据结构来组织、存储和管理数据的仓库。

数据库往往承载了大量数据，政企要确保它的安全，基线检查、数据库防火墙等是常见的手段。

8.3.1 关系数据库安全

保证数据库安全需要遵循一些基本原则，我们称之为基线。无论哪种类型的数据库［MySQL、Microsoft SQL Server（简称 SQL Server）、Oracle、MongoDB］，都和主机一样，有若干安全关注点。核心的关注点包括账户密码强度、日志记录、安全漏洞修复等。表 8-1 可作为对关系数据库基线检查的参考。

表 8-1 关系数据库基线检查参考

类别	检查项	推荐最佳实践
身份鉴别	密码长度、复杂度、过期时间等	必须 8 位以上，包含大小写字母，180 天过期等
访问控制	账号权限管理	除数据库系统自身 DBA 有管理员权限，其他的应用账号则按需授予权限，例如查询账号只有只读权限
安全审计	日志管理	记录慢查询、错误日志及二进制日志等

数据安全的基线检查和原则一般包括以下几方面。

- 强烈建议不要使用 Web 版数据库（例如 PhpMySQLadmin）管理工具来管理数据库，也不要让 Web 版数据库管理工具直接对公网开放。
- 配置网络访问控制策略，仅允许 Web 应用服务器访问数据库服务，禁止数据库服务端口对公网开放。

● 配置复杂密码，对数据库安全进行加固。

在混合云盛行的今天，很多流行的数据库都已经 PaaS 化。在服务器初始化的时候，性能优化和安全基线检查往往可以一步到位。

1）访问控制：限制对数据库的访问，只允许需要访问数据库的用户和程序访问。

2）身份验证：为每个用户分配唯一的用户名和密码，并要求用户在访问数据库时输入正确的凭据。

3）数据加密：加密数据库中存储的敏感信息，以防数据泄露。

4）备份和恢复：定期备份数据库，以防数据丢失。

5）日志记录：记录对数据库的所有操作，以便在发生安全事件时进行调查。

6）系统更新：定期更新数据库系统，以修复已知的安全漏洞。

7）网络安全：采取防火墙等适当的网络安全措施，以防恶意攻击。

例如对于身份认证来说，一般默认安装好的 MySQL 服务的用户名和密码都是 root。安全起见，建议修改为复杂的密码。同时，强烈建议换用户名，只给必要的权限，如果用户只需要查询，那么建议将删表和删行权限拿掉。

在 SQL Server 中，认证和授权也是保证数据库安全的两个关键方面。SQL Server 支持 Windows 身份验证（Windows Authentication）、SQL Server 身份验证等身份验证方式，由于 SQL Server 存在弱口令的风险，因此要考虑采用综合措施来确保数据库的安全性。

Redis 也要设置口令，否则按照默认安装，任何人都可以连接到 Redis 实例，并执行任意的命令。

在 Java 运行环境中，连接器通过标准的 JDBC 接口对后台的关系数据库进行账号加密管理，如果不加密，往往会暴露数据库连接的账号和密码。

上述方法可以帮助你保护关系数据库安全，但并不能保证绝对安全，对于从网站发起的 SQL 注入等其他攻击，需要使用 WAF、RASP 等安全技术进行防护。

8.3.2　关系数据库检测工具

开源的 SQLmap 自带功能强大的检测引擎，针对不同类型的关系数据库，提供了获取数据、访问底层操作系统以及执行操作系统命令等功能。它支持多种类型的关系数据库，例如 MySQL、Oracle、PostgreSQL、SQL Server、Microsoft Access、IBM DB2、SQLite、Firebird、Sybase、SAP MaxDB、Informix、MariaDB。下面是一个检测命令样本。

```
sqlmap -u "http://192.168.1.6:8080/wsd/search?s_name=John" --dbms=
MySQL --level=1 --risk=1
```

上述命令针对指定的目标 URL 进行 SQL 注入漏洞检测和渗透测试，从输出的结果中可以找到 Critical 的问题。如果存在漏洞，SQLmap 将尝试利用漏洞获取数据库的敏感信息。它还可以进行进一步攻击，如获取数据库用户凭证、执行任意 SQL 语句等。

8.4　非关系数据库

非关系数据库（Not only SQL，NoSQL）是指与传统关系数据库不同的一类数据库。与传统的关系数据库相比，非关系数据库采用了不同的数据模型和存储方式，在处理海量数据、高并发和水平扩展方面通常表现出色。它们常被应用于大数据分析、实时数据处理等领域。

NoSQL 技术可以满足不同类型和规模的应用程序的需求，例如键值存储（Key-Value Stores）、文档数据库（Document Database）、列族数据库（Column-Family Database）、图数据库（Graph Database）等。

这里重点介绍文档数据库和图数据库。

8.4.1　文档数据库

文档数据库以文档的形式存储数据，通常使用 JSON 或 XML 格式来存储数据。文档数据库可以更灵活地存储数据，它们不需要预定义模式，每个文档可以包含不同的字段和值，因而非常适合存储半结构化数据。代表性的文档数据库有 MongoDB、CouchDB 等。这些文档数据库通常使用内存映射的数据文件来提供快速的读写操作，并且能够在多个服务器之间完成查询和聚合操作。

8.4.2　图数据库

图数据库将数据存储为图形结构，通常用于分析和查询复杂的关系数据。图数据库具有高可扩展性和灵活性，因为它们可以轻松地扩展到处理大型图形数据集。代表性的图数据库有 Neo4j、OrientDB 等。

图数据库有高性能、高可用性、高可扩展性和高灵活性等特点，在网络安全上也有很好的应用，可以用来存储和分析网络拓扑数据，也可以帮助安全团队更好地理解网络的结构和漏洞，并确定最有效的防御措施。

8.4.3　NoSQL 自身安全

以下是 NoSQL 数据库的一些可能存在的安全风险及其应对措施。

- 认证和授权风险：访问 NoSQL 数据库的应用程序需要进行身份验证，以防未经授权的访问和数据泄露。对于 NoSQL 数据库，我们应该实现强密码策略，并且定期更改默认的管理员密码。在应用程序与数据库之间使用 SSL 或 TLS 等安全通信协议，以保证数据传输的机密性和完整性。
- 注入攻击：NoSQL 数据库也面临注入攻击风险。攻击者可能会在输入的查询参数中插入恶意代码，从而获取敏感数据或破坏数据完整性。对于 NoSQL 数据库，我们应该在输入参数中过滤特殊字符，使用参数化查询来避免注入攻击。

- 数据泄露风险：NoSQL 数据库中的数据可能存储在不安全的环境中，导致数据泄露。为了避免这种情况，我们应该对数据进行加密，并限制敏感数据的访问权限；定期备份数据，并在安全的位置保存数据，以避免数据的丢失和泄露。

总之，NoSQL 数据库具有独特的安全风险和挑战，需要采取相应的措施来保护数据的安全性和完整性。

NoSQL 注入攻击是一种针对 NoSQL 数据库的攻击技术，与传统的 SQL 注入攻击有些类似，但是由于 NoSQL 数据库的查询语言不同于传统的 SQL 语言，因此 NoSQL 注入攻击也有特殊的方式和特征。

以下是一个可能的 NoSQL 注入攻击示例，如果攻击者在用户名字段中提供以下内容：

```
username[$ne]=admin&password[$ne]=password
```

那么，查询语句将被转换为：

```
{ username: { $ne: "admin" }, password: { $ne: "password" } }
```

这个查询语句将查找除了用户名为 admin、密码为 password 以外的所有用户信息。这种攻击方式可以绕过用户名和密码的验证，并成功登录受攻击的应用程序。

为了防止 NoSQL 注入攻击，应用程序开发人员应该对输入数据进行严格的验证和过滤，并使用安全的 NoSQL 查询语言和查询方法，以确保应用程序能够安全地存储和检索用户信息。

8.5 Elasticsearch 安全

弹性搜索（Elasticsearch，ES）引擎是位于 Elastic Stack 核心的分布式搜索和分析引擎，尤其是结合 Logstash 和 Beats 有助于收集、聚合和丰富数据。

ES 是一个高度可扩展的开源全文搜索和分析引擎，能够快速、实时地搜索和分析大量数据。它的认证授权机制可以帮助保护你的数据安全，但是如果不正确配置和使用，也可能会带来安全风险。

8.5.1 ES 认证安全

ES 的默认用户名和密码分别是 elastic 和 changeme，会在 9200 或 9300 端口对外开放，用于提供远程管理数据功能。任何连接到 ES 服务器端口的用户都可以调用相关 API 对 ES 服务器上的数据进行任意的增、删、改、查操作。

ES 的安全威胁在于业务方通常会把打标的关系数据库中的数据推送过来，造成新的泄露点，例如使用 Canal 等工具将 MySQL 数据同步到 ES，后续通过 ES 进行全局数据搜索。因为 ES 中有很多敏感信息，而初始安装是没有账户 / 密码认证的，用户无须登录便可以直接访问数据库，显然默认配置会造成数据泄露。

对 ES 启用账户 / 密码认证之后，访问时会出现登录页面，如图 8-5 所示。

这种用户名 / 密码认证方式虽然安全等级并不太高，但至少有了一定的保障，否则在数据库安全基线扫描的时候会被标注为"高危"。

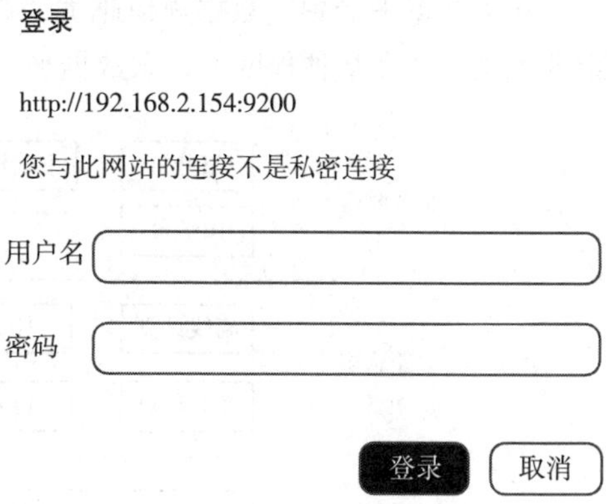

8.5.2 ES 插件安全

ES 的 River 插件可用于将数据从外部数据源导入 ES 索引。它已在 ES 5.0 中被弃用，被 Logstash 和 Beats 等更先进的数据收集工具所取代。如果用了这些插件，我们可以同步多种数据库（如 MySQL、MongoDB 等）中的数据，这样就可以在 ES 中通过下面的 URL 来检索数据了。

登录

http://192.168.2.154:9200

您与此网站的连接不是私密连接

用户名 [　　　　　　　　　　]

密码 [　　　　　　　　　　]

[登录] [取消]

图 8-5　ES 登录页面

```
http://localhost:9200/_river/_search
```

如果发现端口 9200 是开放的，需要修改每一台 ES 服务器，启用认证。在 config/elasticsearch.yml 中为端口设置认证：

```
http.basic.enabled true                 # 开关，开启后接管全部 HTTP 连接
http.basic.user "admin"                 # 账户
http.basic.password "admin_pw"          # 密码
http.basic.ipwhitelist ["localhost", "127.0.0.1"]
```

除了强制认证，还可以采取一系列其他措施来保证 ES 集群的安全，包括加密通信、授权和审计日志，以及定期更新和升级 ES 与安全插件。

8.6 大数据平台安全

大数据安全主要是指大数据平台的安全。在实现数据集中后，如何确保网络数据的完整性、可用性和保密性，不受到信息泄露和非法篡改的安全威胁影响，已经成为政企在信息化发展中所要考虑的核心问题。

大数据平台（见图 8-6）是面向数据分析而产生的，通过数据分析，可以帮助政企做出最佳决策，并改善政企的业务现状，以获得更高的投资回报。目前，主流的离线计算平台 Apache Hadoop 提供了一个分布式文件系统（HDFS）和一个 MapReduce 计算模型，被广泛用于离线数据处理和批量计算任务。Apache Storm 是一个分布式实时计算系统，可以处理海量实时数据并实现低延迟的数据处理。此外，Kafka、Spark Streaming、Flink/Blink 等其他工具也各具特色。

政企在构建了大数据基础平台后，通常缺少的是一个自助式数据分析平台。低代码工具可以让业务方通过数据中台提供的数据进行自主配置日常报表，并结合 SQL 模板等功能实现

友好的明细数据提取，以满足快速查看指标数据和明细数据的需求，从而提高工作效率。

在大数据平台中，数据规模越大，数据类型越多，数据来源越广泛，数据处理和管理的难度也越大。在某种程度上，大数据平台的规模越大，安全风险也就越高。

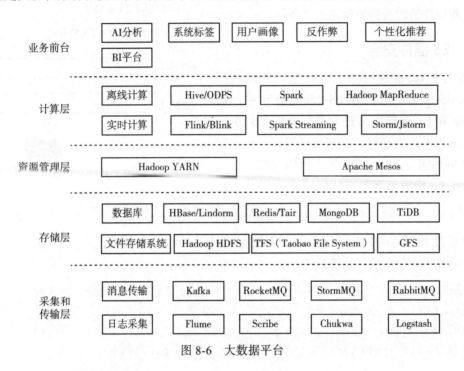

图 8-6　大数据平台

8.6.1　大数据平台的内部风险

政企内部人员盗取数据通常分为两种：DBA 或有操作系统权限的人员从数据库直接转储数据，客服等人员通过业务平台（比如客服系统）批量获取客户信息。

比如对于 Oracle 数据库，可以通过管理工具的图形界面来导出，如图 8-7 所示。

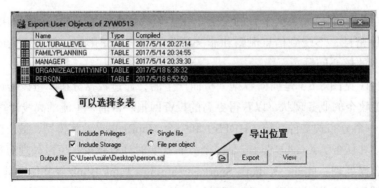

图 8-7　数据批量导出

是不是有了防止 DBA 批量导出数据的手段就足够安全了？实则不然。下面看一个 2021

年盲发快递的新骗局。被告人王某在某快递公司工作期间，利用担任快递客服的工作便利，通过公司业务管理后台收集大量寄快递用户的个人信息并向他人出售，非法获利 24 万余元。

对于像 DBA 这种的恶意操作，要靠堡垒机等防范；而对于像客服这种的恶意操作，更多要靠业务管理后台优化、数据库防火墙审计等手段防范。

8.6.2 Hadoop 安全

Hadoop 是一个由 Apache 基金会开发的分布式系统，主要解决海量数据的存储和分析计算问题。Hadoop 可以通过简单认证与安全层（Simple Authentication and Security Layer，SASL）和访问控制列表（Access Control List，ACL）来实现一定的安全防护。SASL 是一种用于认证和安全层的框架。在 Hadoop 中，SASL 用于在客户端和服务器之间进行安全通信。它支持多种认证机制，包括 Kerberos、Digest-MD5 和 PLAIN。同时，Hadoop 支持在 HDFS 上设置 ACL 来控制对文件和目录的访问权限。ACL 定义了一组用户和用户组以及他们的权限，包括读、写和执行权限。

Hadoop 的安全防护还包括对数据进行加密以保护数据的机密性，以及使用 SSL/TLS 等协议来保证数据在网络传输中的安全性。

阿里云的托管式 Hadoop 服务 EMR（E-MapReduce）提供了一套完整的 Hadoop 生态系统（包括 HDFS、MapReduce、Hive、Pig、HBase、Spark 等组件），还提供了安全管理、自动扩展、实时监控、调度管理等服务。

8.6.3 Storm 安全

Storm 是一个开源、分布式、高容错的实时计算系统，让持续不断的流计算变得容易，弥补了 Hadoop 批处理不能满足实时要求的不足。

Storm 可以通过认证授权（Authentication & Authorization）和访问控制（Access Control）机制来保证自身安全。Storm 可以通过 Kerberos 进行认证，以验证用户的身份。Kerberos 是一种网络认证协议，使用票证（Ticket）来验证用户身份，并保证数据在网络传输中的安全性。授权策略可以基于拓扑结构、主机、用户、组、角色等进行定义，以保证用户只能访问其需要的数据和资源。同时，Storm 通过 ACL 来控制用户对拓扑数据和资源的访问。

其他的安全机制如任务隔离机制可将拓扑结构中的不同任务分配到不同的工作进程中，以确保任务间的隔离性。这有助于防止拓扑结构中的一个任务或组件受到其他任务或组件的干扰。

华为云提供了基于 Storm 的流式计算服务，以便进行大数据处理和分析。

8.6.4 Spark 安全

Spark 是一种与 Hadoop 相似的开源集群计算系统，但 Spark 在某些工作负载均衡处理方面表现得更加优越。换句话说，Spark 实现了内存分布数据集，除了能够提供交互式查询功能外，还可以优化、迭代工作负载。Spark Streaming 提供了对实时数据的高吞吐、可伸缩和高容错处理能力。Spark Streaming 可以通过微批次（micro-batch）的方式将实时数据流转换为弹性分布式数据集（Resilient Distributed Dataset，RDD）来处理，从而实现实时计算。

传统的 Spark 需要同时部署 Hadoop 分布式文件系统（HDFS）的数据节点和 YARN 的节点管理器。这样做有一定的安全优势，因为 Spark 可以与 HDFS 和 YARN 资源管理器一起使用，以实现基于 Hadoop 的身份验证和授权。这种机制使用 Kerberos 进行身份验证，并使用 Hadoop 的 ACL 机制进行授权。通过这种方式，可以实现对 Spark SQL、Spark Streaming 等的细粒度控制和权限管理。

Spark 可以将作业部署在 Kubernetes 集群中，这样可以充分利用云计算资源和服务的优势，特别是随着云原生技术的成熟，这种部署方式可以在云上高效地运行 Spark。

除了自己部署外，阿里云的公有云上有一款 EMR on ACK 产品。它包含的一个集群类型是 Spark 集群（Spark on ACK）。其实，Spark on ACK 提供了一套半托管的大数据平台，帮大家在自己的 Kubernetes 集群中部署 Spark 运行的环境，提供一些控制台管控之类的功能。

8.6.5　MaxCompute 安全

MaxCompute 是阿里云云原生数据仓库产品，支持 Hadoop、Spark、Hive 等计算模型。MaxCompute 的安全主要是通过认证授权机制来实现的。

- 认证机制：MaxCompute 支持多种身份验证方式，包括账户/密码、AccessKey、STS Token、RAM 子账户等。用户操作前需要进行身份验证，以确保拥有足够的操作权限。
- 授权机制：MaxCompute 的授权机制基于阿里云提供的资源访问控制（Resource Access Management，RAM）实现。通过 RAM，用户可以创建并管理多个子账户，控制这些子账户对资源的访问权限。

MaxCompute 中的角色如下。

- 用户角色：指能够登录 MaxCompute 并访问其资源的用户身份。用户角色可以通过 RAM 进行管理，以限制其对 MaxCompute 中不同资源的访问。
- 项目角色：指在 MaxCompute 中创建项目和表的用户身份。项目角色可以在 MaxCompute 中创建项目和表，并对这些资源进行管理；也可以通过 RAM 进行管理，以限制其对 MaxCompute 中不同资源的访问。
- 资源角色：指对 MaxCompute 中的具体资源进行管理的用户身份。资源角色可以对 MaxCompute 中的表进行管理，也可以通过 RAM 进行管理，以限制其对 MaxCompute 中不同资源的访问。

MaxCompute 的竞争对手包括亚马逊的 EMR、谷歌云的 Dataflow、微软的 Azure HDInsight、Cloudera 和 Hortonworks 等云端大数据处理平台。这些平台都提供了一系列工具和服务，用于管理、处理和分析数据。选择大数据平台的关键因素包括具体的使用场景、数据量、所需功能和预算。

8.6.6　大数据安全产品

开源大数据安全产品较多。一般大数据平台在设计和实现过程中考虑了数据安全性和隐私保护方面,并提供了一系列安全功能和保护措施。例如,Apache Sentry 可对 Hadoop 集群进行细粒度授权管理,Apache Ranger 可对 Hadoop 生态提供集中化安全策略管理和访问控制监控,Apache Knox Gateway 可对 Hadoop 集群提供基于 API 的安全访问控制。

Apache Eagle 是较好的开源项目,它通过运用机器学习等技术对大数据产品(如 HDFS、Hive、HBase、MapReduce、Oozie、Cassandra)的审计日志进行综合分析,以发现异常行为,并结合第三方数据安全产品(如 Dataguise 公司的 DgSecure)进行数据的分类分级等。

8.7　数据库防火墙

数据库防火墙(DB Firewall,DBF)也被称为数据库安全网关、数据库审计产品,可以直接阻断基于数据库协议的攻击行为。数据库审计是对数据库操作行为的审计,对审计和事务日志进行检测,可以发现针对数据库的入侵行为和违规操作。

8.7.1　DBF 的作用

DBF 在保护数据库安全领域发挥着重要作用,具有访问控制、数据审计和监控、攻击检测和防御等功能。例如,黑客经常利用数据库漏洞进行 SQL 注入攻击,威胁系统安全。DBF 通过语法描述分析 SQL 注入攻击的行为特征,并收集已发布的数据库漏洞信息,提取漏洞特征,从而高效推断出有威胁的 SQL 语句。

DBF 可以实施细粒度的访问控制策略,控制对数据库的访问。它可以基于用户、IP 地址、应用程序、时间等因素进行认证和授权,确保只有经过授权的用户和应用程序可以访问数据库,从而防止未经授权的访问。

DBF 提供了集中管理和审计功能。它可以记录和监控数据库的所有活动(包括查询、修改、访问尝试等),并生成详细的审计日志。通过集中审计,DBF 可以及时发现潜在的安全问题或异常行为,并采取相应的措施。审计中心可以获得数据库的汇总报告,快速定位设备故障,并提供有效的日志管理和预警功能。

DBF 内置多种数据库漏洞特征库,可以有效地进行攻击检测和防御,同时提供虚拟补丁功能。虚拟补丁功能在不修补数据库内核漏洞的情况下,通过在防火墙上安装虚拟补丁来保护数据库的安全。它能够阻止已知漏洞攻击,有效规避数据库被攻击的风险,提供了一种临时的安全措施。

8.7.2　DBF 的功能

DBF 保障数据的完整性、可用性和保密性,具体功能如下。

1）身份验证和访问控制：只有经过身份验证的用户才能访问数据库，并且只能访问其被授权的部分。

2）数据加密：使用加密算法对数据进行加密，以保护数据隐私。

3）审计：记录所有数据库操作，以便监测异常行为。

4）网络安全：保护数据库的网络连接，包括防火墙、VPN 和安全协议等。

5）应急响应：处理安全事件，包括修补漏洞、恢复数据和重新安装系统等。

8.7.3 DBF 的部署位置

DBF 一般串行部署在数据库服务器前端（见图 8-8）通过解析协议进行规则学习，对数据库异常行为和高风险操作进行智能分析与拦截。

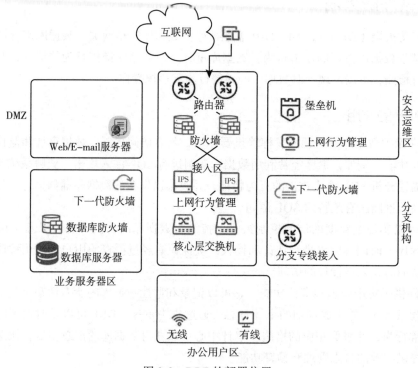

图 8-8 DBF 的部署位置

DBF 中的高性能 SQL 语义分析引擎对数据库的 SQL 语句进行实时捕获、识别、分类，而无须改变网络结构、应用部署、应用程序内部逻辑、前端用户习惯等。

8.7.4 DBF 的联动

DBF 可以与多种安全产品联动，以增强数据库的安全性和保护数据的完整性。

● IAM 系统：IAM 系统与 DBF 联动，可以实现细粒度的访问控制和权限管理，确保只有经过授权的用户才能访问数据库。

- SIEM 系统：SIEM 系统与 DBF 联动，可以将 DBF 产生的安全事件和日志集成到 SIEM 系统中，进行统一监控、分析和报告。
- DLP 系统：DLP 系统与 DBF 联动可以对数据库中的敏感数据进行监测和保护，防止数据泄露和非法访问。

通过和更多安全产品联动，DBF 所采用的主动防御技术能够主动实时监控、识别、告警、阻挡绕过政企网络边界（FW、IDS/IPS 等）防护的外部攻击，以及内部高权限用户（DBA、开发人员、第三方外包服务提供商）的数据窃取、破坏、损坏等。

8.7.5　DBF 自身安全

DBF 是一种基于流量的数据库审计机制，采用代理的方式进行操作，而不需要 DBA 安装监控软件，从而避免对数据库服务器性能的影响。它能够有效地检测通过 Web 漏洞进行的数据库信息泄露行为，以及违规的数据库管理操作。然而，需要注意的是，DBF 本身也是一种软件，可能存在各种漏洞和配置问题，这给攻击者提供了利用的机会。

8.7.6　DBF 产品

在开源产品上，DBShield 是 GitHub 上的一个由 Go 语言开发的基于代理模式的 DBF，支持 DB2、MariaDB、MySQL、Oracle、PostgreSQL 数据库。还有一些数据库连接池，如阿里巴巴的 Druid 也具有 DBF 的部分功能。

全球著名的安全公司 McAfee 开源了一款数据库主机端审计软件 mysql-audit。mysql-audit 以 MySQL 插件的形式提供，可以完全融入 MySQL 服务器的运行进程，从底层审计针对 MySQL 的操作行为。

mysql-audit 支持非常丰富的配置，并且配置内容均集中在 my.cf，完整内容请参考官方文档。

其他的开源 DBF 产品包括 360 公司开发的 MySQL Sniffer，它是一个基于 MySQL 协议的抓包工具。

只支持 MySQL 的开源产品有 Yearning 等。

在商业产品上，安华金和的数据库安全审计产品可以实现数据库访问流量全捕获，动态分类分级，据称能实现基于语义语法的精准 SQL 语句解析。

8.8　隐私保护

隐私计算是指在保护数据本身不对外泄露的前提下实现数据分析计算的技术。近年来，数据安全领域最具产业化应用前景的技术就是隐私计算。隐私计算能够在完成计算任务的基础上，实现对数据计算过程和数据计算结果的隐私保护，而参与方在整个计算过程中无法得到除计算结果以外的额外信息。

更多的隐私保护内容将在第 11 章中进一步介绍。

在开源产品上，PrimiHub 是基于安全多方计算、联邦学习、同态加密、可信计算等隐私计算技术，结合区块链等技术自主研发的隐私计算应用平台。

在商业产品上，国内的隐私计算厂商有洞见科技等。洞见科技提供了多种隐私保护工具，包括数据加密、匿名化、脱敏等，可以帮助政企对敏感数据进行有效保护。此外，光之树帮助顺丰实现散单先寄后付，开拓了隐私计算的应用领域。

8.9　公有云数据安全

数据防泄露解决方案在国内并不是空白之地，市场上数据防泄露产品已经存在很长时间了，但提供的功能基本上是企业文件数据的加解密，利用的技术是简单地利用加密解决数据传输的安全问题，利用认证解决访问权限问题。究其原因，还是国内企业网络安全一直以来并没有把企业的数据作为安全的中心，仍然专注在对人、设备的安全管理之上。

8.9.1　OpenSearch

国内多数云厂商提供分布式搜索和分析引擎服务。OpenSearch（开放搜索）是阿里云此类服务的简称，是解决用户结构化数据搜索需求的托管服务，支持数据结构、搜索排序、数据处理自由定制。

这部分服务可能涉及处理敏感数据和隐私信息。OpenSearch 提供了丰富的访问控制功能，包括基于角色的访问控制、基于属性的访问控制等功能，具体如下。

- 基于角色的访问控制（Role-Based Access Control，RBAC）：OpenSearch 支持基于角色的访问控制。你可以定义不同的角色，为每个角色分配适当的权限，以限制用户对索引和其他数据资源的访问。
- 基于属性的访问控制（Attribute-Based Access Control，ABAC）：OpenSearch 还支持基于属性的访问控制，可以通过配置过滤器、映射和脚本来控制访问。

你可以根据需要使用这些功能来限制对 OpenSearch 的访问，从而保证 OpenSearch 的安全性。

8.9.2　阿里云数据安全平台

阿里云数据安全平台由一系列产品组成，是一个基于多层防御和综合安全服务的体系架构，用于保护阿里云上的用户数据。该平台提供以下几方面的服务。

1）访问控制：该平台提供多种访问控制机制（包括身份验证、授权和鉴权等），以确保只有经过授权的用户可以访问数据。

2）数据加密：该平台支持多种数据加密方式，包括数据传输加密和数据存储加密，以确保用户数据在传输和存储过程中不被泄露或篡改。

3）安全监测：该平台提供实时安全监测和威胁情报分析服务，能够检测和防御各种网络攻击和恶意行为。

4）漏洞管理：该平台采用漏洞管理机制，定期进行漏洞扫描和修复，确保系统的安全性和稳定性。

5）应急响应：该平台提供全天候的应急响应服务，能够快速响应各种安全事件和威胁。

6）安全审计：该平台提供多种安全审计服务（包括日志审计、配置审计和访问审计等），以确保用户数据的安全性和合规性。

综合上述服务，阿里云构建了一个完整的数据安全防护体系，如图 8-9 所示。该体系用到了 WAF、IAM、DLP、SSL、KMS、HSM 等多种安全手段和措施，帮助用户保护其在阿里云上的数据安全。

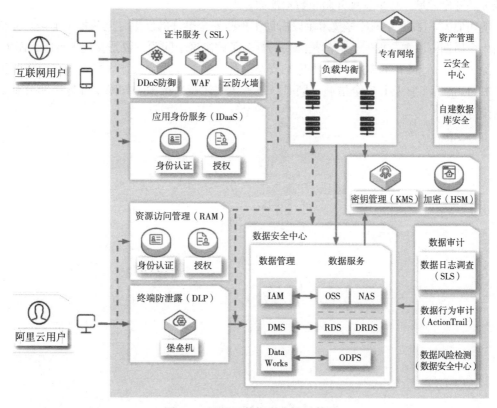

图 8-9 阿里云数据安全防护体系

具体到身份认证，该体系通过用户名和密码的方式实现，以确定用户的身份。同时，阿里云还提供了多种认证方式，包括 MFA、资源访问管理（RAM）等，提高了账户的安全性。同时，阿里云通过创建 RAM 用户、RAM 角色、授权策略等方式，对各种云资源进行权限管理。

例如使用 RAM 账户访问 MySQL 过程中，通过为 MySQL 实例创建 RAM 子账户并授予相应的权限；使用 RAM 子账户的 AccessKey、SecretKey 以及 MySQL 的连接信息（例如主机名、端口号和数据库名称）来连接到 MySQL 实例。

在公有云平台方面，各大公司（如 Google、AWS 等）都提供了基于云的数据安全服务。Google 的 Cloud DLP 服务具有分类识别、脱敏泛化、假名化和风险分析等功能；AWS 提供的 Macie 数据安全服务具有数据自动发现和分类、数据合规、异常报警等功能。

8.10　本章小结

数据安全面临着严峻的挑战，并成为信息安全工作中的难点。每个公司都会受到数据泄露事件的困扰，而这些事件总是不期而至。数据安全离不开数据管理系统等的支持，并需深入业务和开发领域，尽早发现并防止数据泄露。

使用 DBF、数据库审计等技术手段有助于预防安全事件的发生，但从根本上说，在整个数据生命周期内注重数据安全仍然是必要的。为了解决这个问题，数据安全平台应运而生。

除了关注传统的 MySQL 等数据库的安全之外，我们还需要关注大数据平台，需要重视 ES、Hadoop 等工具及其安全措施，同时，还需要关注新兴技术（如隐私计算）和公有云数据安全等领域。

第 9 章 *Chapter 9*

混合云安全

用户通常将业务部署在多个平台上，混合云和多云场景在实际应用中经常出现，混合云安全和多云安全成为云安全的主要问题。Gartner 最初将混合云定义为同时有公有云和私有云的，类似于地空一体化的作战体系。后来，凡是异构的混合 IT 云架构，包括公有云和私有云、公有云和传统 IDC，以及不同公有云之间都被视为混合云。混合云允许组织将应用程序和工作负载分散到不同类型的云环境中，以达到最大化经济效益和灵活性的目的。由于承载着大量政企业务系统的数据，云服务商在安全方面投入的资金和人力非常巨大。因此，从这个角度来看，使用云比物理机房或数据中心更加安全。

近年来，云技术迅速发展，云安全技术也发生了巨大变革。云原生理念得到了广泛认可，即利用云基础设施的弹性能力，提升安全产品的服务水平。同时，有别于传统的安全解决方案只是解决单点安全问题，市场上出现了多种整合后的综合型云安全产品和解决方案，如云工作负载保护平台（Cloud Workload Protection Platform，CWPP）、云安全态势管理（Cloud Security Posture Management，CSPM）、云基础设施授权管理（Cloud Infrastructure Entitlement Management，CIEM）等。近年来，面对在单一云上同时部署多个应用程序，以及单一应用在多个云环境下部署的挑战，新技术如云原生应用程序保护平台（Cloud Native Application Protection Platform，CNAPP）等应运而生。

CNAPP 的演进如图 9-1 所示。

实践中，这几类工具也在逐渐聚合，最终走向 CNAPP。因为它将多种安全功能以原生化方式融合到统一的云安全平台。未来，政企将在很大程度上整合传统防护模式的 CSPM、CWPP 和 CIEM 等云安全技术，使团队更容易管理云服务。其实不仅仅是针对安全管理，对整个 IT 基础设施的运维管理也是一样的，从对单纯的主机 CPU、硬盘的关注到对整个业务服务连续性、可靠性的关注。

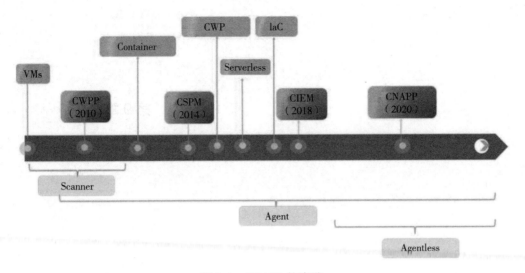

图 9-1　CNAPP 的演进

本章主要讨论上云后的安全问题，即将传统数据中心与公有云相结合，以协同提供服务。我们将重点关注公有云上独特的安全技术和方法。

9.1　混合云连接

公有云和私有云之间的连接除了使用 VPN 或智能接入网关（Smart Access Gateway，SAG）等成本较低的方式外，还可以通过专线和接入网关（高速通道），帮助用户在 VPC 之间搭建私网通信通道，完成从 IDC 到公有云数据中心的专线接入，从而提高网络拓扑的灵活性和跨网络通信的质量与安全性，如图 9-2 所示。使用高速通道可以避免绕行公网带来的网络质量不稳定问题，同时避免数据在传输过程中被窃取。

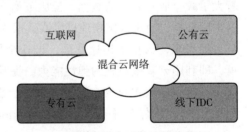

图 9-2　混合云的连接作用

另外，用户还可以申请物理专线，通过接入点连接私有云和公有云。在私有云控制台上创建边界路由器（VBR）并将其加入云政企网可以实现对云资源的访问和管理。

方法很多，最后选哪种方案取决于业务的需求。

9.1.1　共管模式

云上资产是政企（租户侧）在云服务商（平台侧）托管的重要资源，具有共管特点，需要租户侧和平台侧协同管理和优化，如图 9-3 所示。

政企需要在本地、阿里云、华为云、微软 Azure AD、谷歌云平台 GCP 等各种可用的综合平台上进行尽可能精细和精准的访问决策，并根据风险实时评估和自动调整。

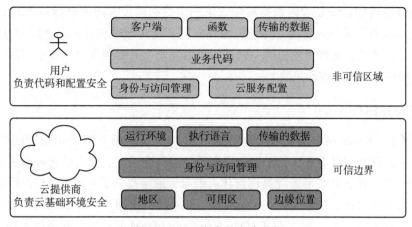

图 9-3 云上安全的职责共担

9.1.2 数据的同步

一般，混合云之间连接的线路质量非常好，例如数据传输服务（Data Transmission Service，DTS）支持关系数据库、非关系数据库、OLAP 等数据源间的数据传输。图 9-4 是混合云的数据同步示意图。

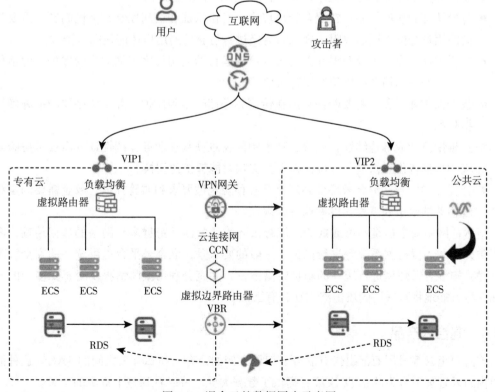

图 9-4 混合云的数据同步示意图

一个值得重视的话题是如何根据实际需求确定数据同步方向（包括单向和双向同步）。单向同步是只将源端数据同步到目标端，而双向同步是在源端和目标端之间相互同步数据。通常情况下，应该从保密性要求低的一侧进行单向同步，并避免保密性要求高的一侧进行单向同步，以防带来数据泄露的风险。

9.1.3　混合云自身安全

云管理平台（Cloud Management Platform，CMP）是一种用于管理和监控政企或组织在云环境中的计算、网络和存储资源的平台，特别是针对混合云。混合云是指覆盖了私有云、专有云、公有云以及线下 IDC 的云计算综合体。混合云通常提供了开放的 API，可以实现自动化管理，如云资源编排、告警监控、安全管理、账单统一管理等，可以统一管理平台。但针对传统的 IDC 虚拟化管理，需要调用 VMware vCenter 的 Mob 接口，并根据不同 ObjectType 的属性和方法进行自动化程序封装，相对并不容易。而阿里云的管理平台 Apsara Stack 等是针对混合云和多云场景的政企级云管理平台，具备一体化管控、自动化运维、智能化分析、个性化扩展等核心竞争力，旨在通过极致的用户体验，简化混合云管理。

与混合云管理平台遇到的问题相似，很多组织缺乏明确的混合云安全战略。管理员常常试图用保护本地数据中心的方式来确保主机和网络的安全，但实际上，真正的混合云安全更应该聚焦于保护应用程序和数据的安全，主要包括以下几方面。

- 身份认证和访问控制：在混合云环境中，身份认证和访问控制是关键问题，需要为不同的用户分配不同的权限，确保只有经过身份验证的用户才能访问云资源。
- 应用程序安全：需要确保在混合云环境中运行的应用程序得到适当的保护，包括代码审查、漏洞扫描和应用程序层防火墙等。
- 数据保护和隐私：需要确保数据在传输和存储时得到保护，并采取必要的措施确保数据隐私。
- 灾难恢复和业务连续性：混合云环境中的灾难恢复和业务连续性计划需要考虑跨云环境的数据备份和恢复，以确保在发生灾难时能够快速切换。
- 合规性和监管：混合云环境必须符合各种合规性要求和监管标准。政企需要制定和实施相关的政策和流程，以确保符合规定。

当然，网络安全也是不可或缺的。混合云环境通常涉及跨越多个网络的数据传输，需要采用防火墙和入侵检测系统等进行保护。一般的要求是，混合云平台提供统一的安全管理中心，对异构混合云环境进行统一的防护策略下发，并充分利用威胁情报及时感知多云的安全事件，尽可能地将互联网侧攻击终结在公有云侧。

9.1.4　混合云产品

国内阿里云等云厂商都提供有混合云架构，例如公有云和私有云之间的 SAG。这种混合云架构的云管理平台为政企 IT 决策者提供了数据大屏，可以看到整个资源的全景。

国外 AWS 推出的一款面向混合云的特色云端边缘计算设备 Outposts，主要是将 AWS 在公有云上的能力输送到私有云环境，让用户既可以使用到本地化、低延迟的云计算服务，又保证了本地数据的私密性和安全性，以及让用户享受与公有云一致的管理运维体验。Outposts 是一个一体化的机柜，它的所有硬件（包括服务器、交换机、互联光纤、电源等）都由 AWS 提供，这样能快速便捷地部署，保证交付。

Google 的 Anthos 利用 Connect 对托管集群和非托管集群进行注册及注销管理。Anthos 与本地数据中心、多云环境有多种互联方式，最简单的方式是使用云 VPN 实现站点之间的互联，在对延迟和吞吐量有更高要求的场景中，通过专线接入的方式进行互联。

9.2　安全即服务

安全即服务（Security-as-a-Service，SECaaS）是一种通过云计算方式交付的安全服务。此种交付方式可避免采购硬件带来的大量资金支出。通常，SECaaS 包括认证、反病毒、反恶意软件 / 间谍软件、入侵检测和安全事件管理等功能。以前，政企需要从网安公司购买硬件和软件，并自己安装、调试。但使用了 SECaaS 以后，所有网络流量都会转发到网安公司进行威胁处理，然后再发送到目标地址。SASE、EDR、XDR 也属于 SECaaS 的范畴。

SECaaS 和其他 SaaS 产品一样，注重简易性。SaaS 类的产品强调易用性，无需现场培训或烦琐的指南，支持用户直接使用。相比之下，许多传统安全产品需要经过大量培训才能让少数人正确使用，在人力成本越来越高的今天，盈利是非常有挑战性的。

9.2.1　SECaaS 的作用

相比本地部署的安全架构，SECaaS 在节约成本、弹性部署、释放资源和提升能力等方面具备明显的优势。

1）节约成本：SECaaS 是一种集成安全服务的解决方案，无需购买硬件即可实现安全防护。用户只需在使用时支付相关费用，而不必事先投入巨额资金。此外，基于云的安全产品还可以减少对安全专家的依赖，从而帮助用户减少这方面的开支。

2）弹性部署：SECaaS 能够根据业务的变化动态调整对防护资源的需求，且能够动态扩展到平台所提供的其他安全功能模块。

3）释放资源：SECaaS 简化了政企内部 IT 团队与安全团队之间的工作，将安全解决方案的部署、配置、维护、更新和管理纳入云安全厂商的业务范畴，让政企内部可以专注于更具战略意义的业务。

4）提升能力：SECaaS 能够将所覆盖的每台服务器、PC 及其他设备纳入自身的情报网络，在云端安全、实时、动态更新病毒库和特征库，向用户提供更强大的威胁情报和安全专家服务。

9.2.2　SECaaS 厂商

大型的云服务商在自身安全能力达到一定水平后，都在对外输出 SECaaS 服务。

例如，国内阿里云的云安全管家是 SECaaS 的一种服务，主要提供云安全管理和监控服务，例如云上安全策略评估、异常行为分析、安全风险评估、漏洞扫描等。除了云安全管家，阿里云的 SECaaS 还提供了包括 DDoS 防护、WAF、安全运维、数据加密等多种云安全服务，客户可以根据实际需求选择并订购相应的服务。华为云提供云 WAF、云 DDoS 等安全服务，同时 360 等一些专业安全厂商也试图提供类似的服务。

全球知名的终端安全 SaaS 厂商 CrowdStrike，作为全球第三大独立安全公司，提供了一种名为安全运营中心即服务（Security Operations Center as a Service，SOCaaS）的服务。该服务提供了一个基于云的安全操作中心，帮助政企监测、检测和响应威胁事件。在安全大脑建设方面，Google 开发了 Stackdriver Logging 服务，以实时管理和分析日志，类似于 ELK；同时，开发了 Cloud Security Command Center，以感知态势和进行数据综合分析（如异常检测），并实现安全编排与自动化响应，类似于 SIEM 系统和 SOAR。

9.3　安全访问服务边缘

安全访问服务边缘（Secure Access Service Edge，SASE）是一种零信任的实践。Gartner 于 2019 年首次提出了 SASE。这是一种全新的网络安全架构，将网络安全和网络边缘的功能集成在一起，提供基于云的安全解决方案。它将需要连接公司内部网络的数据先发到 SASE 运营商的 PoP 节点（可以理解为 SASE 运营商的服务器），然后在该节点中使用各种网络安全技术对数据进行过滤，并转发给需要接收数据的终端。

SASE 是一种基于云的网络模型，将多种安全和网络技术融合在一起。由网络安全公司提供云原生网络安全服务，可以简化用户管理、提高网络性能并提供更全面的安全服务。SASE 的核心功能包括软件定义广域网（SD-WAN）、零信任网络访问（Zero Trust Network Access，ZTNA）、防火墙即服务（Firewall as a Service，FWaaS）、安全 Web 网关（Secure Web Gateway，SWG）以及云访问安全代理（Cloud Access Security Brokers，CASB）等。

9.3.1　SASE 的作用

SASE 的作用是以一个统一的云服务方式交付给客户，提供更加安全和高效的云安全解决方案，以帮助政企随时随地安全、顺畅地访问所需的应用程序。

9.3.2　SASE 的功能

SASE 主要提供以下功能。

1）安全接入软件定义广域网（SD-WAN）：通过软件定义网络连接的方式，提供可靠、高效的广域网连接。

2）安全 Web 网关（SWG）：在政企边界部署安全 Web 网关，对网络流量进行筛选、监控、控制和防护，提高网络安全性。

3）防火墙即服务（FWaaS）：网络安全虚拟化提供基于云的防火墙服务，对政企网络流量进行检测、防护和管理。

4）零信任网络访问（ZTNA）：基于用户身份认证和访问授权，对用户访问政企网络的行为进行精确控制和安全保护。

5）云访问安全代理（CASB）：对云上资源的使用进行监控、管理和保护，包括数据分类、加密、访问控制等。

总的来说，SASE 是一个综合的网络安全服务平台，通过整合多种网络服务和安全技术，为政企提供了一种更加灵活、安全、高效的网络访问和管理的方式。

9.3.3　SASE 的联动

SASE 是一种新兴安全架构，可以集成和联动多种安全产品。以下是一些常见的安全产品与 SASE 的联动。

- FW 及 UTM 系统：SASE 可以与 FW、UTM 系统集成，通过使用流量识别和策略控制，提供安全代理、防病毒、反垃圾邮件和身份验证等服务，保护组织的网络不受来自公共互联网的攻击和威胁。
- TIP：SASE 可以与 TIP 集成，以实时获取有关威胁情报的信息，以便组织采取行动。
- TDR 系统：SASE 可以与 TDR 系统集成，以及时发现和响应网络威胁。
- IAM 系统：SASE 可以与 IAM 系统集成，以提供身份验证、访问控制和权限管理等功能。
- SIEM 系统：SASE 可以生成大量操作日志，记录用户、设备和应用程序的活动，并从这些日志中提取重要的安全事件信息进行实时分析。这种集成可以帮助组织更快地检测和响应潜在的网络威胁。

总的来说，对比很多网络安全产品的小而散，SASE 的目标是为政企提供大而全的方案，联动集成就显得十分重要。

9.3.4　SASE 产品

在国内 SASE 领域，云计算的巨头都已进入，例如阿里云的 SASE、腾讯的 iOA、字节跳动的飞连等，深信服、白山云等公司也有介入。初创公司亿格云的云枢在远程办公安全、全球应用加速、全景可视可控、员工操作等方面都有助于提升政企的安全水平。

国外知名的网络和安全厂商都加码对 SASE 的投入，如 Zscaler 的 SASE 架构消除了网络和安全方面的阻碍，整合和简化了 IT 服务；VMware 将 SASE 纳入到多云战略；Palo Alto Networks 推出的 Okyo Garde 网络安全网关进一步拓展了 SASE 的覆盖范围；Fortinet 公司的

FortiSASE 整合自身产品线，让客户可以将 FWaaS、SWG、IPS、DLP 和 ZTNA 等安全解决方案扩展到远程工作人员；Netskope 收购了 Infiot，以更接近于提供完全集成的 SASE 平台供应商。

9.4 云原生应用程序保护平台

云原生应用程序保护平台（CNAPP）结合了 CWPP 和 CSPM 的功能，扫描开发中的工作负载和配置，并在运行时保护它们。正确的 CNAPP 解决方案并非孤立的视图，而是提供对云资产的全面覆盖和可见性，并且可以检测整个技术堆栈的风险，包括云配置错误、不安全的工作负载和管理不善的身份访问，对应用的开发、发布、部署和运营等整个生命周期进行管理。

图 9-5 是 2022 年 Gartner 在工作负载和网络安全技术方面的成熟度曲线。

CNAPP 是云安全的一个进步，因为它作为多种技术的融合，结合了现有云安全解决方案的功能。除了具备 CSPM 和 CWPP 的功能，它还具备云基础设施授权管理（CIEM）、Kubernetes 安全态势管理（KSPM）、数据安全态势管理（DSPM）、API 发现和保护、无服务器（Agentless）安全等功能。

总体而言，CNAPP 在许多方面具有优势，尤其在业务应用维度，提高了对云基础设施依赖的可见性。Gartner 指出，CNAPP 最大的好处是帮助更好地了解和控制云原生应用程序的风险。

9.4.1 CNAPP 的作用

CNAPP 的作用是在云环境中保护应用程序、容器和云基础设施等的安全。CNAPP 可以帮助识别和防止攻击，监控和防止数据泄露等。CNAPP 还可以提供容器级别的安全保护，例如防止容器的滥用、漏洞利用等，减少攻击者的攻击途径。

9.4.2 CNAPP 的功能

CNAPP 是一个比较新的端到端安全平台，支持多种安全策略，实现自动化安全保护，并提供实时监控和响应能力。一般来说，CNAPP 具有以下功能。

1）云资产管理：收集和分析云资源的配置信息、访问权限、网络设置等，例如收集针对 CSPM 需要的虚拟机、存储桶、数据库、网络设置、安全组等信息；收集针对 CIEM 需要的云服务提供商账号和用户权限、数据库和数据仓库、应用程序和服务。

2）云工作负载保护：保护云上的工作负载，包括虚拟机、容器和无服务器函数计算等，尤其是容器镜像的安全性、应用程序的安全性、服务的安全性等，可以监测和防御各种攻击，包括恶意软件攻击、漏洞利用、拒绝服务攻击等。

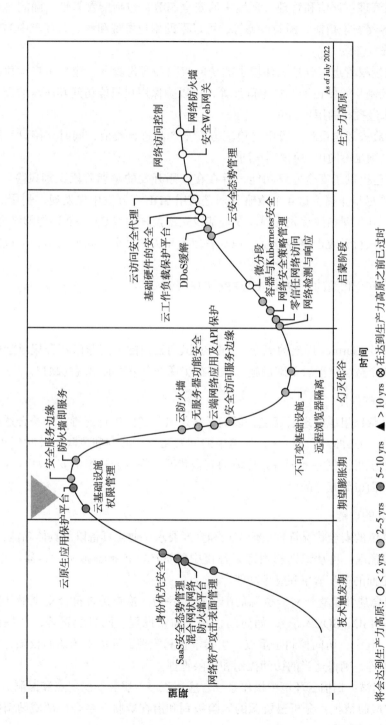

图 9-5　Gartner 在工作负载和网络安全技术方面的成熟度曲线（2022 年）

将会达到生产力高原：○ < 2 yrs　◐ 2~5 yrs　● 5~10 yrs　▲ > 10 yrs　⊗ 在达到生产力高原之前已过时

来源：Gartner（July 2022）

3）云安全姿态管理：评估和管理云环境中的安全态势，包括配置管理、漏洞管理、访问控制等，尤其是容器安全扫描、漏洞检测等，可以帮助用户发现和修复云环境中的安全漏洞，确保应用符合安全基线。

4）云基础设施授权管理：管理云环境中的访问权限和身份验证，包括用户、角色和策略等，尤其是访问控制、入侵检测、日志审计等，可以确保用户只能访问其所需的资源，并保护敏感数据不被未经授权的用户访问。

CNAPP 采用开放式架构设计，可以与第三方安全产品进行集成，同时支持灵活的插件机制和自定义开发，满足不同用户的安全需求。

此外，CNAPP 还提供了安全左移功能，旨在在应用开发的早期阶段识别风险。它有 4 个策略，有助于实现尽早止损。这 4 个策略分别是利用 SDL 在开发中先发现、利用 SRC 在应用上线后先发现、利用漏扫演练先发现、安全基线先覆盖。一些 CNAPP 还能够结合漏洞、上下文和关联信息，执行云攻击路径分析，识别看似不相关的低危风险如何组合成危险的攻击向量。

下面重点介绍和安全相关的 CSPM、CWPP、CIEM 等。

9.4.3　CSPM

CSPM 是另一个由 Gartner 提出的概念，是能够识别云误配置问题以及合规风险的安全工具。CSPM 帮助政企持续监测云基础设施，识别在实现安全策略时出现的缺口。

9.4.3.1　CSPM 的作用

CSPM 的作用是帮助组织管理云环境，以确保按照最佳实践进行配置，并符合适用的合规性标准和法规要求。CSPM 可以检测云环境中的配置错误、漏洞和风险，及时纠正问题。通过使用 CSPM，组织可以更好地了解云环境的安全状况，提高云环境的安全性，并确保数据在安全和合规性方面得到充分的保护。

9.4.3.2　CSPM 的功能

CSPM 确保云环境的安全状况符合最佳实践和合规要求，通常具备以下具体功能：

1）资产发现和管理：自动识别和跟踪云环境中的资产，包括虚拟机、容器、存储桶、数据库等，并提供全面的资产清单和管理功能。

2）配置评估和合规性检查：对云资源的配置进行评估，检查是否符合安全最佳实践和合规性要求（等保、ISO、SOC2 等），如访问控制、加密设置、网络配置等，并提供相应的建议和修复措施。其中，访问控制是重点，包括审查和管理云环境中的访问权限，包括用户、角色、组织单位等，确保适当的访问控制和权限管理。

3）弱点和漏洞扫描：扫描云环境中操作系统、应用程序、服务等的弱点和漏洞。

4）风险评估和威胁情报：分析云资源的风险级别和潜在威胁，结合外部威胁情报，提供实时的安全风险评估和预警。

5）实时监控和日志分析：实时监测云环境中的安全事件和日志，分析异常活动、入侵行为等，并提供警报和响应功能。

6）自动化工作流和合规报告：与 DevOps 集成，支持自动化的工作流程和任务管理，如自动修复配置问题、自动应用漏洞修复等，并生成合规报告以满足合规要求。

对于以上功能，具体的 CSPM 产品因供应商不同而有所差异，但总的来说，CSPM 致力于提供全面的云安全管理和监控功能，并确保满足合规要求。

9.4.3.3　CSPM 的联动

CSPM 需要结合安全资产管理、漏洞扫描、威胁情报、合规文件等工作。其中，资产管理主要关注云资产的配置、权限、漏洞、风险等方面。组织可以更好地管理和保护云资产，为后续的云安全产品（如 CWPP、CIEM 等）提供准确的资产信息和上下文，以实现综合的云安全管理和防护。

- SIEM 系统：与 SIEM 系统集成，将检测到的安全事件和配置错误的数据导入 SIEM 系统，以便在整体的安全事件管理和分析中进行综合监控。
- 漏洞管理（VM）系统：与 VM 系统集成，及早发现和修复配置、漏洞，从而提高应用整体的安全性。
- EDR 系统：与 EDR 系统集成，确保终端设备上的安全配置与云环境中的配置一致，防止终端设备不安全配置导致的安全风险。
- IAM 系统：与 IAM 系统集成，确保云环境中的身份验证和访问控制设置正确，防止未经授权的用户访问。

9.4.3.4　CSPM 产品

开源的 CSPM 产品有 HummerRisk，它试图以非侵入的方式解决云原生的安全治理问题。

国内默安科技有支持多云的 CSPM 产品。这些产品覆盖全部的公有云资产以及容器云平台、节点，可以实时展示合规分析图表，并按配置标准对这些资产进行检查，提出不符合安全实践或者不符合法律法规的条目，并提供修正意见。CSPM 厂商明朝万达推出的安元系统帮助政企用户平衡敏感数据资产的生产效率与合规风险，并输出数据安全合规检查报告。

国外 Zscaler 的 CSPM 通过自动识别和补救应用程序错误配置，形成了集成化的整体可视化解决方案。Zscaler 的 CSPM 通过授权访问客户云环境（AWS、Azure、Office 365、GCP 等），借助 API 收集云基础设施的实际配置（其中部分策略需安装代理）。识别错误配置后，Zscaler 的 CSPM 将发现的配置与内置安全策略进行比较，在此基础上识别安全策略和资源级别的错误配置，并根据各种法律法规，形成合规安全策略的完整映射，最后直观地在仪表板和报告上展示错误信息。当然，公有云服务商（如微软）也有 CSPM。传统的安全巨头 Check Point 收购了 Dome9，也进入 CSPM 市场。

9.4.4 CWPP

CWPP 是 Gartner 定义的新词，主要用于保护公有云基础设施的服务器负载。CWPP 专注于满足现代混合数据中心架构的需求，解决以主机为中心的工作负载保护问题。它可以统一管理多个不同的云供应商，并确保工作负载的连贯性。

随着云计算技术的不断发展和普及，组织越来越多地将数据和应用程序移动到云环境，对云工作负载安全的需求也在不断增强。

9.4.4.1 CWPP 的作用

CWPP 的作用是通过识别和防范安全威胁，确保虚拟机、容器和服务器等工作负载的安全，防止恶意活动、未经授权的访问等的安全威胁。它还可以帮助组织在云环境中实现安全策略和合规，并防止数据泄露。

9.4.4.2 CWPP 的功能

事实上，CWPP 不是一种技术而是很多技术的统称。CWPP 的功能包括威胁防护、身份和访问管理、数据安全、审计和合规性等。具体来说，它可以识别和防范网络攻击，拦截恶意软件和漏洞利用，管理用户身份和访问权限，保护数据不被泄露，并记录安全事件以帮助组织实现安全合规。

正如名字所表达的那样，它是一种平台，支持运行在物理设备、虚拟机（VM）、容器以及私有云基础架构中的各种工作负载。CWPP 部署在操作系统层，因此可以横跨物理机、公有云、私有云、混合云等多种数据环境，防护更丰富。

CWPP 能力定义如图 9-6 所示。

可以看出，越是靠近基座的能力越重要，越是靠近塔尖的能力越次要，例如管理员权限管理下的增强及验证基础运维能力（Capabilities that Augment/Verify Foundational Operational Controls）就非常重要，要求不能单纯依靠服务器账户、密码来验证管理员，而需要引入账户、密码外的第二套验证机制。比如 MFA 防护功能可以限制登录服务的用户名、IP 范围、登录时间、登录服务器使用的 PC 名称，如果不满足限制条件，即使拿到服务器的管理员账户、密码，也无法登录服务器。

更多的日志管理和监测、配置和漏洞管理在此不再深入介绍。

9.4.4.3 CWPP 的联动

CWPP 可以与许多其他安全产品联动，以提供更全面的云工作负载保护。

1）SIEM 系统：与 SIEM 系统集成，可以将云工作负载的安全事件、活动日志与整体的安全事件数据关联起来，提供更全面的安全监控和威胁检测。

2）VM 系统：与 VM 系统集成，可以帮助发现和修复云工作负载中的弱点和漏洞。

3）虚拟化安全平台：与虚拟化安全平台集成，可以提高虚拟机和容器的安全性。

实际上，与 CWPP 的联动取决于政企的具体需求和应用架构。

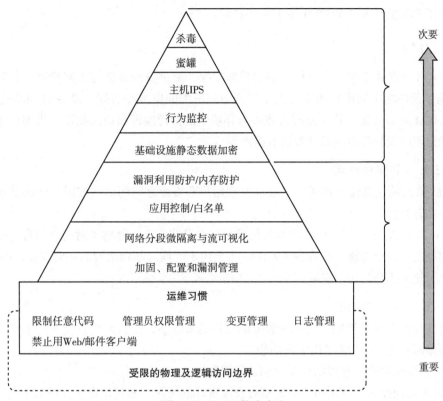

图 9-6　CWPP 能力定义

9.4.4.4　CWPP 产品

CWPP 领域尚未涌现出大量开源产品，甚至在商业化产品上也还有很长的路要走，尤其在和很多金融客户非常感兴趣的 DevSecOps 整合方面。

国内青藤云工作负载保护平台是基于 Agent 底层技术的主机解决方案，能够很好地满足现代混合数据中心架构中服务器工作负载的保护要求。安全狗的云工作负载安全解决方案提供了基于融合架构的云工作负载解决思路，构建了一个集资产管理、漏洞补丁、VPC 间的东西向流量隔离、云原生安全的 N 合一解决方案。

国外 Palo Alto Networks 的 Prisma Cloud 为云原生应用和工作负载提供全面的安全保护，支持容器、虚拟机和 Serverless 计算的多云环境。

9.4.4.5　CWPP 和 CSPM 等的区别

同 CWPP 从内部保护云环境中的工作负载安全相比，CSPM 通过评估云平台控制平面的安全和兼容配置，从外部保护工作负载。CSPM 聚焦的服务为 IaaS、PaaS，核心目的是持续改进和适应安全态势，降低攻击的可能性，以及降低攻击发生时的损害。CWPP 有一个普遍趋势就是，增加 CSPM 以获得上下文的配置信息，二者是一个互补的关系。

CWPP 与 EDR 属于网络安全领域两个不同的方向。根据 Gartner 对 EDR 的定义，EDR

主要作用于 PC 客户端，CWPP 作用于服务器端。

9.4.5　CIEM

CIEM 可以有效监控云账户行为中的异常情况，通过身份验证与访问管理、云架构授权管理，确保云环境中的用户和应用程序只能访问所需的资源和数据。政企 IT 和安全团队可以使用 CIEM 解决方案来管理公有云和多云环境中的身份验证和访问权限，贯彻最小权限原则，帮助组织降低权限混乱而导致的数据泄露风险。

9.4.5.1　CIEM 的作用

CIEM 系统的主要作用是通过定义和管理用户和资源之间的访问权限，确保云基础设施的安全性和合规性。

CIEM 和 PAM 都可用于保护政企的敏感数据和系统安全，提供了对用户的身份验证、授权和访问控制等安全功能，区别在于 CIEM 主要用于管理云基础架构的访问权限，PAM 专注于管理线下超级用户的访问权限。

9.4.5.2　CIEM 的功能

随着云计算的不断发展，使用云服务的用户越来越多，多云环境也变得越来越复杂。为了保证数据的安全，CIEM 提供如下功能。

1）用户身份管理：管理用户账户和访问权限。

2）资源访问控制：控制用户对云基础设施资源的访问，尤其是在多云场景中。

3）安全性和合规性管理：确保云基础设施符合安全和合规性要求。

4）审计和报告：提供云基础设施访问和使用的详细审计记录和报告。

在多云环境中，最小权限访问的实施尤为关键。CIEM 利用数据分析、机器学习和其他方法来检测账户权限中的异常情况，以确保权限控制的有效性。对于使用多个云服务的用户而言，频繁地在不同的云实例和平台上进行操作，就像一会说英语，一会说法语一样，除了增加学习难度外，还会增加管理复杂度。因此，管理员往往使用最简单的授权模型，但容易导致配置不当，从而带来数据泄露的风险。

在云安全实践中，政企还可以使用多级资源管理机制，即设置一个 Root 账户，这个账户默认不允许通过控制台直接登录，需要设置 MFA 登录方式，没有根密钥。同时，Root 账户也可以设置一个服务控制策略（Service Control Policy，SCP）来作为进一步的限制牢笼，就是说主账户的权限没办法超过这个限制。Root 账户下可以设置核心账户，主要用来实施 SoC 云安全中心、基础设施组件等，例如可以通过 SOC 来收集每个云账户的小 SOC 的信息，进行统一处理和响应，还可以共享其他 VPC 的账户来设置基础设施组件，例如 DNS、漏洞扫描工具、YUM 包等。Root 账户下也可以设计一个纵深防御体系账户，用这个账户来部署 WAF、RASP、云防火墙、全包捕获工具、网络检测和响应系统以及安全生态中的其他产品。默认情况下，不管是核心账户、纵深防御的体系账户，还是业务级的账户都可以进行 SCP 和 IAM 的双层 IAM 限制。对于 VPC 中的业务，我们也可以针对云产品和自身的一些比较重要的应用使用私有链接来作限制，仅允许一个更小范围内的端口访问，限制链接的流量。

CIEM 是大规模预防身份威胁的平台，它可以保护云身份和权限，检测账户泄露风险，防止身份错误配置，避免密钥被盗用，预防内部威胁和恶意活动。

9.4.5.3 CIEM 的联动

CIEM 可以与多种安全产品进行联动，以提供更全面的安全保护。

1）IAM 系统：与政企的 IAM 系统集成，以确保云资源的访问权限与政企的身份验证和授权策略保持一致。

2）SIEM 系统：与 SIEM 系统集成，将云基础设施的权限和活动日志、整体的安全事件、威胁情报关联起来，以便更好地监测和响应风险。

3）CASB：和 CASB 协同工作，以监测和管理用户对云服务的访问，确保云中的敏感数据受到适当的保护。

CIEM 本身就是一个平台类产品，实际中的联动取决于组织的具体安全需求和架构。

9.4.5.4 CIEM 产品

国内，阿里云结合其 IDaaS，针对用户身份、资源、权限进行安全检查，实施最小化访问原则，从而降低安全风险。

国外，微软的 AAD 有庞大的用户群体，通过集成 CloudKnox Security 获得了 CIEM 功能，加快了 PAM 和 IGA 的发展速度。

CyberArk 通过其 Cloud Entitlements Manager 平台提供成熟的 CIEM 功能（包括权限暴露风险评分）。该平台适用于大规模、多云环境。Forrester 分析师表示，对于那些想要将基于风险的方法应用于 IDaaS 并将其与特权身份管理功能同步的组织来说，CyberArk 是一个很好的选择。

9.4.6 CNAPP 产品

国内的 CNAPP 产品不多，腾讯云凭借集成 CWPP、容器安全、CSPM 的 CNAPP 平台，被 Gartner 列为国内率先入选的 CNAPP 全球代表性供应商。青藤也提供了蜂巢·云原生安全平台一体化解决方案。

国外以色列的安全公司 Wiz 是增长最快的云安全公司之一。它研发产品采用的核心技术就是 Wiz Security Graph。与传统的云安全产品不同，它研发的产品不是提供一长串无上下文的警报，而是识别、关联和优先考虑所有层的风险，然后将其放在有上下文含义的图表上进行分析，更加直观。该平台还提供自动化的纠正建议和合规检查，帮助组织保护系统安全。Zscaler 推出名为 Posture Control 的全新 CNAPP 平台。RSA 的创新沙盒 Lightspin 也是其中的佼佼者。

9.5 本章小结

随着政府和政企实现移动互联网化，边界已从仅限于私有云数据中心扩展到混合的专有云和公有云状态。对于开展互联网业务的政企来说，它们的关键数据仍位于内部网络，但应用部分上云成为性价比非常高的解决方案。例如，购买了云等保套餐服务，就可以省去自行建立等保基础设施所需的投资和管理成本，并且可以立即使用，使组织具有更大的灵活性和弹性。

然而，上云的同时也带来很多安全技术的更新和挑战。云环境安全需要由租户与云平台共同保护，然而甲方（租户）通常缺乏足够专业的人手来处理这些安全问题。目前，SASE、CNAPP，以及未来的安全即服务（SECaaS）领域都存在不少机遇与挑战。其中，SASE 主要是基于零信任理念解决网络安全问题，尤其是办公环境下面临的风险问题，包括 SD-WAN、SWG、FWaaS、CASB 等技术手段。CNAPP 致力于保护云上主机、容器、微服务等业务应用需要的算力基础设施的安全，包括 CWPP、CSPM、CIEM 等技术手段。

总之，混合云通过将公有云、私有云和本地 IT 基础设施相结合，可以满足政企在性能和成本等方面的不同需求。

第 10 章　*Chapter 10*

安全运营

在信息化领域有一句名言："信息化工作是三分技术，七分管理"。安全专家认为，在这七分管理中，有四分在运营。安全运维和安全运营的区别在于，前者是被动的，后者更加主动。以往乙方安全公司只关注产品销售，现在甲方政企客户开始重视安全运营，要求运营持续、周期性地输出价值，并通过已有的安全系统和工具生产有意义的安全信息来解决风险问题，从而实现最终目标——安全运行。安全运行和安全运营也是一字之差，但后者更为积极进取，将每天涉及的日常工作固化、标准化并流水线化，以真正实现安全运行。

不同于安全运维，安全运营更强调主动性，利用各种产品和服务达到"进不来、拿不走、看不懂、改不了、走不脱"的目的。在安全运营整体框架中，安全运营中心（Security Operation Center，SOC）支撑体系实际上是一组基础设施、工具和流程，用于保障预期结果实现。这些保障管理包括业务管理、应用管理、拓扑管理和资源管理等方面。人工智能（AI）指的是利用机器学习技术来分析海量 SIEM 日志，并自动执行安全运维操作。其中，安全编排自动化与响应（Security Orchestration Automation and Response，SOAR）针对发现的漏洞，结合威胁情报和知识库的解决方案建议，利用机器学习和自然语言处理技术对安全事件进行分析，主动识别恶意活动并快速响应，充分利用蜜罐捕获未知攻击，最终形成真正意义上的态势感知，对应急响应起到真正的赋能作用。近年来，政企还利用入侵和攻击模拟（Breach and Attack Simulation，BAS）来实现攻击面管理不断缩小，最终形成全面的可拓展检测和响应。为了进一步发挥网络安全网格架构（CyberSecurity Mesh Architecture，CSMA）的作用，很多政企选择外包管理安全服务。此外，随着安全左移的流行，安全开发生命周期管理也被提上了日程，整体涉及的产品和工具如图 10-1 所示。

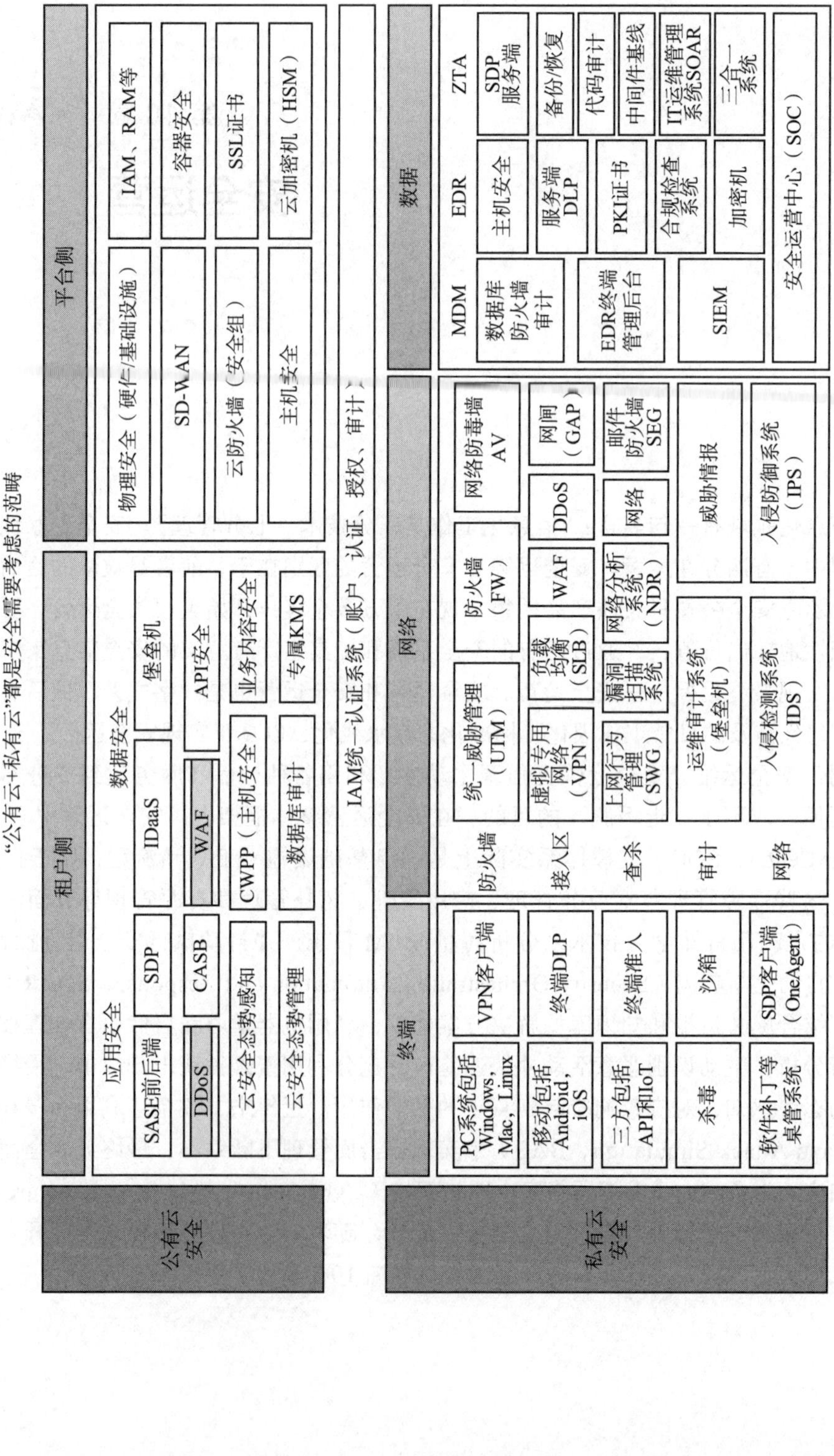

安全体系

"公有云+私有云"都是安全需要考虑的范畴

租户侧

应用安全

- SASE前后端
- SDP
- IDaaS
- 堡垒机
- DDoS
- CASB
- WAF
- API安全
- 云安全态势感知
- CWPP（主机安全）
- 业务内容安全
- 云安全态势管理
- 数据审计
- 专属KMS

数据安全

平台侧

- 物理安全（硬件/基础设施）
- IAM、RAM等
- SD-WAN
- 容器安全
- 云防火墙（安全组）
- SSL证书
- 主机安全
- 云加密机（HSM）

公有云安全

IAM统一认证系统（账户、认证、授权、审计）

私有云安全

终端

- PC系统包括Windows, Mac, Linux
- VPN客户端
- 移动包括Android, iOS
- 终端DLP
- 三方包括API和IoT
- 终端准入
- 杀毒
- 沙箱
- 软件补丁等桌管系统
- SDP客户端（OneAgent）

网络

- 防火墙
- 统一威胁管理（UTM）
- 防火墙（FW）
- 网络防毒墙AV
- 接入区
- 虚拟专用网络（VPN）
- 负载均衡（SLB）
- DDoS
- 网闸（GAP）
- 查杀
- 上网行为管理（SWG）
- WAF
- 网络
- 邮件防火墙SEG
- 审计
- 运维审计系统（堡垒机）
- 网络分析系统（NDR）
- 威胁情报
- 网络
- 入侵检测系统（IDS）
- 漏洞扫描系统
- 入侵防御系统（IPS）

数据

- MDM
- EDR
- ZTA
- 数据库防火墙审计
- 主机安全
- SDP服务端
- EDR终端管理后台
- 服务端DLP
- 备份恢复
- PKI证书
- 代码审计
- SIEM
- 合规检查系统
- 中间件基线
- 加密机
- IT运维管理系统SOAR
- 三合一系统

安全运营中心（SOC）

图 10-1 安全运营整体架构

在云数据中心的服务中，各种服务需要即插即用，这增加了 IT 运维人员的工作量和对 IT 资产监控的难度。同时，由于安全产品和传统数据中心基础设施的叠加，信息中心需要维护不同类型、不同厂商且可能随时增删的 IT 资源。因此，政企应考虑使用工具来解放人力。管理和监控这些 IT 资源的系统成为必需品。该系统过去被称为 IT 运维管理系统，现在被称为 IT 安全运营管理系统。除了考虑工具外，政企还需要考虑人员、流程和应急等方面。

与业务运营类似，政企在安全运营方面也需要确立体系化、可持续性强且从上往下制定的目标。值得欣慰的是，越来越多的安全厂商将资源重点投入到开发安全运营服务上，政企也逐渐明白要根据实际情况不断迭代达到目标。

本章主要讨论安全运营的话题，即人才结合工具提供高质量安全服务的挑战和解法，重点关注在安全运营协同方面的一些手段和措施。

10.1　面临的挑战

随着网络规模和复杂性的不断增加，网络攻击技术也在不断发展，新型攻击工具层出不穷，传统的网络安全技术显得苍白无力，网络安全问题日益严峻。在这样的形势下，安全的未来趋势是态势感知。我们大致可以将安全运营的成熟度分为几个等级，包括初始级、合规级、被动响应级和态势感知级。图 10-2 是一个安全运营情况的调查。

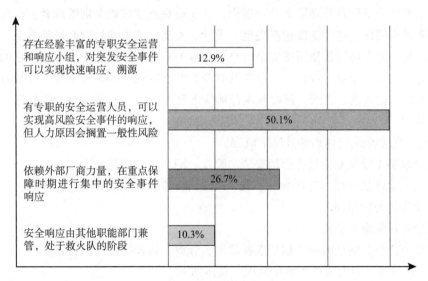

图 10-2　安全运营情况的调查

信通院和 FreeBuf 的联合报告数据显示，仅有 14.8% 的政企在威胁发现能力方面表现出了强大的自信，而在安全运营能力上，能够保有同样态度的受访政企占比只有 12.9%，两者在各自的调查中均不足 15%。同时，数据也显示有大量受访政企认为自己在威胁能力发现（40.7%）和安全运营能力（50.1%）方面做得还可以，但仍有提升的空间。

从趋势上看，未来的安全产品并不是相互孤立的，而是相互补充的。以 SIEM 和安全运营中心（SOC）为例，在国内安全领域，它们并不是新兴的概念，经历了十多年的建设。尤其在近两年，随着"等保 2.0"政策的推动，SIEM 系统已经相对成熟，但 SOC 仍然处于相对不完善的状态。究其原因，SOC 没有发展起来首先是国内 IT 安全建设的水平（包括相关日志标准、应用环境和传统观念等）的制约。一开始，国内 SOC 以单一产品的形式出现，这导致了发展的局限性。SOC 是 MSS（托管安全服务）的基础之一，但国内高端客户强调边界防御的理念，以现场服务为主，导致高端人才短缺，进而影响 MSS 孵化的土壤。没有MSS 等辅助，SOC 就像要求汽车驾驶员去驾驶和维护飞机一样，这也是国内 SOC 一直难以广泛应用的主要原因。

因此，如果想要将 MSS（托管安全服务）商业化，最佳方式是采用远程集中式的管理和运营。在欧美国家，MSS 之所以如此盛行，是因为这些国家在信息安全方面的标准已经非常成熟，国家和商业机构已经广泛采用并认可这些标准。MSS 所需的 SIEM 日志传送和 SOC集中式管理运营也受到广泛认同和接受。

10.2　流程制度先行

一个良好的安全运营体系不仅需要合适的人员，还需要建立有效的组织结构、明确的职责分工和适当的人员配备等必要条件。然而，为了避免过度依赖个别管理者，建立完善的流程管理制度是必要的。这些制度包括规范、设计、实施、监控和持续改进等方面。在构建安全管理体系时，政企可以依据网络安全等级保护或 ISO 27001 信息安全管理体系的要求，根据自身情况，并不一定要一步到位，但应及时开始并制定规范的制度文件，逐步将其落实到应用中。流程包括开发、上线、巡检和应急响应等环节，对于确保安全运营的连续性和高效性至关重要。

一个良好的安全运营体系涉及以下流程。

- 安全设备上线交割流程（包括安装、配置、测试、交接等）。
- 安全风险评估流程（包括漏洞发现、风险分析和影响评估等）。
- 安全事件处置流程。
- 安全事件溯源取证流程。
- 安全事件应急响应流程（包括事件检测、分类、处理和恢复等步骤）。

此外，还有各种申请表单和审批流程，具体如下。

- 堡垒机账号权限申请。
- 漏洞处置申请。
- VPN 账号申请。
- 防火墙策略申请。
- 外网 IP 申请。

- 域名注册申请。
- 数据相关权限和账号申请。
- 离职员工权限回收请求。

为了有效地进行流程管理，通常需要依赖工具，包括 ITSM 中推荐的工单管理工具、配置管理工具、变更管理工具、事故管理工具等。工单管理工具有助于设计、跟踪、优先处理和持续改进安全事件和问题的流程，减少人为干扰。好的工单管理工具应该提供上述流程常用的模板，并支持图形化拖放配置，方便用户根据实际情况设计流程。运行流程的界面也应该是图形化的，这样易于浏览、检查和管理。流程可以包含任务节点、状态节点、判断节点、并行节点和合并节点，并且可以设定涉及的业务字段（即自定义表单技术）。任务分配类型、任务分配方式、访问权限以及超时处理方式等都可以灵活设定，例如，可以为特定人员或者角色指派任务，并支持超时自动转移到指定节点并发送短信和邮件通知。

同时，管理制度也不是一成不变的，需要定期维护和修订。例如，办公安全制度明确了员工在工作中的要求，可能包括以下几方面。

- 桌面终端安全管理要求（防毒、准入、数据防泄露）。
- 员工安全意识（邮箱密码安全、锁屏、USB 使用、软件安装和使用、Wi-Fi 安全等）。
- 员工数据安全要求（机密分级、文件加密、禁止外发）。

当然，安全奖惩制度必须与员工绩效挂钩，否则安全管理制度很容易成为摆设。那些能够积极履行安全职责、保护信息安全的员工应该得到认可和回报；那些违反规定、造成安全漏洞或风险的员工，必须严肃处理，进行通晒，以起到警示作用。

事物都不是一成不变的。安全策略需要随着外部环境的变化做出调整，并根据相应的 IT 服务和基础架构变更。例如，对于 HIDS 这种基础的安全设备，在进行策略变更前需要进行测试，以免影响业务的正常运转；还需要进行调优验证，以免在发生安全事故时无法及时发挥作用。

最后，当出现安全事件或问题时，政企必须通过实施变更来解决，因此及时实施变更非常重要。然而，我们也知道随意变更会给政企的业务带来不可预测的灾难，因此变更管理制度的目的在于在尽可能不影响政企现有业务的情况下，将所需的变更引入 IT 环境，最大限度地降低业务中断的风险。

10.3　安全运营

运营是建立在运维基础之上的，安全运维在整个 IT 运维工作中起到关键作用。安全运维工程师的日常工作主要包括：按照已经制定的信息安全管理体系和标准工作，利用工具和手段进行分析和防范，阻止黑客入侵。这里一方面是制度先行，另一方面是真正落实，避免制度无法执行成为空谈。通过运用各种安全产品和技术完成技术规划、安全检测、风险评估、安全防护、攻击响应、安全审计等工作，并力求自动化是衡量落地能力的一个重要手段。

10.3.1 运维是运营的基础

安全运维管理是指各组织采用相关的方法、手段、技术、制度、流程和文档等方式，对软硬件运行环境、安全设备、业务系统、业务流程、运维人员进行的综合管理。安全运维服务人员工作的一个普遍现象是"很忙碌，坐不下"，每个安全运维服务人员都在忙，解决和处理各个业务部门的问题，就像救火员一样。安全运营则不一样，它的目标之一，就是在政企扩张、业务和系统日趋复杂、资源投入保持基本稳定的情况下，尽量确保安全团队的服务质量不下降。举个例子，大餐和快餐，大餐靠的是厨师的发挥，如果哪天厨师心情不好或者换个新人，可能做出的产品质量就有非常大的下降；而快餐如肯德基，所有的操作都标准化和流程化，就是没学过烹饪的人经过短期培训和严格管理，也能确保炸出味道几乎一模一样的薯条。快餐的标准化流程和技术管理几乎完全消除了人为因素，确保对外提供的产品质量始终稳定，不会出现大幅波动。这样的方式就可以避免因为一个运营人员的疏忽而出现安全问题。

当政企的 IT 基础设施发展到一定规模后，实现简单化、可视化、自动化和智能化的安全运维变得至关重要。只有通过简单化的流程、可视化的管理界面、自动化操作和智能化技术来辅助安全决策，才能应对日益复杂的安全挑战。如果政企不能做好自身的资产管理、IP 管理、域名管理、基础安全设备运维管理、流程管理、绩效管理等基础工作，它很难独善其身并在安全运营方面表现出色。例如，内部员工不遵守管理规范，防病毒客户端和安全客户端的安装率以及正常运行率都很低，这时，即使检测到某个 IP 或资产存在问题，但无法快速定位。在这种情况下，如何进行有效的安全运营？

- 简单化可以通过标准化和集中化运维流程来实现。标准化确保处理问题时采用相同的流程，提高效率，降低出错率；集中化统一管理分散的资源，提高利用率和降低成本。
- 可视化帮助了解 IT 基础设施状态和运行情况，并 24 小时不间断监测应用系统，实时数据分析以快速定位并解决问题，提高故障处理速度以保证业务连续性。
- 自动化通过工具、脚本等自动完成配置管理、备份恢复、性能监控、故障诊断修复等功能，以提高可用性、稳定性，并减少人为干预及出错率。
- 通过智能化运维流程对安全设备日志进行分析，以发现潜在的安全风险；利用机器学习算法来预测故障风险，并采取相应措施以防故障的发生；应用自然语言处理技术来实现智能对话式运维，以提升效率和用户体验。

现代安全运营需要使用工具和方法。在设备数量较少的情况下，人工管理还是可行的，但是如果有上万台设备，就需要使用开源的 CMDB 或商业化产品进行管理。此外，好的安全工具应建立在零信任理念上，能够在动态变化的环境中进行访问控制。安全运营工具包含事件响应、漏洞管理、威胁情报和安全监控等功能，广泛应用于各种安全专业人员和组织中。使用这些工具可以提高整体安全性，降低风险，简化运营操作，并提升业务敏捷性。

10.3.2　IT 运维管理平台

IT 运维管理平台以业务应用为核心，将以往对网络、服务器、安全设备、客户端和机房基础环境等的分割管理进行了有效整合，实现了全面监控与集中统一管理。安全设备运维是IT 运维管理平台的重要功能之一。

从技术趋势角度看，现在的 IT 运维管理平台已经将 ITIL 理念下的 IT 服务流程管理融合进去，实现了技术、功能和服务的有机结合。配置管理负责提供虚拟数据库，记录大量的基础信息及其关系。建设此数据库可以为信息管理中心的软硬件资源和业务应用系统提供全面的资源管控手段，所有的 IT 信息均记录在案，为查询、统计提供了数据基础，并为 ITIL 框架下的事件管理、问题管理、变更管理等运维流程提供诊断基础。配置管理数据库涉及团队及其分工如下。

- 维修保障团队：对应管理 UPS、空调、消防、防雷、门禁。
- 网络团队：对应管理核心交换机、接入交换机、核心路由器和接入路由器。
- 主机操作系统团队：对应管理小型机、PC 服务器、刀片服务器、负载均衡设备、操作系统、数据库、中间件和存储备份。
- 数据库团队：对应管理各种数据库、统一的数据建模管理平台，及对应的数据库安全产品等。
- 安全团队：对应管理监控系统、补丁分发系统、病毒监控预警系统、防病毒软件升级系统、入侵检测系统、防火墙、PKI/PMI 系统、漏洞扫描系统、违规网站及信息扫描系统、三方登记的 DNS 和 SSL 证书等。
- 应用程序管理团队：对应管理如办公、进销存管理系统等，同时兼顾管理 IP 地址、域名和邮件。

这种偏传统的横向管理提高了政企 IT 系统的运行管理水平和服务能力，然而这些是不够的。近年来，越来越多的中大型组织开始寻求纵向管理方式。也就是说，它们希望从某个业务所需要的应用、安全、数据、主机和网络等视角出发进行管理，并以此实现南北向的安全隔离和连续性监控。

在网络部署中，IT 运维管理平台通常安装于服务器区域内。该平台需要安装服务端、控制台、采集引擎，必要时还会在众多服务器上安装插件，或配置 SNMP 以接收各种设备的状态信息（包括网络设备信息、安全设备信息等）。

10.4　AI 在安全方面的应用

AI 应用的一个重要领域是在安全方面。随着云计算技术的不断发展和迭代，安全防御逐步从早期基于静态规则的防御（如边界防御、纵深防御等）向动态防御［如零信任架构（ZTA）、AI、安全智能编排等］发展。在这个进化过程中，策略已从基于签名式特征匹配的检测和阻断转向基于大数据挖掘、关联和分析，能够实现事前感知预防、事中防御响应以及事后追踪溯源三者并重。

这些策略逐渐建立起了数据驱动型的智能安全体系，催生了一系列基于数据智能技术的核心应用，如态势感知、漏洞挖掘、业务风险管理、安全预警、自动响应以及攻击溯源等。所有这些应用都离不开机器学习和 AI 技术的支持。可以预见，AI 将不断推动安全防御和应对策略的创新和升级。

10.4.1 AI 与数据

在某种程度上，AI 的训练离不开数据，并且在安全领域也是如此。监督学习利用已经标记好的数据训练模型，通过学习已有的数据集，自动识别和分类新的网络攻击。无监督学习则利用未标记的数据进行训练，自动发现数据之间的相似性和规律，并对新的网络攻击进行检测。集成学习将多个不同的机器学习算法和模型进行结合，以提高网络安全的整体防御能力。

如图 10-3 所示，在海量的日志中进行关联分析，靠人工判断挑战非常大，而这正是 AI 擅长的。AI 可以自动学习和适应新的威胁模式，从而提高 XDR、EDR 和 NDR 等安全产品的威胁检测能力。

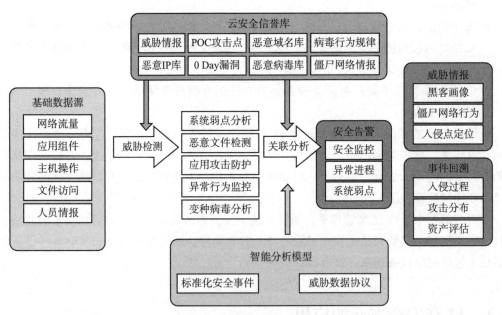

图 10-3　AI 在网络安全方面的应用

在云时代，安全一体化是对云平台安全组件的全面融合。一些安全解决方案公司使用 AI 技术来分析大量的网络设备数据，帮助快速识别出异常活动和威胁。

10.4.2　AI 带来的安全技术创新

AI 技术在安全领域的应用主要包括入侵检测、恶意软件分析、漏洞发现和修补、数据挖掘与风控以及自动化渗透测试等。例如 NIDS 使用机器学习算法来建立基线，以比对新的数据流量是否与正常流量相同。

2023 年，ChatGPT 横空出世，微软已经利用 LLM 推出新的安全产品 Security Copilot，并使用了自研的机器学习和深度学习模型作为网络安全领域的模型。例如在事件调查中，对于一个勒索软件 Devon Torres 通过被下载的 SalesLeads(1)one.pkg 进行投递、追溯的时候，可视化结果让人耳目一新，如图 10-4 所示。

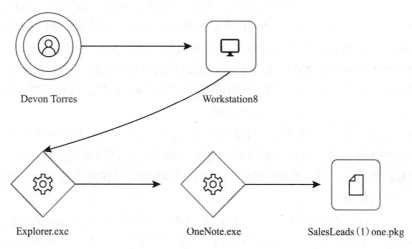

图 10-4　LLM 在安全上的应用

总的来说，微软提供的工具已经覆盖了很多常规排查和分析。此外，入侵检测方面，有利用 LSTM（Long Short-Term Memory）算法检测 C&C 通信中的 DGA 域名开源项目 dga_predict；漏洞发现和修补方面，有使用机器学习进行网络协议 Fuzz 测试的开源项目 Pulsar 等。总之，这些 AI 助力的安全工具可以帮助一家公司招聘能力一般的安全人员解决常见的安全事件问题。

10.5　零信任架构

零信任架构（Zero Trust Architecture，ZTA）是一种访问控制模型，目标是提供更高的网络安全性和可靠性。Forrester 在 2010 年首次提出了零信任概念，将其描述为"一种安全模式，在其中对内部和外部的网络流量进行了相同的限制，并要求对所有用户、设备和应用程序进行身份验证和授权"。自此，许多企业包括 Google、Microsoft、Cisco 等都开始采用这种安全模式。这种模式不相信任何人或设备，并在授权过程中始终验证其身份和权限。在

2018 年，美国国家标准与技术研究院（NIST）还将 ZTA 列入其网络安全框架中，进一步推动了该理念在企业中的普及与应用。

随着云计算、移动互联网、物联网等新技术的普及，传统的安全模式已经难以保护政企网络安全。在传统体系中，信任是一种重要的安全标签，放行那些可信的网络流量，拦截那些不可信的网络流量。事实上，在过去多年网络安全实践中，基本默认了内网的人、设备、系统、IP 地址等都是可信的。但是，现代网络安全实践告诉我们，其实并没有什么身份是真正、完全、永远可信的。设备可能是被操控的，应用可能是被篡改的，账户可能是被盗取的，IP 地址可能是被仿冒的，数据有可能在传输过程中被篡改，系统有可能被自己的管理员破坏，开源代码可能一开始就被植入了后门，一个内网或专网中的设备可能早就被黑客操控了。

可以说，信任是安全体系最大的漏洞。ZTA 认为政企内部网络中每个用户、设备以及流量都必须经过身份验证与授权，才能访问敏感数据。通过将网络资源划分成更小的安全组件，重新集成之后攻击者无法获得对整个网络的控制，从而提高了网络安全性。任何设备、应用、账户所产生的操作和数据，都应该进行强制控制和持续监测，一旦系统发现某些操作存在风险或异常，就应立即降低，甚至关闭某些身份的相关权限，以保证系统的安全运行。ZTA 本质上是一种基于身份的动态访问控制体系。

在 ZTA 下建设数据安全体系是一种非常有效的方法。政企可以从底层开始逐步构建一套完整的安全访问控制体系，通过层层认证、处处授权和实时评估来确保数据在采集、存储、使用、传输和销毁的每个环节都经过验证且可信。这样可以保证每个参与数据处理的单元都是经过验证、可信任的。

在 ZTA 中，IAM、SDP 和微隔离（MSG）是相互关联的关键技术，最后通过 SIEM 系统等将网络流量、日志和其他事件数据收集在一起，以便识别潜在的安全威胁。在 ZTA 中，SIEM 系统可以与 IAM 和 SDP 系统集成，以获取身份和访问控制信息，从而更好地检测和防止安全威胁。

因此，IAM、SDP、MSG 和 SIEM 在 ZTA 中是紧密关联的，它们相互协作，以确保网络资源和数据受到保护，并为政企提供更高的安全性。

1. IAM

IAM 系统是管理身份验证、授权和访问控制的系统。它通过认证和授权来验证用户和设备，确保安全访问网络资源和数据。在 ZTA 中，IAM 系统是核心组件之一，更多地充当控制器的角色，可以为 SDP 和 SIEM 系统提供身份和访问控制信息。

IAM 第 7 章已经提及，在此不再赘述。

2. SDP

SDP 是一种用于提供安全连接和保护应用的技术，可以根据用户或设备的身份来组合安全策略实现访问控制。SDP 在 ZTA 中扮演着网关角色，因为它只允许经过身份验证的用户或设备访问应用程序和数据。在 ZTA 中，IAM 系统提供了 SDP 需要的身份验证和授权信息，以确保只有经过授权的用户可以访问资源。

3. MSG

在 ZTA 中，MSG 是一种重要的网络安全机制，可以与 IAM 以及 SDP 相结合，形成一个完整的安全架构体系，实现网络的全面安全防护。不同于网络边界安全这样的南北向隔离，MSG 把重心放在了进入内网例如服务器间的东西向隔离上。MSG 的实现思路完全颠覆了传统攻防对抗思想，把重点放在了对好人和信任的白名单识别上，而不是对坏人和防范的黑名单发现上。MSG 通过在网络层面对应用程序和服务进行隔离，对用户进行身份验证和授权，以确保只有受信任的用户才能访问应用程序和服务，同时只能访问它们需要的最小资源，从而最大限度减小攻击面。

微隔离通常是通过微隔离网关或微隔离节点实现的。这些设备可以实时监测网络流量，根据预先设定的安全策略，对流量进行精细化控制和过滤，例如某个应用请求只有映射到某个授权用户才能放行。同样是作用于东西向流量，EDR 的核心能力是异常行为分析，虽然相较于传统杀毒软件的基于恶意代码签名的特征匹配方式有了长足进步，但是它们的技术本质是一致的，那就是永无止境的猫鼠游戏，攻击者想尽办法去隐藏，防御者想尽办法去发现。所以，我们可以看到 MSG 完全是基于白名单的一种技术，EDR 则需要配置黑名单。当然，在 EDR 上开启 MSG 也是很有创造性的。

MSG 主要作用于数据中心，目的是解决传统的防火墙和 VPN 等安全设备所存在的限制和弊端问题，包括难以实现对内部网络的有效控制，不易适应云环境和移动设备的使用等问题。

综上所述，ZTA 强调的是多种安全产品联动，以提供全面的安全保护。通过 IAM 和 SDP 的联动，可以为微隔离网关和微隔离节点提供更加精准的访问控制，而 MSG 可以进一步增强 IAM 和 SDP 的安全保障能力，构建出更为健全的网络安全防护体系。

国内实践 ZTA 的厂商众多，包括阿里云、奇安信、指掌易、深信服、启明星辰、绿盟科技、天融信等。奇安信的零信任解决方案基于风险评估、多维度身份认证、访问控制、安全审计等技术，能够在网络边界、数据中心、云环境等多个场景下实现安全保障。

10.6　态势感知

网络安全态势感知（Situation Awareness，SA）又称网络空间态势感知（Cyberspace Situation Awareness，CSA），是利用大数据、机器学习等技术对海量态势数据进行提取，进行多维度的关联分析。它能够提供报警、趋势预测等安全风险管理功能，并且重点在于数据处理、关联分析、大屏展示以及趋势预测。其中，趋势预测是最核心的部分，因为其最终目标是支持决策与行动。我们可以参考图 10-5 来了解态势感知架构的运作方式。

目前，大多数政企的信息安全工作都集中在架构安全和被动防御，而对积极防御和情报驱动涉及较少。相反，态势感知聚焦于回顾架构安全、补强被动防御上，重点发展积极防御和情报驱动，以有效提高政企的信息安全防护能力。

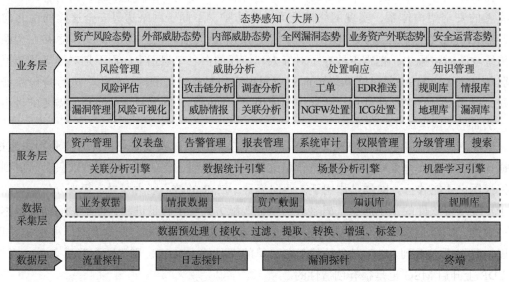

图 10-5　态势感知架构

市场上的态势感知可以分成两类：一类是监管市场，包括公安、网信和一些带监管职能的央企部委；另一类是监管对象，涉及各行各业的单位。监管部门为了防止自己辖区内的单位出现安全问题，会在城市数据出口上部署设备，快速抓取关键信息，对所有行为进行监控，最终找到网络安全的威胁事件。

10.6.1　态势感知系统的作用

态势感知系统能够帮助政企实时了解网络威胁和安全事件，包括内部和外部的攻击，并提供实时的可视化分析和应对能力。该系统可以尽早识别潜在威胁，以便采取适当的预防措施。

在态势感知模块中，为了实现逻辑拓扑和物理拓扑的映射，生成的拓扑图应以逻辑拓扑为主，并结合风险值，通过动态展示呈现当前任务或业务功能状态。动态呈现包括如下几方面：动态地图和画像、动态化威胁模型、任务依赖和状态等。

许多人都见过类似于"地图炮"这样的大屏幕来显示态势感知信息。这是一种绘制了目标系统或网络基础设施的拓扑结构图，标识了可能存在的漏洞、弱点和攻击路径。虽然看起来很炫酷，但它们缺乏具体组织业务属性，导致没有太多实战价值。不同的业务需要有自己特定的方式进行展示。

10.6.2　态势感知系统的功能

态势感知系统的核心是基于攻击场景分析研判，主要的功能如下。

1）风险评估和预测：对安全事件进行风险评估和预测，以便安全团队能够在恰当的时间采取相应的措施，避免或减小潜在的安全威胁。

2）实时监控和分析：实时监控和分析网络安全事件，同时通过内部和外部威胁情报源提供更全面的安全分析。

3）智能告警：根据预定义的规则和策略，自动触发安全告警，帮助安全团队快速检测和响应潜在的安全威胁。

4）可视化分析和报告：提供可视化分析和报告功能，帮助安全团队快速理解和分析安全事件，以及识别安全风险和趋势。

5）威胁响应和协同：支持自动化的威胁响应和协同，加速安全事件的处理和响应，以及提高整个安全团队的工作效率和协同能力。

态势感知主要是基于 SIEM 和威胁情报系统的输入，从而发现和处理安全事件，预测和预防潜在的攻击事件。未来的攻击预防不再是仅基于特征的监测，而是需要运用威胁情报和一些专家的经验来构建基于场景的分析系统，对威胁的影响范围、攻击路径、攻击目的、攻击手段进行快速判别。这种系统并非静态，而是一个与时俱进的攻防对抗中不断学习和参考的过程，具备威胁调查分析能力。持续运营这样的系统需要更多的专家行业经验和安全运营人员的参与。

态势感知的最终目的是辅助决策制定。它是基于安全大数据的概念，旨在在大规模网络环境中获取、理解、显示和预测能够引起网络态势变化的安全要素。在实现 AI 分析研判时，关键在于更智能地对原始事件进行安全分析，以提高安全事件告警的准确性。态势感知不局限于基础的关联分析，还可以进行 AI 安全知识图谱分析、专家推理分析和场景化分析等。从最基本的安全分析到 APT、蠕虫病毒传播、未知威胁、僵尸网络等复杂场景的分析，它能全面掌握规模群体性事件的感染路径。

10.6.3　态势感知系统的部署位置

如图 10-6 所示，态势感知系统可以部署在政企内部网络或通过云服务提供商提供的服务中，具体位置取决于政企的需求和技术架构。

使用云服务提供商提供的态势感知系统可以节约成本，并获得专业的安全威胁情报。

10.6.4　态势感知系统的联动

态势感知系统需要和许多其他安全产品或 IT 基础设施联动，以形成全面的安全防护体系。具体到风险评估和预测能力，它既依赖于部署在网络层、系统层、应用层、数据层、用户层等不同层级的安全监控系统，如防病毒系统、服务器安全客户端、蜜罐系统、IPS、安全运营中心等，又依赖威胁情报系统、智能分析系统等。以下是一些常见的联动安全产品。

- SIEM 系统：态势感知系统利用收集到的各种安全设备的数据进行分析和报告，监测复杂、高级的攻击。

- TI 平台：态势感知系统通过 TI 平台收集并分析全球各地的威胁情报，提供实时的高质量威胁信息和情报，从而降低大量数据和报警中的垃圾数据或者报警噪声，更高效地发现攻击行为和攻击者。
- IDS 和 IPS：态势感知系统利用 IDS 和 IPS 检测并阻止网络攻击，帮助组织及时发现并应对入侵威胁。

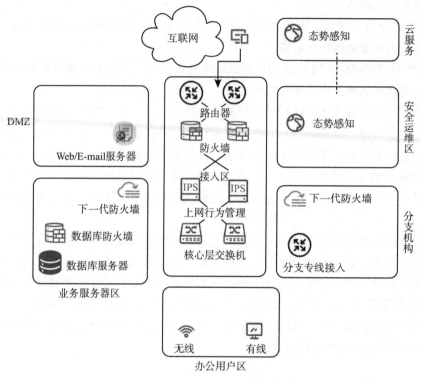

图 10-6　态势感知系统部署位置

更多的，态势感知还依赖漏洞扫描器、终端安全软件、大数据平台等更多产品，这些安全产品的联动，可以帮助组织及时发现安全事件和威胁，有效减少安全漏洞和风险，提高组织的安全防护水平。

10.6.5　态势感知产品

国内安恒信息的 AiLPHA 态势感知平台提供多种能力。其中，Open Security 能力中台可以实现各种异构网络安全设备的兼容；资产全息档案可以提供容纳云、网、数、用、端的一体化数字资产整合视图，帮助提升资产盘点工作的质量和效率；低代码技术可以实现个性化需求的敏捷交付。

国外 Palo Alto Networks 提供了一体化的安全平台，集成了多种安全功能，包括网络安全、终端安全、云安全等，实现了全面的安全态势感知。

10.7　安全运营中心

安全运营中心（SOC）起源于 20 世纪 80 年代的计算机应急响应小组（CERT），旨在提供网络安全的响应和监控，被认为是一种 IT 安全管理理念。政企为了应对各类安全风险，按照纵深防御理念部署了一系列安全防护设备（如防火墙、入侵检测和防护系统、漏洞扫描系统、防病毒系统以及终端管理系统等），构建起点状防御体系。然而，在运行过程中这些设备不断产生大量安全日志和事件，形成了许多信息孤岛。此外，在面对数量巨大、彼此割裂并未进行分级过滤的告警信息时，来自各个厂商有限的安全管理人员需要操作各种产品自身的控制台和告警窗口，效率非常低下。由于各类安全监控系统无法进行整合，并且单个设备或监控系统呈现出的结果不够准确，人工逐个检查系统需要耗费大量人力。因此，可持续运营的 SOC 诞生了。

SOC 是一种集中的安全架构，主要聚焦于监控、检测、分析和响应组织的信息系统中的安全威胁。它采用集中管理方式，统一管理相关安全产品，收集所有网内资产的安全信息，并通过对收集到的各种安全事件进行深层分析、统计和关联，及时反映被管理资产的安全情况，定位安全风险，及时提供处理方法和建议，协助管理员进行事件分析、风险分析、预警管理和应急响应处理。

10.7.1　SOC 的作用

SOC 通过统一管理安全工具，预防、检测、分析和响应政企所面临的网络安全事件。它能够对各种多源异构数据进行收集、过滤、格式化、归并、存储，并提供了诸如模式匹配、风险分析、异常检测等能力，对整个网络的运行状态进行实时监控和管理，对各种资产（主机、服务器、IDS、IPS、WAF、防火墙、防病毒和 VPN 等）进行脆弱性评估，对各种安全事件进行分析、统计和关联，并及时发布预警，提供快速响应能力。图 10-7 是 SOC 作用的汇总。

SOC 通过统一展示和统一视图的形式，方便查看所有 IT 资源的使用情况、物理连接关系、应用关联关系以及是否存在故障等信息。拥有完善能力的 SOC 会将物理拓扑图上的关键设备映射到逻辑拓扑图上的指定图标，从而帮助用户快速理解业务应用的管理责任。SOC 打破了原有不同分类单独管理的限制，可以进行关联管理，形成全局的安全视图，使安全团队能够更全面地监控和管理网络环境。

关于日志采集是在 SOC 还是 SIEM 系统中完成，行业有分歧。为了避免重复建设，笔者倾向在下一节介绍的 SIEM 中完成数据采集的能力。同时，为了满足未来的扩展，这些连接器最好以插件包的形式支持扩展。

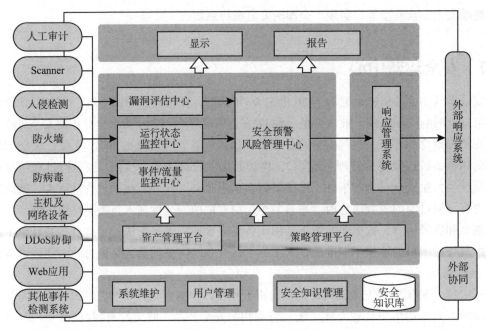

图 10-7　SOC 作用的汇总

10.7.2　SOC 的功能

SOC 的主要功能是监测检测、分析响应、报告沟通组织信息系统中的安全威胁，具体如下。

1）安全事件监测检测：SOC 负责监控政企网络和系统中的安全事件，通过实时的日志分析、网络流量分析和 IDS/IPS 等工具，检测异常行为、潜在威胁和安全事件。

2）安全事件分析响应：SOC 会对监测到的安全事件进行深入分析，并进行快速响应和处置安全，最小化安全事件对业务的影响。

3）安全事件报告沟通：SOC 负责生成安全事件报告，并向政企管理层和相关利益相关者提供安全威胁的情况和趋势。

更多 SOC 功能包括漏洞管理、威胁情报分析、安全事件溯源等，旨在帮助组织及时发现和应对安全威胁，保护信息系统的安全和完整性。

SOC 提供资产管理功能，包括网内资产扫描发现、资产变更比对和资产信息整合展示等基本功能。在资产发现方面，SOC 可以通过 IP 扫描、SNMP 扫描、流量发现等手段跟踪网内 IP 的存活情况，并自动录入资产数据库，必要时也可以由人工干预。同时，SOC 还可以对组织网络拓扑进行扫描，以发现资产间的关联关系。用户可以将资产加入网段、连接任意资产、调整拓扑的展示布局，同时还可以选择隐藏连接关系或资产名称，以完成业务逻辑梳理工作。

谈到安全事件监测和响应，对于优秀的 SOC，如果涉及资产信息，用户都可以直接在告警上查看相关资产的基本信息，并能够快速切换到资产页面查看更多详细信息。这意味着 SOC 与 CMDB 之间存在数据的交互和联动。资产详情页面展示资产的基本信息、与资产相关的告警信息、资产相关的漏洞信息以及资产相关的账号信息，并以可视化方式展现资产的多维度信息。

　　SOC 提供了面向威胁全生命周期的管理功能，能够通过多种威胁检测手段发现潜在的威胁，并将全网各种威胁情况集中展示。用户可以根据自身需求对威胁进行筛选、标记和处置。同时，管理者可以指定负责处理相应威胁的责任人，并通过邮件、短信、消息中心等方式进行通知。对于威胁的处理，SOC 将通过工单的流转来跟踪状态。

10.7.3　SOC 的部署位置

　　如图 10-8 所示，SOC 部署在安全运维区，需要安装服务器端、控制台、采集引擎。信息终端上需要安装插件。网络设备、安全设备和其他设备上需要配置 SNMP。syslog 协议用于接收日志和状态信息等。

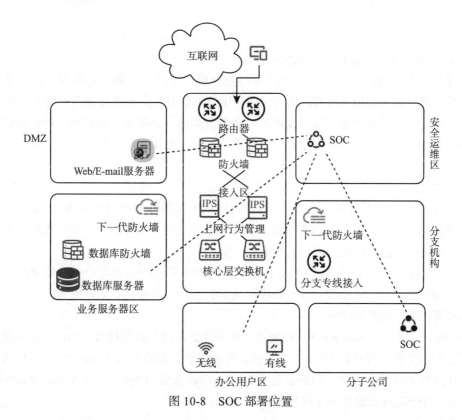

图 10-8　SOC 部署位置

10.7.4　SOC 的联动

　　SOC 的作用是监控和评估组织的安全威胁，识别和响应安全事件。SOC 通过使用各种安全工具和技术来检测和识别安全威胁。SOC 可以与以下安全产品进行联动。

- CMDB：SOC 可与 CMDB 集成，形成一个统一的资产管理平台，以获得组织内部各种资产的全面视图和管理能力。这有助于识别和追踪安全事件的影响范围，并支持安全决策和响应措施的制定。
- IDS 和 IPS：SOC 借助 IDS 和 IPS 的检测和防御能力，部署一系列安全传感器，并提供实时的安全事件警报和阻止措施。
- SIEM 系统：SIEM 系统用于集中收集、分析和报告各种安全事件和日志数据，帮助 SOC 监测和响应安全威胁。
- EDR 系统：EDR 系统可以提供对终端设备的保护，帮助 SOC 监测和防御恶意软件、恶意链接和其他终端相关的安全威胁。
- IAM 系统：IAM 系统用于管理用户身份和访问权限，可以帮助 SOC 确保只有经过授权的用户可以访问敏感资源和数据。
- TI：TI 产品提供高级威胁分析和情报信息，帮助 SOC 识别和应对新兴的安全威胁和攻击技术。
- 网络流量分析（NTA）产品：NTA 产品用于监测和分析网络流量，帮助 SOC 发现异常活动、入侵行为和其他网络安全事件。

通过与这些安全产品的联动，SOC 可以更全面、及时地监测、分析和响应安全事件和威胁，提高安全防御和威胁应对的能力，保护组织的信息资产和业务运营的安全。SOC 是一个复杂的系统，既涉及产品，又涉及服务，还涉及运营，是技术、流程和人的有机结合。同样，SOC 建设不能代替安全防护建设，应该部署的安全系统、安全设备还是要建设。

10.7.5　SOC 产品

在开源产品上，美国 Alien Vault 公司的 OSSIM 和思科公司的 OpenSOC 提供了一些基本的安全监测和响应功能，包括集中日志管理、威胁监测、事件响应、资产管理和漏洞管理等功能，还可以根据需求进行自定义配置和扩展。

在商业产品上，国内的 SOC 产品有很多。例如阿里云的云安全中心提供全面的云安全管理和威胁检测服务，包括实时安全告警、漏洞扫描、风险评估、资产管理等，帮助用户实现对云资源的实时监控和保护。

ArcSight 多次获得 Gartner SIEM 魔力象限领导者区域并高居榜首。ArcSight 的强项在于可灵活定制的关联分析平台 ESM 以及方便收集非标准日志的 Flex-Connector。虽然 ArcSight 是 SIEM 传统老牌产品之一，但随着具备 UEBA 功能新势力 Splunk、QRadar 和 LogRhythm 不断崛起，ArcSight 已经失去了往日风光。

1. OSSIM

OSSIM 又叫开源安全信息管理系统，是一个非常流行和完整的开源安全架构体系。OSSIM 通过将开源产品进行集成，形成能够实现安全监控的基础平台，目的是提供一种集中式、有组织、更好地进行监测和显示的框架系统。OSSIM 通过添加新的数据源、安全检测工具和自动化响应模块等方式来扩展功能。

OSSIM 由数据收集、监视、检测、审计以及控制台这五个模块构成，架构如图 10-9 所示。这五个模块涉及目前安全领域内从事件预防到事件处理的一个完整过程。它们又被划分为 3 个层次，分别是高层的安全信息显示控制面板、中层的风险和活动监控以及底层的证据控制台和网络监控。各个层次提供不同的功能，共同保障系统的安全运转。

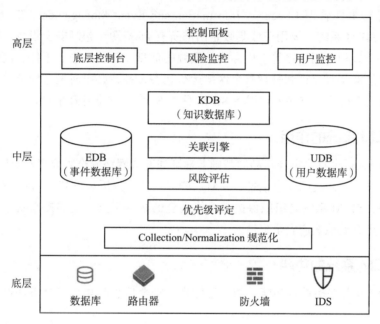

图 10-9 OSSIM 架构

在 OSSIM 架构体系中，有三个部件比较引人注意，即 OSSIM 中的三个策略数据库。它们是 OSSIM 事件分析和策略调整的信息来源，具体如下。

- EDB（事件数据库）：在这三个数据库中，EDB 无疑是最大的，它存储了所有底层的探测器和监视器所捕捉到的事件。
- KDB（知识数据库）：将系统的状态进行参数化的定义，这些参数将为系统的安全管理提供详细的数据说明。
- UDB（用户数据库）：存储了用户的行为和其他与用户相关的事件。

OSSIM 的过程处理分为两个阶段：预处理阶段和事后处理阶段。预处理阶段由监视器和探测器完成，提供初步安全控制；事后处理阶段更加集中，反映在事件发生后的系统安全策略调整和安全配置改进。

2. OpenSOC

OpenSOC 是一个依赖于其他开源软件部署的工具，其中存储采用 Hadoop，实时索引采用 Elasticsearch，在线实时分析采用 Storm。因此可以说，OpenSOC 是各种开源大数据架构和安全分析工具的有机结合，涉及的开源大数据技术包括 Kafka、Spark 和 Storm 等。它的数据来源包括原始网络流量、NetFlow、Syslog 等，并结合外部威胁情报进行离线以及在线分析以识别各种安全问题。目前，OpenSOC 已经加入 Apache 工程并更名为 Apache Metron。

10.8　安全信息和事件管理

安全信息和事件管理（Security Information and Event Management，SIEM）作为 SOC 的底座存在。SIEM 系统主要用于收集政企内部所有 IT 资源（包括安全设备、网络设备、主机、操作系统及各种应用程序等）中异构数据源的信息，例如日志、事件、流量和用户行为等。这使用户能够实时监控和管理整个网络运行状态，并在必要时发布预警以提供快速响应能力。在国内安全行业，有些人习惯将 SIEM 称为 SOC 或安全管理平台。

10.8.1　SIEM 系统的作用

SIEM 系统在过去日志审计产品的基础上逐渐演变成网络安全重要工具。SIEM 系统能够收集来自不同设备和系统的安全信息，并对这些信息进行分析和总结，从而支持决策制定。

总的来说，SIEM 系统是组织保护其网络安全的必备工具，能够提高安全意识，并帮助组织更快速，更有效地响应安全事件。

10.8.2　SIEM 系统的功能

SIEM 系统具有许多重要功能，如日志管理、安全信息收集、安全事件监测和分析、安全信息可视化等。

1）日志管理：收集、存储和管理网络设备和应用程序生成的日志数据。

2）安全信息收集：从多个资源如网络设备、服务器、应用程序等收集安全信息。

3）安全事件监测和分析：实时监测网络活动，识别潜在的安全威胁并进行分析，例如通过 NDR 分析网络流量数据，检测到异常的流量。

4）安全信息可视化：使用图形和图表可视化安全信息，以更直观地显示网络安全状况。

日志管理是 SIEM 系统最基础的功能，但它带给政企的价值是非常明显的。原先分散在各个设备、服务器上的日志数据可以统一存放在一个地方；不同类型设备的日志数据可以转化成相同格式的数据，以便阅读和检索。SIEM 系统收集与安全相关的日志数据。虽然原则上来说，数据源越多对于综合分析越有帮助，但理性考虑下，更应该根据实际情况考虑必要性，而不是盲目追求数量。通常来讲，网络设备（例如路由器、交换机）、安全设备（例如防火墙、入侵检测系统）、操作系统（例如 Linux、Windows、Unix）、数据库（例如 MySQL、Oracle）、目录服务器（例如 AD、OpenLDAP）、Web 服务器（例如 Apache、Nginx）、终端软件（例如杀毒软件）等数据源都是需要的。这些基础设施采集过程是由代理（Agent）或系统日志（Syslog）来执行的。它们会被配置为将数据转发到 SIEM 系统的中央数据存储库中。网络安全人员经常会提到主动式和被动式数据采集，这两种方式还是有一定差异的。

安全信息可视化是 SIEM 系统的另一个关键功能，因为它使分析人员能够便捷地查看数据。某些 SIEM 系统提供预先设计的仪表板，通过多个可视化或视图的仪表板来发现趋势、异常情况，并监测整体环境的健康状况和安全状况。更高级的 SIEM 系统允许用户自行创建和调整仪表板。门户大屏能让运维人员和安全人员对环境有整体的了解，知道 IT 环境中都发生了哪些事情，哪些潜在问题需要关注，哪些事件需要尽快处理等。这些都对 SIEM 系统的表现形式提出了更高的要求。

10.8.3　SIEM 系统的部署位置

SIEM 系统通常部署在政企网络的管理区，和安全态势感知系统一起，但也可以部署在云中的虚拟环境。

由于 SIEM 系统需要整合不同的安全产品的日志，而有些被审计的节点和管理中心不在同一个逻辑网络内，因此需要考虑分布式部署进行信息中继，如图 10-10 所示。

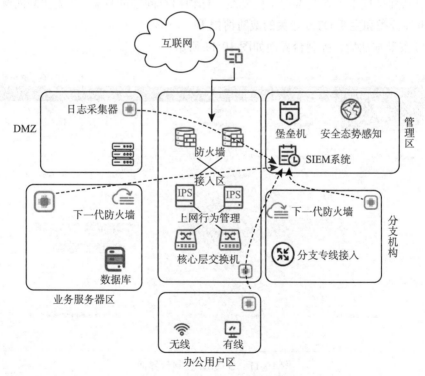

图 10-10　SIEM 的分布部署位置

图中的日志采集器分布在各处，而管理中心在一起。采用分布式部署后，日志采集器能将日志、性能或配置信息汇聚到管理中心，这是很经典的一种部署模式。除了技术，政企还要关注法规问题。对于一个跨国企业，SIEM 的分布式部署模式会相对比较复杂，例如，需要在德国部署日志采集器和管理中心，这主要是为了满足当地的法律法规要求。

10.8.4 SIEM 系统的联动

SIEM 系统几乎可以与所有的安全产品如 IAM、防火墙、IPS 和 SOAR 联动。它不仅可以收集信息，还逐步集成了 SOAR 能力，根据下发的安全控制指令执行自动化操作。未来，SOAR 成为 SIEM 系统的核心能力补充，提供事件案例管理能力、面向工作流的安全能力自动化编排能力，以及威胁情报管理能力等。此外，SIEM 还要和政企的 ITIL 平台如 HelpDesk 产生联动，ITIL 接收 SIEM 系统发送过来的安全事件信息，并据此产生工单，推送给安全运营人员，例如和 Remedy 这类第三方的工单系统联动，自动生成 / 关闭工单。

10.8.5 SIEM 产品

在开源产品上，AlienVault 的产品 OSSIM（Open Source Security Information Management）在众多 SIEM 产品中脱颖而出，即使与许多商用产品相比也丝毫不逊色。这个产品主要是面向事件，识别并处理重大安全事件（优先级，标识出有问题的日志），关注的问题有安全事件、安全事件分类和主要 OTX 相关的威胁情报等。

OSSIM 安装成功后，控制台界面如图 10-11 所示。

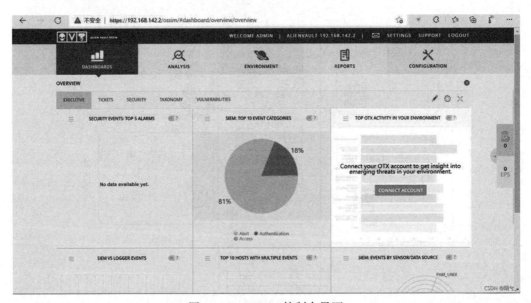

图 10-11　OSSIM 控制台界面

更新一些的，Elasticsearch 公司的 Elastic Stack 解决方案已经可以让互联网公司搭建起一套经济的 SIEM 系统了。Elastic Stack 提供了 Filebeat、Auditbeat、Packetbeat 等安全模块，同时引入了机器学习和图分析功能。

商业化的产品经历了从单纯的日志聚合到深入的安全运营过程。主流的安全厂商奇安信、安恒、绿盟等都有自己的产品。国际外 Splunk 通过应用市场模式建立了最大的 SIEM 生态，并收购了 SOAR 厂商 Phantom，可以为来自任何应用、服务器或网络设备的数据实时建立索引，让政企可以按需搜索。另外，Exabeam Fusion 能提供更丰富的安全功能，结合了 SIEM 和 XDR 功能。其他有 IBM 的 QRadar Security Intelligence Platform、LogRhythm SIEM 等产品。

除了线下产品，云 SIEM 可以部署在云端。但是，政企上传的日志数据一旦泄露，攻击者有可能再次利用它们发起攻击。当然，云服务提供商的防御手段会比政企要完善得多，甚至要比本地部署的 SIEM 方案还要安全。国内的云 SIEM 厂商有日志易、袋鼠云、腾讯云。阿里云安全也于今年推出了同类产品，已经支持云上 11 大类产品的 32 种日志，支持客户在一个统一的控制台上进行跨账号、跨产品的告警处置、调查、溯源。

混合云 SIEM 是一个类似于地空一体化的作战指挥中心，能够收集来自私有云的数据，在公有云进行分析，为一线作战部队提供决策支持。得益于云计算能力的强大，云 SIEM 在线下 SIEM 的基础上，融入了很多新的思路和技术，例如，用户及实体行为分析（UEBA）、安全编排与自动化响应（SOAR）、威胁情报（TI）、机器学习（ML）等。这使 SIEM 更有活力和价值，也更有想象空间。考虑到 SIEM 在安全领域的重要地位，只有混合云才能够提供放心的数据保护和足够的计算能力。

10.9 漏洞管理

漏洞管理（Vulnerability Management，VM）主要是指识别、评估、处理和监控系统和应用程序中存在的漏洞。如今的漏洞不再局限于传统意义上的软硬件漏洞或缺陷。更多的漏洞情况涵盖弱口令、配置错误、数据泄露、过期证书、恶意网站、钓鱼网站，还有供应链风险、分支机构 / 分子公司的薄弱环节等。

《漏洞》一书中写道："在漏洞的海洋里，我们看到的永远只是浪花"，同样在渗透测试、黑客攻防领域也是一样，我们看到的永远只是黑客攻击的冰山一角，更多的非法入侵、黑产交易在暗流涌动。某种意义上讲漏洞是无法完全避免的，比如以检测 APT 攻击闻名遐迩的 FireEye 公司，自己的安全产品却败在了很低级的 PHP 任意文件读取漏洞上。仅仅在 2019 年，新增漏洞 17930 个，平均每天新增 49 个，每小时新增 2 个。可以预见，未来的漏洞数的增速还会更快。

一般按危害程度，可以把漏洞分为几个等级，如表 10-1 所示。

表 10-1 按照危害程度对漏洞分级

分级	描述	修复时间
紧急漏洞	可以取得服务器权限，获取或修改数据，导致业务受损的	产品下线，4 小时修复
高危漏洞	可以直接攻击服务器，影响系统部分功能正常使用，但不会造成损失的	48 小时修复

（续）

分级	描述	修复时间
中危漏洞	可以直接攻击服务器，但不会明显影响系统运行的	1 个产品迭代周期
低危漏洞	不能直接攻击服务器，不能明显影响系统正常运行的	视情况

公司的安全规定中需要按分级对漏洞的修复时间进行明确的约定。

了解了安全漏洞的基本概念后，紧接着需要解决的问题就是"政企怎样才能知道安全漏洞有哪些"和"在什么地方能够查到所有的安全漏洞"。这两个问题的答案都可以归结到漏洞库上。我们的国家信息安全漏洞库（China National Vulnerability Database of Information Security，CNNVD）于 2009 年 10 月 18 日正式成立，是中国信息安全测评中心为切实履行漏洞分析和风险评估职能，负责建设并运维的漏洞库。另外一个国家信息安全漏洞共享平台（China National Vulnerability Database，CNVD）是由国家互联网应急中心（CNCERT）联合国内重要信息系统单位、基础电信运营商、网络安全厂商、软件厂商和互联网企业建立的信息安全漏洞信息共享知识库。国际上，CVE（Common Vulnerabilities & Exposures）是知名的安全漏洞库，也是多数已知漏洞和安全缺陷的标准化名称的列表。

除了上述的漏洞库，1 Day 漏洞库往往收集那些爆出来 24 小时以内的漏洞。在 0 Day 漏洞成为 1 Day 漏洞后，漏洞的利用方式和影响范围已经曝光。在这个业务安全最脆弱的阶段，如何同黑客赛跑，争分夺秒地"揪"出存在安全风险的资产，是时下最紧迫的问题。

图 10-12 是 2021 年主要安全问题的普遍排名。

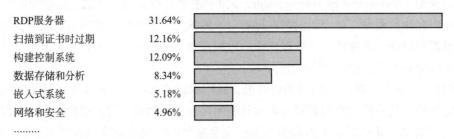

RDP服务器	31.64%
扫描到证书时过期	12.16%
构建控制系统	12.09%
数据存储和分析	8.34%
嵌入式系统	5.18%
网络和安全	4.96%

图 10-12　2021 年主要安全问题的普遍的排名

有了漏洞库以后，还需要注意组织资产和漏洞的匹配。比如 Solarwind 漏洞，一个叫 UNC2452 的 APT 组织通过入侵 SolarWinds 公司，在 SolarWinds Orion 商业软件更新包中植入恶意代码并进行分发。FireEye 称之为 SUNBURST 恶意软件。

10.9.1　VM 平台的作用

VM 平台需要具备包括漏洞扫描、漏洞验证和评估、漏洞追踪、漏洞修复和补丁管理等多方面的能力，逐渐朝着自动化和半自动化的方向发展。其中，漏洞扫描能力是非常重要的。漏洞扫描系统通过自动扫描和评估网络设备、服务器和应用程序，帮助政企发现并修复潜在的安全漏洞。通过对网络的扫描，网络管理员能了解网络的安全设置和运行的应用服务，及时发现安全漏洞，客观评估网络风险等级，从而在黑客攻击前进行防范。

如果说防火墙和网络监视系统是被动的防御手段，那么安全扫描就是一种主动的防范措施，能有效避免黑客攻击行为，做到防患于未然。VM 已经成为一个综合性的网络安全领域，不仅涵盖了漏洞的搜索、分析和修复，还包括了风险评估、漏洞整治计划的制订和漏洞修复的跟踪与报告等内容。

10.9.2　VM 平台的功能

VM 平台主要有以下功能。

1）漏洞识别：扫描并识别网络设备、服务器和应用程序中的安全漏洞，分析漏洞的危害性、影响范围以及修复难度等。

2）验证评估：评估漏洞的危害程度和影响范围，评估漏洞对组织的影响程度，例如定期的网络安全自我检测、评估。

3）报告追踪：生成详细的安全评估报告，包括漏洞数量、漏洞类型、漏洞分布、提供修复建议及结果。

4）漏洞修复和补丁：制订漏洞整治计划，提供漏洞修复方案，明确修复漏洞的时间表和责任人，并能够跟踪修复进度。

漏洞管理平台还应提供其他功能，如用户管理、集成扫描工具、提供漏洞修复代码示例、实现与其他安全工具的集成等。漏洞识别在一些场景中会被反复用到，包括自评、上线前检查、重大项目验收、安全性测试、安保准备、公安保密部门突击检查及安全事故分析溯源等。

10.9.3　VM 平台的部署位置

随着业务的多样化和配套的安全手段提升，组织可以对漏洞管理平台选择混合部署模式（见图 10-13），即将漏洞管理平台的某些组件部署在本地，某些组件部署在云环境，充分发挥二者的优势。一般通过浏览器控制台定制扫描策略和调度扫描任务。

这种部署方式灵活性高，可以根据实际需求进行调整。例如，可以将敏感数据保留在本地，使其更容易与核心服务器交互，而将其他分析组件置于云环境，以便利用情报库。

10.9.4　VM 平台的联动

漏洞管理平台可以与多种安全产品联动，具体如下。

- SIEM 系统：SIEM 系统可以与漏洞管理平台集成，使漏洞数据与其他安全事件数据相结合，实现全面的威胁分析和响应。
- 资产库（CMDB）：与 CMDB 集成可以更好地跟踪受影响资产的配置和漏洞状态。
- 威胁情报（TI）平台：与 TI 平台集成可以从外部情报源获取有关漏洞的最新信息，以及有关正在利用这些漏洞的威胁情报。

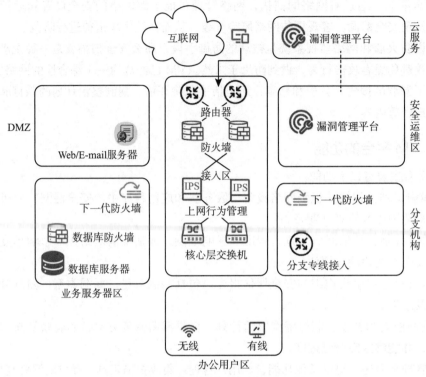

图 10-13　漏洞管理平台的部署位置

　　总之，VM 平台可以与众多其他安全产品和系统实现联动，从而加强整体的网络安全防护和响应能力。

10.9.5　VM 产品

　　漏洞管理就是领先漏洞一步，让修复变得更高效。Faraday 是一个开源的协作式漏洞管理和渗透测试平台，它提供了漏洞跟踪、分析和协作的功能，包括和 OpenVAS、ServiceNow 的集成。

　　在商业产品上，国内大的漏洞管理厂商有启明星辰等，其他的安全厂商绿盟、奇安信也都有自己的 VM 产品。

　　国际上，Qualys VMDR 是一个 SaaS 漏洞管理平台，允许用户搜索特定资产上的结果，以深入了解配置、服务运行、网络信息和其他数据。这些数据将有助于降低漏洞被攻击者利用的风险。

10.10　威胁情报

　　威胁情报（Threat Intelligence，TI）是一种信息收集、处理和分析的技术，可以帮助我们提前了解攻击者的动机、目标和攻击方式。根据 Gartner 对威胁情报的定义，TI 是一种基于证据的知识，包含上下文、机制、标识、含义和可执行的建议，与资产面临的已有或潜在的威胁、危害相关，可用于资产相关方做出响应决策或处理手段的信息支持。政企用户几乎每天都在遭受勒索软件攻击。例如有一种叫 putty.zip 的勒索病毒，它会加密电脑中的文件，并要求在 96 小时内支付 8 个比特币赎金，否则文件将永久无法打开，提前知道就减少上当的机会。

业内大多所谈的威胁情报指的是狭义的威胁情报，主要包含用于辨识和检测威胁的标识，如文件的哈希值、IP 地址、域名、程序路径、注册表项等，还有相关的标签。在已知的威胁中，情报的价值取决于视野的广度和深度。举例来说，对于同一个恶意程序样本，有些人可能只看到样本本身，而有些人则可能看到背后的恶意服务器，甚至发现更多类似的恶意样本，还有一些人或许能够追踪到恶意样本背后的黑客组织，找到制造者，揭示整个制造和传播的产业链。

10.10.1　TI 平台的作用

TI 平台主要用于识别和评估潜在的安全威胁，以提供有关这些威胁的详细信息和建议，帮助组织更好地保护其信息资产和业务运营。随着互联网的普及和信息安全威胁的增加，TI 平台逐渐成为网络安全领域的重要组成部分。威胁情报更多是信息和知识，不同 TI 平台使用的数据字段不同。比如，选择匹配入站或出站情报，以及哪些网络数据包字段进行匹配，在不同设备上不同。一个具体例子，流量探针通常通过内部网络 DNS 请求中的域名来检测恶意回连域名，如何触发和处置是难点。

情报库及时更新对于网络安全设备至关重要。很多客户购买安全设备后，内部网络管理严格，不允许设备访问外网，或者设备难以实时联网，导致设备内的情报库更新缓慢。TI 平台的时效性要求很高，若更新不及时，将无法有效发挥价值，甚至可能给网络安全设备造成负面影响，增加负担。

10.10.2　TI 平台的功能

TI 平台的主要功能是帮助组织了解、应对当前和潜在的威胁，具体如下。

1）威胁识别与分析：TI 平台可帮助组织识别和分析当前的威胁行为和攻击模式。通过收集和分析关于恶意软件、攻击者行为、漏洞利用等方面的情报数据，可以深入了解威胁。

2）威胁情报共享：TI 平台共享机制支持在安全社区内进行交流和分享。组织可以获取来自各方的威胁情报数据，从中获得对当前和未来威胁的洞察和警示。

3）威胁情报监测和预警：TI 平台通过持续监测和分析威胁情报，及时发现新的威胁和攻击活动，并提供预警和警报。

4）威胁情报整合与分析：TI 平台整合来自多个来源的数据，包括外部情报供应商、公开的威胁情报数据、内部收集的数据等，进行综合分析和挖掘。

基于 TI 平台，组织可以制定针对特定威胁的安全策略和措施。TI 平台能够提供有关攻击者的意图、技术和工具的信息，有助于指导安全团队制定应对方案和决策，对威胁的检测和响应给出建议和指导等。

10.10.3　TI 平台的部署位置

一般情况下，组织可以采用云托管的方式，通过订阅第三方 TI 平台来获取实时威胁情报。这种方式可以更快地获得来自互联网的情报信息。TI 平台的部署位置如图 10-14 所示。

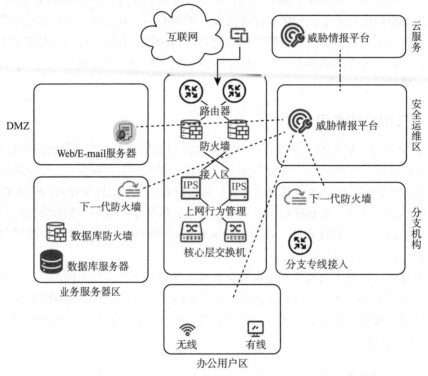

图 10-14　TI 平台的部署位置

当然，组织也可以选择混合部署模式，即同步将 TI 平台的某些组件部署在本地。这种方式可以更方便地将情报应用在本地的网关、终端、网络安全分析平台上。

10.10.4　TI 平台的联动

TI 平台可以与多种安全产品联动，以下是一些常见的联动产品。

- SIEM 系统：TI 平台可以为 SIEM 系统提供实时的威胁情报，从而帮助安全团队更好地识别和响应安全事件。
- NTA 系统：TI 平台可以与 NTA 系统结合使用，通过分析网络流量和行为数据来检测和识别潜在的威胁，同时提供实时的威胁情报。

- VM 工具：TI 平台可以为 VM 工具提供实时的威胁情报，从而提高漏洞扫描和修复工作的准确性和及时性。

安全产品如防火墙、IDS、IPS、EDR 以及应急响应平台等，都需要基于威胁情报来灵活调整规则，实现攻击检测，如图 10-15 所示。同时，这些产品也可以将捕获的问题和威胁输入 TI 系统，帮助安全人员更迅速地发现和应对威胁，提升反应速度。

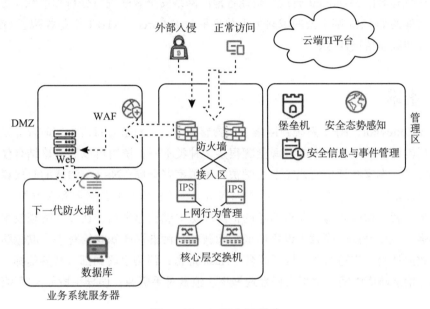

图 10-15　TI 平台的联动

脱离实际业务场景谈情报应用落地都是空谈。TI 平台专注于分析和评估特定威胁或攻击，可以作为更广泛网络安全情报（Network Security Intelligence，NSI）的一部分输入。尽管两者都是通过数据收集、分析和匹配来辨识和理解网络安全事件和威胁的，但它们在范围、目标和时间敏感性方面存在差异。

10.10.5　TI 产品

在开源产品上，OpenCTI 是一个由开放的社区来维护和支持的 TI 平台，主要用于集成、分析和共享来自不同来源的安全威胁情报数据，并提供丰富的可视化分析和查询功能。知道创宇的 Pocsuite 利用漏洞脆弱性评分系统、时间、实际环境和资产重要性等，可自动筛选出真正存在安全风险的漏洞。此外，它还结合实际攻防场景中漏洞是否可被利用（PoC、EXP）来评估漏洞的严重程度。

很多云安全服务商推出的新一代威胁感知系统，可基于多维度海量互联网数据进行自动挖掘与云端关联分析，提前洞悉各种安全威胁，并向客户推送定制的专属威胁情报。例如阿里云建立了全网威胁情报联动及快速应急响应服务，一旦某个网站或服务受到新型的攻击，就可以立即进行快速的安全分析，得出的防御方法和策略可以立即应用于整个云，给上云的所有政企提供安全保障。同样，奇安信的天眼实验室号称在云端共收集了 200PB 与安全相关的数据，涵盖了 DNS 解析记录、Whois 信息、样本信息、文件行为日志等。更多的包括微步在线情报社区、绿盟科技、360 威胁情报中心、知道创宇的暗网雷达等，都能帮助用户了解暗网中信息泄露的多个渠道。

国外比较有名的 Mandiant 通过对全球各地的网络安全威胁进行分析和追踪，提供威胁情报服务。其他的如 IBM 基于云的威胁情报共享平台 X-Force，AT&T 更是收购了 OSSIM，试图打造最大的威胁情报社区。

10.11 蜜罐

蜜罐（HoneyPot，HP）系统在网络中放置感应节点，对节点日志做实时存储及可视化分析，监测周围网络环境。网上的开源蜜罐很多，种类不一。诱饵可以和蜜罐结合使用，最终形成欺骗技术。专家在评价西北工业大学被美国国家安全局（NSA）渗透的时候说到，敌已在我，不要谋求建立马奇诺防线。在内网部署蜜罐相关技术是非常必要和有效的。

误导攻击者的欺骗防御是在近两年的护网攻防中成长起来的，在以往蜜罐技术的基础上进行了加强，主要是试图隐藏关键资产或将隐蔽的受污染资产暴露给对手。欺骗防御包括混淆手段如数据加密、传输加密、特征匿名、Hash 加密；污染手段如部署蜜签信标、延缓对手入侵时间、增加响应时间、增强入侵发现概率、浪费对手资源；误导手段如蜜罐网络。

10.11.1 HP 系统的作用

HP 系统的作用是通过吸引黑客和入侵者，收集有关他们的技术和行为信息，以便进行网络安全研究和改进。HP 系统包含很多看起来有价值的虚假信息，但是合法用户例如正常办公人员不会对这些信息做任何访问，因此任何对这些信息的访问都是可疑的行为。所谓低交互蜜罐，就是通过模拟服务，监听端口连接并记录数据包，可以实现端口扫描、网络嗅探、资产探测、暴力破解、拒绝服务、ARP 攻击、DNS 劫持、漏洞利用检测等。相比于外网，内网的攻击手段随着服务种类的增多不断增加，不需要收集 0 day 漏洞，不需要分析恶意 IP，不需要对接威胁情报等，所以不需要高交互类型的 HP。由于对 HP 系统的攻击在攻击者看来总是成功的，管理员有足够的时间记录和追踪攻击者在自认为攻陷的 HP 系统里所展开的活动。

10.11.2 HP 系统的功能

HP 系统通常具有以下功能。

1）诱饵模拟：HP 系统会模拟各种真实的系统和服务，并创建看似有价值的目标。这些诱饵目标吸引攻击者进行入侵或探测，从而引导攻击者暴露其攻击行为。

2）攻击监测和记录：HP 系统会详细记录攻击者与 HP 之间的交互和攻击行为，第一时间发现并报告攻击行为，并生成日志记录。这些日志记录可以用于分析攻击者的技术手法、行为模式和目标，以及识别潜在的新威胁。

3）攻击者分析和研究：HP 系统利用收集的攻击数据和攻击者行为，研究和分析攻击者的特征、技术、动机和行为模式，能够追踪攻击者的来源和身份。这有助于更好地了解威胁态势，改进安全策略和措施。

总的来说，HP 系统的功能是通过模拟和吸引攻击行为，收集、分析和记录攻击数据，为组织提供预先警告、威胁情报和攻击者分析等信息，以加强安全防御和提高对威胁的理解。

10.11.3　HP 系统的部署位置

HP 一般是由服务器端和客户端两部分组成的。HP 主机有两种类型：产品型 HP 主机和研究型 HP 主机。产品型 HP 主机用于网络安全风险识别；研究型 HP 主机用于收集更多的信息。网络安全域通常会要求不同的网段是隔离的，而且攻击者很可能是先在同一网段进行扫描，不会一开始就扫描全网。所以，如果只有一台 HP 服务器，攻击者的扫描行为很可能不会触碰到 HP，也就不会触发 HP 告警，所以理想情况是 HP 分布在网络的各个角落，在所有网段部署诱捕节点，或是利用 VLAN 端口转发的形式，集中到统一的 HP 中。HP 部署位置如图 10-16 所示。

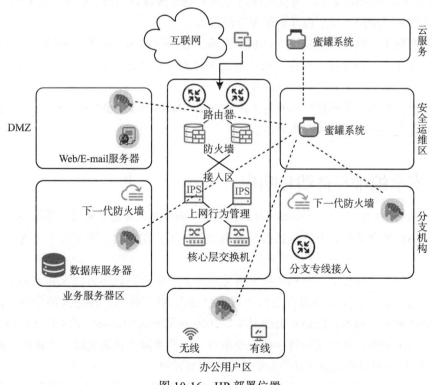

图 10-16　HP 部署位置

虽然 HP 客户端不会为网络增加任何拦截响应价值，但它们是可以帮助我们明确黑客的攻击行为，以便更好地抵御安全威胁。

10.11.4　HP 系统的联动

HP 系统可以与很多其他安全产品联动，如蜜网、蜜签、蜜饵、蜜标等，共同作为 SIEM 系统的数据源，将收集到的攻击数据传送到 SIEM 系统中进行分析和处理，帮助安全团队实时监测和响应威胁事件，形成高等级的防御。

10.11.5　HP 产品

在开源产品上，国内 HP 有 HFISH，它的主要目的是通过模拟真实的网络服务和应用程序来吸引攻击者，并收集攻击数据，以提高安全防御和响应的能力。国外也有很多 HP 产品，其中包括针对性蜜罐如 Web 服务器端蜜罐 Glastopf、SSH 服务器端蜜罐 Kippo、RDP 服务器端蜜罐 RDPY、低交互和高交互模式 Honeytrap 和 OpenCanary 等。主动欺骗型 HP 系统 Beeswarm 可以模拟客户端与服务器端的通信，诱骗黑客攻击 HP，以对付企图通过网络监听获取敏感信息的攻击者。诱饵通信包括大量攻击者可能非常感兴趣的信息，如用户名口令，如果有攻击者在网络中窃听，获取了诱饵通信的内容，并使用这些敏感信息登录系统，Beeswarm 就能发现网络攻击。伪装文件内容的 Kippo 蜜罐以 UML 兼容格式来记录 shell 会话日志，并提供了辅助工具来逼真地还原攻击过程。

在商业产品上，国内有知道创宇的创宇蜜罐，长亭科技的谛听等。不同于传统内网安全产品基于已知漏洞规则库进行判定，谛听通过在攻击者必经之路上，包括东西向流量设置诱饵、部署探针，监控攻击者的每一步动作。

在实践中，我们还需要探讨如何将 HP 与 SOC、WAF 等其他网络安全产品进行集成，以提高系统的安全性和应对各种网络攻击。

10.12　安全编排与自动化响应

在 Gartner 的报告中，安全编排与自动化响应（SOAR）是近年来安全领域备受瞩目的技术之一。SOAR 平台的核心组件包括编排与自动化、工作流引擎、案例与工单管理以及威胁情报管理。

当公司达到一定规模时，SOAR 就显得尤为重要。因为我们不可能纯靠人力去处理上万台服务器的监控日志，必须通过大数据处理平台辅以 AI 等技术，将绝大部分安全威胁固化成可以自动化响应的流程，SOAR 由此诞生。2020 年调查表明，48% 的 CISO 透露，但凡手下团队规模更大一些，就能避免掉一些安全事件了。但受限于预算无法扩大团队，80% 的受访 CISO 打算加大自动化投资，让当前团队能够提高效率。

顾名思义，这种想要实现在无人值守的情况下自动进行安全运维的技术仍然有很大提升空间。

10.12.1 SOAR 平台的作用

SOAR 平台的主要作用是协调安全团队内部和外部资源，自动化响应流程，提高安全事件的处理效率和准确性。SOAR 平台可以集成多种安全工具和服务，如 SIEM 系统、IDS、VS 等，也可以与第三方安全服务（如云安全、终端安全、网络安全等）集成，从而提供更全面和智能化的安全自动化解决方案，从而摆脱安全团队一直依靠手动操作和人工决策来处理安全事件和威胁。

10.12.2 SOAR 平台的功能

SOAR 平台的主要功能如下。

1）自动化响应：SOAR 平台基于特定的事件触发自动化操作，以加快安全事件处理的速度和准确性。

2）流程自动化：SOAR 平台根据安全团队的工作流程来编排脚本，自动完成安全事件的处理流程，从而减少人工操作的错误和漏洞。例如，SOAR 平台可以根据预定义的规则和策略自动分配任务、自动协调任务执行顺序、自动记录事件处理过程等。

3）报告和可视化：SOAR 平台提供丰富的报告和可视化工具，从而帮助安全团队更好地了解安全事件的趋势和状况，快速做出决策。

更多的 SOAR 平台功能如情报分析、集成扩展、安全事件管理、预测和预防、安全操作指导等，都能帮助安全团队更好地自动化安全事件响应流程，从而更好地保护政企的信息安全。

10.12.3 SOAR 平台的部署位置

SOAR 平台的部署位置可以根据实际需要进行灵活选择，一般会选择本地直接部署在政企的本地数据中心。这种部署方式可以提供更好的可控性和安全性，但需要政企自行承担硬件、软件和管理成本。

SOAR 平台也可以选择在本地和云端混合部署，既可以利用本地资源提供更好的性能和安全性，又可以利用云端资源提供更好的灵活性和弹性。图 10-17 是 SOAR 平台通常的部署位置。

无论采用哪种部署方式，SOAR 平台都需要和其他安全产品和系统进行集成，以获取安全事件和数据，并进行自动化响应和处理。同时，SOAR 平台也需要根据政企的具体情况和需求进行定制和配置，以提供最优的安全自动化和响应服务。

10.12.4 SOAR 平台的联动

SOAR 作为一个复杂的系统，可以和以下安全产品联动。

- SIEM 系统：SOAR 平台可以与 SIEM 系统集成，从 SIEM 系统中获取安全事件和日志数据，进行自动化的事件响应和协调。

- EDR 系统：SOAR 平台可以与 EDR 系统集成，从 EDR 系统中获取终端安全事件和威胁情报，以进行自动化的响应和调查。
- IAM 系统：SOAR 平台可以与 IAM 系统集成，自动处理身份验证和权限管理相关的事件和请求。
- VM 平台：SOAR 平台可以与 VM 平台集成，自动化漏洞扫描、漏洞验证和修复流程。
- TI 平台：SOAR 平台可以与 TI 平台集成，获取实时的威胁情报数据，帮助自动化威胁情报的处理和分析。
- RPA：SOAR 平台可以与各种自动化响应工具集成，以支持自动化的事件响应和调查。

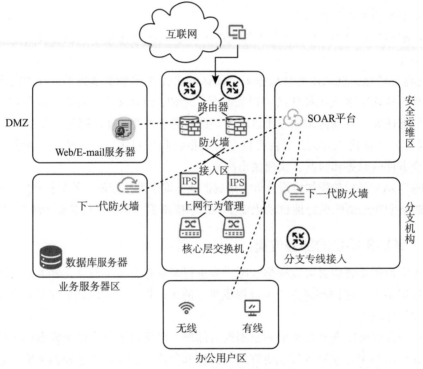

图 10-17　SOAR 平台的部署位置

由于 SOAR 平台太复杂，近年来，人们开始关注 SOAR 的轻量级解决方案。XDR 就是这样一个旨在提供简单、直观和零代码操作能力的方案，能够实现与连接的安全工具的集成，从而提高安全防御水平。

10.12.5　SOAR 产品

在开源产品上，Demisto（现在已更名为 Cortex XSOAR）是一个较早的开源安全编排与自动化响应平台，提供自动化编排、工作流程管理和集成第三方安全工具的能力。StackStorm 集成了 160 个安全产品和 6000 多个执行模块，提供了丰富的功能和资源。Phantom 采用了大部分 SOAR 产品选择的脚本语言 Python 作为自己的 Playbook 脚本语言。另外，Patrowl 是一款开源安全运营编排产品，它丰富的第三方调用接口可以方便地实现资产管理功能。此外，基于 Elasticsearch 的开源 SIEM 产品 Mozdef，即 Mozilla 防御平台，提供了集中式的自动化响应能力。

在商业产品上，国内绿盟、山石网科等企业均推出了 SOAR 产品，而雾帜智能的 HoneyGuide 是一款新兴的 SOAR 产品。国外的 IBM 等厂商也都有自己的 SOAR 产品。

10.13　应急响应

应急响应（Incident Response，IR）机制是由政府或组织推出的针对各种突发事件而设立的应急方案，可使损失降到最低。例如，发现了突如其来的蠕虫攻击，大批量的内、外部主机遭受恶意代码破坏或从外部发起对网络的蠕虫感染，这时候 IR 服务的目标是帮助用户正确应对入侵事件，清理木马后门。更多的攻击还包括网络攻击、信息破毁、设备故障等。

针对网络安全事件的及时应急响应是十分重要的。在网络安全事件层出不穷、事件危害损失巨大的时代，应对短时间内冒出的网络安全事件，最有效的方法是对可能的情况不断演练，在网络安全事件发生后，尽可能快速、高效地跟踪、处置与防范，确保网络信息安全。一旦入侵检测机制或另外可信的站点已经检测到了入侵，我们需要确定系统和数据被入侵到了什么程度。入侵响应往往需要管理层批准，需要决定是否关闭被破坏的系统及是否继续业务，是否继续收集入侵者活动数据（包括保护这些活动的相关证据），通报信息的数据和类型，通知什么人，具体的处理方法如图 10-18 所示。

图 10-18　IR 流程

在 IPS 检测到有安全事件发生之后，抑制的目的在于限制攻击范围，限制潜在的损失与破坏；在事件被抑制以后，应该找出事件根源并彻底根除；然后着手系统恢复，把所有受侵害的系统、应用、数据库等恢复到正常的任务状态。

最后，应急小组回顾并整理已发生信息安全事件的各种相关信息，尽可能地把所有情况记录到报告文档中。发生重大信息安全事件时，应急响应小组应当在事件处理完毕后一个工作日内，将处理结果上报给领导小组备案。

当然，应急小组必须将三级和三级以上安全事件上报领导小组，并且继续跟踪和上报事件的进展。上报内容包括事件发生时间（校准为北京时间）、事件描述、造成的影响和范围、已采取的措施、阶段处理结果。

针对上述流程，应急响应的 PDCERF 模型分为准备（Preparation）、检测（Detection）、抑制（Containment）、根除（Eradication）、恢复（Recovery）、跟踪（Follow-up）六个阶段。在对攻击进行抑制、清理恶意程序、恢复系统正常运行后，我们还要进一步分析入侵原因，减少类似安全事件对业务的影响。这些阶段构成了应急响应的全生命周期。

10.13.1　IR 系统的作用

当安全事件发生时，IR 系统能够快速响应和处理安全事件，自动执行相应的应急响应措施，减少人工干预的时间和错误，从而降低安全事件的影响和损失。此外，IR 系统的运用能够增强政企的安全防御能力和竞争力，成为网络安全管理中不可或缺的关键部分。

10.13.2　IR 系统的功能

IR 系统的主要功能如下。

1）安全事件监测：通过实时监测和分析网络和系统的安全事件，及时发现和识别安全威胁。

2）安全事件分类和分级：对安全事件进行分类和分级，区分轻重缓急，指导应急响应的优先级和方式。

3）安全事件响应：通过流程自动化或手动的方式，对安全事件进行快速响应和处理，减少损失和降低风险。

更多 IR 系统功能如安全事件分析和总结、应急预案和演练等对保障政企的安全运营和业务连续性都是非常关键的。

10.13.3　IR 系统的部署位置

一般，IR 系统应具备网络流量监控、安全事件检测和响应的能力，可部署在网络的边界位置或关键节点上，如图 10-19 所示。

总之，选择合适的部署位置可以提高应急响应系统的效果和可靠性，以更好地应对网络安全威胁。

10.13.4　IR 系统的联动

以下是一些常见的 IR 系统联动的安全产品。

- SIEM 系统：SIEM 可以为 IR 系统提供实时的安全事件信息和分析结果，以便更加精准地识别和处理安全事件。
- TI 平台：TI 平台可以为 IR 系统提供实时的威胁情报，以便更好地发现和响应来自内部或外部的威胁。
- IPS：IPS 可以为 IR 系统提供网络流量和事件信息，以便更好地处理和分析来自网络的安全事件。

应急响应还可以和更多的安全产品如终端安全产品、网络安全产品、虚拟化和云安全产品等联动，以提高安全防御的效果。联动的具体方式和方法需要根据实际情况进行分析和决定。

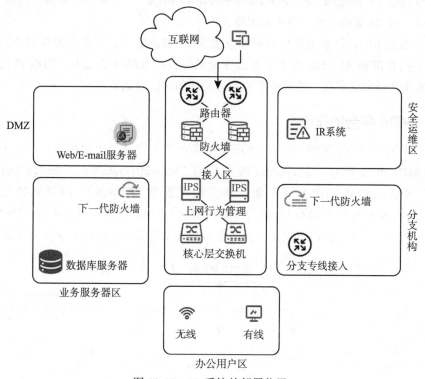

图 10-19　IR 系统的部署位置

10.13.5　IR 产品

阿里的安全响应中心（Alibaba Security Response Center，ASRC）隶属于集团安全部，主动收集阿里巴巴集团各事业部旗下相关产品及业务的安全漏洞，以提升自身产品及业务的安全性，同时借此加强与安全业界同仁的合作与交流。奇安信安全应急响应中心（QAXSRC）拥有 300 余位独立安全专家，对集团产品和业务进行漏洞挖掘，并对每一个上报的漏洞安排专人跟进、分析和处理，以保证产品安全性和稳定性。同时，它还为政企用户提供全面、有效的应急解决方案。

10.14　可拓展检测与响应

可拓展检测与响应（Extended Detection and Response，XDR）中的"X"代表对 EDR 安全能力的持续扩展，起初是作为（EDR）的延伸来讨论的，旨在建立统一、立体的防护体系，一般是基于 SaaS 模式，将多源安全遥测数据进行聚合，把原先分散的单点安全能力以原生方式进行有机融合，以此提升威胁检测、调查、响应与狩猎能力，用于检测和处置网络安全风险。XDR 还可以将检测领域从终端扩展到其他领域，如网络检测与响应（NDR）和托管检测与响应（Managed Detection and Response，MDR），以提供跨终端、网络、服务器、云工作负载、SIEM 等的检测、分析和响应。

在过去的几年中，许多安全厂商开始推出 XDR 解决方案，其中大多数基于云架构，通过整合多个数据源和 AI、ML 技术来提高安全威胁检测和响应的能力。XDR 的出现解决了传统单一安全产品的局限性，使政企更加容易发现和响应安全事件。

10.14.1　XDR 平台的作用

作为一个安全平台，XDR 平台的作用是把多个安全产品原生地集成到一个安全运行系统，架构如图 10-20 所示。在 Gartner 新发布的 "Market Guide for Extended Detection and Response" 中，已经将 XDR 技术扩展至防火墙即服务（FWaaS）、网络威胁检测及响应（NDR）、安全 Web 网关（SWG）、端点检测和响应（EDR）、统一终端管理（UEM）、数据泄露防护（DLP）等能力，形成面向多种甚至未知安全场景的综合型安全解决方案。

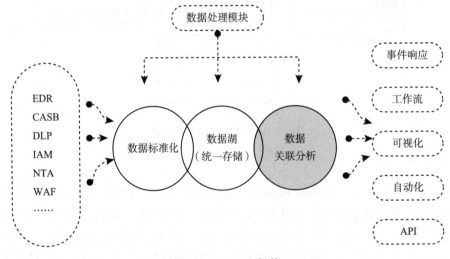

图 10-20　XDR 架构

在安全数据处理方面，尽管 XDR 平台处理的数据量相对 SOC、SIEM 系统较小，但在告警降噪和分诊方面的能力要求并不低。XDR 平台需要处理来自大量安全节点的告警，大数据分析技术必不可少。

10.14.2　XDR 平台的功能

XDR 平台提供了 EDR 的所有功能，还能够发现 EDR 所不能发现的漏洞，检测到原本可能会被忽略的事件，具体功能如下。

1）统一的安全事件管理：XDR 平台可以汇总所有的安全事件，并对这些事件进行分类、分析和优先级排序。

2）自动化的响应处置：XDR 平台可以根据安全事件的类型和优先级自动触发响应措施，帮助安全团队更快地响应和处理安全事件。

3）数据分析和可视化：XDR 平台可以分析和可视化收集到的安全事件数据，为安全团队提供有关威胁趋势和事件统计的实时信息。

XDR 平台提供了全面的安全威胁检测和响应功能，帮助政企更快地检测、定位和解决安全事件，从而保护政企的重要资产和信息。但对于组织来说，在搭上 XDR 的顺风车前，它们还需要清楚可能会过度依赖单个 XDR 供应商，最终带来供应商锁定、单点故障、供应商未能适应不断变化的威胁或市场环境等多个问题。

10.14.3　XDR 平台的部署位置

XDR 平台的部署位置一般在安全运维区内，但由于它往往采用了云原生技术并基于云提供服务，多数部署在云平台中。XDR 平台的部署位置如图 10-21 所示。

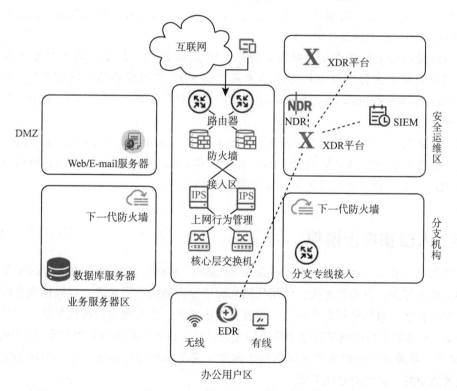

图 10-21　XDR 平台的部署位置

线下 XDR 可以更好地集成线下安全产品，但是有可能牺牲一些能力，并不见得可以解决某些深度的安全问题。

10.14.4　XDR平台的联动

XDR是一种综合性的安全解决方案，可以联动多种安全产品来提供全面的安全防御和威胁检测。以下是一些可以与XDR平台联动的安全产品。

- EDR：与EDR集成，通过共享信息和数据来提高终端安全。
- 网络安全产品：与网络安全产品（如防火墙、入侵检测和防范系统）集成，能够将来自不同安全产品的流量关联起来，从而提高网络安全性。
- SIEM系统：与SIEM系统集成，可以更有效地检测和响应针对性攻击，包括行为分析、攻击情报分析。
- 云安全产品：与如云访问安全代理和云防火墙集成，可以提供更全面的云安全防御。

10.14.5　XDR产品

当今，XDR产品以商业化为主。提供XDR服务的厂商通常是大公司，相对于创业公司，它们的发展速度较慢，尤其是在创新领域，创业公司的发展速度更加迅猛。许多XDR产品还不够成熟，还未完成所有组件之间的完美集成，因此，为了保持领先地位，大公司一般通过收购或集成的方式来提高竞争力。

国内传统的安全厂商360和亚信都有自己的XDR产品，技术上真正落地还需要一点时间。创业公司未来智安旗下核心产品未来智安XDR扩展威胁检测响应系统，由EDR、NDR、SOAR、WarRoom四大原生核心组件构成，同时具备第三方工具接入能力，形成一个安全中台。

国际上像Cisco、Palo Alto Networks、Broadcom（Symantec）、Microsoft和VMware这样的重量级企业都在提供某种形式的XDR。同样，像CrowdStrike、Cybereason和SentinelOne这样的EDR厂商，也开始与其他伙伴合作渗透XDR市场。

10.15　入侵和攻击模拟

入侵和攻击模拟（Breach and Attack Simulation，BAS）是一种以攻击者的视角，通过主动验证和（部分）自动化方式，使用代码来验证攻击链的不同阶段，以确保现有网络的安全。它的主要能力包括模拟真实威胁、可视化攻击路径、为薄弱点分配优先级，以及提供补救措施等。BAS能够帮助网络安全团队运用先进的攻击技术，发现和修复安全状态中的缺陷。"以牙还牙"策略为产出的安全成果提供了保障。它能在攻击者到来之前加强网络防御，帮助安全团队更好、更快地完成工作。

某种程度上说，BAS所进行的模拟攻击是不完整的。它的主要问题是缺少跨安全基础设施的测试，无法提供全量的精准画面，例如只支持终端安全产品的测试，不能判断其他威胁向量如主机被渗透是否为入口点。

10.15.1　BAS 系统的作用

BAS 的主要作用是模拟不同类型的攻击，例如针对网络设备、操作系统、应用程序和用户的攻击，从而自动发现基础设施中的漏洞。BAS 系统可以帮助组织了解其网络防御系统的有效性，并提供改进建议，逐渐成为重要的网络安全评估工具。

事实上，BAS 和自动渗透测试之间有很多共同点。BAS 的长处在于演示可能的攻击方法和路径。例如，攻击者在内网找到了一个存在安全弱点的应用服务器，可以通过该服务器获取敏感数据，跳跃到其他系统并最终获取对整个网络的访问权限。

10.15.2　BAS 系统的功能

BAS 系统的功能包括模拟攻击、漏洞扫描、应用程序安全测试和网络安全评估等。BAS 系统可以自动执行任务，并生成相应的报告和分析结果，以便组织可以更好地了解其网络安全状态，并采取必要的安全措施来加强保护。

BAS 系统一些常见的功能如下。

1）模拟攻击：BAS 系统可以模拟各种类型攻击，包括恶意软件攻击、网络钓鱼、勒索软件攻击等。

2）情报集成：BAS 系统可以从多个威胁情报来源获取信息，并将其与组织的防御措施进行核查，以确定是否存在漏洞和弱点。

3）弱点评估：BAS 系统可以对组织的网络进行弱点评估，并提供优先级排序的修复建议。

更多的 BAS 系统功能如测试安全策略、报告生成等，可以帮助政企识别和解决安全问题。

10.15.3　BAS 系统的部署位置

BAS 系统通常需要根据组织的网络架构、业务需求和安全策略进行评估和规划，部署在网络的边界位置和关键节点，如图 10-22 所示。

BAS 系统也可以通过云服务托管的形式，对那些暴露在外面的网站进行探测。

10.15.4　BAS 系统的联动

BAS 系统可以和许多其他安全产品和系统进行联动，以下是一些可能的例子。

- 脆弱性扫描工具：BAS 系统可以检测到脆弱点并自动模拟攻击来验证这些漏洞是否可以被利用。
- 漏洞管理系统：BAS 系统可以与漏洞管理系统集成，自动将检测到的漏洞上报，以便进行跟踪和修复。
- 策略管理平台：BAS 系统可以与策略管理平台集成，以确保安全策略的一致性和有效性。

更多的安全产品联动如 IDS、IPS、SIEM、终端安全产品、防火墙等，和传统的渗透测试相辅相成的，力图对简单的事件用机器处理，对复杂的事件用人力。

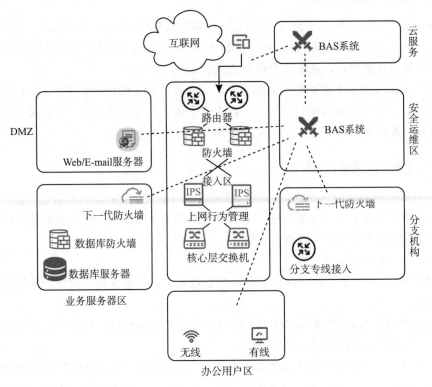

图 10-22　BAS 系统的部署位置

10.15.5　BAS 产品

开源的 BAS 产品有 Atomic Red Team 和 MITRE Caldera 等。其中，Caldera 利用 MITRE ATT&CK 框架，提供了一个模拟攻击和红队演练的平台，帮助用户评估和提升其安全防御能力。

国内墨云科技、知其安、华云安是 BAS 方向比较有名的创业公司。另外还有一些将原有产品延伸开的创新公司，例如腾龙安科早前推出的 BAS 和靶场，该公司 2022 年开始研发 ASM，2023 年完成品牌升级，BAS 产品正式更名为天网自动化模拟攻击系统，ASM 正式更名为天眼攻击面管理系统。

国外的 BAS 通常以 SaaS 服务的形式存在，因此只需租用即可。AttackIQ、Cymulate、Picus Security 等 BAS 新锐供应商推出的产品给用户留下深刻印象。AttackIQ 在入侵和攻击模拟平台上，提供了更加友好的用户界面、基于 MITRE 的威胁情报以及组织防御态势的实时监测。

10.16　攻击面管理

攻击面管理（Attack Surface Management，ASM）帮助政企识别和管理对其造成损害的入口点,也就是攻击面。攻击面是指政企所有可被利用的风险因素的集合,这些风险因素大多分布在物理面(例如端点、网络、服务器等设备漏洞)和数字面(例如政企数据泄露、品牌侵权、个人隐私信息泄露、网络钓鱼等)。攻击面管理旨在识别、分类这些风险因素,并对其进行优先级排序和持续监控。

ASM 是 Gartner 在 2021 年首次提出的。Gartner 将其分为 3 类,分别是网络资产攻击面管理(Cyber Assets Attack Surface Management,CAASM)、外部攻击面管理(External Attack Surface Management,EASM)以及数字风险保护(Digital Risk Protection Services,DRPS)。CAASM 是站在防御者视角以白盒的方式,使组织通过 API 与现有工具的集成,来查看所有内外部资产的风险。EASM 是以攻击者视角,以黑盒的方式发现和进行攻击面管理。

CAASM 着力于让安全人员用现有的 EDR、CSPM 等工具集成,以 CMDB 全局的视角看待资产和漏洞,快速了解 IT 基础架构的所有组件,无论它们是在本地还是在私有云、公有云或混合云中。假设政企拥有一个内部资源,其本身并没有向公众开放,但是这里面有一个直接暴露在互联网的接口负载,且没有为其提供 API 级访问权限的身份验证策略。此时,该内部资源毫无疑问已经暴露在互联网。CAASM 通过和已有的 API 安全网关集成让政企看得见所有的资产,并给负责安全、运维、应用在内的各类工作人员提供统一查询和消费的数据,帮助识别出漏洞影响面及安全措施的间隙,以便缓解这些问题。

EASM 依赖一些库,解决政企在互联网上已知、未知资产及其漏洞的发现问题,包括攻击者可以在公众域看到的云服务和应用,以及第三方供应商软件漏洞,提供持续监控、资产发现、关联分析、风险优先级判定和缓解 5 个方面的能力,以从外到内的视角看政企的攻击面,并不断更新资产清单。

DRPS 旨在保护政企免受网络攻击和数据泄露的风险。DRPS 可以通过实时监控和分析政企的数字足迹(包括网络、社交媒体、电子邮件等)来发现和识别风险。这些风险可能包括网络钓鱼、恶意软件、数据泄露、网络扫描等。当发现任何不寻常的活动或威胁时,可以及时通知政企的安全团队,以便采取相应的措施,从而降低网络攻击的风险。

随着国家级攻防演练活动的深入,在攻防博弈中,攻击面往往成为攻守易势的关键。ASM 通过强调持续跟踪,实现资产安全的闭环管理,为政企提供了更加有力的安全保障。只有不断缩小攻击面,才能降低政企在各类活动中的受到攻击的概率。因为"难攻",所以部署后必然"易守"。

10.16.1 ASM 系统的作用

ASM 可以帮助政企识别和管理其 IT 资产、应用程序和服务,以及它们所处的环境和网络连接。现代的 ASM 产品和服务通常使用自动化工具和技术,例如漏洞扫描、漏洞管理和配置管理等,帮助政企发现、识别和管理其攻击面。ASM 可以帮助政企更好地了解其攻击面,从而更好地保护其资产和数据。

10.16.2　ASM 系统的功能

ASM 系统的功能包括但不限于几方面。

1）收集信息：ASM 系统能够收集所有与组织相关的信息，包括应用程序、网络拓扑、系统架构和技术堆栈等，以了解可能存在的漏洞和威胁。

2）确认资产：ASM 系统能够确认组织所有的资产和设备，包括已知和未知的资产，以便更好地评估安全风险。

3）评估风险：ASM 系统能够根据收集到的信息对组织的攻击面进行评估，识别潜在的安全风险，并根据风险严重程度进行分类。

4）漏洞管理：ASM 系统提供了漏洞管理功能，能够监测已知的漏洞和威胁，以便团队有效地跟踪漏洞的修复进度，监控漏洞是否被成功修复，并记录修复历史。

5）持续改善：ASM 系统能够持续运行，提供建议和最佳实践，以帮助组织完善安全措施，并最大限度减少潜在的安全风险。

总之，ASM 系统能够识别、评估和管理组织的攻击面，以便及早发现并修复可能存在的安全漏洞。

10.16.3　ASM 系统的部署位置

ASM 系统通常需要根据组织的网络架构、业务需求和安全策略进行评估和规划，部署在网络的边界位置和关键节点上，如图 10-23 所示。

ASM 系统也可以部署云上，和线下形成联动。

10.16.4　ASM 系统的联动

ASM 系统可以和以下安全产品联动。

- BAS 系统：ASM 系统梳理出的政企资产信息，可以提供给 BAS 系统进行自动化渗透测试。
- VS：ASM 系统可以使用 VS 来检测政企网络中存在的漏洞，并提供修复这些漏洞的建议。通过 ASM 系统与 VS 结合使用，政企可以更好地识别和消除潜在的安全漏洞。
- SIEM 系统：ASM 系统可以与 SIEM 系统结合使用，以收集和分析与攻击面相关的数据。SIEM 系统可以通过聚合各种日志和事件数据来提供关键见解，帮助政企快速检测和应对安全事件。
- IAM 系统：ASM 系统可以与 IAM 系统结合使用，以确保政企具有适当的访问控制能力。IAM 系统可以协助政企管理用户身份、权限和凭据，以降低内部和外部攻击的风险。
- 风险评估工具：ASM 系统可以与风险评估工具结合使用，以帮助政企更全面地了解自己的安全风险。风险评估工具可以对政企的网络架构、应用程序和其他关键资产进行评估，从而确定政企的攻击面，并提供风险管理建议。
- 安全策略和合规性：ASM 系统可以与安全策略和合规性解决方案集成，以确保组织遵守适用的安全标准和合规性要求。

　　BAS 和 ASM 是两种互补的技术，它们各自都有独特的优势，可提升测试出更多安全问题的可能性。ASM 可以帮助政企识别和管理其攻击面的规模和范围，提供相关的安全建议和措施来减少攻击面；BAS 可以帮助政企更好地了解其安全漏洞和攻击面，并对政企对抗外部威胁的能力进行量化评估，同时提供改进建议。在安全运维中，BAS 专注于潜在的攻击面，ASM 扮演着安全情报、安全监控和系统侦察的角色，主要负责试探安全防护框架中各种安全传感器的效能，以实时监测异常行为。

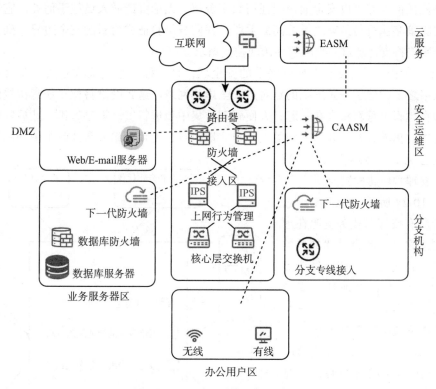

图 10-23　ASM 系统的部署位置

10.16.5　ASM 产品

　　在开源产品上，国外网络安全公司 Trustwave 发布了一款新的渗透测试工具，名为 Attack Surface Mapper（ASM）。当目标 URL 列表完全展开后，该工具即对所列目标执行被动侦察，包括截屏网站、生成虚拟地图、在公开泄露数据中查找登录凭证、用 Shodan 联网设备搜索引擎执行被动端口扫描，以及从 LinkedIn 搜索雇员信息等。

　　在商业产品上，国内华云安创新地将国家级监管通报、实时漏洞情报、EASM 进行结合，监控和处理包括漏洞数据库、社交媒体、SSL 证书、域名注册、泄露数据、暗网资源、代码存储库等数据源，通过识别暴露在外部的数字资产来了解不断变化的外部攻击环境，及早发现弱点和漏洞，先于攻击者进行预警。零零信安的 EASM 产品已经开放给所有用户使用，所以它的产品形态与数据展现标准等其实可以为大家提供参考。

更多的创业公司例如魔方科技等也进入这一领域。

10.17 网络安全网格

Gartner 在 2020 年对网络安全网格（Cybersecurity Mesh，CSMA）是这样定义的，网络安全网格使任何人都可以安全地访问任何数字资产，无论资产或人员位于何处。它通过云交付模型解除策略执行与策略决策之间的关联，并使身份验证成为新的安全边界。到 2025 年，网络安全网格将支持超过一半的数字访问控制请求。

CSMA 采用的可信域有点像网络下的安全域，是一种分布式架构方法，在政企碎片化的物理网络之上构建了一张虚拟的点对点安全虚拟网络。这张网络将位于任意位置的终端与业务资源在逻辑上重新整合在一起，方便管理员集中地进行安全策略编排，然后实时同步到分散在各地的信域客户端和信域网关上分布式地执行，无须考虑分布式政企中间网络的复杂性，从而避免了网络碎片化带来的诸多集中管理和威胁检测问题。

如图 10-24 所示，CSMA 通过身份整合所有终端与业务资源在虚拟关系网络之上。政企已建的各类安全检测、行为分析、威胁处置类系统，可以从基于 IP 地址的安全体系升级为以身份为中心的安全系统，全面提升政企的安全能力。

有了 CSMA，未来的安全策略不是哪个 IP 能访问哪个 IP，而是定义好办公用户能访问哪些资源，IT 运维能访问哪些资源，供应商能访问哪些资源，达到更细粒度的访问控制的目的。

CSMA 是一种相对较新的网络安全框架，并没有市场统治地位的厂商。许多供应商提供与 CSMA 原则一致的产品和服务，例如 IAM 系统、零信任安全和 SASE 解决方案。

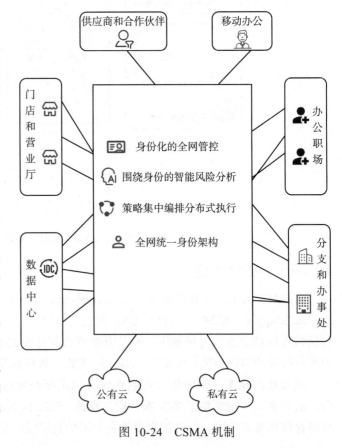

图 10-24 CSMA 机制

10.18　安全服务

托管安全服务（Managed Security Service，MSS）指安全厂商通过统一的安全运营平台为客户提供一系列安全服务，以满足政企对安全人员、技术和流程外包的需要。安全服务和数据安全一样，所有产品都是高增速产品。通常情况下，MSS 主要功能如下。

1）远程 7×24 小时对客户侧的安全事件和相关数据源（包括日志、流量等）进行安全监控和威胁检测。

2）提供漏洞评估与管理服务，包括漏洞扫描、分析和补救。

3）对客户的 IT 安全设备和工具，包括防火墙、IDPS、SIEM、端点安全等进行配置管理。

4）对客户的安全事件进行响应。目前，许多新兴的 MSS 服务已经超出了传统 MSS 的边界，包括提供威胁情报服务、托管检测和响应（MDR）服务等。

MSS 提供的安全运营服务并非简单由安全产品或工具实现，而是人员、工具、技术、场地、流程的有机结合。在人力成本逐年增加的情况下，MSS 提供商想在有一定利润下良性运作，也需要增大后台专家知识库建设的投入，减少对现场工程师的依赖。

10.18.1　安全咨询

安全咨询是一个政企需要考虑的事情。Gartner 将安全咨询分为三大类别，分别为治理、策略和评估（Governance，Strategy，Assessment），业务操作（Operation），事件与法律响应（Incident and Legal Response）服务。

1）治理、策略和评估：主要包括安全框架设计、安全策略及安全风险评估，并提供相应的解决方案。

2）业务操作：针对企业用户配置安全、设备安全、应用安全，以及在应对安全事故时提供技术支持，主要包括威胁检测、渗透测试、漏洞扫描、代码检测等相关技术服务。

3）事件与法律响应：主要协助用户收集与网络安全事故相关的法律证据，对事件的原因进行调查和分析，并提供业务恢复和法律诉讼相关的服务。

很多机构提供了政企安全管理咨询服务，帮助政企识别并应对安全管理方面的挑战，例如提供网络安全的教育和培训，帮助员工了解安全最佳实践和行为规范。

10.18.2　工具和人才挑战

MSS 的提供者称为托管安全服务商（Managed Security Service Provider，MSSP），通常是网络安全公司。MSSP 要搭建安全运营中心（SOC），才能提供托管安全服务（MSS）。MSS 与 SOC 的结合使安全监控、分析和预警服务变得更加智能化。这种结合改变了政企以往需要自行维护复杂安全信息和事件管理平台的做法，不再烦琐地处理安全信息和事件，简化了管理流程。但同时，对管理易用性、事件展示和处理效率等方面提出了更高的要求。用户可以通过门户大屏订阅关注的内容，也可以在特定时间通过电话等多种方式获取安全响应和解决方案。个性化的门户提供了更专业的解决方案，提升了用户体验。

目前，网络安全人才匮乏，导致客户在安全运营方面面临人员短缺的问题，特别是乙方缺乏甲方的思维，过于专注于产品而忽略业务需求。由于人才缺口无法迅速弥补，预计安全托管服务未来将在市场上拥有广阔的发展前景。

10.19　安全开发生命周期

安全开发生命周期（Software Development Life Cycle，SDLC）（见图 10-25）是一个帮助开发人员在构建软件的同时降低安全管理成本的软件开发过程，最早由微软提出并得到成功实践。SDLC 的核心理念就是将安全考虑集成在软件开发的每一个阶段，适时披露安全风险。

图 10-25　安全开发生命周期

SDLC 平台是面向大型政企的安全开发生命周期管理平台，包括培训、设计、开发、测试、发布和维护几个大的模块，通过对软件开发过程的实时监测与智能化分析决策，及时披露安全风险并协助开发人员完成修复。在整个过程中，安全培训是非常重要的，包括安全意识培训、安全技术培训、安全法律法规培训。值得一提的是，安全培训作为公司的一项基本规定，并不局限在项目开始的时候，而是覆盖整个 SDLC。

在实践中，政企要根据自身业务特点和人员能力尽早分阶段来推动 SDLC 的落地和实施，如表 10-2 所示。

SDLC 平台集成了各类自动化安全评估工具。其中，BlackDuck Codecenter 用于帮助用户寻找和管理使用有效的开源代码，并能够提示是否存在安全漏洞。Sonar 不只是一个数据质量报告工具，更是代码质量管理平台，支持的语言包括 Java、PHP、C#、C、Cobol、PL/SQL、Flex 等。它沉淀了丰富的风险应对经验，能大幅提升安全开发生命周期中的工作效能。

表 10-2　SDLC 的落地和实施

流程	阶段一（应急响应）	阶段二（规范流程）	阶段三（自动化）
安全培训	培训安全漏洞修复要求、应急响应流程	培训安全漏洞修复要求、安全意识	代码安全规范培训
安全设计	—	试点开展安全设计评审	重要项目进行安全评审，引入安全的组件
安全开发	—	组件和模块安全扫描	开展源代码安全审计

（续）

流程	阶段一（应急响应）	阶段二（规范流程）	阶段三（自动化）
安全测试	重点项目上线前进行渗透测试等	边开发边扫描安全漏洞	使用自动化安全漏洞扫描工具扫描
安全运行	安全漏洞应急，有问题处理问题	定期开展渗透测试	SRC 开展安全众测，充分借助白帽子的经验

10.19.1　风险前置

安全风险的应对成本是随着研发阶段的推进逐步提高的。从宏观上来看，研发阶段越靠后，应对风险的成本越高。安全左移的思想是在早期阶段对安全风险进行评估并采取应对措施。政企需要尽早开始实施和推动安全左移落地。尽管实施安全左移使整体的安全管理成本得到降低，但实施过程成本依然很高，主要包括以下几个方面。

1. 安全工程师视角

- 需要实时跟进软件研发进度。
- 通过与开发人员保持密切沟通来获取足够的代码资料。
- 无法将自身的安全评估经验快速、有效地传递给开发人员。
- 安全评估过程靠人，没有评价标准。

2. 开发人员视角

- 不清楚何时需要进行安全评估。
- 不清楚与其对接的安全工程师需要什么。
- 在实施过程需要与安全工程师保持密切沟通，开发节奏没法保持。
- 不清楚安全评估需要走什么样的流程。

总之，在没有 SDLC 流程的情况下，双方都会有些盲目。例如在需求评估的时候，安全工程师会主动发起增加要求，如在登录的时候要求增加双因子认证、引入安全键盘、引入安全 SDK 等。对应地，开发人员需要对产品进行改造，这样才能及时地迭代升级，以提高整体安全性。

10.19.2　代码漏扫

代码漏扫（Code Vulnerability Scanner，CVS）是一种软件安全性评估方法，旨在识别软件中可能存在的安全漏洞和缺陷。它的主要作用是帮助组织发现潜在的安全漏洞和其他风险，以便在软件发布之前或软件使用期间修复这些问题，从而保护软件和相关数据的安全。

代码漏扫是 SDLC 落地的重要手段，此外还有几种手段，例如静态应用程序安全测试（Static Application Security Testing，SAST）中扫描源代码或编译代码的二进制文件；动态应用程序安全测试（Dynamic Application Security Testing，DAST）中检测跨站点脚本（XSS）和 SQL 注入等；交互式应用程序安全测试（Interactive Application Security Testing，IAST）结合了静态分析和动态分析的元素，也是一种偏动态的测试方法。软件成分分析（Software Composition

Analysis，SCA）能发现使用的第三方组件和库的安全问题，同时提供软件物料清单（Software Bill of Material，SBOM）中需要的材料，以帮助组织发现并解决软件供应链的安全问题。

动态应用程序安全测试（DAST）也被称为"黑盒测试"，是在应用程序处于生产阶段时发现安全漏洞的过程。它包括使用各种测试工具进行手动和自动化测试。测试者无须了解架构、网络或者代码，而是从一个恶意攻击者的角度来测试应用程序。应用程序依赖输入和输出运行，这意味着如果用户的输入有疑点，在响应上会有反馈。DAST 可以在正式投入使用之前帮助你在软件中发现漏洞。它不是为特定软件而设计的，而是在易受攻击的应用层上工作。

静态应用程序安全测试（SAST）也被称为"白盒测试"，支持开发人员在软件开发生命周期的早期发现应用程序源代码中的安全漏洞，在不实际执行底层代码的情况下检测代码是否符合编码指南和标准，直接面向所有源码，并且可以定位缺陷所在的行数。在发现软件供应链风险方面，SAST 可能是最适合的方法之一，通过分析源代码、字节码或二进制代码，可以分析整个代码库，包括使用的第三方库和组件。OWASP TOP 10 安全漏洞中 60%~70%的安全漏洞类型可通过源代码静态分析技术检测出来。SAST 的目标是对安全防护框架的管控措施实现 100% 的全面验证，并可视化集成至 SOC。

交互式应用程序安全测试（IAST）是 2012 年 Gartner 公司提出的一种新的应用程序安全测试方案，通过代理和在服务端部署的 Agent 程序，收集、监控 Web 应用程序运行时请求数据、函数执行，并与扫描器进行实时交互，高效、准确地识别安全漏洞，同时可准确提供漏洞所在的代码文件、行数、函数及参数。IAST 是基于开发语言自身的插桩技术，在软件运行过程中采用污点传播技术跟踪用户输入数据（污点）执行流程来检查安全漏洞。因为和开发语言有关，它有更多的适用场景，比如 AJAX 页面、验证码页面、接口等。

总之，在软件开发的各个阶段都可能发现各种不同类型的漏洞，政企需要结合业务实践，在各个阶段不断寻找和修复漏洞。

10.20　本章小结

政企安全建设，知不易，行更难。安全产品、技术、运营要跟进业务，用实力赢得认可！

不得不说，单一安全产品的空间越来越小了。但传统安全手段并不过时，面对混合云的复杂安全边界场景，传统安全手段与新兴安全技术同样重要。因此，不要过度迷恋新技术带来的安全能力，新技术并不是"百毒不侵"。政企应尽早建立起一套安全流程与规则，并严格予以执行。

SIEM、SOC 和 MSS 是政企 IT 建设从信息化、数字化、AI 化的不同阶段的代表性产物。SIEM 侧重于日志的集中式管理和审计，SOC 用于安全日志的分析和安全风险的监控与定位。

安全运营既需要"大脑"如 SA 做出判断和指挥，也需要"耳目"如 TI 平台、SIEM 系统，更需要"手脚"如防火墙、EDR 做出反应，通过"神经中枢"如 SOC 来分析数据，传递信号。因此，安全产品需要联动，形成一个有机的整体。

第 11 章 Chapter 11

内控合规

政企需要依照国家相关的法律法规，兼顾自身所处的行业和性质，建立安全合规机制，推进安全合规向规范化和标准化的方向发展，并配合公安部、工业和信息化部、互联网信息办公室（简称"网信办"）等国家机关和单位的检查。

随着客户业务系统对网络的依赖程度日益加深，以及层出不穷的安全威胁，各行业对网络安全的重视程度也不断增强。因此，针对上市公司、大中型企业（尤其是央企）、银行、证券、保险等行业，国家和各行业主管部门均发布了大量的内控、合规、标准、规范和规定，并对 IT 信息系统的安全审计提出了要求。根据国内外的法律法规，政企需要分析网络安全保护、数据安全等相关领域的关键条例，并在内部推动合法合规的流程，确保业务在开发、上线和运营过程中符合法规要求，避免法规问题导致受到监管惩罚或商誉损失。

我国除了早期的一些参考国际上的 ISO 2700 系列认证，正在逐步完善自己的网络安全立法体系。网络安全法律法规和政策的保障不断完善，为网络安全产业发展提供了良好的环境。如图 11-1 所示，陆续推出的"五法"是当前国家数据安全和个人信息保护的顶层设计。

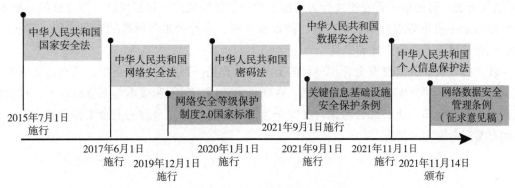

图 11-1　安全法规的出台

围绕这些法律的落地，我国也在快速推动相应的国家标准和条例，2019 年推出《网络安全等级保护制度 2.0 国家标准》（以下简称《等保 2.0》），2021 年推出《关键信息基础设施安全保护条例》（以下简称《关基条例》）。这些都有力地推动了《网络安全法》的落地。

本章主要讨论组织在内控合规上的安全问题，即日常的安全运营如何能同时满足来自方方面面的合规挑战，重点针对等保、密评、关基等合规要求，尤其是特有的安全技术和手段。

11.1 政企挑战

《网络安全法》《数据安全法》《等保 2.0》《密码法》等是政企必须要遵守的底线和最低要求，也是作为安全从业者不能逾越的红线。

近两年，某互联网公司在美国上市前，因存在安全隐患和数据泄露问题，被国家网信办约谈，责令整改。随后，该公司不得不暂停了部分业务，并成立了内部数据安全委员会。最终的判定是该公司在运行期间，没有根据相关的要求去履行自己的职责，对用户的数据起到保护的义务，导致用户信息被泄露。该公司还被要求停止在境内新增用户注册，在规定期限内完成整改并提交整改报告。最后，由于该公司依然没有提供相应的方式去改善，最终受到相关处罚。国家网信办依据《网络安全法》《数据安全法》《个人信息保护法》《行政处罚法》等法律法规的规定对该公司进行处罚。

自 20 世纪 90 年代开始至今，安全市场都特别关注合规，但求拿证通过。可是近几年随着攻防演练活动的深入，大量业务数字化、上云，合规方案无法满足市场需求，逐渐转变为实战效果驱动，从被动防御转变为主动防御。在合规与实战双重考验下，政企单位网络风险管理问题亟待解决。

当下，政企在网络安全上面临前所未有的挑战，毕竟在埋头发展业务的时期，谁也不是安全的专家。《网络安全法》要求政企在开展网络业务前必须通过安全评估和审核，并定期进行自查和修复。这一要求对政企的管理和技术能力提出了更高要求，需要加强安全管理和技术能力，确保网络安全合规。但是对法律、条例的解读和执行，都需要非常专业的人才。《网络安全法》对网络运营者违法行为给出了明确的处罚规定，包括罚款、停业整顿等措施。这导致政企不得不寻求外部安全厂商、律师事务所、会计师事务所等的专业支持，但同样，后者也非常缺乏专业的人才和工具。

政企必须认识到信息安全合规项目的实施和检查是一种督促而非负担，只有建立成熟的安全管理体系，提升实战能力才是正道。在项目的范围、时间和成本等三重约束下，政企应该在合规的监管压力下，综合考虑自身安全建设的节奏，制定合理的安全工程实施方案，以推动日常安全能力的提升。

11.2　网络安全法

中国的《网络安全法》于 2017 年生效，旨在保障国家网络安全和公民个人信息安全，促进网络技术和信息服务业的发展。该法律制定了网络安全的基本要求和管理制度，并对网络运营者、网络产品和服务提供者、个人在网络安全方面的责任进行了规定。

《网络安全法》和《等保 2.0》之间存在密切关系。《等保 2.0》实质上是《网络安全法》的配套技术规范，旨在更好地贯彻落实《网络安全法》，例如对政企重视并规范自身员工上网行为。

《网络安全法》主要目的是保障网络安全、保护个人信息，并维护国家安全和公共利益，因此需要所有相关参与方共同遵守和执行。这些参与方包括主管网络安全事务的政府部门，如国家互联网信息办公室、公安部、国家安全部等，它们负责制定和执行相关政策和法规。另外，网络运营商、互联网企业、金融机构、关键信息基础设施运营商等组织也必须遵守《网络安全法》的相关规定，并承担网络安全保障的责任。一些提供安全产品和服务的乙方供应商同时也是甲方，帮助更多甲方客户达成上述目标。而对于网络用户、网络从业人员、信息安全专业人士等个人，他们也需要遵守《网络安全法》的相关规定，保护个人信息安全，不从事危害网络安全的活动。

11.2.1　检查范围

《网络安全法》检查的主要内容如下。

- 网络安全管理制度：甲方各单位建立健全的网络安全管理制度，明确责任和职责，加强对网络安全的保障和管理；同时，要求甲方应当及时发现和报告网络安全事件，并采取必要的应急处置措施。
- 关键信息基础设施：关键信息基础设施运营商，主要是央企、国企、大型互联网公司，应当采取必要的技术措施，保障基础设施安全可控。
- 跨境数据传输：涉及个人信息和重要数据的跨境传输，应当符合相关规定，不得损害国家安全和公共利益。
- 个人信息保护：个人信息的收集、使用、存储、传输等应当遵循合法、正当、必要的原则，同时要保障个人信息的安全。

《网络安全法》落地的主要手段是定期进行合规性审计，确保政企满足法规和标准的要求。总体而言，等级保护、密评和关基安全检测评估这三者之间的关系如图 11-2 所示。这三者是一个安全要求越来越高、强制参与的组织越来越少的关系。

如上所述，范围从大到小，等级保护对象基本覆盖各行业重要的网络和信息系统；密评对象从等级保护对象中筛选重要的信息系统；关基安全检测评估对象是从密评对象中筛选出关系到国计民生的信息基础设施。

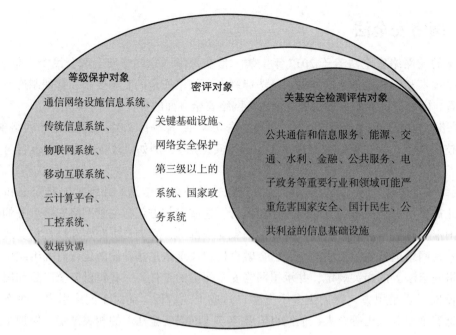

图 11-2 等级保护、密评、关基安全检测评估之间的关系

11.2.2 保障措施

网络安全产品和《网络安全法》是紧密相关的。网络安全产品是为保护计算机和网络免受网络攻击而设计的软件、硬件或服务，包括防病毒软件、防火墙、入侵检测系统等。《网络安全法》是国家为保护网络安全而制定的法律法规，规定了网络安全的标准、规范和相应的制度。

《网络安全法》要求政企作为网络运营者采取一系列措施来保障网络安全，包括实施技术措施、制定安全管理制度、加强网络安全意识教育和培训、建立安全管理组织和应急预案、记录网络运营和安全事件的相关信息、配合有关部门开展调查取证工作等。

在这个法律框架下，例如对于员工的上网行为，政企有以下管理要求：员工必须遵守政企的网络使用规定，不得利用政企网络从事违法犯罪活动，传播涉及国家安全、社会稳定和公共道德等方面的信息，不得泄露机密信息和个人隐私。总之，政企对员工上网行为会采取相应的技术手段进行监管，提供安全的上网环境，防范网络安全风险，确保政企网络安全和业务稳定运行。

正是在这样的大前提下，政企纷纷采购上网行为管理等产品，以对员工进行行为管控。针对论坛、邮件、IM等可能造成信息泄露和法律风险的应用，配置核心关键词进行精确控制，将核心机密信息泄露、违法信息发布风险降到最低；另外，针对网站、网络聊天、网络游戏、炒股、看电影、文件上传/下载、E-mail、FTP等行为进行在线行为管理控制，如配置禁止技术人员上班期间炒股和查看财务新闻，而财务人员可进行上述上网行为。

事情都有两面性。利用上网行为管理产品，政企可了解不同员工在什么时间段做了什么，查看有离职倾向员工的详细情况，例如员工访问求职网站、投递简历、含关键词的聊天记录等。那么，这些是否又涉嫌侵犯员工的个人隐私呢？专业的律师认为，关键在于政企安装这套系统监管员工行为之前，是否有明确告知员工并经过其同意，如果未经员工同意，这种行为涉嫌侵犯员工的个人信息及隐私权。

一面是法律的要求，一面是员工法律意识的增强，产品经理们不得不提出，过去上网行为管理更多强调对用户行为的监控，未来将转向业务安全的监控。可以说，《网络安全法》在很大程度上推动和促进了网络技术和信息服务业的健康发展。

11.3 等级保护

当前，网络安全等级保护已经进入 2.0 时代。2019 年 5 月，国家标准化管理委员会正式发布了《网络安全等级保护基本要求》（GB/T 22239—2019）（以下简称《等保要求》），是《网络安全法》规定的必须强制执行的保障公民、社会、国家利益的重要指导。

11.3.1 测评范围

《等保要求》涉及的网络安全范围还是比较全的，在技术要求中甚至还包含了门禁等物理环境的安全，在纵深防御体系理论基础上，主要从技术和管理两个大的方面进行测评。它对技术要求是一个中心、三重防护，对管理要求是两项活动、三个要素，如图 11-3 所示。

以上是《等保 2.0》测评的主要内容，政企需要在这些方面进行评估和改进，以达到相应级别的保护要求。一个可行的工作方法是以数据安全治理体系为实施路径。首先，梳理终端、边界、网络、计算环境中所包括的重要数据、用户和设备等相关资产，并对数据进行分类分级，明确管理的对象；然后，综合评估每个层次的威胁与风险，制定管理和防护要求；接着，根据要求实施防护技术，在管理中心全

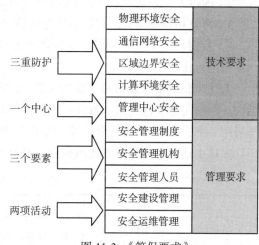

图 11-3 《等保要求》

面感知，评估网络状况；最后，通过阶段性地评估防护效果，提出改进措施，确保网络安全能力与威胁和风险相适应，持续满足可信、安全、合规的要求。

《等保 2.0》不仅要求提升安全技术能力，还要求强化安全管理，覆盖的可控可管政企对象在国内高达 10 万家，在依托技术层功能实现管理体系的同时，助力安全管理制度体系落地。

11.3.2　测评过程

等保的测评过程相对是规范的，也是非常全面细致的。希望通过这个过程把一些安全防护能力规范量化。

等保的过程和一个体检的过程大致是一致的。

预约挂号（预测评前期工作），见到医生描述清楚症状（信息系统整理），医生根据描述进行判断（专家评审环节），有什么问题去哪里做检查（测评机构看看问题出在哪里），建立病历（出具差距分析报告），是否要住院治疗（整改阶段），复查（复评阶段），出院（出具报告）。

整个过程差距分析和整改是不可或缺的环节。不同安全级别的系统访问控制措施也有所不同，例如《等保要求》规定了四级安全域通讨专网的 VPN 通道进行数据交换，三级安全域可以通过公网的 VPN 通道进行数据交换。测评发现政企没有遵守，还是有很大的数据泄露风险的，因此必须有整改后复查的过程。

最后，就像体检要从外观上看起一样，网络拓扑结构图包含了非常重要的纵深防御逻辑，所以需要确认其是否与当前正在运行的实际网络系统相一致，具体包括以下几个步骤。

1）使用网络拓扑扫描工具获取当前网络的运行拓扑图。

2）通过人工观察对该拓扑图进行核查和调整。

3）将该拓扑结构与原有的拓扑规划结构进行比较。

4）核对网络拓扑结构设计中所体现的信息系统安全思想，并将其与被测单位制定的安全策略进行比较。

上述步骤通常在通信网络安全访谈中的网络情况调查部分完成，主要包括获取网络拓扑结构、网络带宽、网络接入方式、主要网络设备信息（品牌、型号、物理位置、IP 地址、系统版本/补丁等）、网络管理方式、网络管理员信息等。

完成上述过程需要多方共同努力，参与方很多，大致可以分为 3 类，如表 11-1 所示。

表 11-1　等保参与方介绍

分类	目的	职责
甲方（政企，包括政府机关、企事业单位、金融机构、互联网服务提供商等）	在合规基础上提高实战能力	根据国家相关法规、政策和标准，建立健全的网络安全管理体系，实施网络安全等级保护措施，监测和分析网络安全威胁，保护网络安全
乙方（安全厂商、网络安全产品和服务提供商）	确保甲方通过，并采购更多产品及服务	开发和提供各种网络安全产品和服务，包括防火墙、入侵检测系统、防病毒软件、安全审计工具等，支持政企的网络安全等级保护工作
丙方（监管机构，包括国家信息安全管理部门、公安机关、国家安全部门等）	提高网络安全公共能力	颁布和制定相关的网络安全法规、政策和标准，指导和协调相关工作，提供技术支持和资源，承担应急响应和事件调查等重要工作

　　网络安全等级保护的每个参与方都有着不同的职责和角色，需要密切协作，共同维护网络安全。

11.3.3　等保相关产品

　　等保相关产品在网络安全中起着重要作用，有助于组织提高信息系统的安全等级，并满足国家或行业相关的等级保护要求。合规测评后的网络安全更像是经历了一次体检，只能证明没有大的毛病，还是要以强身健体为目的，借助各种器械，去学习拳击、格斗等对抗技巧，提高自身攻防能力，这样才能立于不败之地。

　　图 11-4 覆盖的内容主要是技术部分的解决方案，从左到右包括终端安全、通信网络与区域边界安全、计算环境安全三大类。具体到计算环境安全，除了要保护内网的服务器、数据库等重要基础设施外，还推荐了安全配置检查、安全漏洞检查、数据库保护以及数据容灾和恢复等设施。这些基础安全设施可以为各安全系统和业务应用系统提供统一的安全能力，包括公共的身份管理、认证管理、权限管理和审计管理。

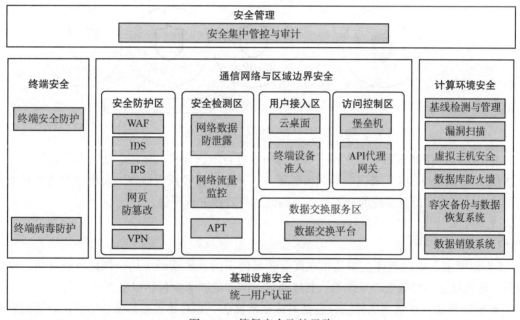

图 11-4　等保安全防护思路

　　例如，安全等级保护强调日志的留存，导致日志类产品成为刚需。因为日志不仅是安全审计，也是安全管理的重要组成部分。日志记录了系统和网络活动的详细信息，包括用户登录、文件访问、网络连接等，对于检测安全事件、回溯安全事件发生的原因以及确定损害的范围等方面都非常有用。这也是日志审计和 SIEM 一类的安全产品受到政企安全投入重视的一个很重要的原因。同时，SIEM 可以帮助组织满足其他合规性要求，如 PCI DSS 和 HIPAA 等。

11.4 密评

商用密码应用安全性评估是对《密码法》的落地执行措施。2017 年，国家密码管理局印发《信息系统密码应用基本要求》（后以密码行业标准 GM/T 0054 形式发布）和《信息系统密码应用测评要求（试行）》（以下简称《密评要求》），初步建立密评制度体系。

密码按保密等级分为核心密码、普通密码和商用密码。核心密码、普通密码用于保护国家秘密信息，核心密码保护信息的最高密级为绝密级，普通密码保护信息的最高密级为机密级。三种密码各自覆盖的场景如图 11-5 所示。

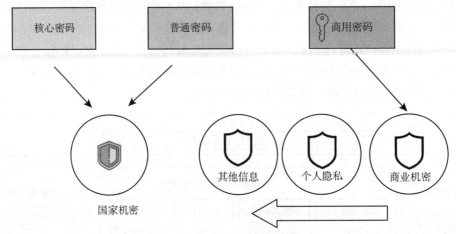

图 11-5　三种密码各自覆盖的场景

商用密码是指对不属于国家秘密信息的内容进行加密保护。公民、法人和其他组织可以依法使用商用密码技术、密码产品和密码服务，并接受监管部门核查。而密评主要是对采用商用密码的网络和信息系统的合规性、正确性、有效性进行评估。

11.4.1　密评范围

《密评要求》中的测评范围是指在商业领域使用的各种密码应用，包括密码算法、密码协议、密码设备、密码管理系统等。具体而言，测评范围通常包括以下方面。

- 密码算法：评估密码算法，包括对称加密算法、非对称加密算法、哈希函数等的安全性和强度。
- 密码协议：评估密码协议，包括 SSL/TLS 协议、IPSec 协议、SSH 协议等的安全性和可信度。
- 密码设备：评估密码设备，包括智能卡、USB 密钥、生物识别设备等的安全性和可靠性。
- 密码管理系统：评估密码管理系统，包括口令管理系统、访问控制系统、身份认证系统等的安全性和可管理性。

总之，测评范围涵盖了商业领域中各种密码应用的安全性评估，旨在提高密码应用的安全性和可靠性，以保障商业信息的机密性、完整性和可用性。例如，为了满足国密办信息安全的相关规定，加强密码算法的安全性，SSL VPN 须完整支持国密算法（包括 SM1、SM2、SM3、SM4）。

11.4.2　密评过程

对于一个业务应用而言，密评实施过程一般有 3 个阶段：规划阶段、建设阶段、运行阶段。具体到建设阶段，又可以分三步：咨询、密码应用整改、测评。

1）规划阶段：主要包括分析信息系统现状、明确密码应用需求、编制密码应用方案、委托专家对方案进行评审或委托测评机构对方案评审并出具密码应用方案评估报告。

2）建设阶段：主要包括按照密码应用方案对信息系统进行改造建设，并委托测评机构对信息系统进行商用密码应用安全性评估，测评机构现场收集信息后，给出测评方案，建设单位根据测评机构差距分析评估意见完成密码应用整改，最后测评机构再次进行现场测评，合格后出具商用密码应用安全性评估报告。

3）运行阶段：定期开展信息系统密码应用安全性评估，根据实际运行情况在必要时修订密码应用方案。

密评是一项综合性保护措施，需要多方共同努力。参与方很多，大致可以分为 3 类，如表 11-2 所示。

表 11-2　密评参与方分类

分类	目的	职责
甲方（政企，包括政府机关、企事业单位、金融机构、互联网服务提供商等）	在合规基础上提高实战能力	需要在满足业务要求的基础上，对应用程序的安全性表现进行评估，并提出相关的反馈和建议
乙方（安全厂商，网络安全产品和服务提供商）	确保甲方通过，并采购更多产品及服务	需要提供完整的应用程序代码、文档、测试数据、漏洞修复记录等，以便评估机构/团队对应用程序全面评估和分析，对不合格的部分同步进行整改
丙方（评估机构/团队，各地测评）	全面审查，发现问题，督促整改	用专业的技术知识和经验，对密码应用程序的代码、文档、设计等进行全面审查
丁方（监管机构，各地密码局）	对商用密码安全性进行监督	对商用密码应用程序的安全性进行监管和管理，指导评估机构的工作

目前，对一个云服务来讲，密评分为平台侧和应用侧。目前，平台侧相对规范，一般测评通过率较高；应用侧测评通过率较低，同时还依赖平台侧，所以咨询、密码应用整改都是必要步骤。

11.4.3　密评相关产品

商用密码产品强调了必须有资质才能销售，按产品形态分为 6 类，包括软件、芯片、模块、板卡、整机、系统；按照功能分为 7 类，包括密码算法类、数据加解密类、认证鉴别类、证书管理类、密钥管理类、密码防伪类和综合类。图 11-6 为一个商用密码产品的矩阵。

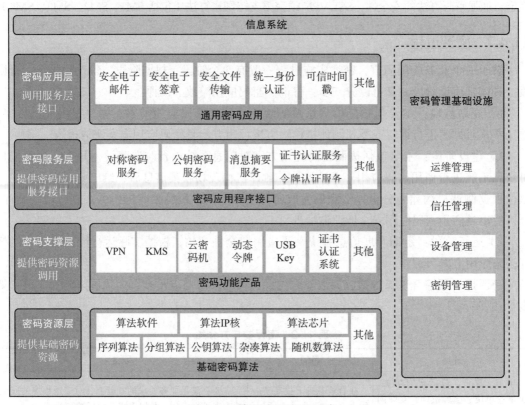

图 11-6 商用密码产品矩阵

常见的商用密码产品有符合国密要求的视频监控安全一体机、国密门禁系统、证书注册系统、密钥管理系统（KMC）、密钥服务（KMS）、安全芯片、IPSec VPN 安全网关、POS 机密码应用系统、堡垒机、IAM 系统、数字证书认证系统、电子印章系统等。这些产品都是基于密码学构建的，要符合国密要求。这二十多类产品通常集成在一个平台，以提供完整的密码安全解决方案，确保安全管理团队可以有效地管理和保护系统资源和用户身份。

例如，网关类的产品需具备《GM/T 0024—2014SSLVPN 技术规范》《GM/T 0025—2014SSL 产品规范》《GM/T 0026—2014 安全认证网关产品规范》的资质之一，检测通过后国家密码管理局会颁发商用密码产品型号资质证书。

密码应用厂商要站在信息系统开发厂商的角度去考虑和设计符合《密评要求》的密码产品，同时提供便于对接的密改技术服务和管理服务。密改技术服务包括物理和环境安全服务、网络和通信安全服务、设备和计算安全服务、应用和数据安全服务；密改管理服务包括管理制度、人员管理、建设运行、应急处理。这些密码服务可以通过提供强大的身份验证和加密功能来保护商用密码，确保数据安全。同时，它们还可以提供访问控制、日志记录和监视功能，以检测和发现潜在的安全威胁。

总之，密码是保障我国网络空间安全的核心技术和基础支撑，也是构建网络信任体系的重要基石，更是网络与信息安全的内在基因。然而，在当前的形势下，国家仍在许多领域采用国外制定的加密算法，这存在一定的安全风险。一旦这些加密算法被不法分子利用进行攻击，将会给国家和社会带来巨大的损失。因此，即使这些国产产品无法立即完全符合要求，我们也应该采取必要的手段降低安全风险等级，逐步达到要求，确保网络空间安全的可持续发展。

11.5　数据安全

第 8 章已经介绍过，由于对数据安全越来越重视，我国各监管部门纷纷出台法规要求。2021 年，国家网信办发布《网络数据安全管理条例（征求意见稿）》（以下简称《数安条例》），向公众征询意见。它以《网络安全法》《数据安全法》《个保法》等上位法为依据，明确建立数据分类分级保护制度，并进一步细化了以大型互联网平台运营者为代表的数据处理者对重要数据和核心数据的保护要求，以及相关的网络安全审查情形。它为未来国家落实《数据安全法》奠定了基础。

对于数据分类，按照数据在应用过程中的来源，我们可以将数据分为公共数据、组织数据和个人数据；按照数据的公开程度，可以分为网络公开数据、有限公开数据和秘密保护数据。它们在法律中应当具有不同的安全与发展规则。数据分级处理规则主要针对同一类数据在不同场景下的安全等级进行区别。例如，不同类型的个人数据可能存在安全等级差异。根据《个人信息安全规范》，个人数据可以划分为一般数据、敏感数据和高度敏感数据三类。

同时，互联网公司等面临着更严的数据出境监管。根据《数安条例》第十三条规定，用户超过 5000 万、处理大量个人信息和重要数据的大型互联网平台运营者赴中国香港上市，影响或者可能影响国家安全的，应当按照国家有关规定，申报网络安全审查。同时，大型互联网平台运营者在境外设立总部或者运营中心、研发中心，应当向国家网信部门和主管部门报告。

安全评估工具如 OWASP Top 10、NIST Cybersecurity Framework、ISO 27001 等，可以帮助政企对自身数据安全进行评估和风险识别。

11.5.1　测评范围

由于对数据安全越来越重视，我国各监管部门纷纷出台法规要求。这些法规要求都把数据安全的组织建设、数据安全管理制度等作为重点。例如全国人大常委会通过的《网络安全法》和《数据安全法》；中国人民银行发布的《金融数据安全数据安全分级指南》；证监会发布的《证券期货业数据分类分级指引》；工业和信息化部发布的《工业数据分类分级指南》；国家标准化管理委员会发布的《信息安全技术健康医疗数据安全指南》和《重要数据识别指南（征求意见稿）》等。

数据安全范围主要指对重要业务数据的完整性、保密性、备份和恢复等进行评估。保密性评估包括数据传输和存储的安全性、权限管理、身份认证、加密技术、漏洞修复等方面。各个安全等级的数据所需要的基础安全技术是不同的。如何界定重要数据就成了重点。

除了国家层面，各行业监管部门主要制定的是行业领域数据分类分级的标准指导文件。按照对国家安全、公共利益或者个人、组织合法权益的影响和重要程度，数据可分为一般数据、重要数据、核心数据，如表 11-3 所示。不同级别的数据需采取不同的保护措施。

表 11-3 数据分类和定义

类别	定义	举例
一般数据	对国家安全、经济建设和社会发展影响不大的数据	如消费者价格指数、就业情况、文化活动参与度等数据，空气质量指数、水质检测数据、土壤污染状况等数据
重要数据	对国家安全、经济建设和社会发展有一定影响的数据	行政执法情况、公共安全事件等数据，如医院床位、疾病统计、健康档案等
核心数据	对国家安全、经济建设和社会发展具有重要影响的数据，需要最高级别的保护和管理	国有企业资产状况、国家重点工程进度、市场份额等数据，军事部署、国家秘密、重要外交谈判等数据

数据只有流转才能产生价值，原则上测评也主要是看重要数据和核心数据是否有泄露的风险

11.5.2 测评过程

目前，数据安全还没有像等保测评一样严格的约束，但是要有数据安全合规性风险评估。数据安全技术风险评估有 DSM、DSMM 等工具。它们可以确保数据分类分级体系的合理性和有效性。以下是可能包含在数据分类分级的合格测评过程中的一些关键步骤。

1）参考数据分类分级标准，确定数据分类分级。按数据的重要性、敏感性和保密性，对数据进行评估，以确定其所属的分类分级。这可以通过对数据进行详细分析来实现，包括数据类型、使用场景、安全需求等的分析。

2）现场核查。根据数据分类分级，主要以访谈的形式，检查相应的管理政策和措施，包括数据存储和处理的限制、访问控制和权限管理等，如果现状不合格，提出整改意见，出具差距分析报告。

3）审查结果。对数据分类分级的政策和措施进行最后的审查和监控，以确保实施的有效性和符合性，并出具报告。

综上所述，通过识别和分类分级数据，组织可以了解其数据资产的价值，并确定哪些数据需要受到更严格的保护。数据分类分级是合格测评过程的一个关键环节，必须按照一定的标准和流程进行。

11.5.3　数据安全相关产品

数据安全相关产品在第 8 章已经介绍了很多，单个产品的能力不再赘述。这里重点讨论将多个数据安全产品整合在一起，形成一个数据安全平台（DSP）型的集成解决方案。

图 11-7 所示是与数据安全有关的产品组成的平台，包括前文介绍的数据库防火墙、零信任安全架构、API 安全、DLP 系统等。

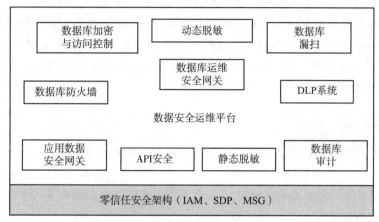

图 11-7　数据安全相关的产品

产品和平台不是万能的，要发挥更好的效果，还需要数据安全治理服务。数据安全服务旨在帮助组织管理和保护其数据资产，确保数据的安全、完整、可用和合规。这些服务通常由专业的数据安全公司提供，包括数据分类分级、数据安全策略制定、数据访问控制、数据加密、数据审计和监控、数据合规性与法规遵循、威胁检测和应对、应急响应与处理。

通过采用这些数据安全治理服务，政企可以有效地管理和保护其数据资产，降低数据泄露和数据合规的风险，提高业务的可靠性和信誉度。

11.6　个人信息保护

在大数据时代，如何应用海量的个人数据，实现数据的流动，同时又能够保护数据的隐私安全，是当前数据应用中的一个重大挑战。政府机构持有的数据具有高度保密性，不能对外公布；而银行、运营商、互联网公司等收集到的客户数据也不能透露给第三方。因此，这些组织之间数据不能互通，数据的价值也无法得到充分体现。为了解决这个问题，个人信息保护和隐私计算技术应运而生。它们的目的是保障数据的安全性和隐私性的同时，促进数据的共享。

《个人信息保护法》（以下简称《个保法》）确立和保护了自然人对于个人信息的尊严权益，约束了处理个人信息，包括收集、使用、处理、存储、转移、披露等情况。监管机构可以检查个人信息控制者或者处理者在个人信息处理全过程中的各个环节是否符合法律法规的要求，以及是否保护个人信息主体的合法权益。

11.6.1 测评范围

个人信息是指一旦泄露或者非法使用，容易导致自然人的人格尊严受到侵害或者人身、财产安全受到危害的个人信息，包括生物识别、宗教信仰、特定身份、医疗健康、金融账户、行踪轨迹等信息，以及不满十四周岁未成年人的个人信息。

在我国境内处理自然人个人信息的活动，都在该法律的监管范围内，包括但不限于互联网应用、手机 App、小程序等的监管。这些应用应在事先充分告知个人的前提下取得同意，不得误导、欺诈、胁迫等，不得以个人不同意为由拒绝提供产品或者服务，且信息处理者应当提供便捷的撤回同意的方式。

11.6.2 测评过程

为了确保法律的有效实施，中华人民共和国国家互联网信息办公室正抓紧制定《数据安全法》和《个保法》的配套法规和规章，出台了《人脸识别技术应用安全管理规定（试行）（征求意见稿）》（以下简称《人脸规定》）。该《人脸规定》有助于确保《个保法》的有效落地实施，主要内容如下。

1）个人信息保护影响评估：使用者在处理人脸信息前需进行评估，并记录处理情况。

2）备案要求：在公共场所使用或存储超过 1 万人的信息，需在 30 个工作日内备案。

3）信息处理与保护：除法定条件或个人同意，不得保存原始图像，匿名信息除外。

除了像备案要求这种首次提出外，《人脸规定》还明确了多个部门负责对人脸识别技术使用进行监督检查，使用者和服务提供者需配合有关部门的监督检查。

11.6.3 个保相关产品

个人信息保护越来越受到重视，一些新的产品不断出现。例如隐私计算类的产品可以把敏感的个人信息脱敏后共享；隐私清理类的工具可以清理浏览器历史记录、缓存、Cookie 和其他个人信息，保护用户的隐私。随着 Web 3.0 技术的发展，一些全新的产品出现，例如去中心化的云存储（数据存储在分布式网络中，而不是在集中式服务器上）、加密邮件（使用加密通信来保护用户的信息，这种加密通信可以确保用户信息在传输过程中不被窃取或篡改）、智能合约钱包（利用区块链技术的去中心化身份验证，保护用户隐私安全）等。

对应地，个人信息保护咨询服务水到渠成。专业的个人信息保护咨询机构可为政企提供合规咨询、风险评估、规划设计等服务，确保政企符合相关法规，合法收集、存储、处理和使用个人信息。

在隐私计算方面，国内洞见科技等提供洞见隐私计算平台（InsightOne）。光之树帮助顺丰实现散单先寄后付模式，开拓了隐私计算应用于新领域的尝试。奇安信的个人隐私保护产品隐私管家是一款基于人工智能技术的移动设备隐私保护应用，可以帮助用户管理个人信息，防止隐私泄露，并提供实时的隐私保护提醒和安全评估。

国外 PrimiHub 是基于安全多方计算、联邦学习、同态加密、可信计算等隐私计算技术，结合区块链等技术自主研发的隐私计算应用平台。

11.7　关键信息基础设施

2021 年 8 月 17 日，《关键信息基础设施安全保护条例》（以下简称《关基条例》）正式发布，并于 2021 年 9 月 1 日起施行。《关基条例》着眼于关键信息基础设施网络安全建设和保障等工作的落地，突出重点保护，坚持问题导向，与已有相关法律法规有效衔接，对保护目标、保护范围、各方责任、信息共享、态势感知等方面进行了细化和完善，为加快推进关键信息基础设施网络安全保护等工作的落地提供了强有力的法制保障，具有划时代里程碑意义。未来，在《关基条例》的指引和推动下，我国将迎来关键信息基础设施安全保护新时代。

关键信息基础设施安全防护技术方案充分借鉴了等保"一个中心、三重防护"的网络安全技术总体设计思路，要点是建立一个安全管理中心，构建通信网络安全、区域边界安全、计算环境安全三道防线。

11.7.1　测评范围

关基测评主要是针对非涉密的部分，测评范围如下。

- 安全技术措施：评估关键信息基础设施运营者采取的技术措施是否符合《关基条例》的安全要求，包括在网络安全、信息安全、物理安全等方面采取的技术措施。
- 安全管理能力：评估关键信息基础设施运营者的安全管理能力是否符合《关基条例》要求，包括在应急响应能力、安全检测能力、信息共享和协调机制等方面的管理能力。
- 安全事件应对：评估关键信息基础设施运营者在安全事件发生时的应对能力是否符合《关基条例》要求，包括在事件监测、信息报告、应急响应等方面的能力。
- 法规合规性：评估关键信息基础设施运营者是否符合《关基条例》规定的法律法规要求，包括在设立安全管理制度、评估安全风险、制定应急预案等方面的要求。

具体的《关基条例》测评可能会根据不同的行业、业务类型、安全等级等因素，采用不同的测评指标和方法。

11.7.2　测评过程

对于该条例下的测评，我们可以按照以下步骤完成。

1）确认测评对象：首先需要明确测评对象，即被测评的关键信息基础设施，包括但不限于电力、交通、金融、电信等领域的设施。

2）制订测评计划：根据测评对象的特点和重要性，分为能力等级 1、2、3 等，制订测评计划，明确测评的目标、范围、方法、时间、人员等。

3）风险评估：利用专业的风险评估工具或方法，对被测评的关键信息基础设施进行风险评估，分析可能存在的威胁、漏洞、弱点等。

4）安全检测：根据测评计划和风险评估结果，使用各种安全检测工具和技术，对关键信息基础设施进行安全检测，发现可能存在的安全漏洞和问题。

5）提出安全建议：根据安全检测结果，提出相应的安全建议（包括技术上的改进、管理上的完善、人员培训等方面），以提高关键信息基础设施的安全性和稳定性。

6）形成测评报告：将测评过程、结果、建议等进行整理和归纳，形成测评报告，对测评对象的安全状况进行评估和总结。

7）提交测评报告：将测评报告提交给相关部门或机构，作为评估和监督关键信息基础设施安全保护的重要参考。

根据《关基条例》的规定，在确定测评对象时，关键信息基础设施的运营者应当建立针对关键信息基础设施的类似 ITIL 框架中 CMDB 的资产目录，盘点自身所拥有的关键信息基础设施情况，确定其重要程度。

以上是《关基条例》测评的基本过程，需要在专业人员的指导下进行，确保测评结果的客观性、准确性和实用性。

11.7.3　关基保护相关产品

关基保护涉及以下安全产品。

1）安全防护系统：指为保障关键信息基础设施安全而建立的包含安全防护设施和技术手段的系统，包括防火墙、入侵防御系统、安全网关等。

2）安全管理系统：指为保障关键信息基础设施安全而建立的包括安全组织、安全制度、安全管理流程、安全控制手段等的综合系统。

3）安全监测预警系统：指对关键信息基础设施进行实时监测和预警的系统，包括入侵检测系统、流量分析系统、威胁情报系统等。

4）安全审计系统：指为保障关键信息基础设施安全而建立的审计系统，可以对系统进行日志审计、行为分析、安全评估等。

5）安全备份恢复系统：指为保障关键信息基础设施安全而建立的备份和恢复系统，可以对关键信息进行备份和灾难恢复。

6）安全加固系统：指为保障关键信息基础设施安全而对系统进行加固，包括操作系统加固、应用程序加固、网络设备加固等。

7）安全管理服务系统：指为保障关键信息基础设施安全而建立的安全服务系统，包括安全策略制定、安全培训、安全演练等。

需要注意的是，上述安全产品应当优先采购自主可控的信创网络产品和服务。它们上市依赖相应机构颁发的许可证，如公安销售许可证、涉密许可证、密码产品许可证等。

11.8 数据出境

2022 年 9 月，国家互联网信息办公室正式公布《数据出境安全评估办法》（以下简称《数据出境安全评估》），自 2022 年 9 月 1 日起施行。该法律就个人信息和重要数据的出境安全评估管理提供具体的法律解决方案，明确了数据出境安全评估的目的、原则、范围、程序和监督机制等具体规定，对保护我国国家安全、公共利益、个人合法权益和促进数字经济发展具有重要的里程碑意义。2022 年 12 月，工业和信息化部发布的《工业和信息化领域数据安全管理办法（试行）》指出，工业和信息化领域数据处理者在中华人民共和国境内收集和产生的重要数据和核心数据，法律、行政法规有境内存储要求的，应当在境内存储，确需向境外提供的，应当依法依规进行数据出境安全评估。

法规的要求促使很多技术手段落地，如 App 在处理个人信息时所使用的技术模块（如 SDK、API、Cookie 等）与重要系统权限（如摄像头、存储读写、麦克风、位置、系统日志等）的调用，都要有相应的变化以确保合规。

《数据出境安全评估》指出的参与方主要有数据的责任方、监管方、评估方、咨询方等。国家互联网信息办公室作为监管方，负责制定、发布、解释和管理该法律，以及对相关单位和个人进行监督和管理。单位作为数据出境责任方，根据需要申请数据出境，并提供数据安全评估的相关信息和材料。数据出境安全评估机构作为评估方，负责为数据出境申请单位提供数据安全评估服务。专业安全机构等负责为数据出境安全评估机构提供技术支持和安全咨询服务。总之，各方的参与能够帮助组织了解其数据出境的安全状况，发现可能存在的问题和漏洞，以制定相应的管理措施和安全政策来改进组织的数据出境安全管理。

11.8.1 测评范围

随着我国与其他国家的经贸往来日益频繁，一些涉及重要数据的跨国合作日益增多。尤其在这两年发生的安全事件后，国家很快明确了数据出境的要求。这些数据出境安全评估不仅有助于保护国内数据安全，也符合国际惯例。

在数据跨境流动的情况下，组织需关注我国的数据出境规定。数据出境评估主要是在合法性、正当性及必要性 3 个方面进行评估。具体在合法性上，组织在收集、存储、使用、共享与个人信息相关的重要数据时，需遵循我国规定，从而提供相应的合规方案。例如，对数据合规信息采集包括数据扫描、接口报送、网络流量采集、合规问卷调查等方方面面。

11.8.2 测评过程

《数据出境安全评估》明确规定了数据出境安全申报的流程，包括出境风险自行评估、地方评估申报、网信部门开展评估、重新评估、结果通知。

1）数据处理者申报数据出境安全评估时，应当向所在地省级网信办自行申报数据出境安全评估。

2）省级网信办收到申报材料后，进行申报材料的完备性查验。通过的，省级网信办将申报材料上报国家网信办。

3）国家互联网信息办公室收到后，确定是否受理并书面通知数据处理者。根据申报情况组织国务院有关部门、省级网信部门、专门机构等进行安全评估。

4）数据处理者如被告知补充或者更正申报材料，应当及时按照要求补充或者更正材料。

5）评估完成后，数据处理者将收到评估结果通知书。如对评估结果无异议，数据处理者须按照数据出境安全管理相关法律法规和评估结果通知书的有关要求，规范相关数据出境活动。

数据出境安全评估目的是对境内关键信息基础设施运营者向境外提供的重要数据的安全风险进行评估，确认组织是否真正承担起主体责任，并评估数据出境的风险以及采取的措施是否充分有效。

11.8.3 数据出境相关产品

数据出境不仅对申请方在数据安全方面的能力有要求，还明确要求接收方在基础设施保护、数据库安全、应用安全、终端防护以及 ALEA 隐私网关等方面具备相应的建设能力。

此外，数据出境合规评估报告往往包含上百页，几十个章节，一般用户很难有这方面的专业知识，所以对辅助工具的依赖比较明显，主要以自评估申报工具为主，包含合法性、正当性及必要性几个方面的评估。例如必要性重点包括评估数据出境具有明确的研究目标、所需出境数据为实现研究目标所必须、数据出境为国际医疗研究合作所必须。

11.9 行业及其他合规法规

行业监管在安全建设中扮演着重要的角色。合规要求中隐含了很多政企和专家贡献的知识和技能，实际上是一种行业经验的积累、沉淀和传承。监管机构历次发布的信息安全风险提示和风险事件案例，实际上就是最好的"教科书"，让风险处置经验不足的政企可以提前排查类似风险隐患，防患于未然。

11.9.1 金融行业

近年来，网络安全成为金融行业发展的重要课题。随着顶层制度的不断完善，金融机构对于网络安全正从"买硬件"转向"重实战"。未来，"云、端、流量"的攻防能力升级，是金融机构网络信息安全建设的重要方向。围绕金融行业网络安全制度设计，除了中国人民银行在 2021 年印发的《金融业数据能力建设指引》外，原银监会也发布了《银行业金融机构数据治理指引》，2021 年 4 月正式发布实施《金融数据安全数据生命周期安全规范》。2022年 1 月 4 日，中国银保监会办公厅印发《银行保险机构信息科技外包风险监管办法》，在监管职能上已将数据治理能力纳入治理评价和行政处罚的范畴内，已有多家银行受到行政处罚。

国际上，支付卡行业标准（Payment Card Industry Data Security Standard，PCI DSS）是一个由支付行业领导者制定的全球性数据安全标准，旨在确保持卡行业中的所有实体（商家、处理器、发卡行、服务提供商等）保护客户信用卡信息的安全，而不管这些信息是在何处以何种方法收集、处理、传输和存储。PCI DSS 规定了一组最佳实践，以确保持卡人数据的机密性、完整性和可用性，并防止信用卡信息被盗用或未经授权的访问。这些最佳实践包括网络安全、密码学、访问控制、风险评估和安全管理，以及持续的安全监控和测试等。PCI DSS 有助于保护消费者的权益，增强支付系统的安全性。

11.9.2　医疗行业

国际上，美国健康保险可移植性及责任法案（Health Insurance Portability and Accountability Act，HIPAA）提供数据保密和安全条款，以保护患者信息。它是一个法律法规，旨在保护医疗保健机构、医生和患者的健康隐私和信息安全。HIPAA 法案制定了隐私和安全规则，制定了医疗保健提供者和健康保险机构必须遵守的标准，以确保医疗记录和健康信息的保密性和安全性。虽然 HIPAA 法案不是一个认证，但是遵循 HIPAA 的安全规则有助于医疗保健机构和其他实体建立信息安全管理体系，并保护患者和客户的隐私和信息安全。

11.9.3　SOC 2

SOC 报告是独立的第三方会计师事务所基于美国注册会计师协会（AICPA）制定的一系列审计标准，旨在评估服务组织对客户数据的安全性、保密性和隐私性。该鉴证报告被国际云服务业界广泛认可。SOC 报告包含 SOC 1、SOC 2、SOC 3 三种形式。SOC 2 会对政企中与数据安全性、可用性、处理完整性、机密性和隐私性相关的信息系统进行综合评估，进而深入反映政企的内部控制及安全管理体系能力。SOC 2 是全球公认的、高权威的、专业的安全性审计报告，能正确、全面且深入地反映被审计政企全域安全的管理情况。它是一种信息安全框架，旨在评估服务组织的信息系统的 CIA（可用性、完整性、保密性）原则及隐私性、安全性。其中，安全性评估包括对组织的整体信息安全控制措施进行评估，包括身份验证、访问控制、网络安全、应用程序安全、加密和日志记录等方面。

政企都非常重视 SOC 2 认证，把它看成是传递消费信心的证明。理想的安全状态是 SOC 2 和 ISO 27001 并用，通过 SOC 2 定义安全级别，然后以 ISO 27001 来打造更高标准的安全管理体系。而同时拥有 SOC 2 和 ISO 27001 认证的技术供应商，就能够为广大组织提供更完善与安全的产品与服务。

11.9.4　ISO 27001

ISO 27001 是信息安全管理体系（ISMS）的国际标准。它提供了一个框架，帮助组织确保其信息资产得到适当的保护。该标准定义了一组信息安全最佳实践，以确保组织在处理信息资产时采取合理行动。ISO 27001 标准强调组织应该基于风险进行决策，并建立一个适当的信息安全管理体系来确保持续的信息安全。

获得 ISO 27001 认证的组织需要经过一系列程序，包括初审、现场审核、审核报告和证书颁发。这些程序旨在确保组织的信息安全管理体系符合标准要求，有效地保护组织的信息资产免受各种威胁的侵害。

ISO 27001 认证通常被视为证明组织信息安全实践的标准，并被许多组织和企业所认可。获得 ISO 27001 认证可以帮助组织提高其信息安全能力，建立信任，并增强竞争力。

11.9.5　合规产品

国内，华为对合规产品是很重视的，建设了华为安全运营中心（SOC）、华为合规管理平台、华为企业风险管理平台等。此外，华为还提供企业级安全服务，包括安全咨询、安全评估和安全培训等。

国外，Lynis 是免费的合规开源软件，主要检查一些基础项，使用起来比较简单。另外一个功能丰富的开源项目为 inSpec，提供风险管理、合规管理、审计管理、信息安全管理、供应商管理等功能模块，可以检查很多安全项。DRATA 是这个领域成长很快的厂商，它的解决方案基于云技术，可以快速实现信息安全和合规性的自动化管理，并提供实时监控和报告，目标客户包括中小型企业、金融机构、医疗机构等。

11.10　本章小结

安全合规是政企安全建设中非常重要的话题。《网络安全法》是顶层设计，《数据安全法》《个保法》是展开的细则。安全是一个整体，《等保 2.0》《密评》《数安条例》《关基条例》都是法规的落地手段，是安全的基础要求，需要持续地安全投入。技术上应当注重整体安全能力建设，切忌传统的硬件盒子堆砌的模式。

在合规的基础上追求实战效果，是未来政企安全建设的重要目标之一。